工业和信息化部"十二五"规划教材

兵器实验学

孔德仁　王　芳　编著

北京航空航天大学出版社

内 容 简 介

本书针对硕士、博士研究生相关专业及从事兵器实验工程技术人员的特点和相关课程大纲的要求,系统地介绍了测量误差、测量不确定度的分析及处理方法、工程信号的分析基础知识及常用信号处理方法、测量系统静动态特性分析方法、动态误差的含义及修正方法,系统地介绍了常见兵器动态参量的测试方法、特点及相关的处理方法,这些参量包括应力、应变、力及转矩,动态压力,温度及热通量,噪声,位移、速度、加速度等运动参量,振动,膛口流场,弹丸姿态及密集度,材料动态参数等。

本书可作为武器系统与发射工程、地面武器机动工程、过程装备与控制工程等兵器专业研究生的教科书或参考书,亦可供相关专业的研究生、教师及工程技术人员参考。

图书在版编目(CIP)数据

兵器实验学 / 孔德仁,王芳编著. -- 北京:北京航空航天大学出版社,2015.12
ISBN 978-7-5124-1968-1

Ⅰ. ①兵… Ⅱ. ①孔… ②王… Ⅲ. ①武器试验—研究生—教材 Ⅳ. ①TJ01

中国版本图书馆 CIP 数据核字(2015)第 290932 号

版权所有,侵权必究。

兵 器 实 验 学

孔德仁　王　芳　编著

责任编辑　王慕冰

*

北京航空航天大学出版社出版发行

北京市海淀区学院路 37 号(邮编 100191)　http://www.buaapress.com.cn
发行部电话:(010)82317024　传真:(010)82328026
读者信箱:goodtextbook@126.com　邮购电话:(010)82316936
北京兴华昌盛印刷有限公司印装　各地书店经销

*

开本:787×1 092　1/16　印张:27　字数:691 千字
2016 年 3 月第 1 版　2016 年 3 月第 1 次印刷　印数:2 000 册
ISBN 978-7-5124-1968-1　定价:55.00 元

若本书有倒页、脱页、缺页等印装质量问题,请与本社发行部联系调换。联系电话:(010)82317024

前　言

各类兵器在研发、设计、定型、生产交验的各个阶段都需要进行性能实验及测试,实验与测试的目的有两个:一是为武器系统的研发或设计提供依据;二是作为武器系统战技指标进行考核。兵器性能实验与测试和其他工程机械性能实验与测试有着显著的区别,即大多数兵器系统都工作在高温、高压、高速、高过载的环境下,因此兵器性能参量实验与测试对其系统的组建及系统的性能有着特殊的要求。在与兵器工程相关专业的研究生学习阶段,兵器测试技术是一门必修课,为此,我们根据多年的教学及科研经验,根据研究生学习的特点,编写了此书。

本书在作者编写的《兵器动态参量测试技术》一书的基础上,增加了测试技术的基础知识、数字信号处理基础及常用信号处理方法,以期读者通过本书的学习,能更好地从事相关实验与测试工作。

本书共14章,由孔德仁同志统稿。其中王芳同志编写了第1、2、3、4、6、8章;其他章节由孔德仁和商飞共同编写。

在本书的编写过程中,参考或引用了国内外许多专家、学者的论著及教材,南京理工大学的同行专家也提出了许多宝贵的意见及建议,在此一并表示衷心的感谢。

感谢在百忙中评阅本书的钱林方教授、付平教授和顾文彬教授,感谢各位提出的宝贵意见。

由于作者的学术水平有限,书中不妥之处在所难免,恳请读者批评指正。

作　者
2015 年 8 月 1 日

目 录

绪 论 ·· 1

第1篇　兵器测试基础知识

第1章　兵器测试技术基础 ·· 8
1.1　测量的基本方法 ·· 8
1.1.1　测量的分类 ·· 8
1.1.2　测量具有普遍科学意义的条件 ·· 9
1.2　标准量及常用量的传递方法 ·· 10
1.2.1　标准量 ·· 10
1.2.2　兵器测试中常用量的传递方法 ·· 11
1.3　测量系统 ·· 13
1.3.1　测量系统的组成 ··· 14
1.3.2　现代测试系统 ·· 16
1.3.3　虚拟仪器 ·· 20
1.4　测量误差及处理 ·· 21
1.4.1　测量误差 ·· 21
1.4.2　常用误差处理方法及误差的合成与分配 ······························· 24
1.4.3　测量误差的合成与分配 ··· 27
1.5　测量不确定度的评定 ·· 28
1.5.1　不确定度评定的基本知识 ·· 28
1.5.2　标准不确定度的A类评定 ·· 31
1.5.3　标准不确定度的B类评定 ·· 32
1.5.4　测量不确定度的合成 ·· 34
1.5.5　扩展不确定度的计算方法 ·· 36

第2章　工程信号及其可测性分析 ··· 38
2.1　概　述 ·· 38
2.2　工程信号的分类 ·· 38
2.2.1　按信号随时间变化的规律分类 ··· 38
2.2.2　按信号随时间变化连续性分类 ··· 41
2.2.3　其他分类方法 ·· 41
2.3　周期信号频谱与可测性 ·· 42

2.3.1 周期信号的分解和频谱 ································· 42
  2.3.2 周期信号的可测性分析 ································· 48
 2.4 非周期信号的频谱分析 ····································· 51
  2.4.1 时限信号的分解和频谱 ································· 51
  2.4.2 时限信号的可测性分析 ································· 54
 2.5 随机信号的处理及分析 ····································· 54
  2.5.1 随机信号的特征参数 ··································· 54
  2.5.2 离散随机信号的特征估计 ······························· 58
 2.6 典型激励信号描述 ··· 62
  2.6.1 冲激函数及其谱分析 ··································· 62
  2.6.2 单位阶跃信号及其谱分析 ······························· 64
  2.6.3 单位斜坡信号及其频谱 ································· 66

第3章 测量系统的基本特性 ······································ 67

 3.1 概　述 ··· 67
  3.1.1 测量系统的基本要求 ··································· 67
  3.1.2 测量系统的线性化 ····································· 68
 3.2 测量系统的静态标定与静态特性 ····························· 69
  3.2.1 静态标定 ··· 69
  3.2.2 静态特性指标 ··· 71
 3.3 测量系统的动态特性 ······································· 75
  3.3.1 动态参数测试的特殊问题 ······························· 75
  3.3.2 测量系统动态特性的分析方法及主要指标 ················· 76
  3.3.3 测量系统的数学模型 ··································· 77
  3.3.4 传递函数 ··· 77
  3.3.5 频率响应函数 ··· 79
  3.3.6 冲激响应函数 ··· 80
 3.4 测量系统的动态特性分析 ··································· 80
  3.4.1 典型系统的频率响应 ··································· 81
  3.4.2 典型激励的系统瞬态响应 ······························· 84
  3.4.3 相似原理 ··· 87
 3.5 测量系统无失真测试条件 ··································· 88
 3.6 测量系统的动态特性参数获取方法 ··························· 89
  3.6.1 阶跃响应法 ··· 89
  3.6.2 幅频特性法 ··· 91
 3.7 动态误差修正 ··· 91
  3.7.1 频域修正方法 ··· 91
  3.7.2 时域修正方法 ··· 92

第 2 篇 兵器测试信号分析方法

第 4 章 数字信号处理基础 ……………………………………………………………… 94

4.1 z 变换 …………………………………………………………………………… 94
4.1.1 序 列 ……………………………………………………………………… 94
4.1.2 z 变换 ……………………………………………………………………… 94
4.1.3 z 逆变换 …………………………………………………………………… 99

4.2 离散傅里叶变换(DFT) ………………………………………………………… 100
4.2.1 离散傅里叶级数(DFS) …………………………………………………… 100
4.2.2 离散傅里叶变换(DFT)的定义 …………………………………………… 101
4.2.3 DFT 的主要性质 …………………………………………………………… 101
4.2.4 DFT 与 z 变换的关系 ……………………………………………………… 102

4.3 快速傅里叶变换(FFT) ………………………………………………………… 102
4.3.1 DFT 直接计算的工作量 …………………………………………………… 102
4.3.2 提高 DFT 运算效率的思路 ……………………………………………… 103
4.3.3 FFT 算法 …………………………………………………………………… 103

4.4 数字滤波器 ……………………………………………………………………… 109
4.4.1 数字滤波器的分类 ………………………………………………………… 109
4.4.2 IIR 数字滤波器的设计 …………………………………………………… 110
4.4.3 FIR 数字滤波器的设计 …………………………………………………… 112

第 5 章 工程测试信号处理 ……………………………………………………………… 115

5.1 测试信号的表述方法 …………………………………………………………… 115
5.1.1 表格法 ……………………………………………………………………… 115
5.1.2 图解法 ……………………………………………………………………… 116
5.1.3 方程法 ……………………………………………………………………… 116

5.2 回归分析 ………………………………………………………………………… 117
5.2.1 一元线性回归 ……………………………………………………………… 117
5.2.2 多元线性回归 ……………………………………………………………… 120
5.2.3 非线性回归 ………………………………………………………………… 121
5.2.4 回归分析的应用 …………………………………………………………… 123

5.3 功率谱分析 ……………………………………………………………………… 124
5.3.1 定 义 ……………………………………………………………………… 124
5.3.2 功率谱分析的物理意义 …………………………………………………… 125
5.3.3 功率谱分析的实现 ………………………………………………………… 126
5.3.4 功率谱的应用 ……………………………………………………………… 127
5.3.5 相干函数 …………………………………………………………………… 129

5.4 倒频谱技术 ……………………………………………………………………… 129

	5.4.1 倒频谱分析的基本原理	130
	5.4.2 倒频谱分析的意义	130
	5.4.3 倒频谱技术的应用	130
5.5	频谱细化分析	132
	5.5.1 基于复调制的 FFT 方法	132
	5.5.2 相位补偿细化方法	135
	5.5.3 频谱细化分析的应用	136
5.6	小波分析在测试信号中的应用	137
	5.6.1 小波分析的基本原理	137
	5.6.2 小波的多分辨率分析	138
	5.6.3 小波分析在信号处理中的应用	139
5.7	动态补偿数字滤波器	141
	5.7.1 硬件补偿方法	143
	5.7.2 软件补偿方法	145
	5.7.3 动态补偿滤波器的应用	147

第3篇 常用兵器动态参量测试方法及应用

第6章 应力、应变、力及转矩测量技术 …… 150

6.1	概 述	150
6.2	应变测量基础知识	150
	6.2.1 应变片的工作原理	150
	6.2.2 应变片的粘贴	153
	6.2.3 电阻应变片的温度误差及补偿	155
	6.2.4 电阻应变片的信号调理电路及应变仪	157
6.3	力测量	164
	6.3.1 常用力传感器	164
	6.3.2 力传感器标定	166
	6.3.3 测量实例	167
6.4	应变、应力测量	175
	6.4.1 基于应变片的应变、应力测量	175
	6.4.2 基于光纤 Bragg 光栅应变测量	180
6.5	转矩测量	186
	6.5.1 转矩测量原理	186
	6.5.2 常用转矩传感器	187
	6.5.3 转矩传感器标定	189

第7章 动态压力测量技术 …… 191

| 7.1 | 概 述 | 191 |

7.2 铜柱测压法 ··· 193
7.2.1 铜柱测压法系统组成及工作原理 ·· 193
7.2.2 铜柱静态标定及静态压力对照表的编制 ································ 194
7.2.3 温度修正方法 ·· 198
7.2.4 静标体制铜柱测压的技术要点归纳 ··································· 198
7.2.5 铜柱测压法静动差分析 ·· 199
7.3 铜球测压法 ··· 203
7.3.1 铜球测压系统组成及工作原理 ·· 203
7.3.2 准动态校准技术 ··· 204
7.4 动态压力电测法 ·· 206
7.4.1 应变式压力传感器 ·· 206
7.4.2 压电式压力传感器 ·· 209
7.5 测压系统的标定技术 ·· 212
7.5.1 测压系统的静态标定 ·· 212
7.5.2 测压系统的动态标定 ·· 212
7.5.3 传感器准静态校准 ·· 218
7.6 动态压力测量的管道效应 ··· 218
7.6.1 传感器的安装 ·· 218
7.6.2 测试系统动态特性分析 ··· 218

第8章 温度及热通量测量技术 ·· 221
8.1 概述 ·· 221
8.2 热电偶测温 ··· 223
8.2.1 热电偶测温原理 ··· 223
8.2.2 热电偶的基本实验定律 ··· 223
8.2.3 热电偶的结构、分类及特点 ·· 225
8.2.4 热电偶的响应方程及典型工况的测温模型 ·························· 228
8.2.5 热电偶测量高速气流温度的技术措施 ······························· 230
8.2.6 热电偶动态补偿方法 ·· 231
8.2.7 火箭燃气射流温度分布 ··· 233
8.3 热电阻测温 ··· 235
8.3.1 金属丝热电阻测温 ·· 235
8.3.2 热敏电阻测温 ·· 237
8.4 热辐射测温 ··· 238
8.4.1 热辐射原理 ·· 238
8.4.2 热辐射测温的基础理论 ··· 239
8.4.3 常用热辐射测温仪表 ·· 243
8.5 光纤测温 ·· 246
8.5.1 光纤原理 ··· 246

8.5.2 光纤测温原理 ······ 247
8.6 热通量测量 ······ 248
  8.6.1 简 介 ······ 248
  8.6.2 热通量测量技术 ······ 249
  8.6.3 Gardon 热通量传感器 ······ 252

第 9 章 兵器噪声测量技术 ······ 255

9.1 噪声测试的物理学基本知识 ······ 255
  9.1.1 声 波 ······ 255
  9.1.2 声源、声场和波阵面 ······ 255
  9.1.3 声压、声强和声功率 ······ 256
  9.1.4 声级和分贝 ······ 256
9.2 人对噪声的主观量度 ······ 259
  9.2.1 响度与响度级 ······ 259
  9.2.2 声级计的计权网络、A 声级 ······ 260
  9.2.3 等效连续声级 ······ 261
  9.2.4 噪声允许限值 ······ 262
  9.2.5 噪声评价曲线 ······ 262
9.3 噪声测量仪器 ······ 263
  9.3.1 传声器 ······ 263
  9.3.2 声级计 ······ 265
  9.3.3 噪声分析仪 ······ 268
9.4 噪声测量方法 ······ 269
  9.4.1 测试环境对噪声的影响 ······ 269
  9.4.2 噪声级的测量 ······ 269
  9.4.3 声功率级的测试 ······ 272
  9.4.4 声强的测试 ······ 273
9.5 噪声测量实例 ······ 274
  9.5.1 常规兵器发射和爆炸时的噪声特点 ······ 274
  9.5.2 兵器噪声测试的功能需求 ······ 274
  9.5.3 枪口噪声测试实例 ······ 276

第 10 章 运动参量测量技术 ······ 278

10.1 位移测量的常用方法 ······ 278
  10.1.1 电感式位移测量系统 ······ 278
  10.1.2 电涡流式位移测量系统 ······ 282
  10.1.3 光电位置敏感器件 ······ 286
  10.1.4 火炮的自动机运动位移测试 ······ 291
10.2 速度测量的方法 ······ 293

10.2.1 定距测时法 ··· 293
   10.2.2 多普勒雷达测速 ·· 296
   10.2.3 弹丸运动速度测试 ·· 297
   10.2.4 永磁感应测速传感器及应用 ·· 299
   10.2.5 光纤干涉仪测速 ·· 303
 10.3 加速度测量 ··· 306
   10.3.1 惯性式加速度传感器的工作模型 ···································· 306
   10.3.2 常用惯性式加速度传感器 ·· 307
   10.3.3 使用加速度传感器的几点说明 ······································ 312
   10.3.4 加速度测量系统的校准（标定） ···································· 314

第 11 章 兵器振动测量技术 317

 11.1 概　述 ··· 317
 11.2 常用振动传感器 ··· 317
   11.2.1 振动测量方法 ·· 317
   11.2.2 绝对式测振传感器原理 ·· 318
   11.2.3 相对式测振传感器原理 ·· 321
 11.3 测振系统的组成及合理选择 ··· 322
   11.3.1 测振系统的组成 ·· 323
   11.3.2 测振系统的合理选用 ·· 324
   11.3.3 传感器的安装 ·· 325
 11.4 机械系统振动特性测试及结构参数估计 ··································· 326
   11.4.1 激振方式及激振器 ·· 327
   11.4.2 机械系统结构参数的估计 ·· 331
 11.5 机械阻抗测试 ··· 334
   11.5.1 机械阻抗的概念及测试方法 ·· 334
   11.5.2 单自由度系统的机械导纳 ·· 336
   11.5.3 多自由度系统的机械导纳 ·· 338
 11.6 振动分析仪器 ··· 339
 11.7 测试实例 ··· 341
   11.7.1 枪肩系统机械阻抗测试 ·· 341
   11.7.2 火炮振动模态分析 ·· 344

第 12 章 膛口流场测量技术 347

 12.1 膛口流场及特点 ··· 347
   12.1.1 初始流场 ·· 347
   12.1.2 膛口主流场 ·· 348
   12.1.3 膛口火焰 ·· 349
   12.1.4 膛口噪声 ·· 349

12.1.5 膛口流场的特点 350
12.2 膛口温度测量 351
12.2.1 光谱温度测量原理 351
12.2.2 辐射温度法 353
12.3 基于马赫-曾德尔干涉仪的膛口流场密度测量 355
12.4 膛口流场可视化测量 356
12.4.1 膛口流场的阴影照相原理 356
12.4.2 膛口流场的间接法阴影照相 358
12.4.3 平行光的阴影照相 359
12.5 膛口流场的分布及卡瓣与弹之间的干扰测试 360
12.5.1 X光机测试技术 360
12.5.2 阴影照相测试技术 364
12.5.3 超高速照相法 368
12.6 膛口火焰测量 368
12.6.1 摄影法 368
12.6.2 光敏元件膛口火焰亮度及持续时间的测量 369

第13章 弹丸姿态及坐标测量技术 370

13.1 概 述 370
13.2 弹丸转速及姿态测量 370
13.2.1 电测法（凹槽刻痕法） 370
13.2.2 弹丸飞行姿态纸靶测试法 373
13.2.3 高速摄影法 376
13.2.4 飞行姿态参数弹丸记录仪 377
13.2.5 固定靶道弹丸姿态探测 378
13.2.6 太阳方位角法 381
13.3 弹丸坐标测量 383
13.3.1 CCD坐标靶 383
13.3.2 基于激波的声靶测量系统 385
13.3.3 基于光电原理的坐标测量系统 390
13.3.4 脉冲雷达坐标测量系统 394

第14章 兵器材料动态参数测试技术 395

14.1 概 述 395
14.2 分离式Hopkinson压杆 396
14.2.1 分离式Hopkinson压杆的组成及测试原理 396
14.2.2 Hopkinson压杆试验 401
14.2.3 影响Hopkinson压杆试验的因素及解决办法 403
14.2.4 Hopkinson压杆在火工品过载研究中的应用 406

  14.3 膨胀环测试技术……………………………………………………………… 409
    14.3.1 基于激光速度干涉仪测量膨胀环的原理及控制方程……………… 410
    14.3.2 基于激光速度干涉仪测量膨胀环的试验系统组成………………… 411
    14.3.3 基于激光速度干涉仪的膨胀环测试应用实例……………………… 412

参考文献……………………………………………………………………………… 414

绪 论

1. 测试技术在兵器系统中的地位与作用

测试技术在兵器科学技术的发展中具有重要地位。兵器测试技术是发展兵器技术的基础，是兵器科研生产的重要组成部分。历史经验表明，兵器技术的每一个重大突破往往都伴随着相应的测试技术的重大突破。在人类发明火炮的最初几百年，兵器测试技术的发展十分缓慢，直到 19 世纪 60 年代诺贝尔发明了铜柱测压器和布朗吉发明了测速摆后，才使火炮内、外弹道的定量研究有了可能，并由此产生了内、外弹道学和内、外弹道设计方法，奠定了近代兵器设计的基础。第二次世界大战后，随着电子技术、激光技术、信息技术和计算机技术的飞速发展，各种新的测试技术为兵器的深入研究提供了手段，从而极大地加速了各种新技术的应用和各种传统技术的优化，使火炮等常规兵器在短短几十年内，技术性能成倍地提高。我国改革开放以来，兵器技术有了很大的提高，同样也极大地促进了兵器测试技术的发展。例如在 20 世纪 70 年代，我国高膛压火炮研究还处于起步阶段，由于没有相应的高膛压测试器材，严重地阻碍了有关的火药、装药和内弹道研究工作的进展，甚至出现过因依据错误的膛压数据进行试验而导致膛炸的事故。当时为了尽快攻克高膛压测试技术，相关部门组织了高膛压测试攻关协调组，成功地解决了这个测试难题，保证了我国第一代高膛压火炮的研制、定型和生产的顺利进行。

随着兵器测试技术的发展，兵器测试技术已成为现代兵器高新技术的重要组成部分，并推动着兵器科学与技术的进步。从兵器系统全寿命、全过程和全费用立场分析，测试在兵器工程中的地位与作用可归纳为以下四个方面：

(1) 探索规律、发展理论

众所周知，任何一门学科的发展都离不开实验。兵器理论的发展更是如此。

在兵器系统型号研究之前，针对一些重要理论或技术需要开展预先研究或基础研究。在兵器型号研制的方案阶段，也需要对某些重要的新部件或分系统进行技术攻关。在这些重要的探索性理论与技术研究中，一方面，所提的理论、假设是否符合实际，所采取的技术措施是否有效，要靠测试工作予以验证，从而发展、完善兵器理论与技术；另一方面，兵器系统在工作过程中会表现出高温、高压、高速、高冲击性和动态范围大的特点。对此，人们要想用直观感知的办法认识其客观规律性是根本不可能的，单纯地用理论推导的方法也很难对其客观规律做出全面、准确的描述。面对如此复杂的过程，人们只有进行测试。在大量测试数据的基础上进行归纳、分析和总结，提出一系列经验公式和修正系数。外弹道和内弹道学中的很多定律、状态方程，兵器设计中的各种经验公式等，都是通过大量试验测试总结出来的。在兵器理论体系中，这些经验性的理论占有很重要的地位。

(2) 验证设计、鉴定性能

先进的兵器系统必定具备先进的战术技术指标，然而所研制的样机能否达到要求，需对该兵器系统进行全面的测试，用测试数据来证明其是否达到要求或对其达到要求的程度进行评价，只有这样，才能客观、准确地验证和鉴定兵器系统性能。

在论证阶段，应对武器装备的测试性指标提出科学、合理的要求，以保证所研制的武器装备具有良好的可测试性,使部队能方便、及时、准确地进行武器装备的性能状态检测与故障诊断。

在方案阶段,需要对方案设计中的新部件或分系统性能进行试验,从而考核其技术是否可行、成熟,是否可用于原理样机。在原理样机或模型样机试制过程中和完成后,要对原理样机或模型样机进行试验,以确定研制方案是否可通过方案评审。

在工程研制阶段,首先要对初样机进行试验,根据其达到的技术状态,确定其是否可通过评审并转入正式样机试制。在正式样机研制完成后,还要进行严格的鉴定试验,以确定其是否可通过技术鉴定。通过样机技术鉴定后,研制部门还要协同试验基地拟定设计定型试验大纲。

在设计定型阶段,核心工作是在国家试验基地进行武器装备的设计定型试验,即对被试装备系统各项性能指标进行全面、多条件的测试。试验基地总结各项测试结果,提出试验结果报告,该报告将是被试装备是否通过设计定型的根本依据。

在试生产阶段,要进行生产定型试验,除按验收规范进行产品交验测试外,还要对生产厂家的生产组织、工艺、工装等进行考核,从而确定该生产厂家是否可通过该型号产品的生产定型审查。

(3) 检查质量、验收产品

在制造阶段,兵器系统整个生产过程有数以万计的工序,每道工序的加工是否合格要经过检验才能知道。检验就是规范化的测试与判断。随着兵器制造技术的现代化,国外已将大量先进的测试技术应用到产品检验中,把大批先进的测试设备配备到现代化生产线上,甚至投资研制专用的产品检验测试设备,形成实时、在线的检测系统,既保证了产品质量,又促进了工艺的进步。例如,美国华特夫里特兵工厂采用电子和光学测量技术来检验 105 mm 加农炮药室的型面。该装置用于炮身生产线上,可快速而精确地检测和记录药室直径、锥度、锥体位置、基准直径位置、各圆锥部分的同轴度以及平截头圆锥的交线等参数,其分辨率可达 0.002 5 mm。这些详细的测量数据,较全面、准确地表征着该药室的加工质量,军方据此进行产品验收,就能有效地保证产品质量。再如,为确保"爱国者"导弹引信的产品质量,美陆军试验鉴定局投资,由哈特戴蒙德实验室为其研制了专门的模态试验系统。该系统可对总装后的引信进行全面、严格的模态参数检测,确保每发引信模态参数都符合规定要求,不仅有效地提高了产品质量,而且降低了某些零件加工工序的精度要求,从而降低了生产成本。

(4) 状态检测、故障诊断

对兵器技术保障、使用与管理人员来说,最关心的问题是所属兵器系统性能状态如何,是否存在故障,是什么故障,发生在哪个部位等。解决这些问题的唯一途径就是对兵器系统进行测试,根据测试数据来判断兵器系统性能状态是否正常。对故障状态的兵器系统,也要在其测试数据的基础上进行诊断运算与推理,从而确定其故障性质与发生部位。由此可见,兵器性能状态检测与故障诊断是兵器系统技术保障工作的关键环节,它对形成兵器系统保障力与战斗力至关重要。

另外,兵器系统经过一定时间的使用,其寿命将会下降,直至最终报废。兵器系统的报废是一个非常严肃的问题。从战技指标考虑,不满足使用要求又无修理价值的兵器系统必须报废;从经济角度考虑,如果将没有达到报废条件的兵器系统作报废处理,将会造成很大的浪费。兵器系统的报废必须符合以下原则:一是兵器系统的战术技术指标已经不能满足使用的最低要求;二是兵器系统不能安全使用;三是兵器系统继续使用已不经济。例如,130 mm 加农炮当初速度下降量达到 $6.6\%v_0$ 时,该炮就需要报废。因此,判断兵器系统是否达到报废标准必须以测试数据为依据。

综上所述,兵器测试对兵器系统全寿命过程的每个阶段都是十分重要的。兵器测试的理论与技术是整个兵器理论与技术体系中不可或缺的重要组成部分。在兵器的预先研究、基础研究或理论研究中,采用先进有效的测试技术,就可以更准确地探索其客观规律,推动兵器科学与技术的发展。在兵器的论证和研制阶段,采用科学、先进的测试技术,就可以全面、准确地获取兵器系统的性能状态信息,从而客观、准确地评价、鉴定兵器系统的性能与质量。在兵器的制造与验收阶段,在现代化的生产线或工艺过程中采用先进有效的测试技术,就可以及时、准确地获取产品生产质量信息,不仅使质量监控行之有据,也可促进生产工艺的改进和提高。在兵器技术保障阶段,采用先进的测试技术进行兵器系统的性能状态检测与故障诊断,从而实现基于状态的使用、管理和维修,当判断出已无修理价值时,应及时进行报废处理。

2. 兵器测试的特殊性

兵器测试中常见的测试内容有弹丸初速测试、内外弹道飞行速度测试、膛压测试、应力测试、振动测试、冲击波超压值测试、温度测试、噪声测试、炮口扰动测试等。兵器系统各项性能参数的测试和其他通用机械的测试有着显著的差异,大多数兵器系统都工作在高速、高压、高温、高过载、高冲击、高频响的环境下,被测信号持续时间短,随时间的变化率大,这就要求测试系统能够迅速、准确、无失真地再现被测信号随时间变化的波形,也就是要求测试系统具有良好的动态特性。动态测试包含更多的测试信息,更利于评价、分析兵器系统的诸项性能和进行故障诊断。

下面以火炮在设计、研制、生产、验收等各环节所涉及的部分动态参数为例,了解动态参数在兵器测试中的特殊性。火炮发射的动态参数很多,在火炮测试中,弹丸速度、身管振动、炮口冲击波、噪声、自动机线位移等测试内容对于检验火炮的性能都具有重要意义。

弹丸的初速度是火炮、弹道诸元中最主要的参数之一。弹丸飞行速度是弹丸运动特性的一个重要参数,是弹丸运动过程中的一个基本特征量,弹丸的速度大小与弹丸发射条件及过程有关,也与弹丸本身的物理参数、气动参数和气象参数有关。它是衡量火炮特性、弹药特性和弹道特性的一项重要指标。初速度的准确与否也直接影响到火炮系统的命中概率。据瑞士康特拉夫斯公司提供的数据,初速度下降10%,命中概率下降64%;根据我国规范,地炮初速度下降10%,即可判定身管寿命终止。因此,测量炮口初速度也是精确判定火炮身管寿命的重要方法。可见,在火炮系统的研制、定型、生产质量控制、产品验收中,以及整个弹道学理论和其他一些理论的研究中都需要测定弹丸的飞行速度。

自动机是火炮的心脏,自动机运动诸元的测定,在火炮实验研究中占有重要地位。根据测出的自动机运动曲线,对照自动机的运动计算,可以校核理论分析的正确性;根据测出的自动机运动曲线,可以分析火炮的结构参数对其性能的影响,判定各种系数的正确数值;根据测出的自动机运动曲线,可以了解自动机的工作特性,判断自动机的运动是否平稳,能量的分配是否恰当,各构件之间的撞击所引起的速度变化是否合理;自动机的运动曲线也是判断火炮产生故障原因的重要依据之一。

火炮膛内压力指火炮药室内火药燃烧后气体膨胀所产生的压力,它是表征火炮内弹道特性的一个重要指标。通过测量膛压,可提供火炮膛内的最大压力、膛底压力随时间的变化规律以及不同燃烧截面间的压力差等数据。膛内最大压力 P_m 是内弹道设计的初始数据之一，药室内压力随时间的变化规律即 $P-t$ 曲线，可为火炮的强度设计、鉴定弹丸、研究发射药和点火系统、内弹道计算等提供数据。对于高膛压火炮来说，$P-t$ 曲线的测量尤为重要。通过对 $P-t$ 曲线的分析，可以评价装药结构的优劣，进而改进装药，提高内弹道性能。在药室的不同部位安装同样的测量系统，还可以测量压力差。它可以确定发射药燃烧过程中膛内的反向压力差及压力反射的波动，进一步评价火炮装药的安全性。

火炮射击时会产生剧烈的冲击和振动；牵引火炮及自行火炮在行军时，由于道路高低不平也会产生振动。不论是前者还是后者，都会造成某些零部件的损坏或变形，使某些机构的动作发生故障，使安装在火炮上的电子、光学仪器损坏或者工作失常。火炮发射中的冲击和振动十分复杂，它与火炮结构特性、各部件的运动特性、环境条件都有关系；另外，火炮射击时由于火药气体压力的合力不会完全通过重心，由于弹丸挤入膛线对身管的作用，都会使火炮在弹丸离开火炮前就开始振动，使刚要离炮口的弹丸受到一个初始扰动，从而影响火炮的射击精度。对于高射火炮及航空机关炮，由于射速的不断提高，前一发引起的振动势必影响下一发的射击精度。对于反坦克火炮，身管的振动对首发的命中尤其重要。通过振动与冲击测试可以直接、全面地了解火炮各部位在射击和行军时的振动规律，从而采取合理的方法改善火炮在振动和冲击下的精度与强度问题。

火炮在射击过程中有高温、高压、高速的特点，在使用时，一些性能受到温度的限制。例如，火炮在射击时火药气体生成的热能有 $10\%\sim20\%$ 被身管吸收，其中绝大部分使身管温度升高。由于身管温度的升高，金属表面变软，抗冲击性能下降。当弹丸通过时，加速了磨损和火药气体的冲刷作用。在相同条件下，高温磨损比常温磨损快 $2\sim3$ 倍；由于身管温度的升高，射击精度可降低 $1\sim1.5$ 倍，炮口温度达 300 ℃时，可能降低 $3\sim4$ 倍。因此，为保证火炮寿命、射击精度，需监测炮管温度来保证火炮工作在允许的温度范围内。

在对噪声进行评估、判定其大小是否符合标准，分析噪声的主要成分及性质，或为有效地降低噪声提供技术支撑时，都需要进行噪声测试。只有准确、真实地测得噪声的声压等有关数据才能为解决噪声问题提供依据。

现代兵器工程的研究对象日益复杂化，其技术也越来越先进，人们只有借助于先进的测试仪器，采用先进的测试技术对兵器系统进行全面、准确的测试，通过对大量测试数据的分析，才能正确地认识和掌握兵器系统的客观规律，从而推动兵器技术的不断发展，研制出性能先进的兵器系统，并形成有效的保障力和战斗力。

3．本书的特点

本书是作者在多年从事兵器工程相关专业研究生课程教学经验积累的基础上，根据研究生的教学特点及从事兵器性能实验与测试的工程技术人员的需求，经系统论证、调研，在《兵器动态参量测试技术》一书的基础上修订而成的。

全书共分 14 章，可分为 3 篇。第 1 篇是兵器测试基础知识，包括第 1～3 章。第 1 章为兵器测试技术基础，系统阐述测量的基本概念、标准及兵器测试中量值传递的基本方法，实验与测试系统的组成，常用测量误差及测量不确定度的表征与处理方法；第 2 章详细介绍工程测试中信号的分类、描述，频谱分析方法及相关信号的可测性分析方法；第 3 章系统介绍实验与测试系统静动态特性的描述方法、动态误差及其修正方法。第 2 篇是兵器测试信号分析方法，包括第 4、5 章。第 4 章为数字信号处理基础，主要介绍 z 变换、DFT、FFT、数字滤波器的基本原理、方法及相关应用;第 5 章主要介绍测试信号的常用处理方法,包括回归分析、功率谱分析、倒频谱分析、频谱细化分析、小波分析、动态补偿滤波器等常用信号处理方法的原理、物理意义、适用范围,并辅以相关兵器信号的分析例子。第 3 篇详细介绍兵器性能参数实验与测试中常见参量的测试技术、测试方法,包括第 6~14 章。第 6 章为应力、应变、力及转矩测量技术,首先介绍应变测量的基础知识,然后对兵器工程中力、应变、应力、转矩等参量测试进行分类介绍;第 7 章为动态压力测量技术,系统介绍了铜柱测压及铜球测压的工作原理、使用方法、校准方法,介绍兵器压力常用的电测法的原理、校准方法及动态压力测量中的管道效应;第 8 章为温度及热通量测量技术,介绍常用温度及热通量的测试原理、使用方法及校准方法;第 9 章为兵器噪声测量技术,系统地介绍噪声测试的基础知识,针对兵器噪声的特点,介绍脉冲噪声的测试方法;第 10 章为运动参量测量技术,分别介绍位移、速度、加速度等运动参量的常用测试方法、原理、使用特点及校准方法;第 11 章为兵器振动测量技术,针对兵器振动的特点,详细介绍振动测试系统的组成及合理选择,常用振动传感器的工作原理及其动态特性,针对振动系统特性测试介绍了激振方式及机械结构参数的估计方法,详细介绍了机械阻抗的定义及测试与分析方法;第 12 章详细介绍膛口流场的形成、分类及特点,介绍了膛口温度、膛口流场密度、膛口流场可视化、流场分布、膛口火焰等参量的常用测试方法、原理及特点;第 13 章介绍弹丸姿态及坐标测试的常用方法、原理、使用特点等;第 14 章针对兵器材料的特点,介绍 Hopkinson 压杆及膨胀环的工作原理、使用特点、信号处理方法。本书在第 3 篇各章中,给出了大量的动态参量测试应用实例,有相当部分是编者及国内有关单位的研究成果,这是其他同类教材中所没有的。

第1篇　兵器测试基础知识

第1章 兵器测试技术基础

1.1 测量的基本方法

测试技术是人们认识客观事物的一种常用方法。所谓测试技术,是泛指测量和试验两个方面的技术。对生产、生活和科学研究活动中各种物理量的确定构成了测量的全部内涵。测量的过程或行为就是进行一个被测量与一个预定标准之间的定量比较,从而获得被测对象的数值结果。

1.1.1 测量的分类

测量的基本形式是比较,即将被测量与标准量进行比对。可根据测量的方法、手段、目的、性质等的不同对测量进行分类。

对于测量方法,从不同角度出发有不同的分类方法。按测量手段可分为直接测量、间接测量、组合测量、软测量;按测量方式可分为偏差式测量、零位式测量、微差式测量;按测量敏感元件是否与被测介质接触可分为接触式测量、非接触式测量;按被测量变化快慢可分为静态测量、动态测量;按测量系统是否向被测对象施加能量可分为主动式测量、被动式测量;按被测物理量是否在变化过程中测量可分为在线测量、离线测量。本书主要按测量手段阐述各种测量方法的思想及其特点。

1. 直接测量

直接测量是指无需经过函数关系的计算,直接通过测量仪器得到被测值的测量。例如温度计测水温,卷尺量长度等,都可直接从测量仪器得到被测值,故属于直接测量。

根据被测量与标准量之量纲是否一致,直接测量可分为直接比较和间接比较。直接把被测物理量和标准量作比较的测量方法称为直接比较。例如用卷尺量长度,利用惠斯通电桥比较两只电阻的大小等。直接比较的一个显著的特点是待测物理量和标准量是同一物理量。直接测量的另一种方法是间接比较。例如用水银温度计测体温是根据水银热胀冷缩的物理规律,事先确定水银柱的高度和温度之间的函数关系,从而可以用水银柱的高度作为被测温度的度量。这里是通过热胀冷缩的规律把温度的高低转化为水银柱的长度,然后根据水银柱长度间接得出被测温度的大小,这就是间接比较。从上述温度测量例子可知,间接比较就是利用仪器仪表把原始形态的待测物理量的变化变换成与之保持已知函数关系的另一种物理量的变化,并以人的感官所能接受的形式,在测量仪器仪表上显示出来。

直接测量按测量条件不同又可分为等精度(等权)直接测量和不等精度(不等权)直接测量两种。对某被测量进行多次重复直接测量,若每次测量的仪器、环境、方法和测量人员都保持一致或不变,则称为等精度测量;若测量中每次测量条件不尽相同,则称为不等精度测量。

2. 间接测量

在直接测量值的基础上,根据已知函数关系,计算出被测量的量值的测量,称为间接测量。

例如通过测定某段时间内火车运动的距离来计算火车运动的平均速度,通过速度-时间曲线经微分后计算速度的变化规律,通过对冲击波超压测试曲线积分计算出比冲量等,这些都属于间接测量。

3. 组合测量

将直接测量值或间接测量值与被测量值之间按已知关系组合成一组方程(函数关系),通过解方程组得到被测值的方法称为组合测量。组合测量实质是间接测量的推广,其目的就是在不提高计量仪器准确度的情况下,提高被测量值的准确度。例如,分别对线段 x 和 $10x$ 进行直接测量。测得结果分别为 l_1、l_2,即有

$$\begin{cases} x = l_1 \\ 10x = l_2 \end{cases}$$

可得 $x=l_2/10$,明显比 $x=l_1$ 直接测量具有更高的测量精度。本例实质是组合测量的特例及应用。

4. 软测量

软测量技术(Soft Sensor Technology)也称为软仪表技术,就是利用易测过程变量与难以直接测量的待测过程变量之间的数学关系,通过数学计算和方法估计,在测定易测量的基础上实现对待测过程变量的测量。软测量技术随着计算机技术、信号分析处理技术及控制理论的发展,其研究历经了静态到动态、动态线性到非线性、无校正功能到自校正功能过程,目前在过程检测与控制领域得到了长足的发展。

软测量实质是基于间接测量的思想。软测量的基本思想是,对于一些难以测量或暂时不能测量的重要变量(主导变量),选择另外一些容易测量的变量(辅助变量),通过构成某种数学关系来推断和估计,以软件来代替硬件功能。软测量是一种利用在线测量的辅助变量和离线分析信息去估计不可测或难测变量的方法;以成熟的传感器检测为基础,以计算机技术为核心,通过软测量模型运算处理而完成,具有通用性好、灵活性强、适用范围宽等优点。

软测量及软仪表发展目的及意义在于以下几点:

① 能够扩大测量范围,有助于检测由于技术或经济等原因造成难以直接测量的过程参数。

② 综合运用多个可测信息对被测对象作状态估计、诊断和趋势分析,可获取被测对象微观的二维或三维空间、时间分布信息,如爆炸场的冲击波压力及温度的空间场分布。

③ 软测量能为测量系统的动态校准及动态特性改善提供一种有效手段。

1.1.2 测量具有普遍科学意义的条件

为使测量结果具有普遍的科学意义,测量需要具备以下两个条件:

① 作为比较的标准必须是精确已知的且须得到公认。作为比较用的标准量值必须是已知的,且是合法的,才能确保测量值的可信度及保证测量值的溯源性。

② 进行比较的测量系统必须工作稳定,经得起检验。进行比较的测量系统必须进行定期检查、标定,以保证测量的有效性、可靠性,这样的测量才有意义。

1.2 标准量及常用量的传递方法

1.2.1 标准量

1. SI 的构成

为了求得国际上的统一,国际计量会议建立了统一的"国际单位制"(International System of Unit),简称 SI 制。SI 由 SI 单位和 SI 单位的倍数单位构成。SI 单位是国际单位制中由基本单位和导出单位构成的一贯单位制的那些单位。SI 导出单位又包括 SI 辅助单位在内的具有专门名称的 SI 导出单位和具有组合形式的导出单位。

为表述方便,SI 规定了七个基本单位。SI 导出单位是用基本单位以代数形式表示的单位。其中采用基本单位的乘除运算符号来表示的单位称为组合单位,如速度的 SI 单位为 m/s。

在 SI 的导出单位中,规定了具有国际计量大会通过的专门名称和符号,如能量的单位通常用焦耳(J)来代替牛顿米(N·m)。

用 SI 基本单位、具有专门名称的 SI 导出单位、SI 辅助单位,并以代数形式表示的单位称为组合形式的 SI 导出单位。

SI 单位的倍数单位包括 SI 单位的十进制倍数和分数单位,如 10^6 称为兆(M)。SI 单位的倍数单位不能单独使用。

2. SI 基本单位

国际单位规定七个基本单位:米、千克、秒、安[培]、开[尔文]、坎[德拉]、摩[尔]。

① 米 长度单位,单位符号为 m。1884 年曾规定 1 米等于保存在巴黎国际标准计量局内的铂铱合金棒上两根细线在 0 ℃时的距离。1960 年第十一次国际计量会议重新规定,1 米等于真空中氪-86(Kr-86)在 $2p_{10}$ 和 $5d_5$ 能级间跃迁时辐射的桔红光的波长的 1 650 763.73 倍。1983 年新基准规定 1 米是光在真空中(1/299 792 458)s 时间间隔内所经路径的长度。

规定英制长度单位和 SI 制长度单位之间的换算关系为

$$1 \text{ 英寸} = 2.54 \text{ 厘米} \tag{1-1}$$

② 千克(公斤) 质量单位,单位符号为 kg。1889 年规定以保存在巴黎国际标准计量局内的高度和直径均为 39 mm 的铂铱合金圆柱体-国际公斤原器为质量标准。质量标准可保持 $(1\sim 2)\times 10^{-8}$ 的准确度。

规定英制质量单位与 SI 制质量单位之间的换算关系为

$$1 \text{ 磅} = 453.592\ 37 \text{ 克} \tag{1-2}$$

③ 秒 时间单位,单位符号为 s。规定以英国格林威治 1899 年 12 月 31 日正午算起的回归年的 1/31 556 925.9747 为 1 秒。但该标准的建立需要依靠天文观测,使用起来不方便,1967 年第十三次国际计量会议上规定 1 秒为铯-133(Cs-133)原子基态的两个超精细能级之间跃迁所产生的辐射周期的 9 192 631 770 倍的持续时间。该标准的准确度可达 3×10^{-9}。

④ 安[培] 电流强度单位,单位符号为 A。真空中两根相距 1 米的无限长的圆截面极小的平行直导线内通以恒定的电流,使这两根导线之间每米长度产生的力等于 2×10^{-7} 牛顿,这

个恒定电流就是1安。它由电流天平(安培天平)来实现。

⑤ 开[尔文] 热力学温度单位,单位符号为 K。开尔文是水的三相点(即水的固、液、气三相共存的温度)的热力学温度的1/273.15。热力学温标是建立在热力学第二定律的基础上的,它和工作介质的性质无关,因此是一种理想的温标。热力学温标因绝对零度无法达到而难以实现,故又规定用国际温标来复制温度基准。国际温标由基准点、基准温度计和补插公式三部分组成。它选择一些纯净物质和平衡态温度作为温标的基准点,1968年国际温标共规定了11个基准点,然后又规定了在不同温度区间中使用的基准温度计和插值公式。例如,在冰点(0 ℃)和锑点(630.5 ℃)之间,采用纯铂电阻温度计为基准温度计,在这个温度区间内各中间点的温度,用纯铂电阻温度计按下式计算:

$$R_t = R_0(1 + At + Bt^2) \qquad (1-3)$$

式(1-3)中,R_0、A 和 B 三个常数,通过冰点(0 ℃)、汽点(100 ℃)、硫点(444.600 ℃)来测定。

摄氏温标是工程上通用的温标。摄氏温度和国际温标间的换算关系为

$$t = T - 273.15(\text{℃}) \qquad (1-4)$$
$$T = t + 273.15(\text{K}) \qquad (1-5)$$

式(1-4)、式(1-5)中,t 为摄氏温度,T 为国际温标。

⑥ 坎[德拉] 发光强度单位,单位符号为 cd。规定 1 坎德拉是一光源在给定方向上的发光强度,该光源发出的频率为 540×10^{12} Hz 的单色辐射,且在此方向上的辐射强度为(1/683) W/sr。

⑦ 摩[尔] 物质量的单位,单位符号为 mol。规定构成物质系统的结构粒子数目和 0.012 kg 碳-12 中的原子数目相等时,这个系统的物质的量为 1 摩尔。使用这个单位时,应指明结构粒子,它们可是原子、分子、离子、电子、光子及其他粒子,或是这些粒子的特定组合。

在国际单位制中,其他物理量的单位可通过与基本单位相联系的物理关系来定。例如,速度单位用物理方程 $v=kl/t$ 来定义,若长度 l 和时间 t 的单位分别为米和秒,并令 $k=1$,得速度单位(m·s^{-1})。

1977年5月17日,国务院发布《中华人民共和国计量管理条例》规定:"国家基准计量仪器是实现全国量值统一的基本依据,由中华人民共和国标准计量局(简称国家计量局)根据生产建设的需要组织研究和建立,经国家鉴定合格后使用。"1984年2月27日国务院又发布了统一实行法定计量单位的命令,进一步统一我国的计量单位,颁布了《中华人民共和国计量单位》。1993年12月27日国家技术监督局参照先进的国际单位制,结合我国的实际情况发布了新的国家标准 GB3100~GB3102—93《量和单位》。

为适应全国各地区、各部门生产建设和科学研究的需要,除国家标准计量局管理的国家计量基准器外,还要根据不同等级的准确度建立各级计量标准器及日常使用的工作标准器。例如温度测量,除国家标准计量局遵照国际温标规定,建立一套温度基准(包括基准温度计和定点分度装置)作为全国温度最高标准外,还设立了一级和二级标准温度计,逐级比较检定,把量值传递到工作温度计,使全国温度计示值都一致,以得到统一的温度测量。

对于各个导出单位,我国也建立了相应的测量标准,如力的标准、加速度标准等。这些量的标准制定和建立及量值的传递,是进行准确测量的基础,对实际测量具有重大意义。

1.2.2 兵器测试中常用量的传递方法

将计量基准所复现的单位量值,通过计量检定(或其他传递方法),传给下一等级的计量标

准,并依次逐级地传递到工作计量器具,以保证被测对象的量值准确一致,这一过程称为量值传递。量值传递在兵器测量中尤为重要,将直接影响到被测结果的准确性。力、压力、温度、长度是兵器测试中的常用量值。

1. 量值传递的方式

虽然计量器具的种类繁多,但是实现量值传递的方式也只有几种,从测量标准复现量值的角度来分类,有以下 6 种:

① 固定计量标准传递方式　用户按国家计量检定系统表所规定的技术要求,将被检的计量器具送往规定或选定的有资格(国家授权)的计量技术机构;由该机构的检定员按检定规程的要求,用经计量标准考核合格的计量标准进行检定(或校准)操作,并给出检测结果;做出被检计量器具是否合格的结论,出具检定证书。

② 搬运计量标准传递方式　由负责检定的单位把相应的计量标准搬运到被检计量器具所在的单位进行量值传递。

③ 发放标准物质传递方式　广泛应用在化学计量等专业领域,所使用的标准物质由有资格的单位进行制造,并附有经定值的有效的标准物质证书。

④ 发播标准信号传递方式　最简单、迅速和比较准确的方式,但目前只限于时间频率计量。我国通过中央电视台发播标准时间频率信号,该信号溯源于国家时间频率基准,并插入在彩色电视信号中发播,用户可直接接受并在使用现场校正时间频率计量器具。

⑤ 共用传递标准传递方式　当缺少更高准确度测量标准时,为保证测量结果趋向一致,可采用共用传递标准传递方式。这种方式必须通过传递标准作为媒介,在规定条件下,对相同准确度等级的同类测量标准或工作计量器具进行相互比较,故又称比对方式。

⑥ 寄送传递标准传递方式　为实现量值传递并保证测量质量,美国标准局(NBS)提出寄送传递标准传递方式,经发展形成"测量保证方案"。该方案的内容和突出特点是,接受量值传递的实验室在接受量值传递前后,以及两次量值传递之间的较长时间间隔内,必须反复地对自己的核查标准进行检测并建立起过程参数,以使所有测量过程均处于连续的统计控制之中,从而确保计量的质量。

各种量值的传递一般都是阶梯式的,即由国家基准或比对后公认的最高标准逐级传递下去,直到工作用计量器具。但是,随着科学技术和工业生产的迅速发展,这种传递方式已越来越不能满足保证量值准确与统一的需要。如美国国家标准局制订了一种"测量保证程序制(MAPS)",提出了量值传递的新方案。具体方案因参数不同而异,由国家标准局制作一批一定准确度的传递标准(例如 10 个功率座),每年发两个给各下级实验室,同时规定测量方法。各实验室用自己的工作标准测量收到的传递标准,然后将测量结果连同传递标准一起送回国家标准局。经数据分析后,再由国家标准局告知下级实验室的系统误差与测量随机误差。第二年,由国家标准局另换两个传递标准给该实验室。MAPS 传递方式采用了闭环量值传递方式,在量值传递过程中,不但检查了下级实验室计量器具所能达到的测量准确度,而且包括了下级测量人员的技术水平和实验室工作现场条件引入的误差。

2. 兵器测试中常用量的传递方法

① 力　力值的最高计量标准是国家基准机所产生的力值。目前国家 1 MN(即 10^6 N)以下基准由数台静重式力基准机组成,不确定度为 2×10^{-5}。力值最高标准是由砝码来复现的。

各地区或有关工业部门建有力标准机。它们的不确定度为 $1\times10^{-4}\sim5\times10^{-4}$。力值的传递用标准测力仪完成。标准测力仪有百分表式、电感式、电容式和电阻应变式等多种,用得最多的是百分表式和电阻应变式两种。用负荷传感器做动负荷测量时,需利用动态特性校准装置,并预先确定其频响特性。在进行力的分量测量时,多分量传感器需在六分量校准装置上校准,目前六分量校准装置多用砝码-滑轮结构。

② 压力　压力是指垂直作用于物体表面的力,压力计量中的压力单位实际上是单位面积上的压力,等效于工程技术中的压强单位。压力的表示方法有三种,即大气压力、绝对压力和表压力。在 SI 单位制中,压力单位是帕斯卡(Pa),其值为 $1\ \text{N/m}^2$。压力测量仪器有活塞式压力计、液体压力计、弹簧式压力表等。压力基准-活塞式压力计是根据帕斯卡原理和静力学平衡原理,通过测量其砝码质量和活塞面积,将量值溯源到质量和长度等基本量,并由其检定标准和工作压力测量仪器,实现压力量值传递。

在兵器测试中的压力往往表现为一些动态形式,随着技术的发展,动态压力测量及其可靠性与准确性变得更为重要。至今世界上还只有俄罗斯和法国建立了动态压力国家标准,提供动态压力校准服务并溯源到国家标准。俄罗斯动态压力量值传递的路径可分为 3 条：由国家基准通过直接测量方法直接传递到动压测量传感器和压力计；使用工作标准向非周期压力标准发生器,非周期压力发生器,非周期压力测量传感器和压力计传递；经由周期压力标准压力计,通过比对或直接测量方法传递给周期压力测量传感器和压力计或周期压力发生器。

③ 温度　温度是国际单位制七个基本单位之一,是兵器测试中一个十分重要的物理量。对温度计量基准器具,一般采用绝对温度复现方法,由一系列定义固定点装置实现；对温度标准器具和工作用器具的检定,一般是通过被检器具与上一级标准器具比较的方法,即比较法完成的。由于温标规定的温度量程范围大,不同温区的内插仪器不同,而且对实际的温度计量器具,其适用温度范围也不同,故对不同温区和计量器具,类型其计量方法也是不同的。

④ 长度　量块是计量部门的长度实物基准,是几何量计量领域里使用最广泛和准确度较高的实物标准量具之一。量块是由两个相互平行的测量面之间的距离来确定其工作长度的高准确度量具,其长度为计量器具的长度标准。它可制成不同的准确度等级,满足不同计量部门或检验部门的需要。通过对计量仪器、量具和量规等示值误差的检定方式,将长度基准传递到最终的机械产品。

测量长度尺寸的线纹尺的量值传递过程为：国家计量基准 633 nm 波长基准采用比较测量的方法检定激光干涉比长仪；激光干涉比长仪采用直接测量法检定一等标准金属线纹尺；一等标准金属线纹尺采用比较测量法检定二等标准金属线纹尺码；二等标准金属线纹尺采用直接测量法检定工作计量器具——钢直尺,使用钢直尺在生产中测量方法得到的长度值就通过一条不间断的链与国家计量基准 633 nm 波长基准联系起来,以确保测得的量值准确可靠,这一过程就是在实施量值传递。

1.3　测量系统

兵器工程中许多参量测试现代测量的一个明显特点是采用电测法,即非电量电测。采用电测法,首先要将被测物理量转换成电量,然后再进行必要的调理、转换、运算,最后以适当的形式输出。这一转换过程决定了测量系统的组成。只有对测量系统有一个完整的了解,才能按照实际需要设计或组建出一个有效的测量系统,以解决实际测试问题。

1.3.1 测量系统的组成

按照信号传递方式不同,测量系统可分为模拟式测量系统和数字式测量系统。现代测试系统中还包括智能式测量系统。

一个完整的测量系统包括以下几部分:传感器、信号调理与测量电路、显示与记录仪器、数据处理器、打印机等外围设备,如图1-1所示。此外,传感器标定设备、电源和校准设备等都是附属部分,不属于测试系统主体范围内,数据处理器与打印机也按具体情况的需要而添置。

图1-1 测量系统的组成

下面对上述各组成部分进行扼要介绍。

1. 传感器

传感器是整个测量系统实现测试与自动控制(包括遥感、遥测和遥控)的首要关键环节,它的作用是将被测非电量转换成便于放大、记录的电量。在工业生产的自控过程中,几乎全靠各种传感器对瞬息变化的众多参数信息进行准确、可靠、及时的采集(捕获),以达到对生产过程按预定工艺要求进行随时监控,使设备和生产系统处于最佳的正常运转状态,从而保证生产的高效率和高质量。人们对传感器的重要性已有充分认识,因此,在国内外均投入了大量的人力与物力从事研究与开发性能优良、测试原理新颖的传感器。

传感器是整个测量系统中采集信息的首要环节,所以有时称传感器为测量系统的一次仪表,其余部分为二次仪表或三次仪表。作为一次仪表的传感器往往由两个基本环节组成,如图1-2所示。

图1-2 传感器的组成

(1)敏感元件(或称预变换器,也统称弹性敏感元件)

在进行由非电量到电量的变换时,有时需利用弹性敏感元件,先将被测非电量预先变换为另一种易于变换成电量的非电量(例如应变或位移),然后再利用传感元件,将这种非电量变换成电量。弹性敏感元件是传感器的心脏部分,在电测技术中占有极为重要的地位。它常由金属或非金属材料做成,当承受外力作用时,会产生弹性变形;当去除外力后,弹性变形消失并能完全恢复其原来的尺寸和形状。

(2) 传感元件

凡是能将感受到的非电量(如力、压力、温度梯度等)直接变换为电量的器件称为传感元件(或称变换元件),例如应变片、压电晶体、压磁式器件、光电元件及热电偶等。传感元件是利用各种物理效应或化学效应等原理制成的。因此,新的物理或化学效应被发现并应用到测试技术中,将使传感元件的品种日趋丰富,性能更加优良。但应指出,并不是所有的传感器都包括敏感元件和传感元件两部分。有时在机-电量变换过程中,不需要进行预变换这一步,例如热敏电阻、光电器件等。另外一些传感器,敏感元件与传感元件合二为一,如固态压阻式压力传感器等。

2. 信号调理与测量电路

信号调理与测量电路依测量任务的不同而有很大的伸缩性。在某些简单的测量中可完全省略,直接将传感器的输出进行显示或记录。在大多数的测量中信号调理与测量电路(放大、调制解调、滤波等)是不可缺少的,可能包括多台仪器。复杂的测量往往还需借助于计算机进行必要的数据处理,如抗干扰滤波等。如果是远距离测量,有时还需增加必要的信号传输环节,如光电转换及光纤等。

3. 显示与记录器

显示与记录器的作用是将信号调理与测量电路送来的电压或电流信号不失真地显示和记录出来。若按记录方式分,又可分为模拟式记录器和数字式记录器两大类。早期采用电磁仪表和阴极射线示波器来显示被测量的数值和波形,但它们不具有记录功能;光线振动子示波器具有显示与记录两种功能,便于对被测数据进行重现和观察分析;而磁带记录器,它只能记录而不能显示被测信号。

模拟式记录器记录的是一条或一组曲线。它们有自动平衡式记录仪、笔录仪、X-Y 记录仪、模拟数据磁带记录器、电子示波器-照相系统、机械扫描示波器、记忆示波器以及带有扫描变换器(Scan Converter)的波形记录器等。

数字式记录器记录的是一组数字或代码。它们有穿孔机、数字打印机、瞬态波形记录器等。

此外,数据处理器、打印机、绘图仪是上述测量系统的延伸部分。它能对测量系统输出的信号作进一步处理,以便使所需的信号更为明确化。

在实际测量工作中,测量系统的构成是多种多样的。它可能只包括一二种测量仪器,也可能包括多种测量仪器,而且测量仪器本身也可能相当复杂。可以将微型计算机直接用于测量系统中,也可以在测量现场先将测量信号记录下来,再用计算机进行分析处理。

在模拟式测量系统中(见图 1-3),被测量(如动态压力、位移及加速度等)都是随时间连续变化的量,经测量系统变换后输出的一般仍是连续变化的电压或电流,能直观地反映被测量的大小和极性。这种随时间而连续变化的量统称为模拟量。模拟式测量系统的优点是价格低、直观性强、灵活而简易;缺点是精度较低。

图 1-4 所示为某典型的数字式测量系统,被测压力信号经压力传感器转换成电信号后,由信号调理与测量电路调理成电压信号,数据采集系统对模拟的电压信号进行采集存储,形成离散的数字信号供计算机分析处理。这种系统的优点是能够排除人为读数误差,并可采用计算机实现数据处理自动化。

图 1-3 模拟式测量系统的组成

图 1-4 数字式测量系统的组成

欲以最佳方案完成测试任务,就应该对传感器、信号调理与测量电路以及显示与记录器(有时还包括数据处理器、打印机等外围设备)的整套测试系统作全面、综合考虑。例如,要测量一个快速变化的瞬态压力,若压力变化时间只有几 ms 或几十 μs,则整套测试系统必须有足够的动态响应,才能保持足够的测试精度。选用传感器时,要尽量提高传感器的固有频率,但这样做会降低传感器的灵敏度,这时就需要考虑配用高增益、性能稳定、具有足够频宽的信号调理与测量电路。宁可不追求高灵敏度的传感器而首先保证整个测量系统具有足够的工作带宽的方法,应该说是合理的。

1.3.2 现代测试系统

现代测试系统是计算机软硬件技术、电子技术、测试仪器技术深层次相结合的产物,多采用基于标准测控总线、模块化的体系结构且具有虚拟仪器的特点。基于不同总线组建的测试系统,将对应不同的系统集成技术,如硬件上不同总线接口的仪器将对应不同转接卡设计,软件上不同总线接口仪器将对应不同的通信协议等。

1. 现代测试系统体系结构

现代测试系统的硬件体系结构分为两种基本类型:一种是以智能仪器为代表,以微控制器、单片机、DSP、ARM 微处理器等为核心组成的单机测试系统;一种是以标准测控总线为基础,以计算机(PC、笔记本、工作站、嵌入式控制器)为核心的测试系统,根据常用测控总线的不同,测试系统可分为 PC-DAQ 测试系统、GPIB 测试系统、VXI/PXI/LXI 模块式测试系统和基于多总线的融合式测试系统。

以计算机(PC、笔记本、工作站、嵌入式控制器)为核心的测试系统具备虚拟仪器的特点,以标准测控总线作为测试系统的基本框架,通过配置测量模块,软件编程实现强大的测量功能。如图 1-5 所示,该类系统结构中计算机一般为一台 PC 机或工作站,用来提供实时高效的数据处理工作。I/O 接口设备即采集调理部分,包括 PC 总线的数据采集卡(Data Acquisition)、GPIB 总线仪器、VXI 总线仪器模块、PXI 总线仪器模块、LXI 总线仪器模块、串口总线仪器和现场总线仪器模块等标准总线仪器,主要完成被测信号的采集、放大和模/数转换。该类系统充分利用了计算机的软硬件技术,计算机的控制器、显示器、PCI 插槽等硬件资源都可作为该类测试系统的硬件可利用资源,计算机软件可代替单机测试系统中的某些硬件,甚至可以产生物理设备难以产生的激励信号以用于检测和捕捉以前难处理的信号。随着总线技术和虚拟仪器的发展,目前该类型测试系统以其标准化、模块化、易于调整升级等优点已广泛应用于测控领域。

图 1-5 扩展型测试系统结构框图

2. 现代测试系统集成技术

(1) PC-DAQ 系统

以 PC 机为基础的插卡式测试系统是将现场数据通过配置的 DAQ 卡采集到计算机中,由计算机完成数据采集与处理任务。该类系统通常采用将 DAQ 卡插入 PCI 或 ISA 总线插槽的硬件集成方式,充分利用计算机的机箱、PCI/ISA 总线、USB/1394 总线、应用软件等成熟技术,大幅度降低了测试系统成本,具有研制周期短、更新改进方便的优点。

(2) GPIB 系统

通用接口总线(General Purpose Interface Bus,GPIB)是由 HP 公司于 1978 年制定的总线标准,是传统测试仪器在数据接口方面的延伸和扩展。典型的基于 GPIB 总线的虚拟仪器系统由一台 PC 机、一块 GPIB 接口卡和若干台 GPIB 接口仪器通过 GPIB 电缆连接而成,通过 GPIB 接口可以实现计算机对仪器的操作和控制,替代了传统的人工操作方式,提高了测试、测量效率。

(3) PXI 系统

PXI 总线(PCI Extension for Instrument)是 PCI 总线在仪器领域的扩展,是与 VXI 总线并行的另一种模块化仪器总线标准。一个典型的 PXI 系统一般由 PXI 机箱、控制器和若干个

PXI 模块化仪器组成,控制器既可选用嵌入式计算机,又可利用 MXI-3 接口或其他接口外接通用计算机控制,前者比较适合高精度、高速度等高要求测试系统中。该类测试系统融合了 PXI 传输速率高、计算机硬件资源价格低廉的特点,尤其是在图形化编程语言 LabVIEW 环境下开发的基于 PXI 总线的测试系统,LabVIEW 软件除完成数据采集与处理等核心任务外,还能自动识别已安装好驱动的模块化硬件的地址,替代了传统的人工配制板卡地址。因此组建该类系统时技术难点在于模块化硬件的集成和测试软件的编写。

(4) VXI 总线

1987 年,一些著名的测试和测量公司联合推出了 VXI(VMEbus Extensions for Instrumentation)总线结构标准。它将测量仪器、主机架、固定装置、计算机及软件集为一体,是一种电子插入式工作平台。

VXI 总线来源于 VME 总线结构。VME 总线是一种非常好的计算机总线结构,和必要的通信协议相配合,数据传输速率可达 40 Mbit/s。VXI 总线的消息基设备(Message Based Device)具有 IEEE-488 仪器容易使用的特点,如 ASCⅡ编程等。同时,VXI 总线和 VME 设备一样,有很高的吞吐量,可以直接用二进制的数据进行编程和通信,和这些 VME 设备相对应的是 VXI 寄存器基的设备(Register Based Device)。

在每个 VXI 总线系统中,必须有两个专门的功能。第一个是 0 号槽功能,它负责管理底板结构。第二个是资源管理程序。每当系统加电或复位时,这个程序就对各个模块进行配置,以保证能正常工作。

(5) AXIe 总线简介

Advanced TCA(Advanced Telecom Computing Architecture)即先进电信运算架构,集众多先进总线于一身,速度快,性能稳定,是高性能计算和高速数据交换的理想架构。AXIe 是一个以 Advanced TCA 为基础的开放式标准,并参考了 VXI、PXI、LXI 和 IVI 等现有的标准,其目标是创建一个由各种元器件、产品和系统组成的生态系统,以满足通用测试仪器和半导体测试总线需求,提供最大的可扩展性,满足各种平台的需求。

2009 年 11 月,安捷伦科技有限公司、艾法斯公司和 Test Evolution 公司联合成立 AXIe 联盟,旨在开发和推广 AXIe 系列标准,并于 2010 年 6 月发布了 AXIe 总线标准。

AXIe 总线标准具有诸多优势,在相同尺寸下能达到更高性能;具有更大的可剪裁性;很方便和 PXI、VXI、LXI 和 IVI 集成;具有更好的模块化、更好的灵活性、更高的速度,可解决众多平台需求,如 ATB 系统、堆叠模块系统、插卡模块系统;大大减少开发成本。

与 VXI 和 PXIe 总线技术相比,AXIe 可提供更大印制板尺寸、输出功率、高效散热、高速灵活的数据通信架构,以及 Advanced TCA 标准的灵活性,同时还能与 Advanced TCA 标准兼容。AXIe 基于 Advanced TCA 的模块大小,每个槽位可提供高达 240 W 的功率,是高性能测试测量仪器的理想选择,尤其适合对空间和功率需求大的射频/微波仪器。AXIe 可提供多机箱互连方式,每个机箱可提供 1 至 14 个槽位,可插入 PXI/PCI 适配卡,基本架构支持 LAN 和 PCIe 数据架构,智能平台管理接口允许单机箱和多机箱系统控制功能。AXIe 提供多种扩展功能,包括 I/O、定制背板、液体冷却等。AXIe 与常用总线的性能指标对比见表 1-1 所列。

表 1-1　AXIe 与常用总线的性能指标对比

主要指标	VXI	PXIe	AXIe
技术基础	VME	CPCI/CPCIe	Advanced TCA
单个插槽与背板之间的最大数据带宽	320 MB/s	4 GB/s	2 GB/s
系统插槽与其余插槽间最大数据带宽	320 MB/s	8 GB/s	26 GB/s
PCIe 结构	无	有	有
LAN 底板	无	无	有
局部总线通道数	12(独立)	1(13 PXI)	18～62
触发方式	8 信号触发	星形触发	双向星形触发
参考时钟/MHz	10	10, 100	100
时钟同步	有	有	有
每插槽功率/W	75～100	30	240
每个插槽提供的印制板空间/cm²	782	160	900

(6) 现代测试系统的软件开发技术

目前用于开发标准总线的测试系统的软件主要有 VB、VC、MATLAB 以及基于图形化编程语言的 LabVIEW 等语言。

软件部分主要包括 I/O 接口软件、板卡与仪器驱动程序、可执行应用程序。I/O 接口软件提供了底层硬件驱动的接口,负责计算机与物理仪器之间的通信。仪器驱动程序是完成某一特定仪器控制与上层软件之间接口的软件程序集,它负责把应用程序给出的指令转换为仪器的外部指令或进行相反的操作,是基于 I/O 接口软件之上并与应用程序进行通信的中间层,可执行应用程序则通过提供用户友好的测控操作交互界面,并通过仪器驱动接口来操作测试仪器以完成各项测试,同时提供各种数据分析、处理、存储等功能,从而完成整个测试任务。这样,I/O 接口软件、板卡与仪器驱动程序、可执行应用程序自下而上构成了测试系统的整个软件体系结构,如图 1-6 所示。

测试系统软件的 3 个关键任务分别控制输入/输出、测试流程控制、测试数据处理。其中,控制输入/输出是对以工业控制计算机为核心的硬件设备进行操作,以采集输入数据并进行模拟输出,典型的是对各种输入/输出板卡的控制;测试流程控制是完成某种测试任务进行必要的过程控制,对于一般的测试任务,其测试过程可以简单地划分为测试参数配置、测试过程、界面维护/结果分析等;测试数据处理是对测试数据的管理和维护。

图1-6 测试系统软件体系结构

1.3.3 虚拟仪器

1. 虚拟仪器的概念及特点

虚拟仪器(Virtual Instrument,VI)是指通过应用程序将通用计算机与功能化硬件结合起来,用户可通过友好的图形界面来操作这台计算机,就像在操作自己定义、自己设计的一台单个仪器一样,从而完成对被测试量的采集、分析、判断、显示、数据存储等。其基本思想是,利用计算机来管理仪器,组织仪器系统,将传统仪器中某些硬件电路由软件实现,进而逐步代替仪器完成某些功能,如数据的采集、分析、显示和存储等,最终达到取代传统电子仪器的目的。这里的"虚拟"有两层含义:一是虚拟的仪器面板;二是由软件实现仪器的测量功能(软件就是仪器)。

虚拟仪器技术不但让我们享用到普通PC不断发展的性能,还可体会到完全自定义的测量和自动化系统功能的灵活性,最终构建起满足特定需求的系统。与传统仪器相比,虚拟仪器技术具有以下特点:

- 功能强、性价比高、开放性好,虚拟仪器丰富和增强了传统仪器的功能,仪器升级、复用方便,用户可以自定义,便于构成复杂的测试系统,可实现"网络化虚拟仪器";
- 操作方便,通过图形用户界面(GUI)操作虚拟仪器面板;
- 硬件模块化、系列化。

2. 虚拟仪器系统的构成

虚拟仪器由硬件设备与接口、设备驱动软件和虚拟仪器面板组成。用户用鼠标操作虚拟仪器的面板就如同操作真实仪器一样真实与方便。

(1) 虚拟仪器系统的硬件构成

虚拟仪器的硬件系统一般分为计算机硬件平台和测控功能硬件。计算机硬件平台可以是各种类型的计算机。它管理着虚拟仪器的软件资源,是虚拟仪器的硬件基础。因此,计算机技术在显示、存储能力、处理器性能、网络、总线标准等方面的发展,促进了虚拟仪器系统的快速发展。

按照测控功能硬件的不同,虚拟仪器主要可分为 PC 总线、串口总线、GPIB、VXI 和 PXI 这 5 种标准体系结构,它们主要完成被测输入信号的采集、放大、模/数转换。

(2) 虚拟仪器系统的软件构成

虚拟仪器的软件系统是虚拟仪器的核心,强调软件在虚拟仪器中的重要位置。用户可以根据不同的测试任务,编制不同的测试软件,实现复杂的测试任务。在虚拟仪器系统中用灵活、强大的计算机软件代替传统仪器的某些硬件,特别是系统中应用计算机直接参与测试信号的产生和测量特性的分析,由计算机的软硬件资源来完成传统仪器的功能。虚拟仪器系统的软件包括应用软件、仪器驱动软件和通用 I/O 接口软件三部分。应用软件根据其功能又分为仪器面板控制软件、数据分析处理软件两部分,如图 1-7 所示。

图 1-7 虚拟仪器系统的软件结构

① 仪器面板控制软件:仪器面板控制软件即测试管理层,是用户与仪器之间交流信息的纽带。

② 数据分析处理软件:利用计算机强大的计算能力和虚拟仪器开发软件功能强大的函数库,可以极大地提高虚拟仪器系统的数据分析处理能力。

③ 仪器驱动软件:虚拟仪器驱动程序是处理与特定仪器进行控制通信的软件,是连接上层应用程序与底层 I/O 接口仪器的纽带和桥梁,是虚拟仪器的核心。

④ 通用 I/O 接口软件:存在于仪器设备与仪器驱动程序之间,完成对仪器寄存器进行直接存取数据操作,为仪器设备与仪器驱动程序提供信息传递。

(3) 虚拟仪器软件开发平台

目前,研制虚拟仪器软件开发平台工作比较著名的是 NI 公司和 HP 公司。他们推出的开发平台已被广泛采用。NI 公司推出的 LabVIEW 软件开发平台,适合于能操作 PC 但不熟悉计算机语言的用户。

1.4 测量误差及处理

1.4.1 测量误差

1. 误差的定义

(1) 真 值

真值即真实值,是指在一定的时间和空间条件下,被测物理量客观存在的实际值。真值通常是不可测量的未知量,一般说的真值是指理论真值、规定真值和相对真值。

- 理论真值:理论真值也称绝对真值,如平面三角形内角之和恒为 180°。
- 规定真值:国际上公认的某些基准量值,如米是光在真空中(1/299 792 458)s 时间间隔内所经路径的长度。这个米基准就当作计量长度的规定真值。规定真值也称约定真值。
- 相对真值:计量器具按精度不同分为若干等级,上一等级的指示值即为下一等级的真值,此真值称为相对真值。

(2) 误　差

误差存在于一切测量中,误差定义为测量结果减去被测量的真值,即

$$\Delta x = x - x_0 \tag{1-6}$$

式中:Δx 为测量误差(又称真误差);x 为测量结果(由测量所得到的被测量值);x_0 为被测量的真值。

(3) 残余误差

测量结果减去被测量的最佳估计值,即

$$v = x - \bar{x} \tag{1-7}$$

式中:v 为残余误差(简称残差);$\bar{x}$ 为真值的最佳估计(也即约定真值)。

2. 误差的分类

测量误差不可避免,究其原因,主要是由以下因素引起的:

- 工具误差——它包括测量装置、测量仪器所带来的误差,如传感器的非线性等;
- 方法误差——测量方法不正确引起的误差称为方法误差,包括测量时所依据的原理不正确而产生的误差,这种误差亦称为原理误差或理论误差;
- 环境误差——在测量过程中,因环境条件的变化而产生的误差称为环境误差,环境条件主要指环境的温度、湿度、气压、电场、磁场及振动、气流、辐射等;
- 人员误差——测量者生理特性和操作熟练程度的优劣引起的误差称为人员误差。

为了便于对测量误差进行分析和处理,按照误差的特点和性质进行分类,可分为随机误差、系统误差和粗大误差。

(1) 随机误差

在相同的测量条件下,多次测量同一物理量时,误差的绝对值与符号以不可预定的方式变化着。也就是说,产生误差的原因及误差数值的大小、正负是随机的,没有确定的规律性,或者说带有偶然性,这样的误差就称为随机误差。随机误差就个体而言,从单次测量结果来看是没有规律的,但就其总体来说,随机误差服从一定的统计规律。

在很多情况下,随机误差是对测量值影响微小且相互独立的多种影响因素的综合结果,也就是测量中随机误差通常是多种因素造成的许多微小误差的综合,根据随机变量的中心极限定理,可知随机误差的概率分布大多接近于正态分布。随机误差一般具有以下特征:

- 对称性。绝对值相等的正误差与负误差出现的概率相等。
- 单峰性。绝对值小的误差比绝对值大的误差出现的概率大。
- 有界性。随机误差一般都分布在 $[-3\sigma, +3\sigma]$ 区间内,若测量中出现有的数据误差超出此范围,那么可认为此数据是异常数据,是过失误差,可将此数据舍去。
- 抵偿性。在相同条件下对同一样本进行测量时,各误差的代数和随着测量次数 n 的无限增加而趋于 0。

(2) 系统误差

在相同的测量条件下,多次测量同一物理量时,误差不变或按一定规律变化着,这样的误差称为系统误差。系统误差等于误差减去随机误差,是具有确定性规律的误差,可以用非统计的函数来描述。

系统误差又可按下列方法进行分类。

按对误差的掌握程度可分为已定系统误差和未定系统误差。

- 已定系统误差：误差的变化规律为已知的系统误差。
- 未定系统误差：误差的变化规律为未确定的系统误差。这种系统误差的函数公式还不能确定，一般情况下可估计出这种误差的最大变化范围。

按误差的变化规律可分为定值系统误差、线性系统误差、周期系统误差和复杂规律系统误差。

- 定值系统误差：误差的绝对值和符号都保持不变的系统误差。
- 线性系统误差：误差是按线性规律变化的系统误差，误差可表示为线性函数。
- 周期系统误差：误差是按周期规律变化的系统误差，误差可表示为三角函数。
- 复杂规律系统误差：误差是按非线性、非周期性的复杂规律变化的系统误差，误差可用非线性函数来表示。

系统误差一般具有以下特征：

- 确定性。系统误差是固定不变的，或是一个确定性的，即非随机性质的时间函数，它的出现符合确定的函数规律。
- 重现性。在测量条件完全相同时，经过重复测量，系统误差可以重复出现。
- 可修正性。由于系统误差具有重现性，就决定了它的可修正性。

（3）粗大误差

粗大误差是指那些误差数值特别大，超出在规定条件下的预计值，测量结果中有明显错误的误差，也称粗差。出现粗大误差的原因是在测量时仪器操作的错误，或读数错误，或计算出现明显的错误等。粗大误差一般是由于测量者粗心大意、实验条件突变等因素造成的。

粗大误差由于误差数值特别大，容易从测量结果中发现，一经发现有粗大误差，应认为该次测量无效，即可消除其对测量结果的影响。

3．误差的表示方法

（1）绝对误差

绝对误差 Δx 是指测得值 x 与真值 x_0 之差，可表示为

$$绝对误差 = 测得值 - 真值$$

用符号表示，即

$$\Delta x = x - x_0 \tag{1-8}$$

（2）相对误差

相对误差是指绝对误差与被测真值之比值，通常用百分数表示，即

$$相对误差 = \frac{绝对误差}{被测真值} \times 100\%$$

用符号表示，即

$$r = \frac{\Delta x}{x_0} \times 100\% \tag{1-9}$$

当被测真值为未知数时，一般可用测得值的算术平均值代替被测真值。对于不同的被测量值，用测量的绝对误差往往很难评定其测量精度的高低，通常采用相对误差来评定。

（3）引用误差

测量仪器的绝对误差除以仪器的满度值，即

$$r_m = \frac{\Delta x}{x_m} \times 100\% \tag{1-10}$$

式中：r_m 为测量仪器的引用误差；Δx 为测量仪器的绝对误差，一般指的是测量仪器的示值绝对误差；x_m 为测量仪器的满度值，一般又称为引用值，通常是测量仪器的量程。

引用误差实质是一种相对误差，可用于评价某些测量仪器的准确度高低。国际规定电测仪表的精度等级指数 a 分为 0.1、0.2、0.5、1.0、1.5、2.5、5.0，共七级，其最大引用误差不超过仪器精度等级指数 a 百分数，即 $r_m \leq a\%$。

4. 表征测量结果质量的指标

常用正确度、精密度、准确度、不确定度等来描述测量的可信度。

（1）正确度

正确度表示测量结果中系统误差大小的程度，即由于系统误差而使测量结果与被测量值偏离的程度。系统误差越小，测量结果越正确。

（2）精密度

精密度表示测量结果中随机误差大小的程度，即在相同条件下，多次重复测量所得测量结果彼此间符合的程度，随机误差越小，测量结果越精密。

（3）准确度

准确度表示测量结果中系统误差与随机误差综合大小的程度，即测量结果与被测真值偏离的程度，综合误差越小，测量结果越准确。

（4）不确定度

不确定度表示合理赋予被测量之值的分散性，与测量结果相联系的参数。不确定度越小，测量结果可信度越高。

1.4.2 常用误差处理方法及误差的合成与分配

1. 随机误差处理方法

由于存在随机误差，当对某一量进行一系列等精度测量时，其测得值各不相同，应以全部测得值的算术平均值作为测量结果。算术平均值与被测量的真值最为接近，由大数定律可知，如果测量次数无限增加，则算术平均值 $\bar{x}$ 必然趋近于真值 x。

由随机误差 $\varepsilon_i = x_i - x_0$ 可得

$$\varepsilon_1 + \varepsilon_2 + \cdots + \varepsilon_n = (x_1 + x_2 + \cdots + x_n) - nx_0 \tag{1-11}$$

$$\sum_{i=1}^{n} \varepsilon_i = \sum_{i=1}^{n} x_i - nx_0, \quad nx_0 = \sum_{i=1}^{n} x_i - \sum_{i=1}^{n} \varepsilon_i \tag{1-12}$$

当 $n \to \infty$ 时，有 $\sum_{i=1}^{n} \varepsilon_i \to 0$，则有 $\bar{x} \to x_0$。

可见，若能够对某一量进行无限多次测量，就可得到不受随机误差影响的测量值。但由于实际上实验测量是有限次测量，所以只能将算术平均值近似地作为被测量的真值。

2. 系统误差处理方法

（1）系统误差的判别

实际测量中，系统误差产生的原因很复杂，对测量结果的影响可能很大。为了设法消除系统误差，首先要判别是否存在系统误差。以下是几种判别系统误差是否存在的方法。

① 实验对比法

这种方法适用于恒值的系统误差,它是通过改变测量条件、测量仪器或测量方法进行先后测量结果的对比,以便发现误差。如对一固定系统误差的仪表,即使进行多次测量,也不能发现误差,只能用更高一级精度的测试仪表进行同样的测试,它的系统误差才能被检验出来。

② 残差观察法

该方法适合于发现有变化规律的系统误差。各次测量值与其算术平均值之差 $v_i = x_i - \bar{x}$,定义为残差,也称为剩余误差。残差观察法就是对被测对象进行多次测量后,求取每次测量的残差,然后将测量数据的各个残差制成表格或绘制成曲线,通过分析残差数的大小和符合的变化规律,判断是否存在系统误差。

③ 马利科夫判据

马利科夫判据用于发现是否存在线性的系统误差。进行 n 次等精度测量,然后计算各测量值所对应的残差,按测量的先后顺序排列。各测量值所对应的残差 v_i,若测量次数为偶数,则

$$M = \sum_{i=1}^{\frac{n}{2}} v_i - \sum_{i=\frac{n+2}{2}}^{n} v_i \tag{1-13}$$

若测量次数为奇数,则

$$M = \sum_{i=1}^{\frac{n-1}{2}} v_i - \sum_{i=\frac{n+3}{2}}^{n} v_i \tag{1-14}$$

若 M 近似等于 0,则测量数据中不含有线性的系统误差;若 M 明显地不等于 0(与 v_i 相当或更大),则测量数据中存在线性的系统误差。

④ 阿贝赫梅特判据

阿贝赫梅特判据用于判别有无周期性的系统误差。进行 n 次等精度测量,将测量数据按先后顺序排列,计算此列数据的标准差 σ 及各测量值所对应的残差 v_i,若

$$\left| \sum_{i=1}^{n-1} (v_i \times v_{i-1}) \right| > \sqrt{n-1} \sigma^2 \tag{1-15}$$

成立,则认为测量中存在周期性的系统误差。

(2) 系统误差的处理

对于系统误差的处理,最好是掌握其数值及规律,找出误差来源,然后采取相应的处理措施,或典型的测量技术来减小系统误差,必要时对系统误差进行修正。

1) 减小系统误差的常规措施
- 测量原理和方法尽力做到正确、严格;
- 测量仪器应定期检验和校准,并注意仪器的使用条件和操作方法;
- 注意周围环境对测量的影响;
- 尽量减少或消除测量人员主观原因造成的系统误差。

2) 用修正方法减少系统误差

修正方法是预先通过检定、校准或计算得出测量器具的系统误差的估计值,作出误差表或误差曲线,然后取与误差数值大小相同、方向相反的值作为修正值,将实际测量值加上相应的修正值,即可得到已修正的测量结果。

3) 减小系统误差的典型技术措施

① 零示法。将被测量与已知标准量进行比较,使两者对比较仪的作用相抵消,当总的效应达到平衡时,比较仪的指示为 0,这时已知量的数值就是被测量的数值。

② 替代法。在测量条件不变的情况下,用一个已知标准量代替被测量,并调整已知量,使仪器的示值不变,这时被测量就等于已知量。在替代过程中,因为仪表的工作状态和示值都保持不变,所以仪器误差和其他原因造成的误差对测量结果基本上没影响。

③ 微差法。设被测量为 x,与其数值相近的标准量为 B,被测量与已知标准量为差值为 A,且 $A \ll B$,A 的数值可以测得,则

$$x = B + A$$

$$\frac{\Delta x}{x} = \frac{\Delta B}{x} + \frac{\Delta A}{x} = \frac{\Delta B}{x} + \frac{A}{x} \cdot \frac{\Delta A}{A} \tag{1-16}$$

由于 $A \ll B$,故 $x = B + A \approx B$,由此可得

$$\frac{\Delta x}{x} \approx \frac{\Delta B}{B} + \frac{A}{B} \cdot \frac{\Delta A}{A} \tag{1-17}$$

上式表明,若标准量与被测量的差值微小,且微差量可测得,则可以由标准量的相对误差和微差值的相对误差求得被测量的相对误差。

3. 粗大误差的判别

在无系统误差条件下,受随机误差的影响,测量数据具有一定的离散性且分布在被测量的真值附近。在实际测量中,随机误差是有界的,因此测量值远离真值的可能性很小。当测量值中存在绝对值很大的数据时,可视为可疑数据。这些数据对样本均值和方差影响很大,因此当遇到可疑数据时,应仔细分析其产生的原因。常见原因有:①测量方法不正确或测量条件发生异常;②测量仪表自身故障或人员操作失误;③测量结果受强磁场干扰、导线接插头接触不良等;④受随机误差正常的离散性影响。

粗大误差的判别方法很多,本书仅介绍两种常用的判别准则:莱特准则和格拉布斯准则。

(1) 莱特准则

莱特准则的基本原理是:当测量次数足够大时,把样本均值 $\bar{x}$ 当作测量值的数学期望,把样本均方差 $\hat{\sigma}$ 当作测量值的均方差,按 x 服从正态分布且数学期望和均方差都已知的情况下,令置信概率为 99.73%,求得一区间,认为该区间以外的测量值属于坏值,予以剔除。

具体方法是:

计算测量数据中绝对值的最大值 $|v_i|_{\max} = |x_i - \bar{x}|_{\max}$,若 $|v_i|_{\max} \leq 3\hat{\sigma}$,则所有测量数据都是正常的;若 $|v_i|_{\max} > 3\hat{\sigma}$,则对应的测量数据应剔除。如果同时有几个,则应先剔除最大的一个,然后重新计算 $\bar{x}$ 和 $\hat{\sigma}$,再进行第二次判别,直到所有的 $|v_i|_{\max}$ 不大于 $3\hat{\sigma}$ 为止。

(2) 格拉布斯准则

当测量次数较少时,莱特准则不大可靠,宜采用格拉布斯准则。格拉布斯准则是用数理统计方法推导出来的,其概率意义比较明确,用它判别异常数据较合理。格拉布斯准则判别粗大误差的步骤如下:

① 计算测量数据的样本均值和样本均方差:

$$\bar{x} = \frac{1}{n} \sum_{i=1}^{n} x_i, \qquad \hat{\sigma} = \sqrt{\frac{1}{n-1} \sum_{i=1}^{n} (x_i - \bar{x})^2} \tag{1-18}$$

② 根据测量次数 n 和给定概率 p 由表 1-2 查得格拉布斯系数 p。
③ 找出残差的最大值 $|v_i|_{\max}$：

$$|v_i|_{\max} = |x_i - \bar{x}|_{\max}$$

当 $|v_i|_{\max} \leq p \cdot \hat{\sigma}$ 时，表明所测数据都是正常的；当 $|v_i|_{\max} > p \cdot \hat{\sigma}$ 时，该残差的测量值视为粗大误差，预以剔除。然后重新对留下的数据进行计算、判别，直到留下的数据全部是正常数据为止。

表 1-2 格拉布斯系数表

n \ p	0.95	0.99	n \ p	0.95	0.99
3	1.15	1.16	17	2.48	2.78
4	1.46	1.49	18	2.50	2.82
5	1.67	1.75	19	2.53	2.85
6	1.82	1.94	20	2.56	2.88
7	1.94	2.10	21	2.58	2.91
8	2.03	2.22	22	2.60	2.94
9	2.11	2.32	23	2.62	2.96
10	2.18	2.41	24	2.64	2.99
11	2.23	2.48	25	2.66	3.01
12	2.28	2.55	30	2.74	3.10
13	2.33	2.61	35	2.81	3.18
14	2.37	2.66	40	2.87	3.24
15	2.41	2.70	50	2.96	3.34
16	2.44	2.75	100	3.17	3.59

1.4.3 测量误差的合成与分配

系统误差和随机误差由于其规律和特点不同，它们合成与分配的处理方法也不同。

1. 测量误差的合成

一个测量系统或一台测量仪器都是由若干部分组成的，而各部分都存在测量误差，各局部误差对整个测量系统或仪表测量误差的影响就是误差合成问题。

（1）系统误差的合成

设测量系统各环节输入参数分别为 x_1、x_2、$\cdots$、x_n，总的输出与输入的函数关系为

$$y = f(x_1, x_2, \cdots, x_n)$$

令 dx_1、dx_2、$\cdots$、dx_n 分别为 x_1、x_2、$\cdots$、x_n 的绝对误差，则可近似得到各部分系统误差的绝对误差 Δ 的合成表达式：

$$\Delta = dy = \frac{\partial y}{\partial x_1} dx_1 + \frac{\partial y}{\partial x_2} dx_2 + \cdots + \frac{\partial y}{\partial x_n} dx_n \tag{1-19}$$

相对误差 δ 合成的表达式为

$$\delta = \frac{dy}{y} = \frac{\partial y}{\partial x_1} \cdot \frac{dx_1}{y} + \frac{\partial y}{\partial x_2} \cdot \frac{dx_2}{y} + \cdots + \frac{\partial y}{\partial x_n} \cdot \frac{dx_n}{y} \tag{1-20}$$

(2) 随机误差的合成

设测量系统由几个环节组成，各部分的标准误差分别为 σ_1、σ_2、$\cdots$、σ_n，误差合成表达式为

$$\sigma = \sqrt{\sum_{i=1}^{n}\left(\frac{\partial f}{\partial x_i}\right)^2 \sigma_i^2 + 2\sum_{i<j<n}\frac{\partial f}{\partial x_i}\cdot\frac{\partial f}{\partial x_j}\rho_{ij}\sigma_i\sigma_j} \quad (1-21)$$

式中，ρ_{ij} 为第 i 和第 j 个单项随机误差之间的相关系数，ρ_{ij} 取值为 $-1\leqslant\rho_{ij}\leqslant 1$。

若当各个环节标准误差相互独立或不相关时有 $\rho_{ij}=0$，则有误差合成表达式为

$$\sigma = \sqrt{\sigma_1^2 + \sigma_2^2 + \cdots + \sigma_n^2} \quad (1-22)$$

(3) 总误 ρ_{ij} 差合成

若测量系统的系统误差和随机误差相互独立，则总的合成误差的极限值可表示为

$$\varepsilon = \Delta + \sigma = \sum_{i=1}^{n}\Delta_i + \sqrt{\sum_{i=1}^{n}\sigma_i^2} \quad (1-23)$$

实际测量中，系统误差与随机误差相互独立的可能性较小，存在一定程度的相关性，因此式(1-23)给出的值偏小。

2. 测量误差的分配

若预先对测量系统或仪表总误差提出要求，则如何确定各组成环节的单项误差值，就是误差的合理分配问题。

(1) 系统误差的分配

系统误差的分配是指在组成一测量系统或设计一台测量仪器时，应如何合理分配各环节或元件的系统误差。以四臂电桥的系统误差分配为例说明系统误差的分配方法。

已知四臂电桥的系统综合误差公式是

$$\delta_{R_x} = \delta_{R_N} + \delta_{R_2} - \delta_{R_3}$$

式中：δ_{R_N} 为标准电阻的相对误差；δ_{R_2}、δ_{R_3} 为非标准电阻的相对误差，一般数值较大，但 δ_{R_3} 前有负号。若取 $\delta_{R_2}=\delta_{R_3}$，则 $\delta_{R_x}=\delta_{R_N}$，即 R_x 的测量误差 δ_{R_x} 只取决于可变标准电阻 R_N 的误差值。

(2) 随机误差的分配

随机误差自身的特点给误差分配带来了困难，在误差分配时常采用等精度分配原则，即认为各环节的随机误差均相等，把总的误差平均分配给各个环节。

1.5 测量不确定度的评定

不确定度是指由于测量误差的存在而对被测量值不能确定的程度，是定量描述测量结果质量的指标。测量不确定度用来表示测量结果的质量高低，不确定度愈小，测量结果的质量愈高，则使用价值越大；反之，不确定度愈大，测量结果的质量愈低，则使用价值越小。测量结果必须附有不确定度说明才是完整并有意义的。因此，首先要正确理解测量不确定度的概念，正确掌握测量不确定度的表示与评定方法，以适应兵器测试技术的发展需求。

1.5.1 不确定度评定的基本知识

1. 有关不确定度的术语

① 标准不确定度：以标准差表示的测量不确定度。

② 不确定度的 A 类评定：用对测量列进行统计分析的方法来评定标准不确定度。不确定度的 A 类评定有时又称为 A 类不确定度评定。

③ 不确定度的 B 类评定：用不同于测量列进行统计分析的方法来评定标准不确定度。不确定度的 B 类评定有时又称为 B 类不确定度评定。

④ 合成标准不确定度：当测量结果是由若干个其他量的值求得时，按其他各量的方差和协方差算得标准不确定度。它是测量结果标准差的估计值。

⑤ 扩展不确定度：确定测量结果区间的量，合理赋予被测量之值分布的大部分可望含于此区间。扩展不确定度有时也称为展伸不确定度或范围不确定度。

⑥ 包含因子：为求得扩展不确定度，对合成标准不确定度所乘之数字因子。

2. 产生测量不确定度的原因和测量模型

(1) 产生测量不确定度的因素

测量过程中有许多引起不确定度的因素，它们可能来自以下几个方面：

① 被测量的定义不完整；

② 测量被测量的方法不理想；

③ 取样的代表性不够，即被测样本不能代表所定义的被测量；

④ 对测量过程受环境影响的认识不恰如其分或对环境的测量与控制不完善；

⑤ 对模拟式仪器的读数存在人为偏移；

⑥ 测量仪器的计量性能（如灵敏度、鉴别力阈、分辨力、死区及稳定性等）的局限性；

⑦ 测量标准或标准物质的不确定度；

⑧ 引用的数据或其他参数的不确定度；

⑨ 测量方法和测量程序的近似和假设；

⑩ 在相同条件下被测量在重复测量中的变化。

上述不确定度的来源可能相关，例如第⑩项可能与前面各项有关。对于那些尚未认识到的系统效应，显然是不可能在不确定度中予以考虑的，但它可能导致测量结果的误差。

在实际工作中经常会发现，无论怎样控制环境以及各类对测量结果可能产生影响的因素，而最终的测量结果总会存在一定的分散性，即多次测量的结果并不完全相等。这种现象是客观存在的，是由一些随机效应造成的。

由此可见，测量不确定度一般来源于随机性或模糊性。前者归因于条件不充分，后者归因于事物本身概念不确定。因而测量不确定度一般由许多分量组成，其中一些分量具有统计性，另一些分量具有非统计性。所有这些不确定度来源，若影响到测量结果，都会对测量结果的分散性作出贡献。可用概率分布的标准差来表示测量的不确定度，称为标准不确定度，它表示测量结果的分散性。也可用具有一定置信概率的区间来表示测量不确定度。

(2) 建立测量的数学模型

测量不确定度通常由测量过程的数学模型和不确定度的评定规律来评定。由于数学模型可能不完善，所有有关的量应充分地反映其实际情况的变化，以便依据尽可能多的测量数据来评定不确定度。在可能的情况下，应采用按长期积累的数据建立起来的经验模型，有助于测量不确定度的评定。

在很多情况下，被测量 Y（输出量）不能直接测得，而是由 N 个其他量 X_1、X_2、$\cdots$、X_N（输入量）通过函数关系 f 来确定的：

$$Y = f(X_1, X_2, \cdots, X_N) \quad (1-24)$$

式(1-24)称为测量模型或数学模型。

数学模型不是唯一的,如果采用不同的测量方法和不同的测量程序,就可能有不同的数学模型。例如:一个随温度 t 变化的电阻器两端的电压为 V,在温度 t_0 时的电阻为 R_0,电阻器的温度系数为 α,则电阻器的损耗功率 P(被测量)取决于 V、R_0、α 和 t,即

$$P = f(V, R_0, \alpha, t) = \frac{V^2}{R_0}[1 + \alpha(t - t_0)] \quad (1-25)$$

同样是测量该电阻器的损耗率 P,也可采用测量其端电压和流经电阻的电流来获得,则 P 的数学模型就变成

$$P = f(V, I) = VI$$

有时输出量的数学模型也可能简单到 $Y=X$,如用卡尺测量工件的尺寸时,工件的尺寸就等于卡尺的示值。

设式(1-24)中,被测量 Y 的估计值为 y,输入量 X_i 的估计值为 x_i,则有

$$y = f(x_1, x_2, \cdots, x_N) \quad (1-26)$$

式(1-24)中,大写字母表示的量的符号(既代表可测的量,也代表随机变量)。当叙述为 X_i 具有某概率分布时,这个符号的含义就是随机变量。

在一列测量值中,第 k 个 X_i 的测量值用 $X_{i,k}$ 表示。

式(1-26)中,当被测量 Y 的最佳估计值 y 是通过输入量 $X_1, X_2, \cdots, X_N$ 的估计值 $x_1, x_2, \cdots, x_N$ 得出时,可有以下两种方法:

①
$$y = \bar{y} = \frac{1}{n}\sum_{k=1}^{n} y_k = \frac{1}{n}\sum_{k=1}^{n} f(x_{1,k}, x_{2,k}, \cdots, x_{N,k}) \quad (1-27)$$

式中,y 是取 Y 的 n 次独立测量值 y_k 的算术平均值,其每个测量值 y_k 的不确定度相同,且每个 y_k 都是根据同时获得的 N 个输入量 X_i 的一组完整的测量值求得的。

②
$$y = f(\bar{x}_1, \bar{x}_2, \cdots, \bar{x}_N) \quad (1-28)$$

式中,$\bar{x}_i = \frac{1}{n}\sum_{k=1}^{n} X_{i,k}$,它是独立测量值 $X_{i,k}$ 的算术平均值。这一方法的实质是先求 X_i 的最佳估计值 $\bar{x}_i$,再通过函数关系式得出 y。

以上两种方法,当 f 是输入量 X_i 的线性函数时,它们的结果相同。但当 f 是 X_i 的非线性函数时,式(1-27)的计算方法较为优越。

在数学模型中,输入量 X_1、X_2、$\cdots$、X_N 可以是由当前直接测定的量,也可以是由外部引入的量。

由当前直接测定的量,它们的值与不确定度可来自单一测量、重复测量、依据经验对信息的估计,并可包含测量仪器读数修正值,以及对周围温度、大气压、湿度等影响的修正值。

由外部来源引入的量,如已校准的测量标准、有证的标准物质、由手册所得的参考数据等。

x_i 的不确定度是 y 的不确定度的因素,寻找不确定度的来源时,可从测量仪器、测量环境、测量人员、测量方法、被测量等方面全面考虑,应做到不遗漏、不重复,特别应考虑对结果影响大的不确定度来源。遗漏会使 y 的不确定度过小,重复会使 y 的不确定度过大。

评定 y 的不确定度之前,为确定 Y 的最佳值,应将所有修正量加入测得值,并将所有测量异常值剔除。

y 的不确定度将取决于 x_i 的不确定度,为此首先应评定 x_i 的标准不确定度 $u(x_i)$。评定方法可归纳为 A、B 两类。

1.5.2 标准不确定度的 A 类评定

1. 单次测量结果实验标准差与平均值实验标准差

对被测量 X,在重复性条件或复现性条件下进行 n 次独立重复测量,测量值为 $x_i(i=1,2,\cdots,n)$。算术平均值为

$$\bar{x} = \frac{1}{n}\sum_{i=1}^{n} x_i \tag{1-29}$$

设 $s(x_i)$ 为单次测量的实验标准差,由贝塞尔公式计算得到

$$s(x_i) = \sqrt{\frac{1}{n-1}\sum_{i=1}^{n}(x_i - \bar{x})^2} \tag{1-30}$$

设 $s(\bar{x})$ 为平均值的实验标准值,其值为

$$s(\bar{x}) = \frac{s(x_i)}{\sqrt{n}} \tag{1-31}$$

通常以样本的算术平均值 $\bar{x}$ 作为被测量值的估计(即测量结果),以平均值的实验标准差 $s(\bar{x})$ 作为被测量结果的标准不确定度,即 A 类标准不确定度。

所以,当测量结果取测量列的任一次 x_i 时,所对应的 A 类不确定度为

$$u(x) = s(x_i) \tag{1-32}$$

当测量结果取 n 次的算术平均值 $\bar{x}$ 时,$\bar{x}$ 所对应的 A 类不确定度为

$$u(\bar{x}) = s(x_i)/\sqrt{n} \tag{1-33}$$

当测量结果取其中的 m 次的算术平均值 $\bar{x}_m$ 时,$\bar{x}_m$ 所对应的 A 类不确定度为

$$u(\bar{x}_m) = s(x_i)/\sqrt{m} \tag{1-34}$$

$u(x)$、$u(\bar{x})$ 和 $u(\bar{x}_m)$ 的自由度是相同的,都是

$$\nu = n - 1 \tag{1-35}$$

测量次数 n 充分多,才能使 A 类不确定度的评定可靠,一般认为 n 应大于 5。但也要视实际情况而定,当该 A 类不确定度分量对合成标准不确定度的贡献较大时,n 也不宜太小;反之,当该 A 类不确定度对合成标准不确定度的贡献较小时,n 小一些关系也不大。

2. 测量过程的合并样本标准差

对于一个测量过程,若采用核查标准或控制图的方法使其处于统计控制状态,则该测量过程的合并样本标准差为

$$s_p = \sqrt{\frac{\sum s_i^2}{k}} \tag{1-36}$$

式中,s_i 为每次核查时的样本标准差,k 为核查次数。每次核查,其自由度相同时,式(1-36)成立。合并样本标准差 s_p 为测量过程长期的组内标准差的平方之平均值的平方根。在此情

况下,由该测量过程对被测量 X 进行 n 次测量,以算术平均值作为测量结果时,其标准不确定度为

$$u(x) = \frac{s_p}{\sqrt{n}} \tag{1-37}$$

3. 极 差

在重复性条件或复现性条件下,对 X_i 进行 n 次独立测量,计算结果中的最大值与最小值之差 R 称为极差。在 X_i 可以估计接近正态分布的前提下,单次测量结果 x_i 的实验标准差 $s(x_i)$,可按下式近似地评定:

$$s(x_i) = \frac{R}{C} = u(x_i) \tag{1-38}$$

式中,系数 C 及自由度 ν 如表 1-3 所列。

表 1-3 极差系数 C 及自由度 ν

n	2	3	4	5	6	7	8	9
C	1.13	1.64	2.06	2.33	2.53	2.70	2.85	2.97
ν	0.9	1.8	2.7	3.6	4.5	5.3	6.0	6.8

一般在测量次数较少时采用极差法,以 4~9 为宜。

在重复性条件下所得的测量列的不确定度,通常比其他评定方法所得到的不确定度更为客观,并具有统计学的严格性,但要求有充分的重复次数。此外,这一测量程序中的重复测量值应相互独立。

不确定度评定时,各不确定度因素可能相关,不确定度因素的 $a \sim i$ 都可能影响到第 j 项,即在相同条件下被测量在重复测量中的变化,这一项通常采用 A 类评定的方法。所以 A 类不确定度评定不仅要注意不要遗漏影响量,更要注意影响量的相互独立,不要重复计算。

影响量的相互影响有时是难免的,所以有时也可能出现重复计算,例如标准量块的校准中,量块长度差的实验标准差可能已包含了比较仪的随机效应。但当这些量对合成标准不确定度的贡献比较大时,应考虑把重复计算的影响量扣除,如采用标准洛氏硬度块检定金属洛氏硬度计,硬度块的均匀性既影响到硬度块的不确定度,又影响到硬度计的测量重复性,而且影响相当大,这时要注意不能重复计算。

1.5.3 标准不确定度的 B 类评定

1. B 类不确定度评定的信息来源

当被测量 X 的估计值 x_i 不是由重复测量得到时,其标准不确定度 $u(x_i)$ 可用 x_i 的可能变化的有关信息或资料来评定。B 类评定的信息来源有以下 6 项:

① 以前的测量数据;

② 对有关技术资料和测量仪器特性的了解和经验;

③ 生产部门提供的技术说明文件；

④ 校准证书、检定证书或其他文件提供的数据、准确度的等级或级别,包括目前暂时在使用的极限误差等；

⑤ 手册或某些资料给出的参考数据及其不确定度；

⑥ 规定实验方法的国家标准或类似技术文件中给出的重复性限 r 或复现性限 R。

2. B 类不确定度的评定方法

(1) 已知置信区间和包含因子

根据经验和有关信息或资料,先分析或判断被测量值落入的区间 $[\bar{x}-a, \bar{x}+a]$,并估计区间内被测量值的概率分布,再按置信水准 p 来估计包含因子 k,则 B 类标准不确定度为

$$u(x) = \frac{a}{k} \tag{1-39}$$

式中：a 为置信区间半宽；k 为对应置信水准的包含因子。

(2) 已知扩展不确定度 U 和包含因子 k

若估计值 x_i 来源于制造部门的说明书、校准证书、书册或其他资料,其中同时还明确给出了其扩展不确定度 $U(x_i)$ 是标准差 $s(x_i)$ 的 k 倍,指明了包含因子 k 的大小,则标准不确定度 $u(x_i)$ 可取 $U(x_i)/k$,而估计方差 $u^2(x_i)$ 为其平方。

(3) 已知扩展不确定度 U_p 和置信水准 p 的正态分布

若 x_i 的扩展不确定度不是按标准差 $s(x_i)$ 的 k 倍给出的,而是给出了置信水准 p 和置信区间的半宽 U_p,除非另有说明,一般按正态分布考虑评定其标准不确定度。

$$u(x_i) = \frac{U_p}{k_p} \tag{1-40}$$

正态分布的置信水准(概率)p 与包含因子 k_p 之间关系如表 1-4 所列。

表 1-4 正态分布情况下置信水准 p 与包含因子 k_p 间的关系

$p/\%$	50	68.27	90	95	95.45	99	99.73
k_p	0.67	1	1.645	1.960	2	2.576	3

(4) 已知扩展不确定度 U_p 和置信水准 p 与有效自由度的 ν_{eff} 的 t 分布

若 x_i 的扩展不确定度不仅给出了扩展不确定度 U_p 和置信水准 p,而且给出了有效自由度 ν_{eff} 或包含因子 k_p,则这时必须按 t 分布处理

$$u(x_i) = \frac{U_p}{t_p(\nu_{\text{eff}})} \tag{1-41}$$

这种情况提供给不确定度评定的信息比较齐全,常出现在标准仪器的校准证书上。

(5) 其他几种常见分布

除了正态分布和 t 分布以外,其他常见的分布有均匀分布、反正弦分布、三角分布、梯形分布及两点分布等。

如已知信息表明 X_i 之值 x_i 分散区间的半宽为 a,且 x_i 落于 x_i-a 至 x_i+a 区间的概率 p

为 100 %，即全部落在此范围中，通过对其分布的估计，可以得出标准不确定度 $u(x_i)=a/k$，因为 k 与分布状态有关，如表 1-5 所列。

表 1-5　常用分布与 $k,u(x_i)$ 的关系

分布类型	$p/\%$	k	$u(x_i)$
正态	99.73	3	$a/3$
三角	100	$\sqrt{6}$	$a/\sqrt{6}$
梯形 $\beta=0.71$	100	2	$a/2$
矩形（均匀）	100	$\sqrt{3}$	$a/\sqrt{3}$
反正弦	100	$\sqrt{2}$	$a/\sqrt{2}$
两点	100	1	a

表 1-4 中 β 为梯形的上底与下底之比，对于梯形分布来说，$k=\sqrt{6/(1+\beta^2)}$，特别地，当 $\beta=1$ 时，梯形分布变为矩形分布；当 $\beta=0$ 时，变为三角分布。

(6) 界限不对称的考虑

在输入量 X_i 可能值的下界 a_- 和上界 a_+ 相对于其最佳估计值 x_i 不对称的情况下，即下界 $a_-=x_i-b_-$，上界 $a_+=x_i-b_+$，其中 $b_-\neq b_+$。这时由于 x_i 不处于 a_- 至 a_+ 区间的中心，X_i 的概率分布在此区间内不会是对称的，在缺乏用于准确判定其分布状态的信息时，按矩形分布处理可采用下列近似评定：

$$u^2(x_i)=\frac{(b_++b_-)^2}{12}=\frac{(a_+-a_-)^2}{12} \tag{1-42}$$

有时对于不对称的界限，可以对估计值 x_i 加以修正，修正值的大小为 $(b_+-b_-)/2$，则修正后 x_i 就在界限的中心位置 $x_i=(a_++a_-)/2$，而其半宽 $a=(a_+-a_-)/2$，从而按上面各节所述方式处理。

(7) 以"级"使用的仪器的不确定度计算

当测量仪器检定证书上给出准确度级别时，可按检定系统或检定规程所规定的该级别的最大允许误差进行评定。假定最大允许误差为 $\pm A$，一般采用均匀分布，得到示值引起的标准不确定度分量为

$$u(x)=\frac{A}{\sqrt{3}} \tag{1-43}$$

以"级"使用的仪器，上面计算所得到的不确定度分量并没有包含上一个级别仪器对所使用级别仪器进行检定带来的不确定度，因此，当上一级别检定的不确定度不可忽略时，还要考虑这一项不确定度分量。

1.5.4　测量不确定度的合成

1. 合成标准不确定度的计算方法

当测量结果受多种因素影响形成了若干个不确定度分量时，测量结果的标准不确定度用各不确定度分量合成后的合成标准不确定度 u_c 表示。为计算 u_c，首先需分析各影响因素和测量结果的关系，以便准确评定各不确定度的分量，然后才能进行合成标准不确定度的计算。被

测量 Y 的估计值由 n 个输入量 z_1、z_2、$\cdots$、z_n 的测量值 x_1、x_2、$\cdots$、x_n 的函数求得，即 $y=f(x_1, x_2,\cdots,x_n)$。

若各直接测得值 x_i 的标准不确定度 $u(x_i)$，则由 x_i 引起的被测量的标准不确定度分量为

$$u_i = \left|\frac{\partial f_i}{\partial x_i}\right| u(x_i) \tag{1-44}$$

式中，$\dfrac{\partial f}{\partial x_i}$ 是被测量 y 在 $z_i = x_i$ 时的偏导数，称为灵敏度系数，或传递系数，用符号 c_i 表示。

而测量结果 y 的不确定度 $u(y)$ 应是所有不确定度分量的合成，用合成标准不确定度 u_c 来表征，计算公式为

$$u_c = \sqrt{\sum_{i=1}^{n}\left(\frac{\partial f}{\partial x_i}\right)^2 u^2(x_i) + 2\sum_{i=1}^{n-1}\sum_{j=i+1}^{n}\frac{\partial f}{\partial x_i}\cdot\frac{\partial f}{\partial x_j}\rho_{ij}u(x_i)u(x_j)} \tag{1-45}$$

或

$$u_c = \sqrt{\sum_{i=1}^{n}c_i^2 u^2(x_i) + 2\sum_{i=1}^{n-1}\sum_{j=i+1}^{n}c_i c_j \rho_{ij} u(x_i)u(x_j)} \tag{1-46}$$

式中，ρ_{ij} 为任意两个直接测量值 x_i 与 x_j 不确定度的相关系数。

若 x_i、x_j 的不确定度相互独立，有 $\rho_{ij}=0$，则 u_c 可表示为

$$u_c = \sqrt{\sum_{i=1}^{n} c_i^2 u^2(x_i)} \tag{1-47}$$

当 $\rho_{ij}=1$，且 $\dfrac{\partial f}{\partial x_i}$、$\dfrac{\partial f}{\partial x_j}$ 同号时，或当 $\rho_{ij}=-1$，且 $\dfrac{\partial f}{\partial x_i}$、$\dfrac{\partial f}{\partial x_j}$ 为异号时，u_c 可用下式计算：

$$u_c = \sum_{i=1}^{n-1}\left|\frac{\partial f}{\partial x_i}\right| u(x_i) \tag{1-48}$$

若不确定度分量的各种因素与测量结果没有确定的函数关系，则应根据具体情况首先按 A 类评定或 B 类评定的方法来确定各不确定度分量 u_i 的值，然后再计算合成不确定度 u_c。

$$u_i = \left|\frac{\partial f}{\partial x_i}\right|\cdot u(x_i) = |c_i|\cdot u(x_i)$$

$$u_c = \sqrt{\sum_{i=1}^{n} u_i^2 + 2\sum_{i=1}^{n-1}\sum_{j=i+1}^{n}\rho_{ij}u_i u_j} \tag{1-49}$$

为正确地给出测量结果的不确定度，还应全面分析影响测量结果的各种因素，从而列出影响测量结果的所有不确定度来源，做到不遗漏、不重复。遗漏会使测量结果的合成标准不确定度减小，重复则会使测量结果的合成标准不确定度增大，都会影响到不确定度的评定质量。

2. 合成标准不确定度的分配及最佳测量方案的选择

在实际工程中，许多被测量直接测量有困难，或者难以保证测量精度，不得已采用间接测量。合成标准不确定度是各个测量值不确定度分量的函数。有时为控制测量值的精度，要合理选择各环节的设备，限制各影响环节的不确定度分量，这就涉及合成标准不确定度的分配问题及最佳测量方案的选择问题。

（1）合成标准不确定度的分配

假定各不确定度互不相关，由式（1-47）可得

$$u_c = \sqrt{\sum_{i=1}^{n}\left(\frac{\partial f}{\partial x_i}\right)u^2(x_i)} = \sqrt{\sum_{i=1}^{n} c_i^2 u^2(x_i)} = \sqrt{\sum_{i=1}^{n} u_i^{\ 2}}$$

若 u_c 已知,需确定 u_i 或相应的 $u(x_i)$,则需满足

$$u_c \geqslant \sqrt{u_1^2 + u_2^2 + \cdots + u_n^2} \tag{1-50}$$

显然,式中 u_i 可以是任意值,为不确定解,一般可按下列分配方案及步骤求解。

① 按等作用原则分配不确定度

等作用原则:各个不确定度分量对合成标准不确定度的贡献相等。即

$$u_1 = u_2 = \cdots = u_n = \frac{u_c}{\sqrt{n}} \tag{1-51}$$

$$u(x_i) = \frac{u_c}{\sqrt{n}} \cdot \frac{1}{|c_i|} \tag{1-52}$$

式中:u_i 为第 i 个标准不确定度分量;$u(x_i)$ 为输入量 x_i 的标准不确定度。

② 按可能性适当地调整不确定度

等作用原则分配不确定度可能会出现不合理的情况,这是由于计算出来的各个局部不确定度都相等,可能会导致某些量的测量不确定度不会超出允许的范围,而有些量是难以满足要求的。此外,由于 c_i 的作用,实际各量的测量不确定度不可能相等,有时相差较大。因此,需按具体情况在保证 u_c 的前提下,对难以实现的不确定度分量适当扩大,对容易实现的尽可能缩小。调整后,需按合成标准不确定度的方法进行验算,以确保合成标准不确定度 u_c 值不超标。

(2) 最佳测量方案的选择

间接测量时,测量结果与多个因素有关,需要选择最佳测量方案,以确保测量值的不确定度最小。最佳测量方案的选择可以从以下两个方面考虑。

① 选择最有利的函数关系测量。一般情况下,间接测量中的不确定度分量的项数减少,则合成标准不确定度也会减小。选择间接测量模型时,如果可由不同函数关系式来表示,则应选取包含直接测量值最少的函数关系式。若不同的函数公式所包含的直接测量值数目相同,应选取不确定度较小的直接测量值的函数公式。例如测量内尺寸的误差比测量外尺寸的误差大,应选择包含外尺寸的函数公式。

② 正确地选择测量系统的参数,使各个测量值对函数的传递系数为 0 或最小。

1.5.5 扩展不确定度的计算方法

合成标准不确定度可表征测量结果的不确定度,但它仅对应于标准差,由其所表示的测量结果为 $y \pm u_c$,含被测量 Y 的真值概率约为 68%。在实际工作中,如高精度的比对、一些与安全生产以及与身体健康有关的测量,应使被测量的值大部分位于其中,为此需要扩展不确定度表示测量结果。

扩展不确定度由合成不确定度 u_c 乘以包含因子 k 得到,记为 U,即

$$U = k \cdot u_c \tag{1-53}$$

测量结果表示成 $Y = y \pm u$,y 是被测量 Y 的最佳估计值,被测量 Y 的可能值以较高的置信概率落在该区间内,即 $y - U \leqslant Y \leqslant y + U$。

包含因子 k 的选取方法有以下几种。

(1) 如果无法得到合成标准不确定度的自由度,且测量值接近正态分布,则一般取 k 的典型值为 2 或 3。工程应用中,通常按惯例取 $k = 2$。

(2) 根据测量值的分布规律和所要求的置信水平选取 k 值。

(3) 如果 u_c 自由度较小,并要求区间具有规定的置信水平,可根据自由度求包含因子 k,方法如下:

① 若被测量 $Y=f(z_1、z_2、\cdots、z_n)$,求出其合成标准不确定度 u_c。

② 当各不确定度分量 u_i 相互独立时,根据各标准不确定度分量 u_i 的自由度 v_i 计算 u_c 的有效自由度 v_{eff} 为

$$v_{\text{eff}} = \frac{u_c^4}{\sum_{i=1}^{u} \dfrac{u_i^4}{v_i}} = \frac{u_c^4}{\sum_{i=1}^{n} \dfrac{c_i^4 u^4(x_i)}{v_i}} \quad (1-54)$$

当 u_i 是 A 类不确定度时,v_i 的计算方法与标准不确定度 A 类评定方法相同;当 u_i 是 B 类不确定度时,可用下式估计 v_i 的自由度:

$$v_i \approx \frac{1}{2} \left[\frac{\Delta u(x_i)}{u(x_i)} \right]^{-2} \quad (1-55)$$

式中,$\dfrac{\Delta u(x_i)}{u(x_i)}$ 是标准不确定度 $u(x_i)$ 的相对标准不确定度。

(4) 根据给定的置信概率 P 与计算得到自由度 v_{eff} 查 t 分布表,得到 $t_p(v_{\text{eff}})$ 的值,即 $k = t_p(v_{\text{eff}})$。

第 2 章 工程信号及其可测性分析

2.1 概 述

信号是信息的载体,是工程测试的对象。工程实践中充满着大量的信息,获取这些信息并对其进行分析、处理,可发现事物内在规律及事物之间的相互关系。在各类工程测试中,一方面要考虑将被测信号不失真地测量出来,另一方面又要考虑经济性,即测量系统的性价比,为此在设计或组建各参量测试系统前,应对被测信号有所了解,做到有的放矢地组建测试系统。此外,在测试过程中存在各种各样的干扰因素,它势必通过传感器、中间变换器和记录仪影响动态测试后所得信号的真实性,如何从所测信号中提取有用的特征参数,显然是测试工作者必须掌握的关键技术之一。信号分析就是运用数学工具对信号加以分析研究,提取有用信号,从中得到一些对工程有益的结论和方法。运用信号分析技术,研究分析测试系统时,其作用主要表现在两个方面:

(1) 分析被测信号的类别、构成及特征参数,使工程测试人员了解被测对象的特征参量,以便深入了解被测对象内在的物理本质。例如对信号进行频谱分析,以确定信号的频率组成等。

(2) 为正确选用和设计测试系统提供依据。例如对信号的有效带宽进行分析,以确定相应的放大器工作带宽及数据采集系统的采样频率等。

现代电气与电子通信技术的迅速发展使得信号分析与处理理论也获得了重大的进展,计算机技术的高速发展使得信号分析及处理的速度越来越快。工程测试是信号理论的一个重要的应用领域,随着计算机及软件实现信号分析处理的方法日趋成熟,信号的分析处理方法已成为一个重要的技术工具,在工程测试领域中必将得到更广泛的应用。

本章介绍信号的分类及描述方法,重点讨论周期信号及瞬态信号的分解与频谱分析方法,为信号的可测性分析提供依据。

2.2 工程信号的分类

在工程测试中,按被测信号时间变化规律可分为两大类:一类是静态信号;一类是动态信号。静态信号是不随时间变化或随时间作缓变变化的信号;动态信号是随时间作快速变化的信号。为便于分析和讨论,可从不同的研究角度出发,对信号加以分类。

2.2.1 按信号随时间变化的规律分类

按信号随时间变化的规律可将信号分为确定性信号和随机信号两大类,如图 2-1 所示。

1. 确定性信号

确定性信号可用明确的数学关系式来描述,可知其过去、现在及将来的变化。一个单自由度无阻尼的质量-弹簧振动的系统如图 2-2 所示,其位移信号 $x(t)$ 的表达式为

第 2 章　工程信号及其可测性分析

图 2-1　信号分类图

$$x(t) = X_0 \cos\left(\sqrt{\frac{k}{m}}t + \phi_0\right) \tag{2-1}$$

式中：X_0 为振幅幅值的最大值；k 为弹簧刚度系数；m 为质量；t 为时间；ϕ_0 为初相位。

(1) 周期信号

周期信号是指经过一定时间可以重复出现的信号，满足关系式：

$$x(t) = x(t + nT), \quad n = 0, \pm 1, \pm 2, \cdots \tag{2-2}$$

式中，T 为周期。

周期信号又分为简谐信号（正、余弦信号）和复杂周期信号。所谓复杂的周期信号，是指由若干频率之比为有理数的正弦信号组合而成的信号，如图 2-3 所示。

(2) 非周期信号

非周期信号是指有限时间段内存在或随着时间的增加而幅值衰减至零的信号。指数衰减信号和矩形窗信号是典型的非周期信号，如图 2-4 所示。非周期信号可分为准周期信号及瞬态信号。

图 2-2　无阻尼质量-弹簧振动系统图

(a) 简谐信号　　(b) 三角波（复杂周期信号）　　(c) 周期方波（复杂周期信号）

图 2-3　周期信号的波形图

准周期信号是非周期信号的特例，处于周期与非周期的边缘情况，是由有限个周期信号合

图 2-4 非周期信号波形图

成的,但各周期信号的频率相互间不是公倍数关系,其合成的信号不满足周期条件。如 $x(t)=\sin \omega_0 t+\sin \sqrt{3}\omega_0 t$ 是由两个正弦信号合成的,但其频率比不是有理数,构不成谐波关系,因此,该信号为准周期信号。

2. 随机信号

随机信号是不能用明确的数学关系式来描述的信号,无法确切地预测未来任何瞬间精确值的信号。对于随机信号虽然也可建立某些数学模型进行分析和预测,但只能是在概率统计意义上的近似描述,这种数学模型称为统计模型。随机信号具有某些统计特性,只能用概率和统计的方法来描述此类信号。

对随机信号按时间历程所作的各次长时间的观测记录称为样本函数,记作 $x_i(t)$,如图 2-5 所示。在有限区间内的样本函数称为样本记录。在同等实验条件下,全部样本函数的集合(总体)为随机过程 $\{x(t)\}$。

$$\{x(t)\} = \{x_1(t), x_2(t), \cdots, x_i(t), \cdots, x_n(t)\} \tag{2-3}$$

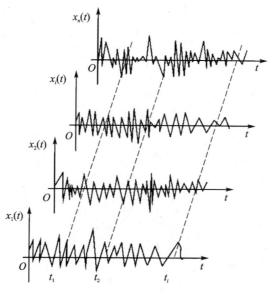

图 2-5 随机过程与样本函数

随机过程的各种平均值,如均值、方差、均方值和均方根值等,是按集合平均来计算的,集合平均的计算不是沿某个样本的时间轴进行的,而是在集合中某时刻 t_i 对所有样本的观测值进行平均。单个样本沿其时间历程进行平均的计算称为时间平均。

随机信号中概率性质不随时间变化而变化的信号,即其集合平均值不随时间变化的过程称为平稳随机过程(或平稳随机信号)。概率性质随时间变化而变化的信号称为非平稳随机信号。

在平稳随机过程中,若任一单个样本函数的时间平均值等于该过程的集合平均值,则该样本就是各态历经随机信号;否则为非各态历经。

2.2.2 按信号随时间变化连续性分类

按信号随时间变化的连续性,可将信号分为连续信号和离散信号。

若信号的独立变量取值连续,则是连续信号;若信号的独立变量取值离散,则是离散信号。信号幅值也可分为连续和离散两种,若信号的幅值和独立变量均连续,则称为模拟信号,如图 2-6(a) 所示;若信号幅值和独立变量均离散,则称为数字信号,如图 2-6(b) 所示。数字计算机使用的信号都是数字信号。

(a) 某武器膛内火药燃气压力(连续信号)　　(b) 某地 10 月 1—4 日的最高气温(离散信号)

图 2-6　连续信号与离散信号图

2.2.3 其他分类方法

1. 能量信号与功率信号

在所分析的区间 $(-\infty, \infty)$,能量为有限值的信号称为能量信号,满足条件:

$$\int_{-\infty}^{\infty} x^2(t) \mathrm{d}t < \infty \tag{2-4}$$

一般持续时间有限的瞬态信号是能量信号。

在所分析的区间 $(-\infty, +\infty)$,信号 $x(t)$ 的能量不是有限值,此时,研究信号的平均功率更为合适。若满足:

$$\lim_{T \to \infty} \frac{1}{2T} \int_{-T}^{T} x^2(t) \mathrm{d}t < \infty \tag{2-5}$$

则称信号 $x(t)$ 为功率信号。一般地,持续时间无限的信号是功率信号。

2. 时限信号与频限信号

在时间段 (t_1, t_2) 内 $x(t)$ 有定义,其外均为 0 的信号称为时限信号,如图 2-7 所示的三角脉冲信号。

在频率区间 (f_1, f_2) 内有定义,其外均为 0 的信号称为频限信号,如图 2-8 所示。

图 2-7 时限信号示例图

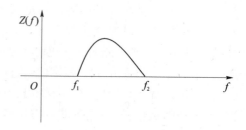

图 2-8 频限信号示例

3. 物理可实现信号与物理不可实现信号

物理可实现信号,又称单边信号,满足条件 $t<0$ 时,$x(t)=0$,即在时刻小于 0 的一侧全为 0 的信号,如图 2-9 所示。

物理不可实现信号,图 2-9 所示的单自由度弹簧阻尼系统中,若在 $t<0$ 的区间内要求图 2-10 的 $x(t)$ 信号,则该信号为物理不可实现信号。

图 2-9 物理可实现信号　　　　　　图 2-10 物理不可实现信号

2.3 周期信号频谱与可测性

动态测试中所测的信号一般都是以时间为独立变量的函数,称为信号的时域描述。时域描述法简单、直观,但是不能明确地揭示出信号的频域成分。为了解信号的频域结构以及各频率成分的幅值和相位,需对信号进行频谱分析,即把时域信号通过数学手段转换成频域信号,在频域内描述信号的特征。

2.3.1 周期信号的分解和频谱

周期信号的频域特性分析借助于傅里叶级数这一工具来实现。

1. 狄利克雷条件

根据傅里叶级数理论,在有限区间上,任何可展开成傅里叶级数的周期函数必须满足狄利克雷(Dirichlet)条件,即

① 函数 $x(t)$ 在周期 T 区间上连续或只有有限个第一类间断点;
② 函数 $x(t)$ 只有有限个极值点;
③ 函数收敛。

2. 三角函数形式的傅里叶级数

如果满足狄利克雷条件，则周期信号 $x(t)$ 可展成傅里叶级数，即

$$x(t) = a_0 + \sum_{n=1}^{+\infty}(a_n\cos n\omega_0 t + b_n\sin n\omega_0 t) \tag{2-6}$$

式中：$a_0 = \dfrac{1}{T}\displaystyle\int_{-T/2}^{T/2} x(t)\,\mathrm{d}t$；

$a_n = \dfrac{2}{T}\displaystyle\int_{-T/2}^{T/2} x(t)\cos n\omega_0 t\,\mathrm{d}t$；

$b_n = \dfrac{2}{T}\displaystyle\int_{-T/2}^{T/2} x(t)\sin n\omega_0 t\,\mathrm{d}t$；

$\omega_0 = \dfrac{2\pi}{T}$。

a_0、a_n 和 b_n 称为傅里叶系数，ω_0 称为基波角频率。

合并式 (2-6) 中的同频率项，可得到

$$x(t) = a_0 + \sum_{n=1}^{+\infty} A_n \sin(n\omega_0 t + \theta_n) \tag{2-7}$$

或

$$x(t) = a_0 + \sum_{n=1}^{+\infty} A_n \cos(n\omega_0 + \phi_n) \tag{2-8}$$

式中：$A_n = \sqrt{a_n^2 + b_n^2}$；

$a_n = A_n \sin\theta_n = A_n \cos\phi_n$；

$b_n = A_n \cos\theta_n = -A_n \sin\phi_n$；

$\theta_n = \arctan\dfrac{a_n}{b_n}$；

$\phi_n = \arctan\left(-\dfrac{b_n}{a_n}\right)$。

以上表明：满足狄利克雷条件的任何周期信号可分解成直流分量及许多简谐分量，且这些简谐分量的角频率必定是基波角频率的整数倍。通常把角频率为 ω_0 的分量称为基波。频率为 $2\omega_0$、$3\omega_0$、… 的分量，分别称为二次谐波、三次谐波等，幅值 A_n 和相位 ϕ_n 与频率 $n\omega_0$ 有关。

将组成 $x(t)$ 的各频率谐波信号的三要素（即 A_n、$n\omega_0$、ϕ_n），用两张坐标图表示出来，以频率 $\omega(n\omega_0)$ 为横坐标，分别以幅值 A_n 和相位 ϕ_n 为纵坐标，那么 $A_n - \omega$ 称为信号幅频谱图，$\phi_n - \omega$ 称为相频谱图，两者统称为信号的三角级数频谱图，简称"频谱"。由频谱图可清楚且直观地看出周期信号的频率分量组成、各分量幅值及相位的大小。常见周期信号的频谱图如表 2-1 所列。

【例 2-1】 求图 2-11 中周期方波的傅里叶级数。

图 2-11 周期方波

表 2−1　常见周期信号时域描述及频谱图

名称	时域表达式	时域波形	幅频谱	相频谱
正弦	$x(t)=A\sin(\omega_0 t+\phi_0)$			
余弦	$x(t)=A\cos\omega_0 t$			
方波	$x(t)=\begin{cases}A,&\left(\lvert t\rvert\leqslant\dfrac{T}{4}\right)\\-A,&\left(\dfrac{T}{4}<\lvert t\rvert\leqslant\dfrac{T}{2}\right)\end{cases}$		$\dfrac{4A}{\pi},\ \dfrac{4A}{3\pi},\ \dfrac{4A}{5\pi},\ \dfrac{4A}{7\pi}$	
三角波	$x(t)=\begin{cases}-2A-\dfrac{4A}{T}t,&\left(-\dfrac{T}{2}<t\leqslant-\dfrac{T}{4}\right)\\\dfrac{4A}{T}t,&\left(-\dfrac{T}{4}<t\leqslant\dfrac{T}{4}\right)\\2A-\dfrac{4A}{T}t,&\left(\dfrac{T}{4}<t\leqslant\dfrac{T}{2}\right)\end{cases}$		$\dfrac{8A}{\pi^2},\ \dfrac{8A}{9\pi^2},\ \dfrac{8A}{25\pi^2},\ \dfrac{8A}{49\pi^2}$	
锯齿波	$x(t)=\begin{cases}\dfrac{2A}{T}t,&\left(-\dfrac{T}{2}<t<\dfrac{T}{2}\right)\\0,&\left(t=\pm\dfrac{T}{2}\right)\end{cases}$		$\dfrac{2A}{\pi},\ \dfrac{2A}{2\pi},\ \dfrac{2A}{3\pi},\ \dfrac{2A}{4\pi}$	
余弦全波整流	$x(t)=\lvert A\cos\omega_0 t\rvert$		$\dfrac{2A}{\pi},\ \dfrac{4A}{3\pi},\ \dfrac{4A}{15\pi},\ \dfrac{4A}{35\pi}$	

解：取 $x(t)$ 的一个周期 $\left[-\dfrac{T}{2}, \dfrac{T}{2}\right]$，表达式为

$$x(t) = \begin{cases} -1, & -\dfrac{T}{2} \leqslant t < -\dfrac{T}{4} \\ 1, & -\dfrac{T}{4} \leqslant t < \dfrac{T}{4} \\ -1, & \dfrac{T}{4} < t \leqslant \dfrac{T}{2} \end{cases}$$

有

$$a_0 = \frac{1}{T} \int_{-T/2}^{T/2} x(t) \mathrm{d}t = 0$$

$$a_n = \frac{2}{T} \int_{-T/2}^{T/2} x(t) \cos n\omega_0 t \mathrm{d}t =$$

$$\frac{2}{T} \int_{-T/2}^{-T/4} -\cos n\omega_0 t \mathrm{d}t + \frac{2}{T} \int_{-T/4}^{T/4} \cos n\omega_0 t \mathrm{d}t + \frac{2}{T} \int_{T/4}^{T/2} -\cos n\omega_0 t \mathrm{d}t =$$

$$\frac{4}{n\pi} \sin \frac{n\pi}{2} = \begin{cases} \dfrac{4}{n\pi}(-1)^{(n-1)/2}, & n = 1,3,5,\cdots \\ 0, & n = 2,4,6,\cdots \end{cases}$$

$$b_n = \frac{2}{T} \int_{-T/2}^{T/2} x(t) \sin n\omega_0 t \mathrm{d}t = 0$$

因此

$$x(t) = \frac{4}{\pi} \left(\cos \omega_0 t - \frac{1}{3} \cos 3\omega_0 t + \frac{1}{5} \cos 5\omega_0 t - \cdots \right)$$

此余弦分量及周期方波频谱如图 2-12 所示。各次谐波分量的幅值分别以基波幅值 $4/\pi$ 的 $1/n$ 规律收敛。

(a) 余弦分量幅值谱　　　　　　　　　　　(b) 方波幅值谱

图 2-12　周期方法的幅值频谱

3. 复指数形式的傅里叶级数

傅里叶级数除了用三角函数表示外，还可用复指数形式表示。有欧拉公式

$$\cos n\omega_0 t = \frac{1}{2}(\mathrm{e}^{-jn\omega_0 t} + \mathrm{e}^{jn\omega_0 t})$$

$$\sin n\omega_0 t = \frac{\mathrm{j}}{2}(\mathrm{e}^{-jn\omega_0 t} - \mathrm{e}^{jn\omega_0 t})$$

据欧拉公式代至式(2-6)可得

$$x(t) = a_0 + \sum_{n=1}^{+\infty}\left(\frac{a_n - jb_n}{2}e^{jn\omega_0 t} + \frac{a_n + jb_n}{2}e^{-jn\omega_0 t}\right) \quad (2-9)$$

令 $X(n\omega_0) = \frac{a_n - jb_n}{2}$，由于 a_n 是 n 的偶函数，b_n 是 n 的奇函数，有 $X(-n\omega_0) = \frac{a_n + jb_n}{2}$，则式(2-9)可表示成

$$x(t) = a_0 + \sum_{n=1}^{+\infty}[X(n\omega_0)e^{jn\omega_0 t} + X(-n\omega_0)e^{-jn\omega_0 t}] \quad (2-10)$$

令 $X(0) = a_0$，又

$$\sum_{n=1}^{\infty} X(-n\omega_0)e^{-jn\omega_0 t} = \sum_{n=-1}^{-\infty} X(n\omega_0)e^{jn\omega_0 t}$$

可得

$$x(t) = \sum_{n=-\infty}^{+\infty} X(n\omega_0)e^{jn\omega_0 t} \quad (2-11)$$

式中

$$X(n\omega_0) = \frac{1}{T}\int_{-T/2}^{T/2} x(t)e^{-jn\omega_0 t}dt \quad (2-12)$$

上式中，n 为从 $-\infty$ 到 ∞ 的整数。式(2-12)也可写成

$$X(n\omega_0) = |X(n\omega_0)|e^{j\phi_n} \quad (2-13)$$

同样可画出指数形式表示的信号频谱，由于 $X(n\omega_0)$ 为复函数，所以常称这种频谱为复数频谱或双边频谱。

【例 2-2】 试求例 2-1 中周期方波的复指数形式的傅里叶级数。

解： $x(t) = \sum_{n=-\infty}^{+\infty} X(n\omega_0)e^{jn\omega_0 t}$

$X(n\omega_0) = \frac{1}{T}\int_{-T/2}^{T/2} x(t)e^{-jn\omega_0 t}dt =$

$\frac{1}{T}\left[\int_{-T/2}^{-T/4} -e^{-jn\omega_0 t}dt + \int_{-T/4}^{T/4} e^{-jn\omega_0 t}dt + \int_{T/4}^{T/2} -e^{-jn\omega_0 t}dt\right] =$

$\frac{1}{T}\frac{1}{jn\omega_0}\left[(2e^{jn\frac{\pi}{2}} - 2e^{-jn\frac{\pi}{2}}) + (e^{-jn\pi} - e^{jn\pi})\right] =$

$\frac{1}{T}\frac{1}{jn\omega_0}\left[\frac{-4\sin\left(n\frac{\pi}{2}\right)}{j} + \frac{2\sin(n\pi)}{j}\right] =$

$\frac{2}{n\pi}\sin\frac{n\pi}{2} = \begin{cases} \frac{2}{n\pi}(-1)^{(n-1)/2}, & n = \pm 1、\pm 3、\pm 5\cdots \\ 0, & n = \pm 2、\pm 4、\pm 6\cdots \end{cases}$

则

$$x(t) = \frac{2}{\pi}\sum_{n=-\infty}^{+\infty}\frac{1}{n}\sin\frac{n\pi}{2}e^{jn\omega_0 t}$$

图 2-13 为周期方波复数幅值 $|X(n\omega_0)|$ 的频谱。

比较图 2-12 与图 2-13 可发现：图 2-12 中每一条谱线代表一个分量的幅度，而图 2-13 中把每个分量的幅度一分为二，在正负频率相对应的位置上各占一半，只有把正负频率上相对应的两条谱线矢量相加才能代表一个分量的幅度。需要说明的是，负频率项的出现完全是数学计算的结果，并没有任何物理意义。

【例 2-3】 画出正弦信号 $\sin \omega_0 t$ 的频谱图。

解：
$$x(t) = \sin \omega_0 t = \frac{1}{2}j(e^{-j\omega_0 t} - e^{j\omega_0 t})$$
$$= \frac{1}{2}j e^{j(-1)\omega_0 t} - \frac{1}{2}j e^{j\omega_0 t}$$

图 2-13 周期方波的复数幅值频谱

当 $n=1$ 时,即在 ω_0 处,有
$$X(\omega_0) = \frac{1}{2}, \quad \phi(\omega 0) = -\frac{\pi}{2}$$

当 $n=-1$ 时,即在 $-\omega_0$ 处,有
$$X(-\omega_0) = \frac{1}{2}, \quad \phi(-\omega 0) = \frac{\pi}{2}$$

图 2-14 给出了 $\sin \omega_0 t$ 信号的频谱。三角函数形式的单边幅频谱是在 ω_0 处有一根谱线,幅值为原 $\sin \omega_0 t$ 的振幅。复指数形式的双边幅频谱在 ω_0 和 $-\omega_0$ 两处各有一根谱线,幅值为原 $\sin \omega_0 t$ 振幅的 $1/2$。

(a) 正弦信号 $\sin \omega_0 t$ 波形图

(b) 正弦信号双边幅频谱图

(c) 正弦信号双相频谱图

(d) 正弦信号单边幅频谱图

图 2-14 正弦信号 $\sin \omega_0 t$ 波形及其频谱图

从上述分析可知,周期信号的频谱呈现以下特征：
① 离散性：周期信号的频谱是离散谱,每一条谱线表示一个正弦分量。
② 谐波性：周期信号的频率是由基频的整数倍组成的。

③ 收敛性：满足狄利赫利条件的周期信号，其谐波幅值总的趋势是随谐波频率的增大而减小。因此，由于周期信号的收敛性，在工程测量中没有必要取次数过高的谐波分量。

所以在动态测试中广泛采用信号的频域描述方法，即用频率作为独立变量来揭示信号各频率成分的幅值、相位与频率之间的对应关系。信号的三种变量域描述方法，相互之间可通过一定的数学运算进行转换，但所描述的均是同一被测信号。

信号的幅值与相位用频域描述，能够十分明确地揭示信号中各种不同频率组成的信号成分，例如方波可看成由一系列频率不等的正弦波叠加而成。图 2-15 形象地表述了以上三个变量域之间的关系。

图 2-15　周期信号的时域、频域描述方法及其相互关系

2.3.2　周期信号的可测性分析

1. 带　宽

【例 2-4】 求周期矩形脉冲信号的频谱。设该周期矩形脉冲幅度为 E，脉宽为 τ，周期为 T，如图 2-16 所示。

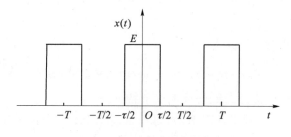

图 2-16　周期矩形脉冲

解： 该信号在 $-\dfrac{T}{2} \leqslant t \leqslant \dfrac{T}{2}$ 的周期内的数学表达式为

$$x(t) = \begin{cases} E, & |t| \leqslant \dfrac{\tau}{2} \\ 0, & \dfrac{\tau}{2} < |t| < \dfrac{T}{2} \end{cases}$$

(1) 展开成三角函数形式的傅里叶级数

$$a_0 = \frac{1}{T}\int_{-T/2}^{T/2} x(t)\,\mathrm{d}t = \frac{1}{T}\int_{-\tau/2}^{\tau/2} E\,\mathrm{d}t = \frac{E\tau}{T}$$

$$a_n = \frac{2}{T}\int_{-\tau/2}^{\tau/2} E\cos n\omega_0 t\,\mathrm{d}t = 2\frac{E\tau}{T}\frac{\sin n\omega_0\dfrac{\tau}{2}}{n\omega_0\dfrac{\tau}{2}} = 2\frac{E\tau}{T}Sa\!\left(n\omega_0\frac{\tau}{2}\right)$$

式中，$Sa(x)=\dfrac{\sin x}{x}$ 称为采样函数。

由于 $x(t)$ 是偶函数，因此有 $b_n=0$，该周期矩形信号的三角形式的傅里叶级数为

$$x(t) = \frac{E\tau}{T} + \frac{2E\tau}{T}\sum_{n=1}^{+\infty} Sa\!\left(n\omega_0\frac{\tau}{2}\right)\cos n\omega_0 t$$

由上式可知，有

$$a_0 = \frac{E\tau}{T}$$

$$A_n = \left|\frac{2E\tau}{T}Sa\!\left(n\omega_0\frac{\tau}{2}\right)\right|$$

$$\phi_n = \begin{cases} 0, & a_n > 0 \\ -\pi, & a_n < 0 \end{cases}$$

(2) 展开成复指数形式的傅里叶级数

$$X(n\omega_0) = \frac{1}{T}\int_{-\frac{\tau}{2}}^{\frac{\tau}{2}} E\mathrm{e}^{-\mathrm{j}n\omega_0 t}\,\mathrm{d}t = \frac{E\tau}{T}Sa\!\left(n\omega_0\frac{\tau}{2}\right)$$

$$x(t) = \sum_{n=-\infty}^{+\infty}\frac{E\tau}{T}Sa\!\left(n\omega_0\frac{\tau}{2}\right)\mathrm{e}^{\mathrm{j}n\omega_0 t} = \sum_{n=-\infty}^{+\infty}|X(n\omega_0)|\mathrm{e}^{\mathrm{j}\phi_n}\mathrm{e}^{\mathrm{j}n\omega_0 t}$$

式中：

$$X(n\omega_0) = |X(n\omega_0)|\mathrm{e}^{\mathrm{j}\phi_n}$$

$$|X(n\omega_0)| = \left|\frac{E\tau}{T}Sa\!\left(n\omega_0\frac{\tau}{2}\right)\right|$$

$$\phi_n = 0, \quad X(n\omega_0) > 0$$

$$\phi_n = \mp\pi, \quad X(n\omega_0) < 0$$

所以幅度谱以 $\pm n\omega_0$ 成偶对称，相位谱成奇对称。

将上述两种形式的傅里叶级数表示成频谱，分别如图 2-17(a)~(d) 所示，当 $X(n\omega_0)$ 为实数时，幅度、相位谱可画在同一谱图上，如图 2-17(e) 所示。

由图 2-17 可见，周期矩形信号包含无穷多个谐波，因而其频谱包含无穷多条谱线。但随着谐波频率的增大，谐波的幅度虽然有起伏，但基本趋势是渐趋于零。因此，信号的能量主要

(a) 三角函数形式的傅里叶级数幅度谱

(b) 三角函数形式的傅里叶级数相位谱

(c) 复指数形式的傅里叶级数幅度谱

(d) 复指数形式的傅里叶级数相位谱

(e) $X(n\omega_0)$ 为实数时的幅度谱、相位谱

图 2-17 周期矩形信号的频谱图

集中在低频分量,在包络线第一个零点以内 $\left(n\omega_0 < \dfrac{2\pi}{\tau}\right)$ 集中了信号的绝大部分能量,如果将 $\left(n\omega_0 < \dfrac{2\pi}{\tau}\right)$ 的谐波略去,仍可以在保证一定精度的条件下复现信号。在工程上,提出了一个信号频带宽度的概念,通常把信号值得重视的谐波的频率范围称为信号的频带宽度或信号的有效带宽,或简称"信号带宽"。这个频率区域可用角频率来表示,记为 B_ω,也可用频率表示,记为 B_f。对于周期矩形信号来讲,其频带宽为

$$B_\omega = \frac{2\pi}{\tau} \quad 或 \quad B_f = \frac{1}{\tau}$$

显然,其频带宽度是脉宽 τ 的倒数。信号带宽还有其他的定义方法。例如,有时将谐波包络线幅度下降至基频幅度的某个百分数的频率作为信号带宽;另外,按照略去信号带宽以外的全部谐波后,剩下的各谐波之和(即有限项级数之和)与原信号之间的差异(即失真)的大小不

超过某个指标为前提来定义信号带宽。

2. 信号的可测性

信号的带宽虽然是由矩形脉冲信号引出的,但也适用于其他信号。在选择测量仪器时,测量仪器的工作频率范围必须大于被测信号的频宽,否则将会引起信号失真,造成较大的测量误差。因此,设计或选用测试仪器时需要了解被测信号的频带宽度。

信号的频宽可根据信号的时域波形粗略地确定。表 2-2 为常见周期信号的波形及其频带宽度。可以看出,对于有突变的信号(如序号为 1、3 的波形),其频带宽度较宽,可取其基频的 10 倍为频宽,对于无突变的信号(如序号为 2、4 的波形),其信号变化缓慢,频带较窄,可取基频的 3 倍为频宽。

表 2-2 常见周期信号的波形及带宽

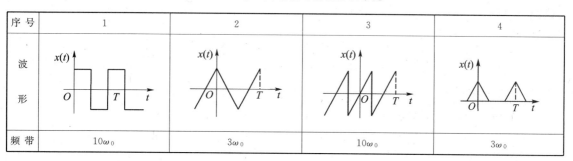

序号	1	2	3	4
波形				
频带	$10\omega_0$	$3\omega_0$	$10\omega_0$	$3\omega_0$

3. 测不准原理

由 $B_f = \dfrac{1}{\tau}$,可得 $B_f \cdot \tau = 1$,表明在信号持续时间 τ 与带宽 B_f 之间有一约束关系。信号持续时间越短,信号在时域上分辨率越高。但必须加大带宽 B_f,即以牺牲信号频域的分辨率为代价;反之亦然。即不可能在时域和频域上同时有高的分辨率,这就是著名的海森伯格"测不准原理"。

2.4 非周期信号的频谱分析

非周期信号可以看作是周期趋于无穷大的周期信号。工程上常遇到的是时限信号或瞬态信号。

2.4.1 时限信号的分解和频谱

1. 傅里叶变换

由上述讨论,对矩形周期信号的频谱有 $\omega_0 = 2\pi/T$。可见,随着 T 的增大,谱间隔 ω_0 减小;若 $T \to \infty$,周期信号变成了非周期信号,即 $\omega_0 \to d\omega_0 \to 0$。此时再用前面所提的傅里叶级数的频谱来描述时限信号已不合适。由式(2-11)及式(2-12)可得到

$$X(n\omega_0) \cdot T = \frac{2\pi}{\omega_0} X(n\omega_0) = \int_{-T/2}^{T/2} x(t) e^{-jn\omega_0 t} dt \tag{2-14}$$

$T \to \infty, \omega_0 \to 0$,谱线间隔 $\Delta(\omega_0) \to d\omega_0$,而离散频率 $n\omega_0$ 变为连续频率 ω,此时 $X(n\omega_0) \to 0$。

但 $\frac{2\pi}{\omega_0}X(n\omega_0)\to$ 有限值,变成一个连续函数,记作 $X(\omega)$ 或 $X(j\omega)$,即

$$X(\omega)=\lim_{\omega_0\to 0}\frac{2\pi}{\omega_0}X(n\omega_0)=\lim_{T\to\infty}X(n\omega_0)T$$

$\frac{2\pi}{\omega_0}X(n\omega_0)$ 反映了单位频带的频谱值,称为频谱密度。同时称 $X(\omega)$ 为原函数 $x(t)$ 的频谱密度函数,简称为频谱函数。式(2-14)可表达成

$$X(\omega)=\lim_{T\to\infty}\int_{-T/2}^{T/2}x(t)\mathrm{e}^{-jn\omega_0 t}\mathrm{d}t$$

即

$$X(\omega)=\int_{-\infty}^{+\infty}x(t)\mathrm{e}^{-j\omega t}\mathrm{d}t \qquad (2-15)$$

同样也可得到

$$x(t)=\frac{1}{2\pi}\int_{-\infty}^{+\infty}X(\omega)\mathrm{e}^{j\omega t}\mathrm{d}\omega \qquad (2-16)$$

通常称式(2-15)为傅里叶变换,简称傅氏变换。式(2-16)为傅里叶逆变换,又称为傅氏逆变换。可分别记为 $X(\omega)=\mathbf{F}[x(t)]$ 及 $x(t)=\mathbf{F}^{-1}[X(\omega)]$。

2. 傅里叶变换的存在条件

不是所有的时限信号都可进行傅里叶变换,时限信号是否存在傅里叶变换同样需要满足下述狄利克雷条件:

① 信号 $x(t)$ 绝对可积,即 $\int_{-\infty}^{+\infty}|x(t)|\mathrm{d}t<\infty$;

② 在任意有限区间内,信号 $x(t)$ 只有有限个最大值和最小值;

③ 在任意有限区间内,信号 $x(t)$ 仅有有限个不连续点,而且在这些点的跃变都必须是有限值。

上述三个条件中,条件①是充分但不是必要条件;条件②、③则是必要而不是充分条件。因此对于许多不满足条件①,即不满足绝对可积的函数,如周期函数,但满足条件②、③的也能进行傅里叶变换。

3. 典型时限信号的频谱

【例 2-5】 求矩形脉冲(矩形窗函数)的频谱。矩形脉冲如图 2-18 所示,时域表达式为

$$x(t)=\begin{cases}A, & |t|\leqslant\tau/2 \\ 0, & |t|>\tau/2\end{cases}$$

图 2-18 矩形脉冲函数及其频谱

解:

$$X(\omega) = \int_{-\infty}^{+\infty} x(t) e^{-j\omega t} dt = \int_{-\tau/2}^{\tau/2} A e^{-j\omega t} dt = \frac{A}{-j\omega}(e^{-j\omega\frac{\tau}{2}} - e^{j\omega\frac{\tau}{2}})$$

$$= A\tau \frac{\sin\left(\omega \frac{\tau}{2}\right)}{\omega \frac{\tau}{2}} = A\tau Sa\left(\frac{\omega\tau}{2}\right)$$

由于 $X(\omega)$ 是一个实数,没有虚部,所以其幅频谱为

$$|X(\omega)| = A\tau \left| Sa\left(\frac{\omega\tau}{2}\right) \right|$$

其相频谱为

$$\phi(\omega) = \begin{cases} 0, & \dfrac{4n\pi}{\tau} < |\omega| < \dfrac{2(2n+1)\pi}{\tau} \\ \pi, & \dfrac{2(2n+1)\pi}{\tau} < |\omega| < \dfrac{4(n+1)\pi}{\tau} \end{cases}, \quad n = 0,1,2,\cdots$$

如图 2-19 所示。

图 2-19 矩形脉冲函数的幅频谱和相频谱图

4. 傅里叶变换的性质

傅里叶变换的主要性质如表 2-3 所列。

表 2-3 傅里叶变换的主要性质

性质名称	时 域	频 域
线性	$ax(t) + by(t)$	$aX(\omega) + bY(\omega)$
对称性	$X(t)$	$2\pi x(-\omega)$
尺度变换	$x(kt)$	$\dfrac{1}{k} X\left(\dfrac{\omega}{k}\right)$
时移特性	$x(t \pm t_0)$	$X(\omega) e^{\pm j\omega t_0}$
频移特性	$x(t) e^{\mp j\omega_0 t}$	$X(\omega \pm \omega_0)$
微分特性	$\dfrac{d^k x(t)}{dt^k}$	$(j\omega)^k X(\omega)$
积分特性	$\displaystyle\int_{-\infty}^{t} x(t) dt$	$\dfrac{1}{j\omega} X(\omega)$
卷积特性	$x(t) * y(t)$ $x(t) y(t)$	$X(\omega) Y(\omega)$ $\dfrac{1}{2\pi} X(\omega) * Y(\omega)$

续表 2-3

性质名称	时 域	频 域
抽样定律	$\sum_{n=-\infty}^{+\infty} x(t)\delta(t-nT_s)$ $=\frac{1}{\omega_s}\sum_{n=-\infty}^{+\infty} x\left(t-\frac{2\pi n}{\omega_s}\right)$	$\frac{1}{T_s}\sum_{n=-\infty}^{+\infty} X\left(\omega-\frac{2n\pi}{T_s}\right)$ $=\sum_{n=-\infty}^{+\infty} X(\omega)\delta(\omega-n\omega_s)$
帕斯瓦尔等式	$\int_{-\infty}^{+\infty}[x(t)]^2\mathrm{d}t=\frac{1}{2\pi}\int_{-\infty}^{+\infty}|X(\omega)|^2\mathrm{d}\omega$	

2.4.2 时限信号的可测性分析

与测量周期信号一样,测量时限信号时测量仪器的带宽必须大于被测信号的有效带宽。例 2-5 中矩形脉冲的频谱以 $Sa\left(\frac{\omega\tau}{2}\right)$ 的规律变化,分布在无限宽的频率范围上,但其主要的信号能量处于 $\omega=0\sim 2\pi/\tau$ 范围。通常认为此脉冲的带宽近似为 $2\pi/\tau$,即 $B_\omega=2\pi/\tau$,选择此类信号的测量仪器时,测量仪器的带宽必须大于 $2\pi/\tau$。

2.5 随机信号的处理及分析

随机信号的相位、幅值变化是不可预知的,不可能用确定的时间函数来描述,属于非确定性信号。在相同的条件下,对信号进行重复观测,每次观测的结果都不一样,但其值通过统计大量的观测数据后呈现出一定的规律性。测试信号所带的环境噪声就是随机信号。

由于随机信号具有统计规律性,所以研究随机信号是采用建立在大量观测实验基础上的概率统计方法。由于记录仪等的采样和存储长度是一定的,所以不可能对一个无限长的随机信号采用全过程记录。测量分析时,仅取其中任一段信号历程称为样本,可由样本求出反映随机信号特征的那些统计数学参数。对于各态历经信号,由于其特性,因此无需做大量重复试验,就可由一个或少数几个样本函数推测或估计出随机信号的特征参数。但并不是所有随机信号均可采用该种方法处理,若被测随机信号不属于平稳随机信号,就不能用该方法进行处理,必须进行全过程监测。

2.5.1 随机信号的特征参数

描述随机信号常用的统计特征参数有以下几种:

1. 均值(期望)

均值是随机信号的样本函数 $x(t)$ 在整个时间坐标上的平均,即

$$\mu_x = E[x(t)] = \lim_{T\to\infty}\frac{1}{T}\int_0^T x(t)\mathrm{d}t \tag{2-17}$$

在实际处理时,由于无限长时间的采样是不可能的,所以取有限长的样本作估计

$$\hat{\mu}_x = \frac{1}{T}\int_0^T x(t)\mathrm{d}t \tag{2-18}$$

均值表示了信号中直流分量的大小,描述了随机信号的静态分量。

2. 均方值

均方值是信号平方值的均值,或称平均功率,其表达式为

$$\phi_x^2 = E[x^2(t)] = \lim_{T\to\infty}\frac{1}{T}\int_0^T x^2(t)\,dt \tag{2-19}$$

均方值的估计为

$$\hat{\phi}_x^2 = \frac{1}{T}\int_0^T x^2(t)\,dt$$

均方值有明确的物理意义,表示了信号的强度或功率。

均方值的正平方根称为均方根值 $\hat{x}_{\mathrm{rms}}$,又称为有效值:

$$\hat{x}_{\mathrm{rms}} = \sqrt{\hat{\phi}_x^2} = \sqrt{\frac{1}{T}\int_0^T x^2(t)\,dt} \tag{2-20}$$

它是信号平均能量(功率)的另一种表达。

3. 方差

信号 $x(t)$ 的方差描述随机信号幅值的波动程度。定义为

$$\sigma_x^2 = E[(x(t) - E[x(t)])^2] = \lim_{T\to\infty}\frac{1}{T}\int_0^T [x(t) - \mu_x]^2\,dt \tag{2-21}$$

方差的平方根 σ_x 描述了随机信号的动态分量。

均值 μ_x、均方值 ϕ_x^2 和方差 σ_x^2 三者之间具有下述关系:

$$\phi_x^2 = \mu_x^2 + \sigma_x^2 \tag{2-22}$$

4. 概率密度函数

随机信号的概率密度函数定义为

$$p(x) = \lim_{\Delta x \to 0}\frac{P[x < x(t) \leqslant x + \Delta x]}{\Delta x} \tag{2-23}$$

对于各态历经过程

$$p(x) = \lim_{\Delta x \to 0}\frac{1}{\Delta x}\lim_{T\to\infty}\frac{T_x}{T} \tag{2-24}$$

式中,$P[x < x(t) \leqslant x + \Delta x] = \lim_{T\to\infty}\frac{T_x}{T}$ 表示瞬时值落在 Δx 范围内可能出现的概率,称为概率分布函数。$T_x = \Delta t_1 + \Delta t_2 + \cdots$ 表示在 $0 \sim T$ 这段时间里,信号瞬时值落在 $[x, x + \Delta x]$ 区间的总时间,T 为总观测时间,如图 2-20 所示。

图 2-20 随机信号的概率密度函数

5. 随机信号的相关函数

相关函数是描述两个信号之间的关系或其相似程度,也可以描述同一信号现在值与过去值之间的关系。

(1) 自相关函数

自相关函数 $R_{xx}(\tau)$ 是信号 $x(t)$ 与其经 τ 时移后的信号 $x(t+\tau)$ 乘积,再作积分平均运算,即

$$R_{xx}(\tau) = \lim_{T\to\infty}\frac{1}{T}\int_0^T x(t)x(t+\tau)\,dt \tag{2-25}$$

在实际处理时,常用有限长样本作估计,即

$$\hat{R}_{xx}(\tau) = \frac{1}{T}\int_0^T x(t)x(t+\tau)\mathrm{d}t \tag{2-26}$$

由自相关函数的定义,可得以下几个重要性质:

① $R_{xx}(\tau)=R_{xx}(-\tau)$,即自相关函数是偶函数。

② 自相关函数在 $\tau=0$ 时可以获得最大值,并等于该随机信号的均方值 ϕ_x^2,即

$$R_{xx}(0) = \lim_{T\to\infty}\int_0^T x^2(t)\mathrm{d}t = \phi_x^2 \geqslant R_{xx}(\tau) \tag{2-27}$$

③ 若随机信号中含有直流分量 μ_x,则 $R_{xx}(\tau)$ 含有直流分量 μ_x^2。

④ 对均值 μ_x 为零且不含周期成分的随机信号,则有 $\lim_{\tau\to\infty} R_{xx}(\tau)=0$。

⑤ 如果随机信号含有周期分量,则自相关函数中必含有同频率的周期分量。

(2) 互相关函数

两随机信号样本 $x(t)$ 和 $y(t)$ 的互相关函数的估计值为

$$\hat{R}_{xy}(\tau) = \frac{1}{T}\int_0^T x(t)y(t+\tau)\mathrm{d}t \tag{2-28}$$

互相关函数具有以下性质:

① $R_{xy}(\tau)$ 不是偶函数,通常它不在 $\tau=0$ 处取峰值。其峰值偏离原点的位置反映了两信号相互有多大时移,如图 2-21 所示。

② $R_{xy}(\tau)$ 与 $R_{yx}(\tau)$ 是两个不同的函数,根据定义

$$R_{xy}(\tau) = \lim_{T\to\infty}\frac{1}{T}\int_0^T x(t)y(t+\tau)\mathrm{d}t$$

而

$$R_{yx}(\tau) = \lim_{T\to\infty}\frac{1}{T}\int_0^T y(t)x(t+\tau)\mathrm{d}t$$

可以证明

$$R_{xy}(\tau) = R_{yx}(-\tau) \tag{2-29}$$

在图形上,二者对称于坐标轴,如图 2-22 所示。

图 2-21 互相关函数

图 2-22 互相关函数的对称性

③ 均值为零的两统计独立的随机信号 $x(t)$ 与 $y(t)$，对所有的 τ 值，$R_{xy}(\tau)=0$。

（3）相关系数函数

由于信号 $x(t)$ 与 $y(t)$ 本身的取值大小影响相关函数的计算结果，因而在比较不同的成对随机信号相关程度时，仅视其相关函数值大小是不确切的。例如一对小信号虽然相关程度很高，但相关函数值很小；相反，一对大信号虽然相关程度很低，但相关函数值很大。为了避免信号本身幅值对其相关程度度量的影响，将相关函数作归一化处理，引入一个无量纲的函数——相关系数函数，互相关系数函数的定义式为

$$\rho_{xy} = \frac{R_{xy}(\tau)}{\sqrt{R_{xx}(0)R_{yy}(0)}} \quad (2-30)$$

这样 $\rho_{xy}(\tau)$ 是在 0 和 1 之间变化的一个函数。若 $\rho_{xy}(\tau)=1$，则说明 $x(t)$ 与 $y(t)$ 完全相关；若 $\rho_{xy}(\tau)=0$，则说明 $x(t)$ 与 $y(t)$ 完全不相关；若 $0<|\rho_{xy}(\tau)|<1$，则说明 $x(t)$ 与 $y(t)$ 部分相关。

同理，自相关系数函数的定义式为

$$\rho_{xx}(\tau) = \frac{R_{xx}(\tau)}{R_{xx}(0)} \quad (2-31)$$

该式反映了信号 $x(t)$ 和 $x(t+\tau)$ 之间的相关程度。

6. 功率谱密度函数

相关函数能在时域内表达信号或与其他信号在不同时刻的内在联系。工程应用中还经常研究这种内在联系的频谱描述，引入了自功率谱密度函数的概念。

由于随机信号是时域无限信号，不具备可积分条件，不能直接进行傅里叶变换，因随机信号的频率、幅值、相位都是随机的，因此，一般不做幅值谱和相位谱分析，而是用具有统计特性的功率谱密度函数来做谱分析。

自相关函数满足绝对可积条件，称自相关函数的傅里叶变换为随机信号的自功率谱密度函数，即

$$S_x(\omega) = \int_{-\infty}^{+\infty} R_{xx}(\tau) e^{-j\omega\tau} d\tau$$

可得到

$$R_{xx}(\tau) = \frac{1}{2\pi} \int_{-\infty}^{+\infty} S_x(\omega) e^{j\omega\tau} d\omega \quad (2-32)$$

同样，也可定义两个随机信号之间的互功率谱密度函数

$$S_{xy}(\omega) = \int_{-\infty}^{+\infty} R_{xy}(\tau) e^{-j\omega\tau} d\tau$$

$$R_{xy}(\tau) = \frac{1}{2\pi} \int_{-\infty}^{+\infty} S_{xy}(\omega) e^{j\omega\tau} d\omega \quad (2-33)$$

利用谱密度函数可定义谱相干函数，谱相干函数是在频谱内鉴别两信号相关程度的指标。可表示为

$$\gamma_{xy}^2 = \frac{|S_{xy}(\omega)|^2}{S_x(\omega)S_y(\omega)} \quad (2-34)$$

【例 2-6】 设随机相位角余弦信号 $x(t)=A\cos(\omega_0 t+\theta)$，式中 A、ω_0 为常数，θ 是在 $(0,2\pi)$ 上均匀分布的随机变量，其概率密度为

$$p(\theta) = \begin{cases} \dfrac{1}{2\pi}, & 0 < \theta < 2\pi \\ 0, & 其它 \end{cases}$$

试求其自相关函数 $R_{xx}(\tau)$ 及其功率谱函数 $S_x(\omega)$。

解：由自相关函数定义,有

$$\begin{aligned}
R_{xx}(\tau) &= E[x(t)x(t+\tau)] \\
&= E\{A\cos[\omega_0(t+\tau)+\theta]A\cos(\omega_0 t+\theta)\} \\
&= \frac{A^2}{2}E[\cos\omega_0\tau + \cos(2\omega_0 t+\omega_0\tau+2\theta)] \\
&= \frac{A^2}{2}\left[\cos\omega_0\tau + \frac{1}{2\pi}\int_0^{2\pi}\cos(2\omega_0 t+\omega_0\tau+2\theta)d\theta\right] \\
&= \frac{A^2}{2}\cos\omega_0\tau
\end{aligned}$$

可见,周期函数的自相关函数也是周期函数,且具有相同的周期。

由功率谱定义

$$\begin{aligned}
S_x(\omega) &= \int_{-\infty}^{+\infty} R_{xx}(\tau)e^{-j\omega\tau}d\tau \\
&= \int_{-\infty}^{+\infty} \frac{A^2}{2}\cos\omega_0\tau e^{-j\omega\tau}d\tau \\
&= \frac{\pi}{2}A^2[\delta(\omega-\omega_0)+\delta(\omega+\omega_0)]
\end{aligned}$$

因此,其功率谱为两个冲激函数。

【例 2-7】已知 $x(t)=\sin(\omega t+\varphi)$, $y(t)=\sin(\omega t+\psi)$,求 $x(t)$、$y(t)$ 的互相关函数 $R_{xy}(\tau)$。

解：根据互相关函数的定义,得出 $x(t)$、$y(t)$ 互相关函数 $R_{xy}(\tau)$ 表达式

$$\begin{aligned}
R_{xy}(\tau) &= \frac{1}{T}\int_0^T \sin(\omega t+\varphi)\sin[\omega(t+\tau)+\psi]dt \\
&= \frac{1}{T}\int_0^T \sin\theta\sin(\theta+\omega\tau+\psi-\varphi)dt \\
&= \frac{1}{2\pi}\int_0^{2\pi+\varphi}\sin\theta\sin(\theta+\omega\tau+\psi-\varphi)d\theta \\
&= \frac{1}{2}\cos(\omega\tau+\psi-\varphi)
\end{aligned}$$

周期 $T=\dfrac{2\pi}{\omega}$。由上例可见,与自相关函数不同,两个同频率的正弦信号的互相关函数不仅保留了两个信号的频率信息,而且还保留了两信号的相位信息。

2.5.2 离散随机信号的特征估计

在工程测试中,所遇的随机信号通常是无限长的,不可能在无限长时间内获得被测信号的准确情况,一般只能用在有限的时间内得到的有限个个体样本根据经验来估计总体分布情况。用有限个样本的估计值来预测或推测被测对象的状态或参量的真值的问题,就是所谓的估计问题。

1. 均值的估计

设 $x(n)$ 为平稳且各态历经离散随机信号 $\{x(n)\}$ 所观测的样本序列（$x(n)$ 为一有限长为 N 的序列），其均值的估计为

$$\hat{x} = \frac{1}{N}\sum_{n=0}^{N-1} x(n) \qquad (2-35)$$

该估计的均值为

$$\hat{\mu}_x = E[\hat{x}] = E\left[\frac{1}{N}\sum_{n=0}^{N-1}x(n)\right] = \frac{1}{N}\sum_{n=0}^{N-1}E[x(n)] = \mu$$

μ 即为该随机信号的均值的真值，因此均值的估计是无偏估计。

均值估计的方差为

$$\begin{aligned}
D[\hat{x}] &= E[\hat{x}^2] - E[(\hat{x}^2)]^2 \\
&= E\left[\left(\frac{1}{N}\sum_{n=0}^{N-1}x(n)\right)\left(\frac{1}{N}\sum_{m=0}^{N-1}x(m)\right)\right] - \mu_x^2 \\
&= \frac{1}{N^2}\sum_{n=0}^{N-1}\sum_{m=0}^{N-1}E[x(n)x(m)] - \mu_x^2 \\
&= \frac{1}{N^2}\sum_{n=0}^{N-1}\left\{E[x^2(n)] + \sum_{m=0, m\neq n}^{N-1}E[x(n)x(m)]\right\} - \mu_x^2
\end{aligned} \qquad (2-36)$$

设 $x(n)$ 与 $x(m)$ 互不相干，则

$$\begin{aligned}
D[\hat{x}] &= \frac{1}{N^2}\sum_{n=0}^{N-1}\{E[x^2(n)] + (N-1)\mu_x^2\} - \mu_x^2 \\
&= \frac{1}{N}E[x^2(n)] + \frac{N-1}{N}\mu_x^2 - \mu_x^2 \\
&= \frac{1}{N}\sigma_x^2
\end{aligned}$$

故有

$$\lim_{N\to\infty} D[\hat{x}] = \lim_{N\to\infty}\frac{1}{N}\sigma_x^2 = 0 \qquad (2-37)$$

上述分析表明，当各样本互不相关时，均值的估计 $\hat{x}$ 是无偏且为一致估计。

2. 方差的估计

设均值的估计 $\hat{x}$ 已知，方差的估计为

$$\hat{\sigma}_x^2 = \frac{1}{N}\sum_{n=0}^{N-1}[x(n) - \hat{x}]^2 \qquad (2-38)$$

该估计的均值为

$$E[\hat{\sigma}_x^2] = \frac{1}{N}\sum_{n=0}^{N-1}\{E[x^2(n)] + E[\hat{x}] - 2E[x(n)]\hat{x}\} \qquad (2-39)$$

假设 $x(n)$ 与 $x(m)$ 相互独立，则

$$\begin{aligned}
E[\hat{\sigma}_x^2] &= \frac{1}{N}\sum_{n=0}^{N-1}\left\{E[x^2(n)] + \frac{1}{N}E[x^2(n)] + \frac{N-1}{N}\mu_x^2 - \frac{2}{N}E[x^2(n)] - \frac{2(N-1)}{N}\mu_x^2\right\} \\
&= E[x^2(n)] - \frac{1}{N}E[x^2(n)] - \frac{N-1}{N}\mu_x^2
\end{aligned}$$

$$= \frac{N-1}{N}\{E[x^2(n)] - \mu_x^2\}$$

$$= \frac{N-1}{N}\sigma_x^2 \tag{2-40}$$

有
$$\lim_{N\to\infty} E[\hat{\sigma}_x^2] = \lim_{N\to\infty}\left(\frac{N-1}{N}\sigma_x^2\right) = \sigma_x^2 \tag{2-41}$$

式(2-40)表明方差估计是有偏的,式(2-41)表明该估计却又是渐进无偏的。

3. 相关函数的估计

平稳各态历经连续随机信号的任一样本的自相关函数与总体的相关函数是相等的,即

$$R_{xx}(\tau) = \lim_{T\to\infty}\frac{1}{T}\int_0^T x(t)x(t+\tau)dt$$

周期为 T 的信号,其自相关函数为

$$R_{xx}(\tau) = \frac{1}{T}\int_0^T x(t)x(t+\tau)dt \tag{2-42}$$

若用一有限长(长度为 N)的序列来估计离散信号序列 $x(n)$ 的自相关函数,则有

$$R_{xx}(\gamma) = \frac{1}{N-|\gamma|}\sum_{i=0}^{N-|\gamma|-1} x(i)x(i+\gamma) \tag{2-43}$$

式(2-43)中求和的总项数只能是 $N-|\gamma|$,因为当取 $i=N-|\gamma|$ 时,$x(i+\gamma)=x(N)$,总长就超出数据的长度 N。可以证明式(2-43)算得的自相关函数的估计是无偏的。但当 γ 的值接近于 N 时,其方差变大,所以实际上不常采用。工程计算中,常采用

$$\hat{R}_{xx}(\gamma) = \frac{1}{N}\sum_{i=0}^{N-|\gamma|-1} x(i)x(i+\gamma) \tag{2-44}$$

有
$$E[\hat{R}_{xx}(\gamma)] = \frac{N-|\gamma|}{N}R_{xx}(\gamma) \tag{2-45}$$

表明所得的自相关函数的估计是有偏估计,而当 $N\to\infty$ 时,有

$$\lim_{N\to\infty} E[\hat{R}_{xx}(\gamma)] = R_{xx}(\gamma) \tag{2-46}$$

由式(2-45)还可以看出:$|\gamma|$ 越大,偏差越大。

用这种方法估计自相关函数,为减小估计的偏差,$|\gamma|$ 宜取小,N 要取大。但随着 N 的增多,运算时间迅速增加。为了解决估计精度和速度的矛盾,又提出了一种用 FFT(快速傅里叶变换)进行相关函数估计的方法,利用相关和卷积之间的关系,有

$$\hat{R}_{xx}(\gamma) = \frac{1}{N}x(\gamma)*x(-\gamma) \tag{2-47}$$

可以用 FFT 来计算上述卷积,得出相关函数的估计。

4. 功率谱估计

连续时间随机信号的功率谱密度与自相关函数是一傅里叶变换对,即

$$S_x(\omega) = \int_{-\infty}^{\infty} R_{xx}(\tau)e^{-j\omega\tau}d\tau$$

若 $R_{xx}(\gamma)$ 是 $R_{xx}(\tau)$ 的抽样序列,由序列的傅里叶变换关系,可得

$$S_x(e^{j\omega}) = \sum_{\gamma=-\infty}^{\infty} R_{xx}(\gamma)e^{-j\omega\gamma} \tag{2-48}$$

即 $S_x(e^{j\omega})$ 与 $R_{xx}(\gamma)$ 也是一傅里叶变换对。显然，由序列傅里叶变换的频谱特性可知，$S_x(e^{j\omega})$ 是以 2π 为周期的。经典功率谱估计通常采用基于 DFT（离散傅里叶变换）的 FFT 算法称为非参数估计，包括周期图法和自相关法两种方法。

(1) 周期图法

设有限长离散序列 $x_N(n)$，有

$$\hat{R}_{xx}(\gamma) = \frac{1}{N}[x_N(\gamma) * x_N(-\gamma)] \tag{2-49}$$

$$\hat{S}_{x_N}(e^{j\omega}) = \mathrm{DFT}[R_{xx_N}(\gamma)] \tag{2-50}$$

由 DFT 的下列卷积特性，若

$$\begin{aligned} X(e^{j\omega}) &= \mathrm{DFT}[x_N(\gamma)] \\ X^*(e^{j\omega}) &= \mathrm{DFT}[x_N(-\gamma)] \end{aligned} \tag{2-51}$$

从而

$$\mathrm{DFT}[\hat{R}_{xx_N}(\gamma)] = \frac{1}{N}\mathrm{DFT}[x_N(\gamma)]\mathrm{DFT}[x_N(-\gamma)]$$

即

$$\hat{S}_{x_N}(e^{j\omega}) = \frac{1}{N}X(e^{j\omega}) * X^*(e^{j\omega}) = \frac{1}{N}|X(e^{j\omega})|^2$$

综上所述，由 FFT 计算出随机离散信号 N 点的 DFT，再计算幅值的平方，然后除以 N，即得出随机信号的功率谱估计。由于这种估计方法是在把 $R_{xx}(\tau)$ 离散化的同时，使其功率周期化了，故称为"周期图法"。

(2) 自相关法

自相关是根据维纳-辛钦定理来进行计算的。具体做法是：先用样本 $x(\gamma)$ 的 N 个观测值 $x_N(\gamma)$ 估计出自相关函数 $\hat{R}_{xx}(\gamma)$，然后求 $\hat{R}_{xx}(\gamma)$ 的傅里叶变换，即得 $x_N(\gamma)$ 的功率谱。现在考虑零均值各态历经离散随机信号，利用 FFT 算法来计算。随机信号 $x_N(\gamma)$ 的自相关函数为

$$R_{xx}(\gamma) = \frac{1}{N}[x_N(\gamma) * x_N(-\gamma)], \quad -(N-1) \leqslant \gamma \leqslant N-1 \tag{2-52}$$

序列 $x_N(\gamma)$ 长度为 N，故 $\hat{R}_{xx}(\gamma)$ 长度为 $2N-1$。因此，应将此线性卷积等同于长度为 $2N-1$ 的循环卷积，用长度为 $2N-1$ 点的 FFT 算法来计算 $\hat{R}_{xx}(\gamma)$。然后有

$$\hat{S}_x(\omega) = \sum_{\gamma=-\infty}^{+\infty} \hat{R}_{xx}(\gamma)e^{-j\omega\gamma} = \sum_{\gamma=-(N-1)}^{N-1} \hat{R}_{xx}(\gamma)e^{-j\omega\gamma} \tag{2-53}$$

将数字频率 ω 离散化，得到

$$\hat{S}_x(k) = \hat{S}_x(\omega)\big|_{\omega=\frac{2\pi}{N}k} \sum_{\gamma=-(N-1)}^{N-1} \hat{R}_{xx}(\gamma)e^{-j\frac{2\pi}{N}\gamma} \tag{2-54}$$

为克服经典自相关法的缺点，可在求得自相关函数的估值之后，对其加窗

$$\hat{C}_x(\gamma) = \hat{R}_{xx}(\gamma)W(\gamma)$$

这里窗函数 $W(\gamma)$ 是长度为 γ 的实函数，γ 应略小于 $x(n)$ 的长度 N。然后再对 $\hat{C}_x(\gamma)$ 进行傅里叶变换而得到的谱估计 $\hat{S}_x(\omega)$，这样得到的谱估计是 $\hat{R}_{xx}(\gamma)$ 的频谱与所加窗频谱的线性卷积，因而对所估计的功率谱起到了平滑作用，减少了功率泄漏，降低了方差。

2.6 典型激励信号描述

激励信号在测试信号的分析中起着重要的作用。工程测试中常通过施加激励信号来求取系统的冲激响应或阶跃响应等,以获得系统的动态特性参数或标定传感器的灵敏度等。

本节介绍几种工程测试中常用的典型激励信号及其频谱结构。

2.6.1 冲激函数及其谱分析

1. 冲激函数

冲激函数有几种不同的定义式。

(1) 冲激函数的定义

图 2-23(a)所示的矩形脉冲 $G(t)$,宽为 τ,高为 $1/\tau$,其面积为 1。保持脉冲面积不变,逐渐减小 τ,则脉冲幅度逐渐增大,当 $\tau \to 0$ 时,矩形脉冲的极限称为单位冲激函数,记为 $\delta(t)$,即 δ 函数,表达式为

$$\delta(t) = \lim_{\tau \to 0} \left[u\left(t + \frac{\tau}{2}\right) - u\left(t - \frac{\tau}{2}\right) \right] \tag{2-55}$$

图形表示如图 2-23(b)所示,$u(t)$ 为阶跃信号。

图 2-23 冲激函数的定义与表示

$\delta(t)$ 表示只在 $t=0$ 点有"冲激";在 $t=0$ 点以外各处,函数值均为 0,其冲激强度(脉冲面积)是 1。一个强度为 E 倍单位值的 δ 函数用 $E\delta(t)$ 来表示。图形表示时在箭头旁需注上 E,如图 2-23(b)所示。

(2) 狄拉克(Diract)定义

狄拉克给出的冲激函数定义为

$$\begin{cases} \int_{-\infty}^{+\infty} \delta(t) \mathrm{d}t = 1 \\ \delta(t) = 0, \qquad t \neq 0 \end{cases} \tag{2-56}$$

这一定义与上述脉冲的定义是一致的,因此,也把 δ 函数称为狄拉克函数。

对于在任意点 $t=t_0$ 处出现的冲激,可表示为

$$\begin{cases} \int_{-\infty}^{+\infty} \delta(t-t_0) \mathrm{d}t = 1 \\ \delta(t-t_0) = 0, \qquad t \neq t_0 \end{cases} \tag{2-57}$$

2. 冲激函数的性质

(1) 积分筛选特性

当单位冲激函数 $\delta(t)$ 与一个在 $t=0$ 处连续且有界的信号 $x(t)$ 相乘时,其积的积分只有在 $t=0$ 处得到 $x(0)$,其余各点之乘积及积分均为零,从而有

$$\int_{-\infty}^{+\infty} \delta(t) x(t) \mathrm{d}t = \int_{-\infty}^{+\infty} \delta(t) x(0) \mathrm{d}t = x(0) \int_{-\infty}^{+\infty} \delta(t) \mathrm{d}t = x(0) \tag{2-58}$$

类似地,对于

$$\int_{-\infty}^{+\infty}\delta(t-t_0)x(t)\mathrm{d}t = \int_{-\infty}^{+\infty}\delta(t-t_0)x(t_0)\mathrm{d}t = x(t_0)\int_{-\infty}^{+\infty}\delta(t-t_0)\mathrm{d}t = x(t_0) \quad (2-59)$$

式(2-58)和式(2-59)表明,当连续时间函数 $x(t)$ 与单位冲激信号 $\delta(t)$ 或者 $\delta(t-t_0)$ 相乘,并在 $(-\infty,\infty)$ 时间内积分时,可得到 $x(t)$ 在 $t=0$ 点的函数值 $x(0)$ 或者 $t=t_0$ 点的函数值 $x(t_0)$,即筛选出 $x(0)$ 或者 $x(t_0)$。

(2) 冲激函数是偶函数

偶函数即

$$\delta(t) = \delta(-t) \quad (2-60)$$

$$\int_{-\infty}^{+\infty}\delta(-t)x(t)\mathrm{d}t = \int_{-\infty}^{+\infty}\delta(\tau)x(-\tau)\mathrm{d}(-\tau) = \int_{-\infty}^{+\infty}\delta(\tau)x(0)\mathrm{d}\tau = x(0) \quad (2-61)$$

这里用到了变量置换 $\tau=-t$。将上面得到的结果与式(2-51)对照,从而证明了冲激函数是偶函数的性质。

(3) 乘积(抽样)特性

若函数 $x(t)$ 在 $t=t_0$ 处连续,则有

$$x(t)\delta(t-t_0) = x(t_0)\delta(t-t_0) \quad (2-62)$$

(4) 卷积特性

两个信号 $x_1(t)$ 与 $x_2(t)$ 卷积的定义:$\int_{-\infty}^{+\infty}x_1(\tau)x_2(t-\tau)\mathrm{d}\tau$ 为信号 $x_1(t)$ 与 $x_2(t)$ 的卷积,记作 $x_1(t)*x_2(t)$,写成

$$x_1(t)*x_2(t) = \int_{-\infty}^{+\infty}x_1(\tau)x_2(t-\tau)\mathrm{d}\tau \quad (2-63)$$

卷积公式的积分结果仍是时间 t 的函数,而任何连续信号 $x(t)$ 和 $\delta(t)$ 的卷积是一种最简单的卷积积分,结果就是该连续信号 $x(t)$,即

$$x(t)*\delta(t) = \int_{-\infty}^{+\infty}x(\tau)\delta(t-\tau)\mathrm{d}\tau = x(t) \quad (2-64)$$

同理,对于时延单位脉冲 $\delta(t\pm t_0)$,有

$$x(t)*\delta(t\pm t_0) = \int_{-\infty}^{+\infty}x(\tau)\delta(t\pm t_0-\tau)\mathrm{d}\tau = x(t\pm t_0) \quad (2-65)$$

连续信号与 $\delta(t\pm t_0)$ 函数卷积结果的图形如图 2-24 所示。由图可见,信号 $x(t)$ 和 $\delta(t\pm t_0)$ 函数卷积的几何意义,就是使信号 $x(t)$ 延迟 $\pm t_0$ 脉冲时间。

3. $\delta(t)$ 信号的频谱

由傅里叶变换的定义及 $\delta(t)$ 的积分筛选特性可得单位冲激函数 $\delta(t)$ 的傅里叶变换

$$X(\omega) = \mathbf{F}[\delta(t)] = \int_{-\infty}^{+\infty}\delta(t)\mathrm{e}^{-\mathrm{j}\omega t}\mathrm{d}t = \int_{-\infty}^{+\infty}\delta(t)\mathrm{e}^0\mathrm{d}t = 1 \quad (2-66)$$

由式(2-66)可见,单位脉冲信号的频谱为常数,说明信号包含了 $(-\infty,+\infty)$ 所有频率成分,且任一频率的频谱密度函数相等,如图 2-25 所示,故称这种频谱为"均匀频谱",又称"白色谱"。同时由傅里叶逆变换定义,可得

图 2-24 连续信号与冲激函数的卷积

图 2-25 单位脉冲信号频谱

$$\mathbf{F}^{-1}[\delta(\omega)] = \frac{1}{2\pi}\int_{-\infty}^{+\infty}\delta(\omega)\mathrm{e}^{\mathrm{j}\omega t}\mathrm{d}\omega = \frac{1}{2\pi}\int_{-\infty}^{+\infty}\delta(\omega)\mathrm{d}\omega = \frac{1}{2\pi} \quad (2-67)$$

上式表明直流信号的傅里叶变换是冲激函数,即

$$\mathbf{F}\left[\frac{1}{2\pi}\right] = \delta(\omega), \qquad \mathbf{F}[1] = 2\pi\delta(\omega) \quad (2-68)$$

2.6.2 单位阶跃信号及其谱分析

阶跃信号 $u(t)$ 可表示

$$u(t) = \begin{cases} A, & t > 0 \\ 0, & t < 0 \end{cases} \quad (2-69)$$

阶跃信号在跳变点 $t=0$ 处,函数值未定义,或在 $t=0$ 处规定 $u(0)=\frac{1}{2}$。幅值 $A=1$ 的阶跃信号称为单位阶跃信号,如图 2-26 所示,可表示为

$$u(t) = \begin{cases} 1, & t > 0 \\ 0, & t < 0 \end{cases} \quad (2-70)$$

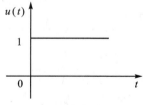

图 2-26 单位阶跃信号

利用单位阶跃信号可方便地表达各种单边信号,如单边正弦信号为 $u(t)\sin t$,单边指数衰减振荡信号 $u(t)A\mathrm{e}^{-|B|t}\sin 2\pi\omega_0 t$ 等。此外,它还能表示单边矩形脉冲信号为

$$g(t) = u(t) - u(t-T)$$

式中,T 为矩形脉冲持续时间。

由于单位阶跃信号不满足绝对可积条件,不能直接由定义式给出其频谱,可把它看成当 $\alpha \to 0$ 时的指数信号 $\mathrm{e}^{-\alpha t}$ 在时域上的极限,其频谱为 $\mathrm{e}^{-\alpha t}$ 的频谱在 $\alpha \to 0$ 时的极限。

单边指数信号在时域上可表示为

$$x(t) = \begin{cases} e^{-\alpha t}, & t \geqslant 0 \\ 0, & t < 0 \quad (\alpha > 0) \end{cases}$$

如图 2-27(a)所示其傅里叶变换为

$$X(\omega) = \int_{-\infty}^{+\infty} x(t) e^{-j\omega t} dt = \int_{0}^{+\infty} e^{-\alpha t} e^{-j\omega t} dt = \int_{0}^{+\infty} e^{-(\alpha+j\omega)t} dt = \frac{1}{\alpha + j\omega} \quad (2-71)$$

其幅度谱、相位谱分别为

$$|X(\omega)| = \frac{1}{\sqrt{\alpha^2 + \omega^2}} \quad (2-72)$$

$$\phi(\omega) = -\arctan\left(\frac{\omega}{\alpha}\right) \quad (2-73)$$

频谱图如图 2-27(b)、(c)所示。

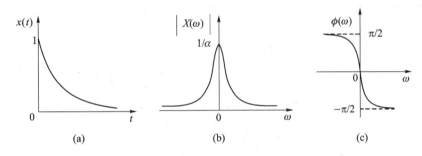

图 2-27 单边指数信号与频谱

把单边指数信号的频谱分解为实频与虚频两部分,有

$$X(\omega) = \frac{1}{\alpha + j\omega} = \frac{\alpha}{\alpha^2 + \omega^2} - j\frac{\omega}{\alpha^2 + \omega^2} = A(\omega) + jB(\omega)$$

设当 $\alpha \to 0$ 时,实频 $A(\omega)$ 和虚频 $B(\omega)$ 的极限分别为 $A_\varepsilon(\omega)$ 和 $B_\varepsilon(\omega)$,有

$$\begin{cases} A_\varepsilon(\omega) = \lim_{\alpha \to 0} A_\varepsilon(\omega) = 0, & \omega \neq 0 \\ A_\varepsilon(\omega) = \lim_{\alpha \to 0} A_\varepsilon(\omega) \to \infty, & \omega = 0 \end{cases}$$

而

$$\lim_{\alpha \to 0} \int_{-\infty}^{+\infty} A(\omega) d\omega = \lim_{\alpha \to 0} \int_{-\infty}^{+\infty} \frac{d\left(\frac{\omega}{\alpha}\right)}{1 + \left(\frac{\omega}{\alpha}\right)^2} = \lim_{\alpha \to 0} \arctan\frac{\omega}{\alpha} \bigg|_{-\infty}^{+\infty} = \pi$$

由以上三式可知,$A_\varepsilon(\omega)$ 为一种冲激函数,且 $A_\varepsilon(\omega) = \pi \delta(\omega)$

并有

$$\begin{cases} B_\varepsilon(\omega) = \lim_{\alpha \to 0} B(\omega) = \frac{-1}{\omega}, & \omega \neq 0 \\ B_\varepsilon(\omega) = \lim_{\alpha \to 0} B(\omega) = 0, & \omega = 0 \end{cases}$$

因此阶跃信号的频谱为

$$X(\omega) = A_\varepsilon(\omega) + jB_\varepsilon(\omega) = \pi\delta(\omega) + \frac{1}{j\omega} \quad (2-74)$$

图 2-28 阶跃信号频谱

频谱图如图 2-28 所示。由于阶跃信号中含有直流分量,所以阶跃信号的频谱在 $\omega = 0$ 处存在冲激,而且它在 $t = 0$ 处有跳

变,从而频谱中还有高频分量。

2.6.3 单位斜坡信号及其频谱

1. 斜坡信号

斜坡信号也称为斜变信号或斜升信号,指从某一时刻开始随时间成正比例增长的信号。如果增长的变化率为1,也称单位斜坡信号。其波形如图2-29所示,表达式为

$$r(t) = \begin{cases} 0 & t < 0 \\ t & t \geqslant 0 \end{cases}$$

图 2-29 单位斜坡信号

也可表示成

$$r(t) = t \cdot u(t) \tag{2-75}$$

2. 频谱分析

由傅里叶变换的性质

$$\mathbf{F}[u(t)] = \pi\delta(\omega) + \frac{1}{j\omega}$$

$$\mathbf{F}[-jtu(t)] = \frac{d\left[\pi\delta(\omega) + \frac{1}{j\omega}\right]}{d\omega} = \pi\delta'(\omega) + \frac{1}{j} \cdot \frac{1}{-\omega^2}$$

$$\mathbf{F}[tu(t)] = -\frac{\pi\delta'(\omega)}{j} + \frac{-1}{\omega^2} = j\pi\delta'(\omega) - \frac{1}{\omega^2}$$

即

$$X(\omega) = \mathbf{F}[r(t)] = j\pi\delta'(\omega) - \frac{1}{\omega^2} \tag{2-76}$$

第 3 章 测量系统的基本特性

3.1 概 述

组建或选择合适而有效的测量系统,除了需要了解信号的特点外,还需要了解测量系统的技术特性。本章针对动态测试的特点,研究测量系统的基本特性,并对动态误差及其修正方法作初步探讨。

可将系统输入、测量系统及输出用图 3-1 表示。这种表示方法不仅适用于不同的测量系统,而且适用于其他的任何一个功能组件,例如传感器中的弹性元件、电子放大器、微分器、积分器等。图 3-1 中,$x(t)$ 表示

图 3-1 测量系统的功能方块图

输入量,$y(t)$ 表示与其对应的输出量,$h(t)$ 表示由此组件的物理性能决定的数学运算法则。图 3-1 表示输入量送入此组件后经过规定的传输特性 $h(t)$ 转变为输出量。对比例放大环节 $h(t)$ 可写成 k(电子或机械装置的放大系数);对一阶微分环节 $h(t)$ 可写成 $\dfrac{d}{dt}$,等等。在有些书中将此方框图称为"黑盒子",后者比前者具有更明显的哲学含义。它意味着,当把任一测量系统表示成如图 3-1 所示的框图时,这时需要关心的是它的输入量和输出量之间的数学关系,而对其内部物理结构并无兴趣。因此,不妨对其一无所知。基于此,本章首先假定测量系统具有某种确定的数学功能,在此基础上研究给定的输入信号通过它转换成何种输出信号,进而研究测量系统应具有什么样的特征,输出信号才能如实地反映输入信号,实现不失真测量。

3.1.1 测量系统的基本要求

一般的工程测试问题总是处理输入量(激励)$x(t)$、系统的传输转换特性 $h(t)$ 和输出量(响应)$y(t)$ 三者之间的关系,即

① 若 $x(t)$、$y(t)$ 是可以观察的量,则通过 $x(t)$、$y(t)$ 可推断测量系统的传输特性或转换特性 $h(t)$;

② 若 $h(t)$ 已知,$y(t)$ 可测,则可通过 $h(t)$、$y(t)$ 推断导致该输出的相应输入量 $x(t)$,这是工程测试中最常见的问题;

③ 若 $x(t)$、$h(t)$ 已知,则可推断或估计系统的输出量 $y(t)$。

这里所说的系统,是指从测量输入量的那个环节到测量输出量的那个环节之间的整个系统,既包括测量对象又包括测试仪器。若研究的对象是测试系统本身,则图 3-1 所反映的就是测量系统的转换特性问题,即为测量系统的定度问题。

理想的测量系统应该具有单值的、确定的输入-输出关系。其中以输出和输入成线性关系为最佳。在静态测量中,测量系统的这种线性关系虽说总是所希望的,但不是必需的,因为在静态测量中可用曲线校正或输出补偿技术作非线性校正;在动态测量中,测量工作本身力求的应该是线性系统,这不仅因为目前只有对线性系统才能作比较完善的数学处理与分析,而且也

因为在动态测试中作非线性校正目前还相当困难。一些实际测试系统不可能在较大的工作范围内完全保持线性,因此,只能在一定的工作范围内和在一定的误差允许范围内作为线性处理。

3.1.2 测量系统的线性化

根据测试目的的不同可组成不同功能的测量系统,这些系统所具有的主要功能,应保证系统的信号输出能精确地反映输入。对于一个理想的测量系统应具有确定的输入与输出关系。其中输出与输入成线性关系时为最佳,即理想的测量系统应当是一个线性时不变系统。严格地说,实际测量系统总是存在非线性因素,如许多电子器件都是非线性的。但在工程中常把测量系统作为线性系统来处理,这样,既能使问题得到简化,又能在足够精度的条件下获得实用的结果。

在动态测试中,线性系统常用线性微分方程来描述。设系统的输入为 $x(t)$、输出为 $y(t)$,则高阶线性测量系统可用高阶、齐次、常系数微分方程来描述:

$$a_n \frac{d^n y(t)}{dt^n} + a_{n-1} \frac{d^{n-1} y(t)}{dt^{n-1}} + \cdots + a_1 \frac{dy(t)}{dt} + a_0 y(t)$$
$$= b_m \frac{d^m x(t)}{dt^m} + b_{m-1} \frac{d^{m-1} x(t)}{dt^{m-1}} + \cdots + b_1 \frac{dx(t)}{dt} + b_0 x(t) \quad (3-1)$$

式中,a_n、a_{n-1}、$\cdots$、a_0 和 b_m、b_{m-1}、$\cdots$、b_0 是常量,与测量系统的结构特性、输入状况和测试点的分布等因素有关。这种系统就称为时不变(或称定常)系统,其内部参数不随时间变化而变化。信号的输出、输入与信号加入的时间无关,即若系统的输入延迟某一段时间 t_p,则其输出也延迟相同的时间 t_p。

既是线性的又是时不变的系统叫做线性时不变系统。

对线性时不变系统具有以下主要性质:

(1) 叠加性与比例性

若 $\qquad x_1(t) \rightarrow y_1(t); \qquad x_2(t) \rightarrow y_2(t)$

及 $\qquad c_1 x_1(t) \rightarrow c_1 y_1(t); \qquad c_2 x_2(t) \rightarrow c_2 y_2(t)$

则 $\qquad [c_1 x_1(t) \pm c_2 x_2(t)] \rightarrow [c_1 y_1(t) \pm c_2 y_2(t)] \qquad (3-2)$

式中,c_1、c_2 为任意常数。

式(3-2)表明:同时作用于系统的两个任意值的输入量,它们所引起的输出量,等于这两个任意输入量单独作用于这个系统时所引起的输出量之和,其值仍与 c_1、c_2 成比例关系。因此分析线性系统在复杂输入作用下的总输出时,可先将复杂输入分解成许多简单的输入分量,求出这些简单输入分量的各自对应输出之后,再求其和,即可求出其总输出。

(2) 微分性质

若 $x(t) \rightarrow y(t)$,则

$$\frac{dx(t)}{dt} \rightarrow \frac{dy(t)}{dt} \qquad (3-3)$$

即系统对输入微分的响应,等同于对原输入响应的微分。

(3) 积分性质

若 $x(t) \rightarrow y(t)$,则

$$\int_0^t x(t)\mathrm{d}t \to \int_0^t y(t)\mathrm{d}t \tag{3-4}$$

即当初始条件为零时,系统对输入积分的响应等同于对原输入响应的积分。例如,已测得某物振动加速度的响应,便可利用积分特性作数学运算,求得该系统的速度或位移的响应。

(4) 频率不变性

若输入为正弦信号 $x(t)=A\sin\omega t$,则输出函数必为

$$y(t) = B\sin(\omega t \pm \varphi) \tag{3-5}$$

式(3-5)表明,在稳态时线性系统的输出,其频率恒等于原输入的频率,但其幅值与相角均有变化。此性质在动态测试中具有重要作用。例如在振动测试中,若输入的激励频率为已知,则测得的输出信号中只有与激励频率相同的成分才可能是由该激励引起的振动,而其他频率信号都为噪声干扰。

3.2 测量系统的静态标定与静态特性

测量系统的激励信号可能是常量,也可能是变化的量,系统对上述两类信号的反应也是各不相同的。在测量过程中,系统或仪器自身也产生固有运动,进行能量变换。例如,膜盒或波纹管的变形、表头指针的偏转、水银的膨胀收缩、电路中电容器的充放电、继电器的开闭,乃至模/数转换器的转换及 CPU 的数据处理时间等,这些运动都会使被测信号在幅值和相位两方面发生变化。根据仪器固有运动的速度和被测信号的变化速度之间相对大小,测量过程可分为静态测量与动态测量。

仪器的静态特性用仪器的激励与响应的稳定值之间的相互关系来表示,其数学模型为代数方程,不含时间变量 t。

欲使测量结果具有普遍的科学意义,测量系统应当是经过检验的。用已知的标准校正仪器或测量系统的过程称为标定。根据标定时输入到测量系统中的已知量是静态量还是动态量,标定分为静态标定和动态标定。

3.2.1 静态标定

静态标定就是将原始基准器,或比被标定系统准确度高的各级标准器或已知输入源作用于测量系统,得出测量系统的激励-响应关系的实验操作。对测量系统进行标定时,一般应在全量程范围内均匀地取定 5 个或 5 个以上的标定点(包括零点)。从零点开始,由低至高,逐次输入预定的标定值,此称正行程标定。由高至低依次输入预定的标定值,直至返回零点,此称反行程标定,并按要求将以上操作重复若干次,记录下相应的响应-激励关系。

标定的主要作用是:

① 确定仪器或测量系统的输入-输出关系,赋予仪器或测量系统分度值。

② 确定仪器或测量系统的静态特性指标。

③ 消除系统误差,改善仪器或测量系统的正确度。在科学测量中,标定是一个不容忽视的重要步骤。

通过标定,可得到测量系统的响应值 y_i 和激励值 x_i 之间一一对应关系,称为测量系统的静态特性。测量系统的静态特性可以用一个多项式方程表示,即

$$y = a_0 + a_1 x + a_2 x^2 + \cdots \tag{3-6}$$

式(3-6)称为测量系统的静态数学模型,静态特性也可用一条曲线来表示。该曲线称为测量系统的静态特性曲线,有时也称为静态校准曲线或静态标定曲线。从标定过程可知,测量系统的静态特性曲线也可相应地分为正行程特性曲线、反行程特性曲线和平均特性曲线(正行程、反行程特性曲线之平均),一般都以平均特性曲线作为测量系统的静态特性曲线。

理想的情况是测量系统的响应和激励之间有线性关系,这时数据处理最简单,并且可和动态测量原理相衔接,因为线性系统遵守叠加原理和频率不变性原理,在动态测量中不会改变响应信号的频率结构,造成波形失真。然而,由于原理、材料、制作上的种种客观原因,测量系统的静态特性不可能是严格线性的。如果在测量系统的特性方程中,非线性项的影响不大,实际静态特性接近直线关系,则常用一条参考直线来代替实际的静态特性曲线,近似地表示响应-激励关系,有时也将此参考直线称为测量系统的工作直线。如果测量系统的实际特性和参考直线关系相去甚远,则常采取限制测量的量程,以确保系统工作在线性范围内,或者在仪器的结构或电路上采取线性化补偿措施,如设计非线性放大器或采取软件非线性修正等补偿措施。

选用参考直线有多种方案,常用的有以下几种。

(1) 端点连线

端点连线法是将静态特性曲线上对应于量程上、下限的两点连线作为工作直线,如图3-2所示。该工作直线仅用到量程上、下限的两点,其他标定点过此线的甚少。如果测量系统呈明显的非线性,显然该参考工作直线的精度将不高。

(2) 端点平移线

端点平移线的作法是,先找到实际静态特性曲线上对应于量程上、下限的两点,并作端点连线①,然后在实际静态特性曲线上找到端点连线的最大正偏差及最大负偏差点,分别过最大正偏差点及最大负偏差点作端点连线的平行线②和③,再作两偏差点平行线的等分线④,该等分线即为端点平移线,如图3-3所示。

图 3-2 端点连线

图 3-3 端点平移线

端点平移线作为参考工作直线,显然其与实际静态特性曲线偏离度要优于端点连线,能保证最大正偏差与最大负偏差相等。

(3) 最小二乘直线

设实际静态特性 m 个标定点数据为 (x_i, y_i),$i = 1, 2, 3, \cdots, m$,最小二乘参考工作直线方法为 $\hat{y} = a + bx$,实际标定点 i 与参考工作直线间的偏差为 d_i ($d_i = y_i - \hat{y}_i$),如图3-4所示,有

$$d_i = y_i - (a + bx_i) \tag{3-7}$$

引入准则函数 J,即

$$J = \sum_{i=1}^{m} d_i^2 = \sum_{i=1}^{m} [y_i - (a + bx_i)]^2 \quad (3-8)$$

J 取最小值的必要条件是

$$\left.\begin{array}{l} \dfrac{\partial J}{\partial a} = 0 \\ \dfrac{\partial J}{\partial b} = 0 \end{array}\right\} \quad (3-9)$$

图 3-4 最小二乘参考工作直线

由式(3-9)可求解 a 和 b 的值。求解得到的 a、b 两系数具有物理意义,由此求取的参考工作直线与实际静态特性的符合程度将优于上述两种方法。

(4) 过零最小二乘直线

采用上述最小二乘直线作为参考工作直线,其方程中含有截距 a 值,该方程并不满足线性时不变系统的叠加性,实际使用时一般会将 a 值看成是系统误差并对其进行修正。实际标定中,有许多系统零输入时,其输出为0,对于这样的系统可采用过原点的最小二乘直线作为参考工作直线。其参考工作直线的模型为 $y=bx$,各标定点到该直线的偏差平方和 J 为

$$J = \sum_{i=1}^{m} (y_i - bx_i)^2 \quad (3-10)$$

可由 $\dfrac{\partial J}{\partial b}=0$ 求解参考工作线的系数 b。

直线方程的形式为 $\hat{y}=bx$ 且对各标定点 (x_i, y_i) 偏差的平方和最小的直线。

3.2.2 静态特性指标

描述测量系统静态特性的指标有灵敏度、量程、测量范围、非线性(线性度)、迟滞性、重复性、准确度、分辨率、漂移等。

1. 灵敏度

灵敏度 s 是仪器在静态条件下响应量的变化 Δy 和与之相对应的输入量变化 Δx 的比值。如果激励和响应都是不随时间变化的常量(或变化极慢,在所观察的时间间隔内可近似为常量),则式(3-1)中各个微分项均为零,方程式可简化为

$$y = \dfrac{b_0}{a_0} x \quad (3-11)$$

理想的静态量测量装置应具有单调、线性的输入/输出特性,其斜率为常数。在这种情况下,仪器的灵敏度 s 就等于特性曲线的斜率,如图 3-5(a)所示,即

$$s = \dfrac{\Delta y}{\Delta x} = \dfrac{y}{x} = \dfrac{b_0}{a_0} = 常数 \quad (3-12)$$

当特性曲线呈非线性关系时,灵敏度的表达式为

$$s = \lim_{\Delta x \to 0} \dfrac{\Delta y}{\Delta x} = \dfrac{dy}{dx} \quad (3-13)$$

如图 3-5(b)所示,它表示单位被测量的变化引起的测量系统输出值的变化。

灵敏度是一个有因次的量,因此在讨论测量系统的灵敏度时,必须确切地说明它的因次。例如,位移传感器的被测位移的单位是 mm,输出量的单位是 mV,故位移传感器的灵敏度单

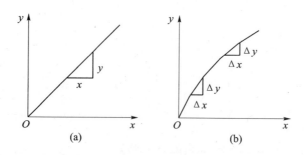

图 3-5 静态灵敏度的确定

位是 mV/mm。有些仪器的灵敏度表示方法和定义相反,例如记录仪及示波器的灵敏度常表示为 V/cm,而不是 cm/V。假如测量仪器的激励与响应为同一形式的物理量(例如电压放大器),则常用"增益"这个名词来取代灵敏度的概念。上述定义与表示方法都是指绝对灵敏度。另一种实用的灵敏度表示方法是相对灵敏度,相对灵敏度 S_r 的定义为

$$S_r = \frac{\Delta y}{\Delta x / x} \tag{3-14}$$

式中:Δy 表示输出量的变化;$\Delta x / x$ 表示输入量的相对变化。

相对灵敏度表示测量系统的输出变化量对于被测输入量的相对变化量的变化率。在实际测量中,被测量的变化有大有小,在要求相同的测量精度条件下,被测量越小,则所要求的绝对灵敏度越高。但如果用相对灵敏度表示,则不管被测量的大小如何,只要相对灵敏度相同,测量精度也相同。

测量系统除了敏感有效被测量之外,还可能对各种干扰量有反应,从而影响测量精度。这种对干扰量或影响量敏感的灵敏度称为有害灵敏度,在设计测量系统时,应尽可能使有害灵敏度降到最低限度。

许多测量单元的灵敏度是由其物理属性或结构所决定的。人们常常追求高灵敏度,但灵敏度和系统的量程及固有频率等是相互制约的,应引起注意。

对于一个较为理想的测量系统而言,希望灵敏度 S 在整个测量范围内保持不变,在被测信号有效频率范围内保持不变,如图 3-6 所示。应该指出的是,灵敏度 S 与系统的量程及系统的动态特性(固有频率)密切相关。

图 3-6 灵敏度 S 与测量量程及信号频率的要求

2. 量程及测量范围

测量范围是指测量系统能测量的最小输入量(下限)至最大输入量(上限)之间的范围。测量上限值与下限值的代数差称为量程。如测量范围为 $-50 \sim 200\,℃$ 的温度计的量程是 $250\,℃$。

仪器的测量范围决定于仪器中各环节的性能,假如仪器中任一环节的工作出现饱和或过载,则整个仪器都不能正常工作。测量系统的量程与灵敏度是相关联的,一般地灵敏度越大,其量程越小。

有效量程(或工作量程)是指被测量的某个数值范围,在此范围内测量仪器所测得的数值,其误差均不会超过规定值。仪器量程的上限与下限构成了仪器可以进行测量的极限范围,但并不代表仪器的有效量程。例如,某厂家称其湿度传感器的量程是20％～100％RH,但仪器上也可能会特别注明在30％～85％RH以外的范围上湿度仪的标定会有误差。进一步细读说明书甚至会发现,实际上只有在30％～85％RH范围内仪器才保证规定的精度。所以仪器的有效量程是30％～85％RH。

3. 非线性

非线性通常也称为线性度,是指测量系统的实际输入-输出特性曲线对于理想线性输入-输出特性的接近或偏离程度。它用实际输入-输出特性曲线对理想线性输入-输出特性曲线的最大偏差量与满量程的百分比来表示,如图3-7所示,即

$$\delta_L = \Delta L_{\max}/Y_{FS} \times 100\% \tag{3-15}$$

式中:δ_L 为线性度;Y_{FS} 为满量程是理想工作曲线的上限值与下限值之差的绝对值;$\Delta L_{\max}$ 为最大偏差。

由式(3-15)可知,显然 δ_L 越小,系统的线性越好,实际工作中经常会遇到非线性较为严重的系统,此时,可以采取限制测量范围、采用非线性拟合或非线性放大器等技术措施来提高系统的线性。

4. 迟滞性

迟滞性亦称滞后量、滞后或回程误差,表征测量系统在全量程范围内,输入量由小到大(正行程)或由大到小(反行程)两者静态特性不一致的程度,如图3-8所示。将各标定点上对应的正行程工作曲线与反行程工作曲线响应的偏差记为迟滞偏差,用 ΔH_i 表示。迟滞误差在数值上是用所用标定点中的最大迟滞偏差 $\Delta H_{\max}$ 与满量程 Y_{FS} 之比的百分比表示,即

$$\delta_H = \frac{\Delta H_{\max}}{Y_{FS}} \times 100\% \tag{3-16}$$

显然 δ_H 越小,测量系统的迟滞性能越好。

图 3-7　线性度示意图

图 3-8　迟滞性示意图

5. 重复性

重复性表示测量系统在同一工作条件下,按同一方向正行程标定或反行程标定作全量程多次(三次以上)标定时,对于同一个激励量其测量结果的不一致程度,如图3-9所示。重复性误差为随机误差,引用误差表示形式为

$$\delta_R = \frac{\Delta R}{Y_{FS}} \times 100\% \quad (3-17)$$

式中：ΔR 为同一激励量对应多次循环的同向行程响应量的绝对误差。

重复性是指标定值的分散性,是一种随机误差,可以根据标准偏差来计算 ΔR。

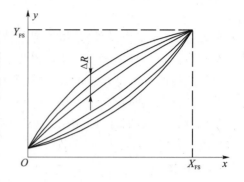

图 3-9 重复性示意图

$$\Delta R = \frac{K\sigma}{\sqrt{n}} \quad (3-18)$$

式中：σ 为子样标准偏差。

K 为置信因子,$K=2$ 时,置信度为 95%；$K=3$ 时,置信度为 99.73%。

标准偏差 σ 的计算可按下述方法进行：

按贝塞尔公式计算各标定点的标准偏差 σ：

$$\sigma_{jD} = \sqrt{\frac{1}{n-1} \sum_{i=1}^{n} (y_{jiD} - \bar{y}_{jD})^2} \quad (3-19)$$

$$\sigma_{jI} = \sqrt{\frac{1}{n-1} \sum_{i=1}^{n} (y_{jiI} - \bar{y}_{jI})^2} \quad (3-20)$$

式中：σ_{jD}、σ_{jI} 分别为正、反行程各标定点响应量的标准偏差；$\bar{y}_{jD}$、$\bar{y}_{jI}$ 分别为正、反行程各标定点的响应量的平均值；j 为标定点序号,$j=1,2,3,\cdots,m$；i 为标定的循环次数,$i=1,2,3,\cdots,n$；y_{jiD}、y_{jiI} 分别为正、反行程各标定点输出值。

再取 σ_{jD}、σ_{jI} 的均方值为子样的标准偏差 σ,公式如下：

$$\sigma = \sqrt{\left(\sum_{j=1}^{m} \sigma_{jI}^2 + \sum_{j=1}^{m} \sigma_{jD}^2\right) \frac{1}{2m}} \quad (3-21)$$

6. 准确度

准确度是指测量仪器的指示接近被测量真值的能力。准确度是重复误差和线性度等的综合。

准确度可以用输出单位来表示,例如温度表的准确度为 $\pm 1\ \text{℃}$,千分尺的准确度为 $\pm 0.001\ \text{mm}$ 等。但大多数测量仪器或传感器的准确度是用无量纲的百分比误差或满量程百分比误差来表示的,即

$$\text{百分比误差} = \frac{\text{指示值} - \text{真值}}{\text{真值}} \times 100\% \quad (3-22)$$

而在工程应用中多以仪器的满量程百分比误差来表示,即

$$\text{满量程百分比误差} = \frac{\text{指示值} - \text{真值}}{\text{最大量程}} \times 100\% \quad (3-23)$$

准确度表示测量的可信程度,准确度不高可能是由仪器本身或计量基准的不完善两方面原因造成的。

7. 分辨力和分辨率

辨力是指测量系统能测量的输入量最小变化的能力。当被测量的变化小于分辨力时,传感器对输入量的变化无任何反应。对数字仪表而言,如果没有其他附加说明,可以认为该表的最后一位所表示的数值就是它的分辨力。有些传感器当输入量连续变化时,输出量只作阶梯变化,则分辨力就是输出量的每个"阶梯"所代表的输入量的大小。

设传感器能引起响应量发生变化的最小激励变化量,用 Δx 表示。由于测量系统或仪器在全量程范围内,各测量区间的 Δx 不完全相同,因此常用全量程范围内最大的 Δx(即 $\Delta x_{\max}$)与测量系统满量程输出值 Y_{FS} 之比的百分率表示其分辨能力,称为分辨率,用 F 表示,即

$$F = \frac{\Delta x_{\max}}{Y_{FS}} \tag{3-24}$$

为了保证测量系统的测量准确度,工程上规定:测量系统的分辨率应小于允许误差的 1/3、1/5 或 1/10。可以通过提高仪器敏感单元的增益的方法来提高分辨率。如使用放大镜可比裸眼更清晰地观察刻度盘相对指针的刻度值,用放大器放大测量信号等。不应该将分辨率与重复性和准确度混淆起来。测量仪器必须有足够高的分辨率,但这还不是构成良好仪器的充分条件。分辨率的大小应能保证在稳态测量时仪器的测量值波动很小。分辨率过高会使信号波动过大,从而会对数据显示或校正装置提出过高的要求。一个好的设计应使其分辨率与仪器的功用相匹配。提高分辨率相对而言是比较方便的,因为在仪器的设计中提高增益不成问题。

8. 漂 移

漂移是指在测量系统的激励不变时,响应量随时间的变化趋势。漂移的同义词是仪器的不稳定性。产生漂移的原因有两方面:一是仪器自身结构参数的变化;二是外界工作环境参数的变化对响应的影响。最常见的漂移问题是温漂,即由于外界工作温度的变化而引起的输出的变化。例如溅射薄膜压力传感器的温漂为 $0.01\%/(h \cdot ℃)$,即当温度变化 1 ℃ 时,传感器的输出每小时要变化 0.01 %。随着温度的变化,仪器的灵敏度和零位也会发生漂移,并相应地称之为灵敏度漂移和零点漂移。

3.3 测量系统的动态特性

3.3.1 动态参数测试的特殊问题

在测量静态信号时,线性测量系统的输出-输入特性是一条直线,二者之间有一一对应的关系,而且因为被测信号不随时间变化,测量和记录过程不受时间限制。在实际测试工作过程中,大量的被测信号是动态信号,测量系统对动态信号的测量任务不仅需要精确地测量信号幅值的大小,而且需要测量和记录动态信号变化过程的波形。这就要求测量系统能迅速准确地测出信号幅值和无失真地再现被测信号随时间变化的波形。

测量系统的动态特性是指对激励(输入)的响应(输出)特性。一个动态特性好的测量系

统,其输出随时间变化的规律,将能同时再现输入随时间变化的规律,即具有相同的时间函数。这是动态测量中对测量系统提出的新要求。但实际上除了具有理想的比例特性的环节外,输出信号将不会与输入信号具有完全相同的时间函数,这种输出与输入间的差异就是所谓的动态误差。

为了进一步说明动态参数测试中发生的特殊问题,下面讨论一个测量水温的实验过程。用一个恒温水槽,使其中水温保持在 T_1 不变,而当地环境温度为 T_0,把一支热电偶放于此环境中一定时间,那么热电偶反映出来的温度应为 T_0(不考虑其他因素造成的误差)。设 $T_1 > T_0$,现在将热电偶迅速插到恒温水槽的热水中(插入时间忽略不计),这时热电偶测量的温度参数发生一个突变,即从 T_0 突然变化到 T_1,立即看一下热电偶输出的指示值,是否在这一瞬间从原来的 T_0 立刻上升到 T_1 呢?显然不会。它是从 T_0 逐渐上升到 T_1 的,没有这样一个过程就不会得到正确的测量结果。而从 $t_0 \rightarrow t_1$ 的过程中,测试曲线始终与温度从 T_0 跳变到 T_1 的阶跃波形存在差值,这个差值称为动态误差,从记录波形看,测试具有一定失真,热电偶测温过程如图 3-10 所示。

究竟是什么原因造成测试失真和产生动态误差呢?首先可以肯定,如果被测温度 $T_1 = T_0$,不会产生上述现象。另一方面,就应该考察热电偶(传感器)对动态参数测试的适应性能,即它的动态特性如何。热电偶测量热水温度时,水温的热量需要通过热电偶的壳体传到热接点上,热接点又具有一定的热容量,它与水温的热平衡需要一个过程,所以热电偶不能在被测量温度变化时立即产生相应的反应。这种由热容量所决定的性能称为热惯性,热惯性是热电偶固有的,决定了热电偶测量快速温度变化时会产生动态误差。

图 3-10 热电偶测温过程曲线

任何测量系统或装置都有影响其动态特性的"固有因素",只不过它们的表现形式和作用程度不同而已。研究测量系统的动态特性主要是从测量误差角度分析产生动态误差的原因及改善措施。

3.3.2 测量系统动态特性的分析方法及主要指标

可采用瞬态响应法和频率响应法从时域和频域两个方面来分析测量系统的动态特性。由于输入信号的时间函数形式是多种多样的,在时域内研究测量系统的响应特性时,只能研究几种特定的输入时间函数(如阶跃函数、脉冲函数和斜坡函数等)的响应特性。在频域内研究动态特性一般是采用正弦输入得到频率响应特性,动态特性好的测量系统暂态响应时间很短或者频率响应范围很宽。这两种分析方法内部存在必然的联系,在不同场合,根据实际需要解决的问题不同而选择不同的方法。

在测量系统进行动态特性的分析和动态标定时,为了便于比较和评价,常采用正弦信号或阶跃信号作为标准激励源。

在采用阶跃输入研究测量系统时域动态特性时,为表征其动态特性,常用上升时间 t_{rs}、响应时间 t_{st}、过调量 M 等参数来综合描述,如图 3-11 所示。上升时间 t_{rs} 是指输出指示值从最终稳定值的 5% 或 10% 变到最终稳定值的 95% 或 90% 所需的时间。响应时间 t_{st} 是指从输

图 3-11 阶跃响应特性

入量开始起作用到输出值进入稳定值所规定的范围内所需要的时间。最终稳定值的允许范围常取所允许的测量误差值$\pm e$。在给出响应时间时应同时注明误差值的范围,例如$t_{st}=5\ s(\pm 2\%)$。过调量M是指输出第一次达到稳定之后又超出稳定值而出现的最大偏差,常用相对于最终稳定值的百分比来表示。

在采用正弦输入研究测量系统频域动态特性时,常用幅频特性和相频特性来描述其动态特性,其重要指标是频带宽度,简称带宽。带宽是指增益变化不超过某一规定分贝值的频率范围。

3.3.3　测量系统的数学模型

测量系统实质上是一个信息(能量)转换和传递的通道,在静态测量情况下,其输出量(响应)与输入量(激励)的关系符合式(3-6),即输出量为输入量的函数。在动态测量情况下,如果输入量随时间变化时输出量能立即随之无失真地变化,那么这样的系统可以看作是理想的。但实际的测量系统,总是存在着诸如弹性、惯性和阻尼等元件,此时,输出y不仅与输入x有关,而且还与输入量的变化速度dx/dt、加速度d^2x/dt^2等有关。

要精确地建立测量系统的数学模型是很困难的。在工程上总是采取一些近似的方法,忽略一些影响不大的因素,给数学模型的确立和求解都带来很多方便。

一般可用线性时不变系统理论来描述测量系统的动态特性。从数学上可以用常系数线性微分方程表示系统的输出量y与输入量x的关系,这种方程的通式如下:

$$a_n \frac{d^n y(t)}{dt^n} + a_{n-1} \frac{d^{n-1} y(t)}{dt^{n-1}} + \cdots + a_1 \frac{dy(t)}{dt} + a_0 y(t)$$
$$= b_m \frac{d^m x(t)}{dt^m} + b_{m-1} \frac{d^{m-1} x(t)}{dt^{m-1}} + \cdots + b_1 \frac{dx(t)}{dt} + b_0 x(t) \quad (3-25)$$

式中,a_n、a_{n-1}、$\cdots$、a_1、a_0和b_m、b_{m-1}、$\cdots$、b_1、b_0均为与系统结构参数有关的常数。

线性时不变系统有两个十分重要的性质,即叠加性和频率不变性。根据叠加性质,当一个系统有n个激励同时作用时,其响应就等于这n个激励单独作用的响应之和,有

$$\sum_{i=1}^{n} x_i(t) \rightarrow \sum_{i=1}^{n} y_i(t)$$

即各个输入所引起的输出是互不影响的。这样,在分析常系数线性系统时,可将一个复杂的激励信号分解成若干个简单的激励。例如利用傅里叶变换,将复杂信号分解成一系列谐波或分解成若干个小的脉冲激励,然后求出这些分量激励的响应之和。频率不变性表明,当线性系统的输入为某一频率时,系统的稳态响应也为同一频率的信号。

从理论上讲,用式(3-25)可以确定测量系统的输出与输入的关系,但对于一个复杂的系统和复杂的输入信号,若仍然采用式(3-25)求解肯定不是一件容易的事情。因此,在工程应用中,通常采用一些足以反映系统动态特性的函数,将系统的输出与输入联系起来。这些函数有传递函数、频率响应函数和脉冲响应函数等。

3.3.4　传递函数

在工程应用时,为了计算分析方便,通常采用拉普拉斯变换(简称拉氏变换)来研究线性微分方程。如果$y(t)$是时间变量t的函数,并且当$t \leqslant 0$时,$y(t)=0$,则它的拉氏变换$Y(s)$的定义为

$$Y(s) = \int_0^{+\infty} y(t) e^{-st} dt \tag{3-26}$$

式中，s 是复变量，$s=\beta+j\omega,\beta>0$。

对式(3-25)取拉氏变换，并认为 $x(t)$、$y(t)$ 及它们的各阶时间导数的初值为零($t=0$)，则得

$$Y(s)(a_n s^n + a_{n-1} s^{n-1} + \cdots + a_1 s + a_0)$$
$$= X(s)(b_m s^m + b_{m-1} s^{m-1} + \cdots + b_1 s + b_0)$$

或

$$\frac{Y(s)}{X(s)} = \frac{b_m s^m + b_{m-1} s^{m-1} + \cdots + b_1 s + b_0}{a_n s^n + a_{n-1} s^{n-1} + \cdots + a_1 s + a_0} \tag{3-27}$$

上式等号右边是一个与输入 $x(t)$ 无关的表达式，它只与系统结构参数有关，因而等号右边是测量系统特性的一种表达式，它联系了输入与输出的关系，是一个描述测量系统转换及传递信号特性的函数。定义其初始值为零时，输出 $y(t)$ 的拉氏变换 $Y(s)$ 和输入 $x(t)$ 的拉氏变换 $X(s)$ 之比称为传递函数，并记为 $H(s)$，即

$$H(s) = \frac{Y(s)}{X(s)} \tag{3-28}$$

由式(3-28)可见，引入传递函数概念之后，在 $Y(s)$、$X(s)$ 和 $H(s)$ 三者之中，知道任意两个，第三个便可求得。这样为了解一个复杂的系统传递信息特性创造了方便条件，这时不需要了解复杂系统的具体结构，只要给系统一个激励 $x(t)$，得到系统对 $x(t)$ 的响应 $y(t)$，系统特性即可确定。

传递函数有以下几个特点：传递函数 $H(s)$ 描述了系统本身的固有特性，与其表达的形式无关；对一个系统而言，$H(s)$ 不随 $x(t)$、$y(t)$ 的大小变化而变化。各种具体的物理系统，只要具有相同的微分方程，其传递函数也就相同，即同一个传递函数可表示不同的物理系统；传递函数与微分方程等价。

将传递函数的定义式(3-27)应用于线性传递元件串、并联的系统，则可得到十分简单的运算规则。

如图 3-12(a)所示，两传递函数分别为 $H_1(s)$ 和 $H_2(s)$ 的环节串联后形成的系统的传递函数为

$$H(s) = \frac{Y(s)}{X(s)} = \frac{Y_1(s)}{X(s)} \cdot \frac{Y(s)}{Y_1(s)} = H_1(s) \cdot H_2(s) \tag{3-29}$$

图 3-12(b)所示为两环节 $H_1(s)$ 和 $H_2(s)$ 并联后形成的组合系统，该系统的传递函数为

$$H(s) = \frac{Y(s)}{X(s)} = \frac{Y_1(s)+Y_2(s)}{X(s)} = \frac{Y_1(s)}{X(s)} + \frac{Y_2(s)}{X(s)} = H_1(s) + H_2(s) \tag{3-30}$$

图 3-12(c)所示为两环节 $H_1(s)$ 和 $H_2(s)$ 连接成闭环回路的情形，此时有

$$Y(s) = X_1(s) \cdot H_1(s)$$
$$X_2(s) = X_1(s) \cdot H_1(s) \cdot H_2(s)$$
$$X_1(s) = X(s) + X_2(s)$$

于是系统的传递函数为

$$H(s) = \frac{Y(s)}{X(s)} = \frac{H_1(s)}{1 - H_1(s)H_2(s)} \tag{3-31}$$

图 3-12 组合系统

3.3.5 频率响应函数

对于稳定的常系数线性系统,可用傅里叶变换代替拉氏变换,此时式(3-26)变为

$$Y(j\omega) = \int_0^{+\infty} y(t) e^{-j\omega t} dt \tag{3-32}$$

这实际上是单边傅里叶变换。相应地有

$$X(j\omega) = \int_0^{+\infty} x(t) e^{-j\omega t} dt \tag{3-33}$$

$$H(j\omega) = \frac{Y(j\omega)}{X(j\omega)}$$

或

$$H(j\omega) = \frac{b_m (j\omega)^m + b_{m-1} (j\omega)^{m-1} + \cdots + b_1 (j\omega) + b_0}{a_n (j\omega)^n + a_{n-1} (j\omega)^{n-1} + \cdots + a_1 (j\omega) + a_0}$$

$H(j\omega)$ 称为测量系统的频率响应函数,简称为频率响应或频率特性。很明显,频率响应是传递函数的一个特例。显然,测量系统的频率响应 $H(j\omega)$ 就是在初始条件为零时,响应的傅里叶变换与激励的傅里叶变换之比,是在"频域"对系统传递信息特性的描述。

通常,频率响应函数 $H(j\omega)$ 是一个复数函数,它可用复指数形式表示,即

$$H(j\omega) = A(\omega) e^{j\phi} \tag{3-34}$$

式中:$A(\omega)$ 为 $H(j\omega)$ 的模,$A(\omega) = |H(j\omega)|$;

ϕ 为 $H(j\omega)$ 的相角,$\phi = -\arctan H(j\omega)$。

$$A(\omega) = |H(j\omega)| = \sqrt{[H_R(\omega)]^2 + [H_I(\omega)]^2} \tag{3-35}$$

称为测量系统的幅频特性。式中,$H_R(\omega)$、$H_I(\omega)$分别为频率响应函数的实部与虚部。

$$\phi(\omega) = -\arctan\frac{H_I(\omega)}{H_R(\omega)} \tag{3-36}$$

称为测量系统的相频特性。

由两个频率响应分别为 $H_1(j\omega)$ 和 $H_2(j\omega)$ 的定常系数线性系统串接而成的总系统,如果后一系统对前一系统没有影响,那么描述整个系统的频率响应 $H(j\omega)$、幅频特性 $A(\omega)$ 和相频特性 $\phi(\omega)$ 为

$$\left.\begin{array}{l} H(j\omega) = H_1(j\omega) \cdot H_2(j\omega) \\ A(\omega) = A_1(\omega) \cdot A_2(\omega) \\ \phi(\omega) = \phi_1(\omega) + \phi_2(\omega) \end{array}\right\} \tag{3-37}$$

常系数线性测量系统的频率响应 $H(j\omega)$ 是频率的函数,与时间、输入量无关。如果系统为非线性的,则 $H(j\omega)$ 将与输入有关。若系统是非常系数的,则 $H(j\omega)$ 还与时间有关。

直观上看,频率响应是对简谐信号而言的,它反映了系统对简谐信号的测试性能。然而,由于任何信号都可分解成简谐信号之和,并且线性系统又具有叠加性,频率响映也反映了系统测试任意信号的能力。幅频和相频特性分别反映了系统对输入信号中各个频率分量幅值的缩放能力和相位角的增减能力,频率响应对动态信号的测试具有普遍而重要的意义。

3.3.6 冲激响应函数

由式(3-28)可知,理想状况下若选择一种激励 $x(t)$,使 $L[x(t)] = X(s) = 1$。这时自然会想到引入单位冲激函数 δ。根据单位冲激函数的定义和函数的抽样性质,可求出单位冲激函数的拉氏变换,即

$$X(s) = L[\delta(t)] = \int_{-\infty}^{+\infty}\delta(t)e^{-st}dt =$$
$$e^{-st}|_{t=0} = 1 \tag{3-38}$$

由于 $L[\delta(t)] = X(s) = 1$,将其代入式(3-28),得

$$H(s) = \frac{Y(s)}{X(s)} = Y(s) \tag{3-39}$$

对式(3-39)两边取拉氏逆变换,且令 $L^{-1}[H(s)] = h(t)$,则有

$$h(t) = L^{-1}[H(s)] = L^{-1}[Y(s)] = y_\delta(t) \tag{3-40}$$

式(3-40)表明,单位冲激函数的响应同样可描述测量系统的动态特性,它同传递函数是等效的,不同的是一个在复频域($\beta + j\omega$),一个是在时间域,通常称 $h(t)$ 为冲激响应函数。

对于任意输入 $x(t)$ 所引起的响应 $y(t)$,可利用两个函数的卷积关系,即系统的响应 $y(t)$ 等于冲激响应函数 $h(t)$ 同激励 $x(t)$ 的卷积,有

$$y(t) = h(t) * x(t) = \int_0^t h(\tau)x(t-\tau)d\tau = \int_0^t x(\tau)h(t-\tau)d\tau \tag{3-41}$$

3.4 测量系统的动态特性分析

测量系统的种类和形式很多,比较常见的是一阶或二阶系统,而高阶测量系统总能分解成

若干个一阶和二阶系统的串联或并联形式。因此,掌握了一阶和二阶系统的动态特性,就可分析并了解各种测量系统的动态特性。

3.4.1 典型系统的频率响应

1. 一阶传感器的频率响应

在工程上,一般将

$$a_1 \frac{\mathrm{d}y(t)}{\mathrm{d}t} + a_0 y(t) = b_0 x(t) \tag{3-42}$$

视为一阶测量系统的微分方程的通式,它可以改写为

$$\frac{a_1}{a_0} \cdot \frac{\mathrm{d}y(t)}{\mathrm{d}t} + y(t) = \frac{b_0}{a_0} x(t)$$

式中:a_1/a_0 表示具有时间的量纲,称为系统的时间常数,一般记为 τ;b_0/a_0 表示系统的灵敏度 S,具有输出/输入的量纲。

对于任意阶测量系统来说,根据灵敏度的定义,b_0/a_0 总是表示灵敏度 S。由于在线性测量系统中灵敏度 S 为常数,在动态特性分析中,S 只起着使输出量增加 S 倍的作用。因此,为了方便起见,在讨论任意测量系统时,都采用

$$S = \frac{b_0}{a_0} = 1$$

这样灵敏度归一化后,式(3-42)写成

$$\tau \frac{\mathrm{d}y(t)}{\mathrm{d}t} + y(t) = x(t) \tag{3-43}$$

这类测量系统的传递函数 $H(s)$、频率特性 $H(\mathrm{j}\omega)$、幅频特性 $A(\omega)$、相频特性 $\phi(\omega)$ 分别为

$$H(s) = \frac{1}{1 + \tau s} \tag{3-44}$$

$$H(\mathrm{j}\omega) = \frac{1}{\tau(\mathrm{j}\omega) + 1} \tag{3-45}$$

$$A(\omega) = \frac{1}{\sqrt{1 + (\tau \omega)^2}} \tag{3-46}$$

$$\phi(\omega) = -\arctan(\tau \omega) \tag{3-47}$$

图 3-13 所示的由弹簧阻尼器组成的机械系统属于一阶测量系统,$x(t)$ 表示作用于系统的外力,$y(t)$ 为弹簧的伸缩量。系统的运动方程为

$$c \frac{\mathrm{d}y}{\mathrm{d}x} + k y(t) = x(t)$$

式中:k 为弹性刚度;c 为阻尼系数。

图 3-14 是一简单的 RC 电路,$u_\mathrm{r}(t)$ 为系统的输入电压,$u_0(t)$ 为系统的输出电压。该系统输出电压与输入电压之间的关系为

$$RC \frac{\mathrm{d}u_0(t)}{\mathrm{d}t} + u_0(t) = u_\mathrm{r}(t)$$

图 3-13 无质量的弹簧阻尼器振动系统

图 3-14 RC 电路图

图 3-15 为一阶测量系统的频率响应特性曲线。从式(3-46)、式(3-47)和图 3-15 看出,时间常数 τ 越小,频率响应特性越好。当 $\omega\tau \ll 1$ 时,有 $A(\omega) \approx 1$,表明测量系统输出与输入为线性关系;$\phi(\omega)$ 很小,$\tan\phi \approx \phi$,$\phi(\omega) \approx \omega\tau$,相位差与频率 ω 呈线性关系。

这时保证了测量是无失真的,输出 $y(t)$ 真实地反映输入 $x(t)$ 的变化规律。

(a) 幅频特性

(b) 相频特性

图 3-15 一阶测量系统的频率特性

2. 二阶测量系统的频率响应

典型二阶测量系统的微分方程通式为

$$a_2 \frac{d^2 y(t)}{dt^2} + a_1 \frac{dy(t)}{dt} + a_0 y(t) = b_0 x(t) \quad (3-48)$$

其传递函数为

$$H(s) = \frac{\omega_n^2}{s^2 + 2\xi\omega_n s + \omega_n^2} \quad (3-49)$$

相应的,二阶系统的频率响应函数可表示为

$$H(j\omega) = \frac{1}{1 - \left(\frac{\omega}{\omega_n}\right)^2 + 2j\xi \frac{\omega}{\omega_n}} \quad (3-50)$$

二阶系统的相频特性和幅频特性分别为

$$A(\omega) = \frac{1}{\sqrt{\left[1 - \left(\frac{\omega}{\omega_n}\right)^2\right]^2 + 4\xi^2 \left(\frac{\omega}{\omega_n}\right)^2}} \quad (3-51)$$

$$\phi(\omega) = -\arctan \frac{2\xi\left(\frac{\omega}{\omega_n}\right)}{1 - \left(\frac{\omega}{\omega_n}\right)^2} \quad (3-52)$$

式中:$\omega_n = \sqrt{a_0/a_2}$,为测量系统的固有频率;

$\xi = a_1/2\sqrt{a_0 a_2}$,为测量系统的阻尼比。

图 3-16 所示的弹簧-质量-阻尼系统是一典型的单自由度振动系统,$x(t)$ 为作用于系统的外力,$y(t)$ 为质量块中心的位移。系统的运动方程为

$$m\frac{d^2 y}{dt^2} + c\frac{dy}{dt} + ky(t) = kx(t)$$

可改写为

$$\frac{d^2 y}{dt^2} + 2\xi\omega_n\frac{dy}{dt} + \omega_n^2 y(t) = \omega_n^2 x(t)$$

式中:m 为系统运动部分的质量;c 为阻尼系数;k 为弹簧刚度;ω_n 为系统的固有频率,$\omega_n = \sqrt{k/m}$;ξ 为系统的阻尼比,$\xi = \dfrac{c}{c_c} = \dfrac{c}{2\sqrt{mk}}$($c_c$ 为临界阻尼系数,$c_c = 2\sqrt{mk}$)。

图 3-17 所示是一简单的 RLC 电路,u_r 为系统输入电压,u_0 为系统输出电压,该系统输出电压与输入电压间的关系为

$$LC\frac{d^2 u_0(t)}{dt^2} + RC\frac{du_0(t)}{dt} + u_0(t) = u_r(t)$$

图 3-16 具有质量的单自由度振动系统

图 3-17 RLC 电路

图 3-18 所示为二阶测量系统的频率响应特性曲线。从式(3-51)、式(3-52)和无阻尼图 3-18 可见,测量系统频率响应特性的好坏,主要取决于系统的固有频率 ω_n 和阻尼比 ξ。

当 $\xi < 1$,$\omega_n \gg \omega$ 时,$A(\omega) \approx 1$,幅频特性平直,输出与输入为线性关系;$\phi(\omega)$ 很小,$\phi(\omega)$ 与 ω 呈近似的线性关系。此时,系统的输出 $y(t)$ 真实、准确地再现输入 $x(t)$ 的波形,这是测试设备应有的性能。

当系统的阻尼比 ξ 在 0.7 左右时,$A(\omega)$ 的水平直线段会相应地长一些,$\phi(\omega)$ 与 ω 之间也在较宽的频率范围内更接近线性。计算表明,当 $\xi = 0.7$ 时,$\dfrac{\omega}{\omega_n}$ 在 0~0.58 的范围内 $A(\omega)$ 的变化不超过 5%,同时 $\phi(\omega)$ 也接近于过坐标原点的斜直线。一般期望测量系统的 $\xi = 0.6 \sim 0.8$,这样才可获得较合适的综合动态特性。当 ξ 远小于 0.7 时,幅频特性曲线出现较为明显的共振峰,其水平直线段越来越小。

通过上面的分析,可以得到这样一个结论:为了使测试结果能精确地再现被测信号的波形,在设计传感器时,必须使其阻尼比 $\xi < 1$,固有频率 ω_n 至少应大于被测信号频率 ω 的 3~5 倍,即 $\omega_n \geq (3 \sim 5)\omega$。

只有测量系统的固有频率 ω_n 不低于输入信号谐波中最高频率 ω_{max} 的 3~5 倍,才能保证动态测试精度。但若要保证 $\omega_n \geq (3 \sim 5)\omega_{max}$,实际上很困难,且 ω_n 太高又会影响其灵敏度。分析信号的频谱可知:在各次谐波中,高次谐波具有较小的幅值,占整个频谱中次要部分,所以即使测量系统对它们没有完全地响应,对整个测量结果也不会产生太大的影响。

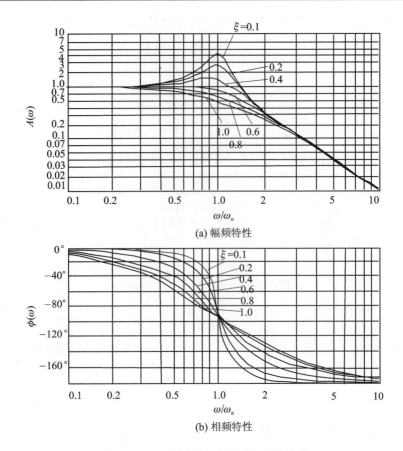

图 3-18 二阶测量系统的频率特性曲线

实践证明,如果被测信号的波形与正弦波相差不大,则被测信号谐波中最高频率 ω_{max} 可以用其基频的 2~3 倍代替。在选用和设计测量系统时,保证系统的固有频率 ω_n 不低于被测信号基频的 10 倍即可,即

$$\omega_n \geqslant (3 \sim 5) \times (2 \sim 3)\omega \approx 10\omega \tag{3-53}$$

由以上分析可知:为减小动态误差和扩大频响范围,一般采取提高测量系统的固有频率 ω_n,提高 ω_n 是通过减小系统运动部分质量和增加弹性敏感元件的刚度来达到的($\omega_n = \sqrt{k/m}$)。但刚度 k 增加,必然使灵敏度按相应比例减小,阻尼比 ξ 是测量系统设计和选用时要考虑的另一个重要参数。所以在实际中,应综合考虑各种因素来确定测量系统的特征参数。

3.4.2 典型激励的系统瞬态响应

测量系统的动态特性除了用频率特性来评价外,也可用时域中瞬态响应和过渡过程来分析。阶跃函数、冲激函数、斜坡函数等是常用的激励信号。

一阶和二阶测量系统的脉冲响应及其图形列于表 3-1 中。理想的单位脉冲输入实际上是不存在的。但是若给系统以非常短暂的脉冲输入,其作用时间小于 $\tau/10$(τ 为一阶测量系统的时间常数或二阶测量系统的振荡周期),则近似地认为是单位冲激输入。在单位冲激激励下系统输出的频域函数就是该系统的频率响应函数,时域响应就是冲激响应。

表 3-1　一阶和二阶系统对各种典型输入信号的响应

输入		输出	
		一阶系统 $H(s)=\dfrac{1}{\tau s+1}$	二阶系统 $H(s)=\dfrac{\omega_n^2}{s^2+2\xi\omega_n s+\omega_n^2}$
冲激响应	$X(s)=1$	$Y(s)=\dfrac{1}{\tau s+1}$	$Y(s)=\dfrac{\omega_n^2}{s^2+2\xi\omega_n s+\omega_n^2}$
	$x(t)=\delta(t)$	$y(t)=h(t)=\dfrac{1}{\tau}e^{-t/\tau}$	$y(t)=h(t)=\dfrac{\omega_n}{\sqrt{1-\xi_n^2}}e^{-\xi\omega_n t}\cdot\sin\sqrt{1-\xi^2}\omega_n t$
		(图：$h(t)$ 对 t 的曲线)	(图：不同 ξ 值下 $h(t)$ 曲线，$\xi=0.1,0.3,0.5,0.7,1.0$)
单位阶跃	$X(s)=\dfrac{1}{s}$	$Y(s)=\dfrac{1}{s(\tau s+1)}$	$Y(s)=\dfrac{\omega_n^2}{s(s^2+2\xi\omega_n s+\omega_n^2)}$
	$x(t)=\begin{cases}0, & t<0\\ 1, & t\geq 0\end{cases}$	$y(t)=1-e^{-t/\tau}$	$y(t)=1-[(1/\sqrt{1-\xi^2})e^{-\xi\omega_n t}]\cdot\sin(\omega_d t+\phi_2)$
		(图：阶跃响应曲线，标值 0.632, 0.865, 0.950, 0.982, 0.993)	(图：不同 ξ 值下阶跃响应曲线)
单位斜坡	$X(s)=\dfrac{1}{s^2}$	$Y(s)=\dfrac{1}{s^2(\tau s+1)}$	$Y(s)=\dfrac{\omega_n^2}{s^2(s^2+2\xi\omega_n s+\omega_n^2)}$
	$x(t)=\begin{cases}0, & t<0\\ t, & t\geq 0\end{cases}$	$y(t)=t-\tau(1-e^{-t/\tau})$	$y(t)=t-\dfrac{2\xi}{\omega_n}+[e^{-\xi\omega_n t/\omega_d}]\cdot\sin[\omega_d t+\arctan(2\xi\sqrt{1-\xi^2}/2\xi^2-1)]$
		(图：$x(t)$ 与 $y(t)$ 斜坡响应曲线)	(图：不同 ξ 值下斜坡响应曲线，$\xi=0, 0.2, 0.4, 0.8, 1$)

续表 3-1

输入		输出	
		一阶系统 $H(s)=\dfrac{1}{\tau s+1}$	二阶系统 $H(s)=\dfrac{\omega_n^2}{s^2+2\xi\omega_n s+\omega_n^2}$
单位正弦	$X(s)=\dfrac{\omega}{s^2+\omega^2}$ $x(t)=\sin\omega t,\quad t>0$	$Y(s)=\dfrac{\omega}{(s^2+\omega^2)(\tau s+1)}$ $y(t)=\dfrac{1}{\sqrt{1+(\omega\tau)^2}}\cdot$ $[\sin(\omega t+\phi_1)-e^{-t/\tau}\cos\phi_1]$ (波形图：$x(t)$ 与 $y(t)$)	$Y(s)=\dfrac{\omega\omega_n^2}{(s^2+\omega^2)(s^2+2\xi\omega_n s+\omega_n^2)}$ $y(t)=A(\omega)\sin[\omega t+\phi_2(\omega)]-$ $e^{-\xi\omega_n t}[k_1\cos\omega_d t+k_2\sin\omega_d t]$ (波形图：$x(t)$ 与 $y(t)$)

注：① 表中 $A(\omega)$ 和 $\phi(\omega)$ 见式(3-51)、式(3-52)，$\omega_d=\omega_n\sqrt{1-\xi^2}$，$\phi_1=\arctan\omega\tau$；$k_1$、$k_2$ 都是取决于 ω_n 和 ξ 的系数；$\phi_2=\arctan(\sqrt{1-\xi^2}/\xi)$。

② 对二阶系统只考虑 $0<\xi<1$ 的欠阻尼情况。

由于单位阶跃函数可看成是单位冲激函数的积分，因此单位阶跃输入下的输出就是测量系统冲激响应的积分。对系统突然加载或突然卸载即属于阶跃输入。这种输入方式既简单易行，又能充分揭示系统的动态特性，故常常被采用。

一阶测量系统在单位阶跃激励下的稳态输出误差理论上为零。理论上一阶系统的响应只在 t 趋于无穷大时才到达稳态值，但实际上当 $t=4\tau$ 时其输出和稳态响应间的误差已小于 2%，可认为已达到稳态。毫无疑问，一阶测量系统时间常数 τ 越小越好。

二阶测量系统在单位阶跃激励下的稳态输出误差为零。但是其响应很大程度上决定于阻尼比 ξ 和固有频率 ω_n。固有频率为其主要结构参数所决定，ω_n 越高，系统的响应越快。阻尼比 ξ 直接影响超调量和振荡次数。$\xi=0$ 时超调量为 100%，且持续不断地振荡下去，达不到稳态。$\xi>1$，则系统蜕化到等同于两个一阶环节的串联。此时虽然不产生振荡(即不发生超调)，但也需经过较长时间才能达到稳态。如果阻尼比 ξ 选在 0.6~0.8 之间，则最大超调量将不超过 2.5%~10%。若允许动态误差为 2%~5%，其调整时间也最短，为 $(3\sim4)/(\xi\omega_n)$。这就是很多测量系统在设计时常把阻尼比 ξ 选在此区间的理由之一。

斜坡输入函数是阶跃函数的积分。由于输入量不断增大，一、二阶测量系统的相应输出量也不断增大，但总是"滞后"于输入一段时间。所以不管是一阶还是二阶系统，都有一定的"稳态误差"，并且稳态误差随 τ 的增大或 ω_n 的减小和 ξ 的增大而增大。

在正弦激励下，一、二阶测量系统稳态输出也都是该激励频率的正弦函数。但在不同频率下有不同的幅值和相位滞后。而在正弦激励之初，还有一段过渡过程。因为正弦激励是周期性和长时间维持的，因此在测试中往往能方便地观察其稳态输出而不去仔细研究其过渡过程。用不同频率的正弦信号去激励测量系统，观察稳态时的响应幅值和相位滞后，就可得到测量系统准确的动态特性。

3.4.3 相似原理

许多物理本质完全不同的系统却可用形式相同的微分方程式来描述。这种具有相同形式微分方程式的系统称为相似系统。在微分方程中占据相同位置的物理量叫做相似量。测试技术中,常常按照相似原理,将非电量变成电量进行测试与处理,或用电系统来模拟机械系统,而不必考虑它们的物理本质的差别。这是研究系统动态特性的有力手段。

图 3-19 所示是一简单机械系统。假定所研究的输入是作用在质量块上的力 $f(t)$,而相应的输出是质量块的位移 $x(t)$。其运动方程为

$$m\frac{\mathrm{d}^2 x(t)}{\mathrm{d}t^2} + D\frac{\mathrm{d}x(t)}{\mathrm{d}t} + Kx(t) = f(t) \quad (3-54)$$

图 3-20 所示是一个简单电路。假定所研究的输入是电压 $u(t)$,相应的输出是电荷 $q(t)$,其平衡方程式为

$$L\frac{\mathrm{d}^2 q(t)}{\mathrm{d}t^2} + R\frac{\mathrm{d}q(t)}{\mathrm{d}t} + \frac{1}{C}q(t) = u(t) \quad (3-55)$$

图 3-19 具有力输入的机械系统

式(3-54)可表示为

$$m\frac{\mathrm{d}v(t)}{\mathrm{d}t} + Dv(t) + K\int v(t)\mathrm{d}t = f(t) \quad (3-56)$$

式中 $v(t)$ 为质量块的速度。式(3-55)可表示为

$$L\frac{\mathrm{d}i(t)}{\mathrm{d}t} + Ri(t) + \frac{1}{C}\int i(t)\mathrm{d}t = u(t) \quad (3-57)$$

式(3-56)和式(3-57)均属于二阶系统。这说明两个系统具有相似的动态特性。将上述两个相似系统中的相似量列于表 3-2 中,并根据作用在两个系统上的激励的类别,称上述相似系统为力-电压相似系统。同理,如果电系统如图 3-21 所示,则其平衡方程式为

$$i_L + i_R + i_C = i_s \quad (3-58)$$

图 3-20 有电压输入的电学系统　　　图 3-21 RLC 并联网络

考虑到磁通量 Φ 与电压 u 的关系为 $\mathrm{d}\Phi/\mathrm{d}t = u$,故式(3-58)最终可表示为

$$C\frac{\mathrm{d}^2\Phi}{\mathrm{d}t^2} + \frac{1}{R}\cdot\frac{\mathrm{d}\Phi}{\mathrm{d}t} + \frac{1}{L}\Phi = i_s \quad (3-59)$$

这两个系统也是相似的,不过称为力-电流相似。它们之间的相似量列于表 3-3 中。

表 3-2 力-电压相似量变换表

机械系统	电系统(f-u 相似)
力,$f(t)$	电压,$u(t)$
速度,$v=\mathrm{d}x/\mathrm{d}t$	电流,$i=\mathrm{d}q/\mathrm{d}t$
位移,$x(t)$	电荷,q
质量,m	电感,L
阻尼系数,D	电阻,R
弹性系数,K	电容的倒数,$1/C$

表 3-3 力-电流相似量变换表

机械系统	电系统(f-I 相似)
力,$f(t)$	电流,$i(t)$
速度,$v=\mathrm{d}x/\mathrm{d}t$	电压,u
位移,$x(t)$	磁通量,Φ
质量,m	电容,C
阻尼系数,D	电导,$G=1/R$
弹性系数,K	电感的倒数,$1/L$

3.5 测量系统无失真测试条件

对于任何一个测量系统,总是希望它们具有良好的响应特性,即精度高、灵敏度高、输出波形无失真地复现输入波形等。但是要满足上面的要求是有条件的。

设测量系统输出 $y(t)$ 和输入 $x(t)$ 满足下列关系:

$$y(t) = A_0 x(t - \tau_0) \tag{3-60}$$

式中,A_0 和 τ_0 都是常数。此式说明该系统的输出波形精确地与输入波形相似。只不过对应瞬间放大了 A_0 倍,在时间上滞后了 τ_0,可见,满足式(3-60)才可能使输出的波形无失真地复现输入波形。

对式(3-60)取傅里叶变换得

$$Y(\mathrm{j}\omega) = A_0 \mathrm{e}^{-\mathrm{j}\tau_0\omega} X(\mathrm{j}\omega) \tag{3-61}$$

可见,若输出的波形要无失真地复现输入波形,则测量系统的频率响应 $H(\mathrm{j}\omega)$ 应当满足:

$$H(\mathrm{j}\omega) = \frac{Y(\mathrm{j}\omega)}{X(\mathrm{j}\omega)} = A_0 \mathrm{e}^{-\mathrm{j}\tau_0\omega}$$

即

$$A(\omega) = A_0 = 常数 \tag{3-62}$$

$$\phi(\omega) = -\tau_0 \omega \tag{3-63}$$

从精确地测定各频率分量的幅值和相位来说,理想的测量系统的幅频特性应当是常数,相频特性应当是线性关系,否则就要产生失真。$A(\omega)$ 不等于常数所引起的失真称为幅值失真,$\phi(\omega)$ 与 ω 不是线性关系所引起的失真称为相位失真。

应该指出,满足式(3-62)、式(3-63)所示的条件,系统的输出仍滞后于输入一定的时间 τ_0。如果测试的目的是精确地测出输入波形,则上述条件完全可满足要求;但在其他情况下,如测试结果要作为反馈信号时,则上述条件上是不充分的,因为输出对输入时间的滞后可能破坏系统的稳定性。这时 $\phi(\omega)=0$ 才是理想的。

从实现测试波形不失真条件和其他工作性能综合来看,对一阶测量系统而言,时间常数 τ 越小,则响应越快,对斜坡函数的响应,其时间滞后和稳定误差将越小,因此测量系统的时间常数 τ 原则上越小越好。

对于二阶测量系统来说,其特性曲线中有两段值得注意。一般而言,在 $\omega<0.3\omega_\mathrm{n}$ 范围内,$\phi(\omega)$ 的数值较小,而且 $\phi(\omega)$-ω 特性接近于直线。$A(\omega)$ 在该范围内的变化不超过 10%,因此

这个范围是理想的工作范围。在 $\omega > (2.5 \sim 3)\omega_n$ 范围内，$\phi(\omega)$ 接近于 $180°$，且差值很小，如在实测或数据处理中用减去固定相位差值或把测试信号反相 $180°$ 的方法，则也接近于可不失真地恢复被测信号波形。若输入信号频率范围在上述两者之间，则系统的频率特性受阻尼比 ξ 的影响较大而需作具体分析。分析表明，ξ 越小，测量系统对斜坡输入响应的稳态误差 $2\xi/\omega_n$ 越小。但是对阶跃输入的响应，随着 ξ 的减小，瞬态振荡的次数增多，超调量增大，过渡过程增长。在 $\xi = 0.6 \sim 0.7$ 时，可获得较为合适的综合特性。对于正弦输入来说，从图 3-18 可以看出，当 $\xi = 0.6 \sim 0.7$ 时，幅值在比较宽的范围内保持不变，计算表明，当 $\xi = 0.7$ 时，ω 在 $0 \sim 0.58\omega_n$ 的频率范围中，幅值特性 $A(\omega)$ 的变化不会超过 5%，同时在一定程度下可认为在 $\omega < \omega_n$ 的范围内，系统的 $\phi(\omega)$ 也接近于直线，因而产生的相位失真很小。

3.6 测量系统的动态特性参数获取方法

测量系统动态标定主要目的是研究系统的动态响应，与动态响应有关的参数，一阶测量系统只有一个时间系数 τ，二阶测量系统则有固有频率 ω_n 和阻尼比 ξ 两个参数。本节仅讨论上述动态特性参数求取方法。

3.6.1 阶跃响应法

一种较好的方法是由测量系统的阶跃响应，确定系统的时间常数或固有频率和阻尼比。

1. 一阶系统时间常数

对于一阶测量系统，测得阶跃响应后，取输出值达到最终值 63.2% 所经过的时间作为时间常数 τ。但这样确定的时间常数实际上没有涉及响应的全过程，测量结果的可靠性仅仅取决某些个别的瞬时值。用下述方法来确定时间常数，可获得较可靠的结果。一阶测量系统的阶跃响应函数为

$$y_u(t) = 1 - e^{-\frac{t}{\tau}}$$

改写后得

$$1 - y_u(t) = e^{-\frac{t}{\tau}} \tag{3-64}$$

或

$$z = -\frac{t}{\tau}$$

式中

$$z = \ln[1 - y_u(t)] \tag{3-65}$$

式 (3-64) 表明 z 与时间 t 成线性关系，并且有 $\tau = \Delta t / \Delta z$（见图 3-22）。因此，可根据测得的 $y_u(t)$ 值，作出 z-t 曲线，并根据 $\Delta t / \Delta z$ 值获得时间常数 τ，该方法考虑了瞬态响应的全过程。

根据 z-t 曲线与直线拟合程度可判断系统和一阶线性测量系统的符合程度。

2. 二阶系统

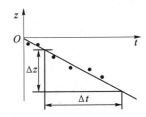

图 3-22 一阶系统时间常数的测定

典型的欠阻尼（$\xi < 1$）二阶测量系统的阶跃响应函数表明，其瞬态响应是以 $\omega_n\sqrt{1-\xi^2}$ 的角频率作衰减振荡的，此角频率称为有阻尼角频率，并记为 ω_d，按照求极值的通用方法，可求得

各振荡峰值所对应的时间 $t_p = 0、\pi/\omega_d、2\pi/\omega_d、\cdots$，将 $t = \pi/\omega_d$ 代入表 3-1 中单位阶跃响应式，可求得最大超调量 M（见图 3-23）和阻尼比 ξ 之间的关系：

$$M = e^{-\left(\frac{\pi\xi}{\sqrt{1-\xi^2}}\right)} \tag{3-66}$$

因此，测得 M 之后，便可按式(3-67)或者与之相应的图 3-24 来求得阻尼比 ξ。

图 3-23 二阶系统阶跃响应曲线

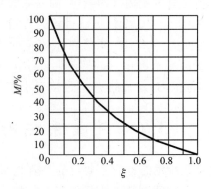

图 3-24 超调量与阻尼比的关系

或

$$\xi = \sqrt{\frac{1}{\left(\frac{\pi}{\ln M}\right)^2 + 1}} \tag{3-67}$$

如果测得阶跃响应有较长的瞬变过程，还可利用任意两个超调量 M_i 和 M_{i+n} 来求得阻尼比 ξ，其中 n 为两峰值相隔的周期（整数）。设 M_i 峰值对应的时间为 t_i，则 M_{i+n} 峰值对应的时间为

$$t_{i+n} = t_i + \frac{2\pi n}{\sqrt{1-\xi^2}\,\omega_n}$$

将它们代入表 3-1 的二阶系统 $y(t)$ 式中，可得

$$\ln \frac{M_i}{M_{i+1}} = \ln\left[\frac{e^{-\xi\omega_n t_i}}{e^{-\xi\omega_n (t_i + 2\pi n/\sqrt{1-\xi^2}\,\omega_n)}}\right]$$

$$= \frac{2\pi n \xi}{\sqrt{1-\xi^2}} \tag{3-68}$$

整理后可得

$$\xi = \frac{\delta_n}{\sqrt{\delta_n^2 + 4\pi^2 n^2}} \tag{3-69}$$

其中

$$\delta_n = \ln \frac{M_i}{M_{i+n}}$$

若考虑当 $\xi < 0.1$ 时，以 1 代替 $\sqrt{1-\xi^2}$，此时不会产生过大的误差（不大于 0.6%），则式(3-68)可改写为

$$\xi \approx \frac{\ln \dfrac{M_i}{M_{i+n}}}{2\pi n} \tag{3-70}$$

若系统是精确的二阶测量系统，那么 n 值采用任意正整数所得的 ξ 值不会有差别；反之，若 n 取不同值，获得不同的 ξ 值，则表明该系统不是线性二阶系统。

3.6.2 幅频特性法

根据幅频特性图 3-25 和图 3-26,分别可求得一阶系统的时间常数 τ 和欠阻尼二阶系统的阻尼比 ξ、固有频率 ω_n。

图 3-25 由幅频特性求时间常数 τ

图 3-26 欠阻尼二阶装置的 ξ 和 ω_n

需要指出的是,若测量系统不是纯粹的电气系统,而是机械-电气装置或其他物理系统,一般很难获得理想的正弦输入信号,但获得阶跃输入信号却很方便。所以在这种情况下,使用阶跃输入信号来测定系统的参数也就更为方便了。

3.7 动态误差修正

对于动态测量过程来讲,若测量系统的动态响应特性不够理想,则输出信号的波形与输入信号波形相比就会产生畸变。这种畸变显然不可能用简单的修正系数之类的方法去修正。另外,这种畸变大小和形式与输入信号的波形有关,或与被测信号的频谱有关。由于被测信号波形是事先不能确切知道的,这就是动态误差修正的特殊性。动态误差修正不可能像静态测量误差那样,通过简单的叠加修正值或乘以某一个修正系数,而有其独特的方法。

3.7.1 频域修正方法

在已知测量系统的频率响应函数 $H(j\omega)$ 的前提下,通过对输出信号进行傅里叶变换而得到 $Y(j\omega)$,则不难得到输入信号的傅里叶变换 $X(j\omega)$,即

$$X(j\omega) = \frac{Y(j\omega)}{H(j\omega)}$$

对上式进行傅里叶逆变换即可以得到输入的时域信号 $x(t)$,即有

$$x(t) = F^{-1}[X(j\omega)] = F^{-1}[Y(j\omega)/H(j\omega)] \quad (3-71)$$

从理论上讲,$x(t)$ 即为系统输入信号,具有动态误差的输出信号 $y(t)$,经过正逆两个傅里叶变换运算后得到了修正。

由式(3-71)可知,当分母 $H(j\omega) \to 0$ 时,该式就无意义,即进行动态误差修正时只有在频率响应函数 $H(j\omega) \neq 0$ 的频域里才是可行的。从物理上讲,通过系统后完全消失掉的那些频率分量就再也无法修正。事实上,即使没有完全消失,其幅度也将衰减到被噪声淹没的程度,此时修正已难以进行。该修正方法要求进行正、逆两次傅里叶变换,尽管可以采用 FFT 算法,但计算工作量仍较大,而计算误差将也随之增大。此外,离散傅里叶变换所固有的混叠、泄漏和栅栏效应都会在这个修正过程中反映出来,并会形成修正误差。

3.7.2 时域修正方法

时域修正方法较多,本书仅介绍数值微分法。若已知测量系统的微分方程,且输入信号 $x(t)$ 没有导数项,即可用数值微分法进行修正。例如二阶测量系统运动微分方程为

$$\frac{d^2 y(t)}{dt^2} + 2\xi\omega_n \frac{dy(t)}{dt} + \omega_n^2 y(t) = \omega_n^2 x(t) \tag{3-72}$$

当已知系统的固有特性 ξ、ω_n 两个参数后,只要对某个 t_i 值求出 $y(t)$ 响应的一阶及二阶导数,代入式(3-72)就可以直接求得输入信号 $x(t_i)$,这就是数值微分法修正动态误差的基本思路。

第 2 篇 兵器测试信号分析方法

第4章 数字信号处理基础

信号变换是为了方便对信号进行准确、快速的处理。计算机技术的发展为信号分析提供了有力的工具。但计算机处理的都是数字信号,第2章介绍的连续函数处理方法,无法用计算机实现。本章将讲述数字信号分析、处理方法。重点讨论 z 变换、离散傅里叶变换(DFT)、快速傅里叶变换(FFT)及数字滤波器。

4.1 z 变 换

z 变换是离散信号分析和处理的一种非常重要的工具,通过 z 变换可将离散系统的数学模型——差分方程转换为简单的代数方程,简化了求解过程,具有实际应用意义。它在离散信号分析中的地位相当于连续信号中的拉氏变换。

4.1.1 序 列

在对离散信号的分析与处理时,通常把按一定先后次序排列,在时间上不连续的一组数的集合称为序列,表示成

$$x = \{x(n)\}, \quad n \in (-\infty, \infty)$$

为避免繁琐,常用 $x(n)$ 替代 $\{x(n)\}$ 来表示序列。

4.1.2 z 变换

1. 定 义

序列 $x(n)$ 的 z 变换定义为

$$X(z) = z[x(n)] = \sum_{n=-\infty}^{\infty} x(n) z^{-n} \tag{4-1}$$

或

$$X(z) = z[x(n)] = \sum_{n=0}^{\infty} x(n) z^{-n} \tag{4-2}$$

称式(4-1)为双边 z 变换,式(4-2)为单边 z 变换。$z[x(n)]$ 为序列 $x(n)$ 的 z 变换标记。其中 z 是一个以实部为横坐标、虚部为纵坐标的复平面上的复变量,这个平面也称为 z 平面。z 也可用极坐标表示

$$z = |z| e^{j\phi} \tag{4-3}$$

由 $|z|=1$ 的复变量 z 形成的圆称为单位圆,即为 $z = e^{j\phi}$。

2. z 变换的收敛域

z 变换的收敛域为使某一序列 $x(n)$ 的 z 变换级数收敛的 z 平面上所有 z 点的集合。由级数理论可知,所谓级数收敛,是指对级数

$$X(z) = \sum_{n=-\infty}^{\infty} x(n) z^{-n}$$

当 z 在 z 平面上取值 z_i 时,求出级数前 n 项的和,记为 $S_n(z)$,若下式成立,即

$$\lim_{n \to \infty} S_n(z)\big|_{z=z_i} = S(z) < \infty \tag{4-4}$$

则称级数 $X(z)$ 收敛,记为

$$X(z)\big|_{z=z_i} = S(z)$$

仍根据级数理论,级数收敛的条件是级数绝对可和,即满足

$$\sum_{n=-\infty}^{\infty} |x(n)z^{-n}| < \infty \tag{4-5}$$

式(4-5)可表示为

$$\sum_{n=-\infty}^{\infty} |x(n)z^{-n}| = \sum_{n=-\infty}^{\infty} |x(n)| \cdot |z|^{-n} < \infty \tag{4-6}$$

为满足绝对可和条件,对 $|z|$ 要有一定的限制范围,该范围可表示为

$$R_{x-} < |z| < R_{x+} \tag{4-7}$$

可见,收敛域是一个以 R_{x-} 和 R_{x+} 为半径的两个圆所围成的环带区域,如图 4-1 所示,称为收敛半径。

常见的一类 z 变换是两个多项式之比的有理函数

$$X(z) = \frac{P(z)}{Q(z)} \tag{4-8}$$

分子多项式中使 $X(z)=0$ 的那些 z 值,称为 $X(z)$ 的零点;z 取分母多项式的根,称为 $X(z)$ 的极点,它使 $X(z)$ 无穷大。

收敛域是以极点来限定边界的。由于极点处 z 变换不收敛,因此在收敛域内不得包含任何极点。常用 z 平面上极点、零点分布图来示意 z 变换。

必须确定 z 变换的收敛域,只有这样才能单值确定其所对应的序列。下面简单讨论几类常见序列 z 变换的收敛域。

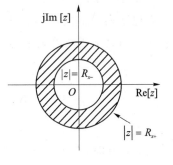

图 4-1 收敛域

(1) 有限长序列

$$x(n) = \begin{cases} x(n), & n_1 \leqslant n \leqslant n_2 \\ 0, & n < n_1, \; n > n_2 \end{cases} \tag{4-9}$$

其变换为

$$X(z) = \sum_{n=n_1}^{n_2} x(n)z^{-n}$$

只要有限项级数的每一项有界,级数和也就有界,总能满足 $|x(n)| < \infty (n_1 \leqslant n \leqslant n_2)$,于是有限长序列 z 变换的收敛域就取决于

$$|z|^{-n} < \infty, \quad n_1 \leqslant n \leqslant n_2$$

可分 4 种情况考虑其收敛域。

① 当 $n_1 < 0, n_2 > 0$ 时,有

$$X(z) = \sum_{n=n_1}^{n_2} x(n)z^{-n} = \sum_{n=n_1}^{-1} x(n)z^{-n} + \sum_{n=0}^{n_2} x(n)z^{-n} =$$

$$\sum_{n=1}^{|n_1|} x(-n)z^n + \sum_{n=0}^{n_2} x(n)z^{-n}$$

上式中除第一项的 $z=\infty$ 及第二项的 $z=0$ 外都收敛，所以总的收敛域为 $|z|\in(0,\infty)$，该开域 $|z|\in(0,\infty)$ 也可称为"有限 z 平面"。

② 当 $n_1<0, n_2<0$ 时，有

$$X(z) = \sum_{n=n_1}^{n_2} x(n)z^{-n} = \sum_{n=|n_1|}^{|n_2|} x(-n)z^n$$

收敛域为 $|z|\in[0,\infty)$，是包括零点的半开域，即除 $z=\infty$ 外都收敛。

③ 当 $n_1>0, n_2>0$ 时，有

$$X(z) = \sum_{n=n_1}^{n_2} x(n)z^{-n}$$

收敛域为 $|z|\in(0,\infty]$，是包括 ∞ 的半开域，即除 $z=0$ 外都收敛。

④ 当 $n_1=n_2=0$ 时，这就是序列 $x(n)=\delta(n)$ 的情况，它的收敛域是整个闭域 z 平面。

$$z[\delta(n)] = 1, \qquad |z|\in[0,\infty]$$

(2) 右边序列

右边序列是指当 $n<n_1$ 时，$x(n)=0$，也称为有始无终序列。

序列与其 z 变换可表示为

$$x(n) = \begin{cases} x(n), & n \geqslant n_1 \\ 0, & n < n_1 \end{cases} \tag{4-10}$$

$$X(z) = \sum_{n=n_1}^{\infty} x(n)z^{-n}$$

当 $n_1 \geqslant 0$ 时，右边序列就成了因果序列，假设该序列的 $X(z)$ 的级数在 $|z|=|z_1|$ 处绝对收敛，则

$$\sum_{n=n_1}^{\infty} |x(n)z_1^{-n}| < \infty \tag{4-11}$$

因 $n_1 \geqslant 0$，则当 $|z|>|z_1|$ 时，级数 $\sum\limits_{n=n_1}^{\infty} |x(n)z_1^{-n}|$ 中每一项皆小于式(4-11)级数中的对应项，故有

$$\sum_{n=n_1}^{\infty} |x(n)z^{-n}| < \sum_{n=n_1}^{\infty} |x(n)z_1^{-n}| < \infty$$

因此，当 $n_1 \geqslant 0$ 时，右边序列的收敛域可写成 $|z|\in[|z_1|,\infty]$。

当 $n_1<0$ 时，z 变换可写为

$$X(z) = \sum_{n=n_1}^{\infty} x(n)z^{-n} = \sum_{n=n_1}^{-1} x(n)z^{-n} + \sum_{n=0}^{\infty} x(n)z^{-n}$$

上式中，第一项就是 $n_1<0, n_2<0$ 的有限长序列，已知其收敛域为 $|z|\in[0,\infty)$。第二项就是 $n \geqslant 0$ 的因果序列，其收敛域为 $|z|\in[|z_1|,\infty]$，所以总的收敛域为 $|z|\in[|z_1|,\infty)$。

若设 R_{x-} 是使式(4-10)的级数收敛的 $|z|$ 的最小值，则右边序列的收敛域可写成

$$|z| \geqslant R_{x-}$$

当 $n_1 \geqslant 0$ 时，序列的收敛域包括 $z=\infty$；当 $n_1<0$ 时，收敛域不包括 $z=\infty$。因此，若 z 变换的收敛域在某个圆之外，则序列是右向的；若其收敛域包括点 $z=\infty$，则序列是因果性的。

(3) 左边序列

当 $n > n_2$ 时, $x(n) = 0$, 又称为无始有终序列, 可表示为

$$x(n) = \begin{cases} x(n), & n \leqslant n_2 \\ 0, & n > n_2 \end{cases}$$

其 z 变换为

$$X(z) = \sum_{n=-\infty}^{n_2} x(n) z^{-n}$$

由于上式中 z 正指数幂的项数有无穷多个, 而 z 负指数幂(此时 $n_2 > 0$)的项数最多只可能有有限个, 所以, 如果这个级数在 $|z| = z_1$ 时收敛, 则当 $|z| \in (0, |z_1|)$ 时, 级数也是收敛的。设 R_{x+} 是使其 z 变换级数收敛的最大的 $|z|$, 则其 z 变换的收敛域为 $|z| \in (0, R_{x+})$。如果 $n_2 \leqslant 0$, 则上述收敛域还应包含 $z = 0$ 处, 即 $|z| \in [0, R_{x+}]$。

(4) 双边序列

当 $-\infty < n < \infty$ 时, 序列 $x(n)$ 也称为无始无终序列, 其 z 变换为

$$X(z) = \sum_{n=-\infty}^{\infty} x(n) z^{-n} = \sum_{n=-\infty}^{-1} x(n) z^{-n} + \sum_{n=0}^{\infty} x(n) z^{-n}$$

上述双边序列可看成是一个左边序列和一个右边序列相加构成的。左边序列的 z 变换收敛于 $|z| < R_{x+}$ 的圆内域, 而右边序列的 z 变换收敛于 $|z| > R_{x-}$ 的圆外域, 若 $R_{x+} > R_{x-}$, 则双边序列的收敛域为左、右边两个序列收敛域的重叠部分, 即是一个圆环状域 $R_{x-} < |z| < R_{x+}$。若 $R_{x+} < R_{x-}$, 则左、右边两个序列收敛域无重叠部分, 即双边序列不收敛。

由以上序列收敛域的讨论, 可以得出: 序列 z 变换的收敛域与序列的类型有关, 表 4-1 为常用序列的 z 变换及其收敛域。

表 4-1 常用序列的 z 变换对及其收敛域

序号	序列 $x(n)$	z 变换 $X(z) = \sum_{n=-\infty}^{\infty} x(n) z^{-n}$	收敛域
1	$\delta(n)$	1	$\infty \geqslant |z| \geqslant 0$
2	$R_N(n)$	$\dfrac{1-z^{-N}}{1-z^{-1}}$	$|z| > 0$
3	$u(n)$	$\dfrac{z}{z-1}$	$|z| > 1$
4	$nu(n)$	$\dfrac{z}{(z-1)^2}$	$|z| > 1$
5	$a^n u(n)$	$\dfrac{z}{z-a}$	$|z| > |a|$
6	$na^n u(n)$	$\dfrac{az}{(z-a)^2}$	$|z| > |a|$
7	$(n+1)a^n u(n)$	$\dfrac{z^2}{(z-a)^2}$	$|z| > |a|$
8	$a^{n-1} u(n-1)$	$\dfrac{1}{z-a}$	$|z| > |a|$

续表 4-1

序 号	序列 $x(n)$	z 变换 $X(z)=\sum\limits_{n=-\infty}^{\infty}x(n)z^{-n}$	收敛域
9	$a^n u(n-1)$	$\dfrac{z}{z-a}$	$\lvert z\rvert>\lvert a\rvert$
10	$na^{n-1}u(n)$	$\dfrac{z}{(z-a)^2}$	$\lvert z\rvert>\lvert a\rvert$
11	$e^{j\omega n}u(n)$	$\dfrac{z}{z-e^{j\omega}}$	$\lvert z\rvert>1$
12	$\sin(\omega n)u(n)$	$\dfrac{z\sin\omega}{z^2-2z\cos\omega+1}$	$\lvert z\rvert>1$
13	$\cos(\omega n)u(n)$	$\dfrac{z(z-\cos\omega)}{z^2-2z\cos\omega+1}$	$\lvert z\rvert>1$
14	$\beta^n\sin(\omega n)u(n)$	$\dfrac{z\beta\sin\omega}{z^2-2\beta z\cos\omega+\beta^2}$	$\lvert z\rvert>1$
15	$\beta^n\cos(\omega n)u(n)$	$\dfrac{z(z-\beta\cos\omega)}{z^2-2\beta z\cos\omega+\beta^2}$	$\lvert z\rvert>1$
16	$-a^n u(-n-1)$	$\dfrac{z}{z-a}$	$\lvert z\rvert<\lvert a\rvert$
17	$-na^n u(-n-1)$	$\dfrac{az}{(z-a)^2}$	$\lvert z\rvert<\lvert a\rvert$
18	$-(n+1)a^n u(-n-1)$	$\dfrac{z^2}{(z-a)^2}$	$\lvert z\rvert<\lvert a\rvert$
19	$a^n u(-n-1)-na^{n-1}u(-n-1)$	$\dfrac{z}{(z-a)^2}$	$\lvert z\rvert<\lvert a\rvert$

3. z 变换的主要性质

与傅里叶变换一样,z 变换具有许多重要的性质,熟练运用 z 变换的性质,对方便、快捷地进行数字信号处理很有帮助。表 4-2 列出了 z 变换的主要性质。

表 4-2 z 变换的主要性质

性质类别	序 列	z 变换	收敛域
线性特性	$x(n)$ $y(n)$ $ax(n)+by(n)$	$X(z)$ $Y(z)$ $aX(z)+bY(z)$	$R_{x-}<\lvert z\rvert<R_{x+}$ $R_{y-}<\lvert z\rvert<R_{y+}$ $\max(R_{x-},R_{y-})<\lvert z\rvert<\min(R_{x+},R_{y+})$
移位特性	$x(n\pm m)$ $x(n+m)$ $x(n-m)$	双边:$z^{\pm m}X(z)$ 左移单边: $z^m X(z)-\sum\limits_{k=0}^{m-1}x(k)z^{m-k}$ 右移单边: $z^{-m}X(z)-\sum\limits_{k=-\infty}^{-1}x(k)z^{m-k}$	$R_{x-}<\lvert z\rvert<R_{x+}$
频移特性	$a^n x(n)$	$X(z/a)$	$R_{x-}<\lvert z/a\rvert<R_{x+}$
微分特性	$nx(n)$	$-z\dfrac{dX(z)}{dz}$	$R_{x-}<\lvert z\rvert<R_{x+}$

续表 4-2

性质类别	序 列	z 变换	收敛域
共轭特性	$x^*(n)$	$X^*(z^*)$	$R_{x-} < |z| < R_{x+}$
时移卷积特性	$x(n) * y(n)$	$X(z)Y(z)$	$\max(R_{x-}, R_{y-}) < |z| < \min(R_{x+}, R_{y+})$
初值定理 终值定理	$x(n)$—因果序列 $x(0) = \lim\limits_{z \to \infty} X(z)$ $x(n)$—因果序列 $x(\infty) = \lim\limits_{z \to 1}(z-1)X(z)$		$\|z\| > R_{x-}$ $(z-1)X(z)$ 收敛于 $\|z\| \geq 1$

4.1.3　z 逆变换

从已知 z 变换及其收敛域求原序列 $x(n)$ 的变换称为 z 逆变换。

1. z 逆变换公式

z 逆变换的公式为

$$x(n) = z^{-1}[X(z)] = \frac{1}{2\pi j} \oint_c X(z) \cdot z^{n-1} dz \qquad (4-12)$$

上式中，符号 $z^{-1}[\cdot]$ 表示 z 逆变换，c 为一条环绕原点逆时针方向旋转的闭合曲线。

2. z 逆变换的方法

z 逆变换通常有三种求解方法：留数法、幂级数展开法（长除法）和部分分式展开法。

（1）留数法

留数法计算公式如下：

$$x(n) = \frac{1}{2\pi j} \oint_c X(z) \cdot z^{n-1} dz = \sum_{k=1}^{k} \text{Res}[X(z)z^{n-1}, z_k] \qquad (4-13)$$

式中：Res 表示极点的留数；z_k 为 $X(z) \cdot z^{n-1}$ 的极点。该式表明 $X(z)$ 的逆变换序列 $x(n)$ 是 $X(z)z^{n-1}$ 在围线 c 内极点的留数和。设 $X(z) \cdot z^{n-1}$ 在 $z = z_k$ 处有 s 阶极点，则它可写成

$$X(z) \cdot z^{n-1} = \frac{\lambda(z)}{(z-z_k)^s} \qquad (4-14)$$

式中，$\lambda(z)$ 在 $z = z_k$ 处无极点，根据留数定理有

$$\text{Res}[X(z)z^{n-1}, z_k] = \frac{1}{(s-1)!} \left[\frac{d^{s-1}\lambda(z)}{dz^{s-1}} \right]_{z=z_k} \qquad (4-15)$$

（2）幂级数展开法

$x(n)$ 的 z 变换为 $X(z) = \sum\limits_{n=-\infty}^{\infty} x(n)z^{-n}$，如果能够在 $X(z)$ 的收敛域内把 $X(z)$ 展开成幂级数的形式，就可以方便地得到 $x(n)$，通常通过长除法将 $X(z)$ 展开成幂级数形式。在长除前应根据给定的收敛域确定长除时 z 是升幂还是降幂。

（3）部分分式展开法

当遇到求 z 逆变换的表达式形如

$$X(z) = \frac{\sum_{n=0}^{M} a^n z^{-n}}{\sum_{n=0}^{N} d_n z^{-n}} \quad (4-16)$$

可根据 z 变换的基本形式 $\frac{z}{z-a}$，将 $X(z)$ 展开成

$$X(z) = \sum_{n=0}^{M-N} B_n z^{-n} + \sum_{k=1}^{N-s} \frac{A_k}{1 - z_k z^{-1}} + \sum_{k=1}^{s} \frac{C_k}{(1 - z_i z^{-1})^k} \quad (4-17)$$

式中：z_i 为 $X(z)$ 的 s 阶极点；z_k 为 $X(z)$ 的单极点；B_n 为 $X(z)$ 的整式系数；仅当 $M \geqslant N$ 时，存在 B_n。系数 C_k、A_k 可由留数定理求出，即

$$C_k = \frac{1}{(-z_i)^{s-k}} \cdot \frac{1}{(s-k)!} \left\{ \frac{\mathrm{d}^{s-k}}{\mathrm{d}(z^{-1})^{s-k}} (1 - z_i z^{-1})^s X(z) \right\}_{z=z_i}$$

$$A_k = \left[\left(\frac{z - z_k}{z} \right) X(z) \right]_{z=z_k}$$

上述求解 z 逆变换的三种方法，求解时应视具体情况而选择。留数法求解过程太过复杂，一般不常用。幂级数展开法比较容易。计算机处理时，较为常用的是部分分式展开法。工程计算时，还可通过直接查表获得 z 的逆变换。

【例 4-1】 对一数字系统施加 $x(n) = a^n u(n)$ 的激励，该数字系统的差分方程为 $y(n) - by(n-1) = x(n)$，设初始条件 $y(-1) = 2$，用 z 变换法求系统响应。

解： 对系统的差分方程取 z 变换得

$$Y(z) - bz^{-1} Y(z) - by(-1) = X(z)$$

有

$$Y(z) = \frac{X(z) + by(-1)}{1 - bz^{-1}} = \frac{X(z)}{1 - bz^{-1}} + \frac{2b}{1 - bz^{-1}}$$

由

$$X(z) = \frac{z}{z-a}$$

所以有

$$Y(z) = \frac{z^2}{(z-b)(z-a)} + \frac{2bz}{z-b}$$

展开成部分分式

$$Y(z) = \frac{a}{a-b} \cdot \frac{z}{z-a} - \frac{b}{a-b} \cdot \frac{z}{z-b} + \frac{2bz}{z-b}$$

求逆变换，得系统响应

$$y(n) = \left[\frac{1}{a-b} (a^{n+1} - b^{n+1}) + 2b^{n+1} \right] u(n)$$

4.2 离散傅里叶变换(DFT)

4.2.1 离散傅里叶级数(DFS)

离散周期序列的傅里叶级数定义式为

$$\widetilde{X}(k) = \mathrm{DFS}[\widetilde{x}(n)] = \sum_{n=0}^{N-1} \widetilde{x}(n) \mathrm{e}^{-\mathrm{j}\left(\frac{2\pi}{N}\right)kn} \quad (4-18)$$

逆变换定义为

$$\widetilde{x}(n) = \mathrm{IDFS}[\widetilde{X}(k)] = \frac{1}{N} \sum_{k=0}^{N-1} \widetilde{X}(k) \mathrm{e}^{\mathrm{j}\left(\frac{2\pi}{N}\right)nk} \quad (4-19)$$

式(4-18)及式(4-19)中：$\tilde{x}(n)$ 为离散周期序列；N 为周期序列的周期(一个周期中的点数)；k 为谐波的阶次；n 为序列分量的序号。符号 DFS[·]表示离散傅里叶级数，符号 IDFS[·]表示离散傅里叶级数逆变换。

令 $W_N = e^{-j\frac{2\pi}{N}}$，称之为 W_N 因子，则离散周期序列傅里叶级数变换对可表示为

$$\tilde{X}(k) = \text{DFS}[\tilde{x}(n)] = \sum_{n=0}^{N-1} \tilde{x}(n) W_N^{kn} \tag{4-20}$$

$$\tilde{x}(n) = \text{IDFS}[\tilde{X}(k)] = \frac{1}{N}\sum_{k=0}^{N-1} \tilde{X}(k) W_N^{-kn} \tag{4-21}$$

4.2.2 离散傅里叶变换(DFT)的定义

DFS 研究的是无限长的周期序列，工程应用中所要处理的常常是有限长的序列，这时，DFS 已显得力不从心，而 DFT 正是对有限长序列进行傅里叶变换的一种有效方法。

对于一个周期序列 $\tilde{x}(n)$，截取它的第一个周期的有限长序列称为这一周期序列的主值序列，用 $x(n)$ 表示。

$$x(n) = \begin{cases} \tilde{x}(n), & 0 \leqslant n \leqslant N-1 \\ 0, & \text{其他 } n \end{cases} \tag{4-22}$$

主值序列也可以理解为：周期序列和一个周期为 N 矩形序列相乘的结果，即

$$x(n) = \tilde{x}(n) R_N(n) \tag{4-23}$$

而周期序列 $\tilde{x}(n)$ 可以看作是有限长序列 $x(n)$ 的周期延拓，其关系为

$$\tilde{x}(n) = \sum_{r=-\infty}^{\infty} x(n+rN) \tag{4-24}$$

相应地，主值序列 $X(k)$ 和 $\tilde{X}(k)$ 的关系为

$$X(k) = \begin{cases} \tilde{X}(k), & 0 \leqslant k \leqslant N-1 \\ 0, & \text{其他 } k \\ \tilde{X}(k) = \sum_{r=-\infty}^{\infty} X(k+rN) \end{cases} \tag{4-25}$$

这样，用有限长序列 $x(n)$、$X(k)$ 可以把无限长序列 $\tilde{x}(n)$、$\tilde{X}(k)$ 表示出来，从上述分析可得知式(4-24)、式(4-25)对有限长序列同样适用，即

$$X(k) = \text{DFT}[x(n)] = \sum_{n=0}^{N-1} x(n) W_N^{kn}, \quad 0 \leqslant k \leqslant N-1 \tag{4-26}$$

$$x(n) = \text{IDFT}[X(k)] = \sum_{k=0}^{N-1} X(k) W_N^{-kn}, \quad 0 \leqslant n \leqslant N-1 \tag{4-27}$$

式(4-26)称为离散傅里叶正变换，用符号 DFT[·]表示。式(4-27)称为离散傅里叶逆变换，用符号 IDFT[·]表示。

4.2.3 DFT 的主要性质

在进行信号分析时，掌握 DFT 的主要性质可为简化数据处理过程提供较大的方便。表 4-3 列出 DFT 的主要性质。

表 4-3　离散傅里叶变换的性质

特　性	时域表示	DFT 性质
特　性	$x(n)$ $y(n)$	$X(k)$ $Y(k)$
线性	$ax(n)+by(n)$	$aX(k)+bY(k)$
对称	$\frac{1}{N}X(n)$	$x(-k)$
反转	$x(-n)$	$X(-k)$
时移	$\tilde{x}(n\pm m)R_N(n)$	$X(k)W^{\mp mk}$
频移	$x(n)W^{\pm nl}$	$\tilde{X}(k\pm l)R_N(k)$
时域卷积	$x(n)*y(n)$	$X(k)Y(k)$
频域卷积	$x(n)y(n)$	$(1/N)X(k)*Y(k)$
奇偶性	设 $x(n)$ 为实数序列	$X(k)=X^*(N-k)$ $\|X(k)\|=\|X^*(N-k)\|=\|X(N-k)\|$ $\arg[X(k)]=\arg[X^*(N-k)]=-\arg[X(N-k)]$
帕斯瓦尔定理		$\sum_{n=0}^{N-1}x^2(n)=\frac{1}{N}\sum_{k=0}^{N-1}\|X(k)\|^2$
初值		$x(0)=\frac{1}{N}\sum_{k=0}^{n-1}X(k)$
总和		$X(k)\big|_{k=0}=\sum_{n=0}^{N-1}x(n)$

4.2.4　DFT 与 z 变换的关系

对有限长序列的 z 变换取样可得有限长序列 DFT，即

$$X(z_k)=\sum_{n=0}^{N-1}x(n)\cdot z^{-n}\Big|_{z=z_k=e^{\left(j\frac{2\pi}{N}k\right)}=W_N^{-k}}$$

$$=\sum_{n=0}^{N-1}x(n)\cdot W_N^{nk}=\text{DFT}[x(n)]=X(k) \tag{4-28}$$

4.3　快速傅里叶变换(FFT)

DFT 虽在 20 世纪初已经提出，但由于计算量太大，限制了它的发展，直至 1965 年 J·W·Cooley 和 J·W·Tukey 提出了一种快速计算 DFT 的方法，可把运算时间缩短一二个数量级，人们称之为快速傅里叶变换，即 FFT。至此，FFT 技术被广泛用于工程信号分析之中，使数字信号分析处理技术有了强大的工具。

4.3.1　DFT 直接计算的工作量

对于有限长序列 $x(n)$ 的 DFT 为

$$X(k) = \sum_{n=0}^{N-1} x(n) W_N^{kn}, \qquad k = 0, 1, \cdots, N-1 \tag{4-29}$$

一般情况下，$x(n)$、W_N^{kn} 都是复数，故直接计算式（4-29）完成 DFT 需要做 N^2 复数乘法及 $N(N-1)$ 次复数相加。当 N 很大时，所需运算工作量相当可观。例如，当 $N=2^{10}=1\,024$ 时，复乘的次数为 1 048 576，复加的次数为 1 047 552。设计算机每计算一次复乘的时间为 100 μs，仅进行复乘就需 100 s 左右。这样就无法对被测信号进行实时处理，大大制约了 DFT 的应用，所以必须改进 DFT 算法。

4.3.2 提高 DFT 运算效率的思路

利用 $W_N^{k(N-n)}$ 的对称性

$$W_N^{k(N-n)} = W_N^{-kn} = (W_N^{kn})^* \tag{4-30}$$

来合并 DFT 运算中的对称量，使乘法次数减少一半。

利用 W_N^{nk} 的周期性

$$W_N^{kn} = W_N^{k(n+N)} = W_N^{(k+N)n} \tag{4-31}$$

结合对称性把一个大点数的 DFT 分解成若干个小点数 DFT 的组合进行运算，由于 DFT 的运算量与 N^2 成正比，因此可大大减少运算工作量。

4.3.3 FFT 算法

FFT 算法的形式较多，基本可分为两类，即按时间抽取（DIT）法和按频率抽取（DIF）法。其实质都是利用 DFT 的周期性和对称性，把 DFT 看作矩阵算法，对其作矩阵因式分解。目前，以 2 为基的 FFT 应用最为广泛，下面将重点介绍此算法。

1. FFT 算法原理

取 $N=2^m$，其中 m 为整数，这种 N 为 2 的整数幂的 FFT，即称为基 2 FFT。当序列长度不满足此条件时，可添加若干零点以满足此条件。

将序列 $x(n)$ 按奇偶分解成两个子序列

$$\left. \begin{aligned} x_1(r) &= x(2r), & n \text{ 为偶数的序列组} \\ x_2(r) &= x(2r+1), & n \text{ 为奇数的序列组} \end{aligned} \right\}, \quad r = 0, 1, 2 \cdots, \frac{N}{2} - 1 \tag{4-32}$$

则

$$X(k) = \mathrm{DFT}[x(n)] = \sum_{n=0}^{N-1} x(n) W_N^{kn}, \qquad x(n) \text{ 的 } N \text{ 点的 DFT}$$

$$\xrightarrow{\text{分解}} \sum_{r=0}^{\frac{N}{2}-1} x(2r) W_N^{2rk} + \sum_{r=0}^{\frac{N}{2}-1} x(2r+1) W_N^{(2r+1)k}, \text{（注意：仅 } x(n) N/2 \text{ 个点的 DFT）}$$

$$= \sum_{r=0}^{\frac{N}{2}-1} x(2r)(W_N^2)^{rk} + W_N^k \sum_{r=0}^{\frac{N}{2}-1} x(2r+1)(W_N^2)^{rk}$$

$$\tag{4-33}$$

而

$$W_N^2 = \mathrm{e}^{-\mathrm{j}\frac{2\pi}{N}2} = \mathrm{e}^{-\mathrm{j}\frac{2\pi}{N/2}} = W_{N/2} \tag{4-34}$$

将式（4-34）代入式（4-33），可得

$$X(k) = \sum_{r=0}^{\frac{N}{2}-1} x(2r)W_{N/2}^{rk} + W_N^k \sum_{r=0}^{\frac{N}{2}-1} x(2r+1)W_{N/2}^{rk}$$

$$= \sum_{r=0}^{\frac{N}{2}-1} x_1(r)W_{N/2}^{rk} + W_N^k \sum_{r=0}^{\frac{N}{2}-1} x_2(r)W_{N/2}^{rk} = X_1(k) + W_N^k X_2(k)$$

(4-35)

上式中

$$X_1(k) = \sum_{r=0}^{\frac{N}{2}-1} x_1(r) W_{N/2}^{rk}$$

$$X_2(k) = \sum_{r=0}^{\frac{N}{2}-1} x_2(r) W_{N/2}^{rk}$$

上述所求得的 $X(k)$ 是 $r=0,1,2\cdots,(N/2-1)$ 的 DFT，即 $k=0,1,2\cdots,(N/2-1)$ 对应的 $X(k)$。下面再求另外 $N/2$ 个点的 DFT，即 $k=\frac{N}{2},\frac{N}{2}+1,\cdots,N-1$ 的 $X(k_1)$，表示成

$$X(k_1) = X\left(k + \frac{N}{2}\right) = \sum_{r=0}^{\frac{N}{2}-1} x_1(r)W_{N/2}^{r(k+\frac{N}{2})} + W_N^{(k+\frac{N}{2})} \sum_{r=0}^{\frac{N}{2}-1} x_2(r)W_{N/2}^{r(k+\frac{N}{2})}$$

(4-36)

根据周期性和对称性，有

$$\left.\begin{array}{l} W_{N/2}^{r(k+\frac{N}{2})} = W_{N/2}^{rk} \\ W_N^{k+\frac{N}{2}} = -W_N^k \end{array}\right\}$$

(4-37)

则式(4-36)可写为

$$X\left(k+\frac{N}{2}\right) = X_1\left(\frac{N}{2}+k\right) + W_N^{(\frac{N}{2}+k)} X_2\left(\frac{N}{2}+k\right)$$
$$= X_1(k) - W_N^k X_2(k)$$

(4-38)

即可得出

$$\left.\begin{array}{l} X(k) = X_1(k) + W_N^k X_2(k) \\ X\left(k+\frac{N}{2}\right) = X_1(k) - W_N^k X_2(k) \end{array}\right\}$$

(4-39)

由以上分析可见，只要求出 $\left(0 \sim \frac{N}{2}-1\right)$ 区间内各个整数 k 值所对应的 $X_1(k)$、$X_2(k)$ 值，即可求出 $(0 \sim N-1)$ 区间内的全部 $X(k)$ 值。计算时，将一个 N 点的 DFT 分解成按奇偶序列号长度为 $\frac{N}{2}$ 的两个序列的 DFT，并利用序列的周期性和对称性，使运算过程大大简化和缩短，此运算过程可以用一形状像蝴蝶的流程图来表示，称为蝶形图，如图 4-2 所示。

图 4-2 FFT 运算流程图——蝶形图

图 4-2 形象地说明了式(4-39)的运算过程,中间小圆圈表示 $+W_N^k X_2(k)$ 和 $-W_N^k X_2(k)$ 的运算。

通过下面的分析,可了解蝶形运算的具体过程。

设:一个 $N=8$ 的序列 $x(n)$ 按奇偶点进行分解后,由式(4-39)计算可得

$$X(0) = X_1(0) + W_8^0 X_2(0)$$
$$X(1) = X_1(1) + W_8^1 X_2(1)$$
$$X(2) = X_1(2) + W_8^2 X_2(2)$$
$$X(3) = X_1(3) + W_8^3 X_2(3)$$
$$X(4) = X_1(0) - W_8^0 X_2(0)$$
$$X(5) = X_1(1) - W_8^1 X_2(1)$$
$$X(6) = X_1(2) - W_8^2 X_2(2)$$
$$X(7) = X_1(3) - W_8^3 X_2(3)$$

基 2 时间抽取的算法的蝶形图如图 4-3 所示。

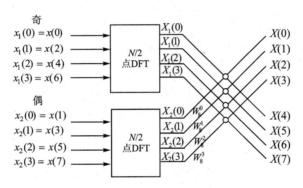

图 4-3 $N=8$ 序列的蝶形运算图

类似地,还可以再对上述两组序列分组,按奇、偶数序号分成

$$\begin{cases} x(0), & x(4) \\ x(2), & x(6) \end{cases}, \begin{cases} x(1), & x(5) \\ x(3), & x(7) \end{cases}$$

令 $\begin{cases} x_3(l) = x_1(2l) \\ x_4(l) = x_1(2l+1) \end{cases}, \begin{cases} x_5(l) = x_2(2l) \\ x_6(l) = x_2(2l+1) \end{cases}, \quad l = 0,1,2,\cdots,N/4-1$

对上述分组序列的蝶形运算与上面的相似,可写成

$$\begin{cases} X_1(k) = X_3(k) + W_{N/2}^k X_4(k) \\ X_1(k+N/4) = X_3(k) - W_{N/2}^k X_4(k) \end{cases}, \quad k=0,1,2,\cdots,N/4-1$$

$$\begin{cases} X_2(k) = X_5(k) + W_{N/2}^k X_6(k) \\ X_2(k+N/4) = X_5(k) - W_{N/2}^k X_6(k) \end{cases}, \quad k=0,1,2\cdots,N/4-1$$

其蝶形图如图 4-4 所示。

上述中，$X_3(k) = \sum_{l=0}^{\frac{N}{4}-1} x_3(l) W_{N/4}^{lk}$

$X_4(k) = \sum_{l=0}^{\frac{N}{4}-1} x_4(l) W_{N/4}^{lk}$

$X_5(k) = \sum_{l=0}^{\frac{N}{4}-1} x_5(l) W_{N/4}^{lk}$

$X_6(k) = \sum_{l=0}^{\frac{N}{4}-1} x_6(l) W_{N/4}^{lk}$

图 4-4 N/4 点的蝶形图

如上述分解过程，可进一步对序列的 DFT 进行分解，直到序列中仅剩 2 点为止，本例完整的 FFT 运算结构图见图 4-5。

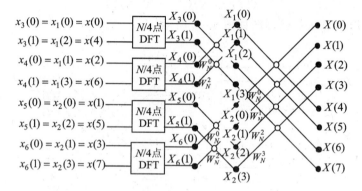

图 4-5 $N=8$ 三级（2^3；$m=3$）蝶形运算结构图

可将上述算法推广到 $N=2^m$ 的 DFT 运算情况，运算过程见图 4-6。此种分解方法，由于每次分解都是按输入序列的奇偶次序分解为两个更短的子序列，所以称"时间抽取法"，与此相对应的还有"频率抽取法"，由于原理相同，此处不再赘述。

图 4-6 N 点基 2FFT 的 m 级迭代过程 $N=2^m$

应用FFT算法加快了DFT的运算过程,下面对此进行简单的定量分析。

因为$N=2^m$,所以有$m=\log_2 N$。

FFT:m级蝶形运算,每级$N/2$个蝶形运算。每个蝶形运算次数:一次复乘,二次复加。其运算总次数为

$$复乘:m \cdot N/2 = (N/2) \cdot \log_2 N$$

$$复加:m \cdot 2 \cdot N/2 = N \cdot \log_2 N$$

而对于DFT,运算总次数为

$$复乘:N^2$$

$$复加:N(N-1) \approx N \cdot \log_2 N$$

由上述分析可知,DFT所需复数运算次数近似与N^2成正比。而FFT所需复数运算次数近似与$N\log_2 N$成正比。故FFT的运算速度明显高于DFT,较适合于工程实时检测。

2. FFT算法的几点说明

(1) 用同一程序可作IFFT

为了设计一个既可作正变换,又可作逆变换的通用程序,由DFT变换对公式可见,其中$x(n)$的展开又可写成

$$x^*(n) = \frac{1}{N} \sum_{n=0}^{N-1} X^*(k) e^{-jkn\frac{2\pi}{N}}, \qquad n=0,1,\cdots,N-1 \qquad (4-40)$$

上式中,$x^*(n)$为$x(n)$的共轭复数;$X^*(k)$为$X(k)$的共轭复数。即当$X(k)=\text{Re}[X(k)]+j\text{Im}[X(k)]$时,有$X^*(k)=\text{Re}[X(k)]-j\text{Im}[X(k)]$,$\text{Re}[X(k)]$和$\text{Im}[X(k)]$分别为$X(k)$的实部和虚部。根据式(4-40),当正变换的程序编好之后,需要计算逆变换时,只需先将复数组$X(k)$的虚部变一次符号(取共轭),再调用计算机正变换的程序,并将由此而计算出的结果中的各项均除以N再取一次共轭,即得到原序列$x(n)$的相应数值。若$x(n)$本身为实序列,则$x(n)=x^*(n)$。故最后一次取共轭的步骤可省掉。用上述FFT程序作IDFT时,取$X(k)=\text{Re}[X(k)]+j\text{Im}[X(k)]$的共轭序列$X^*(k)=\text{Re}[X(k)]-j\text{Im}[X(k)]$作为输入序列。

(2) 数据量N的选择原则

在应用基2时间抽取FFT程序时,要求处理数据量满足$N=2^m$。然而实际上要处理的有限离散信号的序列长度并不一定满足此条件。为满足$N=2^m$,可采用两种方法:一是截取法,在一个很长的离散信号中截取$N=2^m$项,对这一部分计算其DFT;二是补零法,取m使之满足$2^{m-1}<K\leqslant 2^m$,则在有限离散信号补2^m-K个零(K为序列长度),使之变成N项离散信号,然后再计算其DFT即可。应指出的是,选择N的原则仅是从纯数学和程序的要求本身出发的。事实上,N的长短还会影响到从所分析的序列中提取信息的完善程度(即会引入截断误差)。

(3) FFT程序使用时的参数选择

对连续信号$x(t)$($t\geqslant 0$)作FFT,实际上是对长度为$N=2^m$的离散信号$x(n)$($n=0,1,\cdots,N-1$)作FFT。对连续信号$x(t)$,可用两个参数来刻划其频谱特性:f_c——$x(t)$的截止频率或最高可达到的频率;Δf——$x(t)$频率分辨率(分辨间隔)。它的意义是:对$x(t)$的幅频谱$|X(f)|$取离散值观察时,离散值的间隔不能小于Δf。因此,当$x(t)$的幅频谱$|X(f)|$曲线波动比较大时,Δf就要取得小些;当$|X(f)|$曲线比较平滑时,Δf可取得大些。一般在作FFT

分析前,f_c 及 Δf 根据实际要求事先均已确定,剩下的工作是如何根据已知的 f_c 及 Δf 确定以下分析参数:采样间隔时间 T_s,分析样本的数据点 N,最小样本记录长度 $L_{\min}$。

为了防止频率混叠误差,要求采样间隔 T_s 应满足下式

$$T_s \leqslant \frac{1}{2f_c} \tag{4-41}$$

由离散傅里叶变换可知,有限离散频谱的频率间隔为 $\frac{1}{NT_s}$,因此要求 Δf 应满足:

$$\Delta f \geqslant \frac{1}{NT_s} \tag{4-42}$$

由此可进一步推得

$$N \geqslant \frac{2f_c}{\Delta f} \tag{4-43}$$

$T = N \cdot T_s$ 表示频谱分析的信号时间长度,由 $\Delta f \geqslant 1/NT_s$ 可知信号的记录长度 $L \geqslant 1/\Delta f$。此时称

$$L_{\min} = \frac{1}{\Delta f} = N \cdot T_s \tag{4-44}$$

为最小记录长度。综上所述,在选择 FFT 程序的使用参数时,一般是已知 f_c 及 Δf,确定 T_s、$L_{\min}$ 及 N。具体步骤如下:

① 由 $T_s \leqslant 1/2f_c$ 确定 T_s;
② 由 $T \geqslant 1/\Delta f$ 得 $L_{\min} = 1/\Delta f$ 确定 $L_{\min}$;
③ 由 $N \geqslant 2f_c/\Delta f$ 确定 N 并按 $N = 2^m$ 要求将其调整;
④ 若使用矩形窗之外的窗函数,则还应注意从处理结果中消除加窗带来的影响。

【例 4-2】 已知某信号的截止频率 $f_c = 125$ Hz,频率分辨率 $\Delta f = 2$ Hz,对该信号作频谱分析,问:① 要求最小记录时间 $L_{\min}$ 为多少?② 采样时间间隔应满足什么条件?③ 采样点数 N 应满足什么条件?

解: ① 按公式 $L_{\min} = 1/\Delta f = 1/(2\ \text{Hz}) = 0.5$ s;
② 按公式 $T_s \leqslant 1/2f_c = 1/(2 \times 125\ \text{Hz}) = 4 \times 10^{-3}$ s $= 4$ ms;
③ 按公式 $N \geqslant 2f_c/\Delta f = (2 \times 125)/2 = 125$。

若要求 N 为 2^m 的形式,取 $N = 2^7 = 128$ 符合:
$$2^6 = 64 < 125 < 2^7 = 128$$

3. 使用 FFT 算法的注意事项

(1) 混 叠

混叠现象是进行 FFT 运算前必须避免的。保证采样频率 f_s 足够高,可避免频谱的混叠现象。采样频率 f_s 应满足以下关系

$$f_s \geqslant 2f_c \tag{4-45}$$

对于采样间隔 T_s,则应满足

$$T_s \leqslant 1/2f_c \tag{4-46}$$

(2) 泄 漏

实际工作中,对信号的观测时间只能限制在一定的时间间隔内。在有限个采样数据之后,将信号截断的过程等于将信号乘以一个窗函数。若窗函数是一个矩形函数,数据的项数突然

被截断,频谱分量将从它的正常范围扩展开来,称为泄漏。泄漏一般总会造成混叠。避免泄漏的最佳方法是选择适当的窗函数来使频谱的扩散减少到最小。

(3) 频谱分辨率 Δf

分辨率 Δf 指 FFT 变换后频谱分量的增量。若处理的最小记录长度为 $L_{\min}$,则

$$L_{\min} = 1/\Delta f \tag{4-47}$$

值得注意的是,信号的截止频率 f_c 与频率分辨率之间存在矛盾。若 f_c 增大,则采样时间间隔 T_s 将降低。当采样点数 N 给定时,最小记录长度 $L_{\min}$ 将减小,则频率分辨率 Δf 将恶化。若提高频率分辨率 Δf(相当于 Δf 数值减小),则会使 f_c 下降。式(4-43)表明了 f_c 与 Δf 之间的关系。

4.4 数字滤波器

数字滤波器是指用有限精度算法实现的、能够对数字信号滤波的离散时间线性非时变系统。它能将一组输入的数字信号转换成一组具有相近规定特性的数字输出信号。除了具有数字信号处理的固有特征之外,与模拟滤波器相比,还具有滤波精度高、稳定性好、灵活性强及可预见性好等优点,因此被广泛应用在相关检测、噪声抑制、数据压缩等领域。本节重点介绍无限冲激响应数字滤波器 IIR(Infinite Impulse Response Digital Filter)和有限冲激响应数字滤波器 FIR(Finite Impulse Response Digital Filter)的设计方法。

4.4.1 数字滤波器的分类

数字滤波器可以用差分方程、单位冲激响应 $h(n)$、系统函数 $H(z)$ 或频率响应 $H(e^{j\omega})$ 来表示。数字滤波器一般有下列几种分类方式。

1. 按照数字滤波器的频率特性分类

和模拟滤波器类似,数字滤波器按照其频率特性可分为低通滤波器、高通滤波器、带通滤波器和带阻滤波器。

2. 按照数字滤波器的单位冲激响应 $h(n)$ 的时间特性分类

根据滤波器的单位冲激响应 $h(n)$ 是一个有限长序列还是一个无限长的序列,滤波器可分为有限冲激响应滤波器 FIR 和无限冲激响应滤波器 IIR。

(1) FIR 滤波器差分方程的一般形式为

$$y(n) = \sum_{r=0}^{M} b_r x(n-r) \tag{4-48}$$

由于它的输出值只与现在的输入及以前的输入有关,而与输出无关,所以这种滤波器又被称为非递归滤波器。这时滤波器的系统函数可表示为

$$H(z) = b_0 + b_1 z^{-1} + \cdots + b_m z^{-m} \tag{4-49}$$

由式(4-49)可见,滤波器的系统函数只有零点而没有极点,所以也称全零点滤波器,故这种滤波器的系统总是稳定的。

也可用 $x(n)$ 与单位脉冲响应 $h(n)$ 的卷积形式来表示 $y(n)$,即

$$y(n) = x(n) * h(n) = \sum_{k=0}^{\infty} x(k)h(n-k) \tag{4-50}$$

与式(4-49)滤波器的差分方程比较,可见单位冲击响应序列就是差分方程的系数序列。

(2) IIR 滤波器差分方程的一般形式为

$$y(n) = \sum_{r=0}^{M} b_r x(n-r) + \sum_{k=1}^{N} a_k y(n-k) \qquad (4-51)$$

对应的系统函数为

$$H(z) = \frac{\sum_{r=0}^{M} b_r z^{-r}}{1 - \sum_{k=1}^{N} a_k z^{-k}} \qquad (4-52)$$

这种滤波器的输出值不仅取决于输入值,而且还取决于以前的输出值,故该种滤波器又称递归式滤波器。由于其系统函数有零点和极点,所以系统在一定条件下才能稳定。

3. 按照数字滤波器实现的方法分类

① 数字网络法:利用差分方程进行递归或非递归的运算。

② 快速傅里叶变换(FFT)法:根据卷积定理,利用快速傅里叶变换来进行卷积运算。

4.4.2 IIR 数字滤波器的设计

1. 冲激响应不变法

设计过程如下:对模拟滤波器单位冲激响应 $h_a(t)$ 进行抽样,并使其等于数字滤波器的单位抽样响应 $h(n)$,即有

$$h(n) = h_a(t)|_{t=nT} = h_a(nT) \qquad (4-53)$$

由抽样序列的 z 变换与模拟信号的拉氏变换之间的关系:当 $z = e^{sT}$ 时,抽样序列的 z 变换即为冲激抽样信号的拉氏变换,冲激抽样信号的拉氏变换是模拟信号拉氏变换的周期延拓,即

$$H(z)|_{z=e^{sT}} = \frac{1}{T} \sum_{m=-\infty}^{\infty} H_a\left(s + j\frac{2\pi}{T}m\right) \qquad (4-54)$$

将 $z = e^{j\omega}$,$s = j\Omega = j\frac{\omega}{T}$($\Omega$ 为模拟角频率)代入式(4-54)可得

$$H(e^{j\omega}) = \frac{1}{T} \sum_{m=-\infty}^{\infty} H_a\left(\frac{j\omega}{T} + j\frac{2\pi}{T}m\right) \qquad (4-55)$$

式(4-55)表明数字滤波器的频率响应是模拟滤波器频率响应的周期延拓,当模拟滤波器的频响是带限的,并限带于折叠频率内时,即

$$H_a(j\Omega) = 0, \qquad |\Omega| \geqslant \frac{\pi}{T} \qquad (4-56)$$

有

$$H(e^{j\omega}) = \frac{1}{T} H_a\left(j\frac{\omega}{T}\right), \qquad |\omega| \leqslant \pi \qquad (4-57)$$

以上分析过程表明,在满足式(4-56)的条件下,数字滤波器的频率响应在折叠频率内,可以重现模拟滤波器的频率响应而不产生混叠失真。

冲激响应不变法特别适用于模拟滤波器的系统函数为有限值单极点情况,这时,$H_a(s)$ 可展开成如下部分分式

$$H_a(s) = \sum_{k=1}^{N} \frac{A_k}{s - s_k} \qquad (4-58)$$

式(4-58)中,N 为 $H_a(s)$ 分母的阶数,则相应的有

$$h_a(t) = \sum_{k=1}^{N} A_k e^{s_k t} u(t) \qquad (4-59)$$

式(4-59)中,$u(t)$ 为单位阶跃信号,对 $h_a(t)$ 采样得到

$$h(n) = h_a(nT) = \sum_{k=1}^{N} A_k e^{s_k nT} u(n) \qquad (4-60)$$

再对式(4-60)作 z 变换可得

$$H(z) = \sum_{k=1}^{N} \frac{A_k}{1 - e^{s_k T} z^{-1}} \qquad (4-61)$$

实际应用时,为防止由于抽样频率很高、T 很小时可能使数字滤波器具有过高的增益,需对式(4-61)进行修正,即

$$H(z) = \sum_{k=1}^{N} \frac{T \cdot A_k}{1 - e^{s_k T} z^{-1}} \qquad (4-62)$$

实际应用中需要考虑以下几个问题:

① 滤波器的稳定性。若原模拟滤波器是稳定的,则经变换后的数字滤波器亦是稳定的。

② 极间映射关系。极点间存在着 $z_i = e^{s_i T_i}$ 关系,并不能推广到所有 $H(z)$ 与 $H_a(s)$ 两者的变量之间,这就是不能直接用 $z = e^{sT}$ 求 $H(z)$ 的缘故。

③ 逼近程度。逼近程度是指数字滤波器的频响逼近模拟滤波器频响的程度。若 $H_a(\Omega)$ 的周期延拓后频谱没有混叠现象,逼近程度就好。

【例 4-3】 已知模拟低通滤波器的传递函数为

$$H(s) = \frac{2}{s+1} - \frac{2}{s+2}$$

试用脉冲响应不变法将其改造为一数字滤波器。

解:由式(4-61)有

$$H(z) = \frac{2}{1 - e^{-T} z^{-1}} - \frac{2}{1 - e^{-2T} z^{-1}} =$$

$$\frac{2(e^{-T} - e^{-2T}) z^{-1}}{1 - (e^{-T} + e^{-2T}) z^{-1} + e^{-3T} z^{-2}}$$

当 $T=1$ 时,有

$$H(z) = \frac{0.456\ 1 z^{-1}}{1 - 0.503\ 2 z^{-1} + 0.049\ 79 z^{-2}}$$

则

$$|H(e^{j\omega})| = H(z)|_{z=e^{j\omega}} = \frac{0.456\ 1 e^{-j\omega}}{1 - 0.503\ 2 e^{-j\omega} + 0.049\ 79 e^{-j2\omega}}$$

而模拟低通滤波器的频率响应为

$$H(j\omega) = H(s)|_{s=j\omega} = \frac{2}{3j\omega + (2 - \omega^2)}$$

其频响曲线见图 4-7。由图 4-7 可看到,由于频谱的混叠而使所设计的数字滤波器的频响带有严重的失真,设计时应尽量避免。

2. 双线性变换法

基本思路是让数字滤波器的输入/输出与模拟滤波器相仿,从而达到频率响应互相模仿的

目的。在用双线性变换法设计时，将 $H_a(s)$ 中的变量作如下代换：

$$s = \frac{2}{T} \cdot \frac{1-z^{-1}}{1+z^{-1}} \quad (4-63)$$

即可得到 $|H(z)|$。

同样，在应用中需要考虑以下几个问题，即

① 稳定性。对于双线性变换法，只要模拟滤波器 $H_a(s)$ 稳定，则所设计数字滤波器也是稳定的。

② 映射关系。双线性变换中，s 平面的整个虚轴正好映射到 z 平面的单位圆上，整个 jΩ 轴上的与单位圆上的点是一一对应的。

③ 由于具有 s 平面到 z 平面的一一对应关系，因此不存在频谱混叠现象。所以逼近是良好的，但存在非线性畸变。

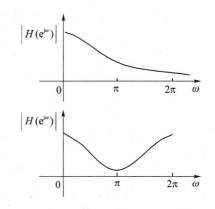

图 4-7 冲激响应不变法频响曲线

3. 设计方法的选择

双线性变换法不存在频谱混叠问题，其幅度逼近良好，设计运算时代数关系比较简单，在 IIR 数字滤波器设计中多采用双线性变换法，可应用于低通、高通、带通和带阻等各种数字滤波器的设计。但由于存在非线性畸变，当强调需要在时域上能模仿模拟滤波器功能时，多用脉冲响应不变法。

4.4.3 FIR 数字滤波器的设计

与 IIR 数字滤波器相比，FIR 数字滤波器主要有以下不同：线性相位特性、总是稳定的、能用 FFT 实现、计算量较 IIR 数字滤波器的大得多等。设计 FIR 滤波器常用窗口法和频率采样法。

1. 线性相位条件

可以证明，如果 $h(n)$ 为实数，且满足以下对称关系：

$$h(n) = \lambda h(N-1-n) \quad (4-64)$$

式中，若 $\lambda = \pm 1$，则 $h(n)$ 表示的滤波器具有线性相位特性，$\lambda = 1$ 称为偶对称，$\lambda = -1$ 称为奇对称。

式(4-64)中的相频特性为

$$\phi(\omega) = \frac{-(N-1)\omega - (1-\lambda)\frac{\pi}{2}}{2} = \begin{cases} \dfrac{-(N-1)\omega}{2}, & \lambda = 1 \\ \dfrac{-(N-1)\omega - \pi}{2}, & \lambda = -1 \end{cases}$$

2. 窗口法

用窗口法设计 FIR 数字滤波器的基本步骤如下：

(1) 计算 FIR 数字滤波器的单位冲激响应 $h_d(n)$

$$h_d(n) = \frac{1}{2\pi} \int_{-\pi}^{\pi} H_d(e^{j\omega}) e^{j\omega n} d\omega \quad (4-65)$$

式(4-65)中，下标 d 指数字滤波器。求出上述积分的数值近似解 $h_{dp}(n)$，它正好是 M 点的离

散傅里叶反变换，即

$$h_{dp}(n) = \frac{1}{M}\sum_{k=0}^{M-1} H_d(e^{j\frac{2\pi}{M}k}) e^{j\frac{2\pi}{M}kn} = \text{IDFT}[H_d(k)] \qquad (4-66)$$

根据频率采样的理论，由频率采样所求得的 $h_{dp}(n)$ 是原序列 $h_d(n)$ 的周期延拓，则

$$h_{dp}(n) = \sum_{r=-\infty}^{\infty} h_d(n+rM) \qquad (4-67)$$

若 $M \gg N$，则在窗口内，就有 $h_{dp}(n)$ 有效地逼近 $h_d(n)$。

(2) 选窗函数及窗口长度 N

根据给定的阻带衰减要求，确定窗口类型，然后根据相应的过渡带宽 $\Delta\omega$ 确定 N，即

$$\Delta\omega = A\frac{2\pi}{N}$$

从而有

$$N = \frac{2\pi A}{\Delta\omega} \qquad (4-68)$$

式 (4-68) 中 A 是一个与窗函数形状有关的常数，如表 4-4 所列。

表 4-4 窗函数及其基本参数

窗函数	A	主瓣宽度 （过渡带 $\Delta\omega$）	第一旁瓣相对 主瓣衰减/dB	所构成低通滤波器 最小阻带衰减/dB
矩形窗	2	$\frac{4\pi}{N}$	-13	-21
汉宁窗	4	$\frac{8\pi}{N}$	-31	-44
海明窗	4	$\frac{8\pi}{N}$	-41	-53
布拉克曼窗	6	$\frac{16\pi}{N}$	-57	-74
三角窗	4	$\frac{8\pi}{N}$	-25	-25
凯塞窗	可调整	可调整	可调整	可调整
切贝雪夫窗	可调整	可调整	可调整	可调整

(3) 截短 $h_{dp}(n)$ 得 $h(n)$

$$h(n) = h_{dp}(n) W(n) \qquad (4-69)$$

式中，$W(n)$ 为窗函数。

(4) $h(n) \rightarrow H(e^{j\omega})$

由 $h(n)$ 求滤波器的 $H(z)$，再求得 $H(e^{j\omega})$，或直接求得 $H(e^{j\omega})$。

3. 频率抽样法

频率抽样法以频率抽样理论为基础，设计步骤如下：

① 给定理想特性频率 $H_d(e^{j\omega})$；

② 对 $H_d(e^{j\omega})$ 进行等间距抽样，得

$$H(k) = H_d(e^{j\frac{2\pi}{N}k}), \qquad k = 0,1,\cdots,N-1 \qquad (4-70)$$

③ 由内插公式求出 $H(z)$：

$$H(z) = \frac{1-z^{-N}}{N} \sum_{k=0}^{N-1} \frac{H(k)}{1-e^{j\frac{2\pi}{N}k}z^{-1}} \quad (4-71)$$

④ 由 $H(z)$ 求出 $H(e^{j\omega})$：

$$H(z)\big|_{z=e^{j\omega}} = \frac{1-e^{-j\omega n}}{N} \sum_{k=0}^{N-1} \frac{H(k)}{1-e^{j\frac{2\pi}{N}k}e^{-j\omega}} \quad (4-72)$$

根据内插公式，$H(e^{j\omega})$ 还可表示成

$$H(e^{j\omega}) = \sum_{k=0}^{N-1} H(k)\phi\left(\omega - k\frac{2\pi}{N}\right) = \frac{1}{N}e^{-j\frac{N-1}{2}\omega}\sum_{k=0}^{N-1} H(k)e^{-\frac{k\pi}{N}} \frac{\sin\frac{N\omega}{2}}{\sin\left(\frac{\omega}{2}-\frac{\pi k}{N}\right)} \quad (4-73)$$

此 $H(e^{j\omega})$ 将逼近于 $H_d(e^{j\omega})$。式(4-73)中，$\phi(\omega) = \frac{1}{N} \cdot \frac{\sin\left(\frac{N\omega}{2}\right)}{\sin\left(\frac{\omega}{2}\right)} e^{-j\omega\frac{N-1}{2}}$ 为内插函数。

设计线性相位滤波器时，频率抽样值 $H(k)$ 的幅频、相位必须满足线性相位特性。

4. 设计方法选择

窗函数设计法简单、方便、实用。但当 $H_d(e^{j\omega})$ 较复杂时，计算 $h_d(n)$ 较困难，且需要预先确定窗函数的形式和窗口的长度 N。频率取样设计法也比较简单，特别适用于设计窄带选频滤波器，但当截止频率 ω_c 不是 $2\pi/N$ 的整数倍时，确保 ω_c 准确取值有些困难。两种方法都有不足，即当抽样点之间的特性变化剧烈时，内插与理论值的误差较大，在不连续点附近会出现突峰与起伏。

第 5 章　工程测试信号处理

通过测试,可得到一系列原始数据或图形。这些数据是认识事物内在规律,研究事物相互关系和预测事物发展趋势的重要依据。但这仅仅是第一步工作,只有在此基础上对已获得的数据进行科学的处理,才能去粗取精、去伪存真、由表及里,从中提取能反映事物本质和运动规律的有用信息,这才是测试工作的最终目的。

工程测试信号处理就是对信号进行有目的的加工,将被测信号的原始数据变换成所期望信号的过程,如增强、压缩、滤波、估计、识别、变换等。

信号处理的例子在工程测试中随处可见,如用滤波器滤除测试信号中所叠加的噪声,用动态补偿滤波器对测试信号进行动态补偿及对信号进行各种谱分析、相关分析等。

本章讨论常用的数据处理方法,并重点讲述了信号的回归分析法、相关分析、功率谱分析、倒频谱分析、频谱细化分析,最后还介绍了数字滤波及动态补偿技术。

5.1　测试信号的表述方法

大量的实验数据最终必然要以人们易于接受的方式表述出来,常用的表述方法有表格法、图解法和方程法三种。这些表述方法的基本要求是:确切地将被测量的变化规律反映出来;便于分析和应用。对于同一组实验数据,应根据处理需要选用合适的表达方法,有时采用一种方法,有时要多种方法并用。

5.1.1　表格法

表格法是把被测量数据精选、定值,按一定的规律归纳整理后列于一个或几个表格中,该方法比较简便、有效,数据具体,形式紧凑,便于对比。常用的是函数式表,一般按自变量测量值增加或减少为顺序,该表能同时表示几个变量的变化而不混乱。一个完整的函数式表格,应包括表的序号、名称、项目、测量数据和函数推算值,有时还应加些说明。

列表时应注意以下几个问题:

① 数据的写法要整齐规范,数值为零时要记"0",不可遗漏;试验数据空缺时应记为"—"。

② 表达力求统一简明。同一竖行的数值、小数点应上下对齐。当数值过大或过小时,应以 10^n 表示,n 为正、负整数。

③ 根据测量精度的要求,表中所有数据有效数字的位数应取舍适当。

将测试信号量值与时间的对应数据使用表格法表示,是在时域表达信号的一种有效方法,如表 5-1 所列。不过,这种表达可能是不完全的,它丢失了表列时间之外其他时刻信号的取值。对于有用的信号,这种方法可能会丧失需要了解的信息;但对于大部分信号,在一定条件下,则是非常实用、有效的方法。

表 5-1 表格法示例

t/s	0	0.5	1.5	2.2	3.0	4.0	…
x/m	0.00	3.87	9.22	12.35	7.41	2.97	…

5.1.2 图解法

图解法是把互相关联的实验数据按照自变量和因变量的关系在适当的坐标系中绘制成几何图形，用来表示被测量的变化规律和相关变量之间的关系。该方法的最大优点是直观性强，在未知变量之间解析关系的情况下，易于看出数据的变化规律和数据中的极值点、转折点、周期性和变化率等。

曲线描绘时应注意如下几个问题：

① 合理布图。常采用直角坐标系，一般从零开始，但也可用稍低于最小值的某一整数为起点，用稍高于最大值的某一整数作终点，使所作图形能占满直角坐标系的大部分为宜。

② 正确选择坐标分度。坐标分度粗细与实验数据的精度相适应，即坐标的最小分度以不超过数据的实测精度为宜，过细或过粗都是不恰当的，分度过粗，将影响图形的读数精度；分度过细，则图形不能明显表现甚至会严重歪曲测试过程的规律性。

③ 灵活采用特殊坐标形式。有时根据自变量和因变量的关系，为了使图形尽量成为一直线或要求更清楚地显示曲线某一区段的特性时，可采用非均匀分度或将变量加以变换。例如描述幅频特性的伯德（Bode）图，横坐标可用对数坐标，纵坐标应采取分贝数。

④ 正确绘制图形。绘制图形的方法有两种：若数据的数量过少且不是以确定变量间的对应关系，则可将各点用直线连接成折线图形，如图 5-1(a)所示，或画成离散谱线，如图 5-1(b)所示；当实验数据足够密且变化规律明显时，可用光滑曲线（包括直线）表示，如图 5-1(c)所示。曲线不应当有不连续点，应当光滑匀整，并尽可能多地与实验点接近，但不必强求通过所有的点，尤其是实验范围两端的那些点。曲线两侧的实验点分布应尽量相等，以便使其分布尽可能符合最小二乘法原则。

⑤ 图的标注要规范。规范其标注方式，不要遗忘其单位。

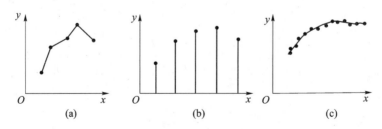

图 5-1 曲线示例图

5.1.3 方程法

通过试验获得一系列数据，这些数据不仅可用图表法表示出函数之间的关系，而且可用与图形相对应的数学公式来描述函数之间的关系，从而进一步用数学分析的方法来研究这些变量之间的相关关系。该数学表达式称为经验公式，又称为回归方程。建立回归方程常用的方法为回归分析。根据变量个数以及变量之间的关系不同,所建立的回归方程也不同,有一元线性回归方程(直线拟合)、一元非线性回归方程(曲线拟合)、多元线性回归和多元非线性回归等。由于其在实验数据处理中的重要地位,下一节将重点讨论回归分析方法及其在工程测试中的应用。

5.2 回归分析

5.2.1 一元线性回归

一元线性回归是最基本的回归方法,也是最常用的回归方法之一。

1. 线性相关

在测试结果的分析中,相关的概念是非常重要的。所谓相关,是指变量之间具有某种内在的联系。对于确定性信号来说,两个变量之间可用函数关系来描述,两者一一对应。而两个随机变量之间不一定具有这样确定性的关系,可通过统计分析发现它们之间是否存在某种相互关系或内在的联系。两个随机变量 x、y 有 n 对数据,每一对值在 xy 坐标中用点来表示,如图 5-2 所示。图 5-2(a)中,各对 x 和 y 值之间没有明显的关系,两个变量是不相关的。图 5-2(b)中 x 和 y 具有确定的关系,大的 x 值对应大的 y 值,小的 x 值对应小的 y 值,所以说这两个变量是相关的。若希望用直线形式来表示 x 和 y 的近似函数关系,则可使 y 的实际值和用直线来近似的 y 的预计值之差的均方值为最小,如图 5-3 所示。

(a) x 与 y 不相关　　(b) x 与 y 相关

图 5-2　x,y 变量的相关性

(a) y 倚 x 的回归线　　(b) x 倚 y 的回归线

图 5-3　相关数据的回归计算

若坐标轴的选取使 $E[x]=E[y]=0$,则近似直线通过原点,有关系式

$$\hat{y} = kx \tag{5-1}$$

任意一个 y 值和预计值 kx 的偏差为

$$v = y - \hat{y} = y - kx$$

偏差的均方值为

$$E[v^2] = E[(y-kx)^2] = E[y^2] + k^2 E[x^2] - 2kE[xy] \tag{5-2}$$

为求最小值,将上式对 k 求导,并令其为零,则

$$0 = 2kE[x^2] - 2E[xy]$$

有

$$k = \frac{E[xy]}{E[x^2]}$$

将上式代入式(5-1)得

$$\hat{y} = \frac{E[xy]}{E[x^2]}x$$

通常写作

$$y = \frac{E[xy]}{E[x^2]}x \tag{5-3}$$

或根据方差

$$\sigma_x^2 = E[x^2] - (E[x])^2$$

当均值为零时有

$$\sigma_x^2 = E[x^2], \qquad \sigma_y^2 = E[y^2]$$

则式(5-3)可写为

$$\frac{y}{\sigma_y} = \left\{\frac{E[xy]}{\sigma_x \sigma_y}\right\}\frac{x}{\sigma_x} \tag{5-4}$$

式(5-4)是 y 倚 x 的回归方程,同理求出 x 和其预计的偏差后,可得 x 倚 y 的回归线方程为

$$\frac{x}{\sigma_x} = \left\{\frac{E[xy]}{\sigma_x \sigma_y}\right\}\frac{y}{\sigma_y} \tag{5-5}$$

当 x 和 y 不为零均值时,对应的方程为

$$\frac{y - \mu_y}{\sigma_y} = \left\{\frac{E[(x-\mu_x)(y-\mu_y)]}{\sigma_x \sigma_y}\right\}\frac{x - \mu_x}{\sigma_x}$$

$$\frac{y - E[y]}{\sigma_y} = \left\{\frac{E[(x-E[x])(y-E[y])]}{\sigma_x \sigma_y}\right\}\frac{x - E[x]}{\sigma_x} \tag{5-6}$$

$$\frac{x - \mu_x}{\sigma_x} = \left\{\frac{E[(x-\mu_x)(y-\mu_y)]}{\sigma_x \sigma_y}\right\}\frac{y - \mu_y}{\sigma_y}$$

$$\frac{x - E[x]}{\sigma_x} = \left\{\frac{E[(x-E[x])(y-E[y])]}{\sigma_x \sigma_y}\right\}\frac{y - E[y]}{\sigma_y} \tag{5-7}$$

参数

$$\rho_{xy} = \frac{E[(x-\mu_x)(y-\mu_y)]}{\sigma_x \sigma_y} \tag{5-8}$$

称为相关系数或标准化协方差。显然,若 $\rho_{xy} = \pm 1$,则式(5-6)和式(5-7)表示同一条直线,这种情况为完全相关(线性相关),如图 5-4(a)和图 5-4(b)所示。

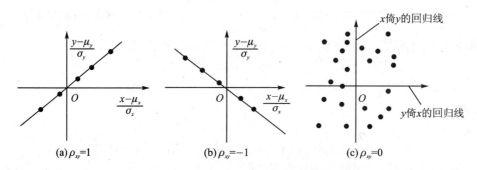

图 5-4 对应不同相关系数的回归线

一般情况下,若直线为正斜率,则 $1 \geqslant \rho_{xy} > 0$ 表示 x 和 y 为正相关;若直线为负斜率,则有 $-1 \leqslant \rho_{xy} < 0$,这表示 x 和 y 为负相关;若 $\rho_{xy} = 0$,则表示 x 和 y 不相关,两根回归线分别平行于 x 轴和 y 轴。可见相关系数表示 x 和 y 的相关程度。ρ_{xy} 是一个用来度量 Y 和 X 之间相关

的方向及强弱的非常有用的量。ρ_{xy} 的大小可衡量 Y 与 X 线性关系的强弱,ρ_{xy} 越靠近 1 或 -1,Y 与 X 的线性关系就越强。ρ_{xy} 的符号可反映 Y 与 X 线性关系的方向,更具体地说,若 $\rho_{xy} > 0$,则 Y 与 X 正相关;反之,若 $\rho_{xy} < 0$,则 Y 与 X 负相关。

需要注意的是,若 $\rho_{xy} = 0$,并不意味着 Y 与 X 没有相关性,而只表明 Y 与 X 没有线性相关性,因为相关系数只度量两个变量的线性关系。

2. 线性回归方程的确定

若所获取的一组 x_i、y_i 数据可用线性回归方程来描述,确定回归方程的方法较多,常用最小二乘法和绝对差法。

(1) 最小二乘法

最小二乘法是数据处理和误差分析中有力的数学工具,是数据处理中异常活跃和应用最广泛的方法之一。

假设有一组实测数据,含有 N 对 x_i、y_i 值,用回归方程来描述,即

$$\hat{y} = kx + b \tag{5-9}$$

由式(5-9)可计算出与自变量 x_i 对应的回归值 $\hat{y}_i$,即

$$\hat{y}_i = kx_i + b, \quad i = 1, 2, \cdots, N$$

由于数据的误差和公式的近似性,回归值 $\hat{y}_i$ 与对应测量值 y_i 间会有一定的偏差,偏差计算公式为

$$v_i = y_i - \hat{y}_i \tag{5-10}$$

通常该差值称为剩余误差,表征了测量值与回归值的偏离程度。剩余误差越小,测量值与回归值越接近。根据最小二乘法理论,若剩余误差的平方和为最小,即

$$Q = \sum_{i=1}^{N}(y_i - \hat{y}_i)^2 = \sum_{i=1}^{N}(y_i - kx_i - b)^2 = Q_{\min} \tag{5-11}$$

则意味着回归值的平均偏差程度最小,回归直线为最能代表测量数据内在关系的曲线。根据求极值的原理应有

$$\frac{\partial Q}{\partial k} = -2\sum_{i=1}^{N}(y_i - kx_i - b)x_i = 0$$

$$\frac{\partial Q}{\partial b} = -2\sum_{i=1}^{N}(y_i - kx_i - b) = 0 \tag{5-12}$$

解此方程组。设

$$L_{xy} = \sum_{i=1}^{N}(x_i - \bar{x})(y_i - \bar{y}) = \sum_{i=1}^{N}x_iy_i - \frac{1}{N}\left(\sum_{i=1}^{N}x_i\right)\left(\sum_{i=1}^{N}y_i\right) \tag{5-13}$$

$$\bar{y} = \frac{1}{N}\sum_{i=1}^{N}y_i \tag{5-14}$$

$$L_{xx} = \sum_{i=1}^{N}(x_i - \bar{x})^2 = \sum_{i=1}^{N}x_i^2 - \frac{1}{N}\left(\sum_{i=1}^{N}x_i\right)^2 \tag{5-15}$$

$$\bar{x} = \frac{1}{N}\sum_{i=1}^{N}x_i \tag{5-16}$$

则得

$$k = \frac{L_{xy}}{L_{xx}} \tag{5-17}$$

$$b = \bar{y} - k\bar{x} \qquad (5-18)$$

求出 k 和 b 后代入式(5-9)，即可得到回归方程。将式(5-18)代入回归方程式(5-9)，可得回归方程的另一种形式为

$$k = \frac{\hat{y} - \bar{y}}{x - \bar{x}}$$

$$\hat{y} - \bar{y} = k(x - \bar{x}) \qquad (5-19)$$

（2）绝对差法

绝对差法求回归方程，首先是求出数据的"重心"，可用式(5-16)、式(5-14)计算重心的坐标 $(\bar{x}, \bar{y})$。回归方程为 $\hat{y} = kx + b$，由式(5-20)可计算出斜率 k 和截距 b：

$$k = \frac{\sum_{i=1}^{N} |y_i - \bar{y}|}{\sum_{i=1}^{N} |x_i - \bar{x}|} \qquad (5-20)$$

$$b = \bar{y} - k\bar{x}$$

3. 回归方程的精度问题

用回归方程根据自变量 x 的值，求因变量 y 的值，其精度如何，即测量数据中 y_i 和回归值 $\hat{y}_i$ 的差异可能有多大，一般用回归方程的剩余标准偏差 σ_γ 来表征，有

$$\sigma_\gamma = \sqrt{\frac{Q}{N-q}} = \sqrt{\frac{\sum_{i=1}^{N}(y_i - \hat{y}_i)^2}{N-q}} = \sqrt{\frac{\sum_{i=1}^{N} v_i^2}{N-q}} \qquad (5-21)$$

式中：N 为测量次数，或成对测量数据的对数；q 为回归方程中待定常数的个数。

σ_γ 越小表示回归方程对测试数据拟合得越好。

5.2.2 多元线性回归

设因变量 y 依赖若干个变量 $x_j (j=1,2,\cdots,m)$ 变化而变化，按照间接测量的原理，对上述变量进行测量，可获得 $\{x_1, x_2, \cdots, x_m, y\}$ 数据对，此时回归方程可表示为

$$\hat{y} = k_0 + k_1 x_1 + k_2 x_2 + \cdots + k_m x_m \qquad (5-22)$$

其中 k_0、k_1、$\cdots$、k_m 为常数，称为回归系数。y_i 在某点上与上述回归方程差值为

$$\Delta y_i = y_i - \hat{y} = y_i - (k_0 + k_1 x_{1i} + k_2 x_{2i} + \cdots + k_m x_{mi}) \qquad (5-23)$$

利用最小二乘原理，可根据得到的数据估计出系数 k_0、k_1、k_2、$\cdots$、k_m，即有

$$\frac{\partial \left(\sum \Delta y_i^2 \right)}{\partial k_0} = \frac{\partial \left(\sum \Delta y_i^2 \right)}{\partial k_1} = \cdots = \frac{\partial \left(\sum \Delta y_i^2 \right)}{\partial k_m} = 0 \qquad (5-24)$$

得到正规方程组

$$\begin{bmatrix} n & \sum x_{1i} & \sum x_{2i} & \cdots & \sum x_{mi} \\ \sum x_{1i} & \sum x_{1i}x_{1i} & \sum x_{1i}x_{2i} & \cdots & \sum x_{1i}x_{mi} \\ \sum x_{2i} & \sum x_{2i}x_{1i} & \sum x_{2i}x_{2i} & \cdots & \sum x_{2i}x_{mi} \\ \vdots & \vdots & \vdots & & \vdots \\ \sum x_{mi} & \sum x_{mi}x_{1i} & \sum x_{mi}x_{2i} & \cdots & \sum x_{mi}x_{mi} \end{bmatrix} \begin{bmatrix} k_0 \\ k_1 \\ k_2 \\ \vdots \\ k_m \end{bmatrix} = \begin{bmatrix} \sum y_i \\ \sum y_i x_{1i} \\ \sum y_i x_{2i} \\ \vdots \\ \sum y_i x_{mi} \end{bmatrix} \qquad (5-25)$$

由上式可解出回归系数 k_0、k_1、k_2、$\cdots$、k_m，为简便起见，用 $\sum y_i$ 代替 $\sum_{i=1}^{n} y_i$，其余与之类似。

$$\sum_{j=1}^{m} k_j \left[\sum_{i=1}^{n} y_i x_{ji} - \left(\sum_{i=1}^{n} x_{ji} \sum_{i=1}^{n} y_i \right)/n \right] = S \quad (5-26)$$

$$\sum_{i=1}^{n} y_i^2 - \left(\sum_{i=1}^{n} y_i \right)^2 / n = L \quad (5-27)$$

相关系数
$$\rho^2 = \frac{S}{L} \quad (5-28)$$

标准差
$$\sigma = \sqrt{\frac{L-S}{n-m-1}} \quad (5-29)$$

式中：m 为自变量个数；n 为测量次数。

对于常用的二元回归方程有

$$y = k_0 + k_1 x_1 + k_2 x_2 \quad (5-30)$$

得

$$\begin{bmatrix} n & \sum x_{1i} & \sum x_{2i} \\ \sum x_{1i} & \sum x_{1i}^2 & \sum x_{1i} x_{2i} \\ \sum x_{2i} & \sum x_{2i} x_{1i} & \sum x_{2i}^2 \end{bmatrix} \begin{bmatrix} k_0 \\ k_1 \\ k_2 \end{bmatrix} = \begin{bmatrix} \sum y_i \\ \sum y_i x_{1i} \\ \sum y_i x_{2i} \end{bmatrix} \quad (5-31)$$

从上式可解出回归系数 k_0、k_1、k_2，令

$$L = \sum y_i^2 - \left(\sum y_i \right)^2 / n \quad (5-32)$$

$$S = k_1 \left[\sum y_i \sum x_{1i} - \sum y_i \sum x_{1i}/n \right] + k_2 \left[\sum y_i \sum x_{2i} - \sum y_i \sum x_{2i}/n \right] \quad (5-33)$$

同样有

$$\rho^2 = S/L \quad (5-34)$$

$$\sigma = \sqrt{\frac{L-S}{n-3}} \quad (5-35)$$

5.2.3 非线性回归

在测试过程中，被测量之间并非都是线性关系，很多情况下，它们遵循一定的非线性关系。求解非线性模型的方法通常有以下几种：

① 利用变量变换把非线性模型转化为线性模型。
② 利用最小二乘原理推导出非线性模型回归的正规方程，然后求解。
③ 采用直接最优化方法，以残差平方和为目标函数，寻找最优化回归函数。

本小节重点介绍第①种方法中把非线性模型转化为线性模型及常用的多项式回归法。

1. 模型转换

一些常用非线性模型，可用变量变换的方法使其转化为线性模型，如指数函数

$$y = A e^{Bx} \quad (5-36)$$

两边取对数得

$$\ln y = \ln A + Bx$$

令 $\ln y = t, \ln A = C$，则方程可化为

$$t = Bx + C \tag{5-37}$$

对于幂函数

$$y = Ax^B \tag{5-38}$$

同样有

$$\ln y = \ln A + B\ln x$$

令 $t_1 = \ln y, t_2 = \ln x, C = \ln A$，则有

$$t_1 = Bt_2 + C \tag{5-39}$$

即可转化为线性关系，实际应用时可根据具体情况确定变量变换方法。

2. 非线性回归分析简介

并不是所有非线性模型都能用上述方法进行转化。如 $y = b_0(x^C - a)$，就无法用上述办法来处理。这一类问题，可采用多项式回归方法来解决。对于若干测量数据对 (x_i, y_i)，经绘图发现其间存在着非线性关系时，可用含 $m+1$ 个待定系数的 m 阶多项式来逼近，即

$$y_i = k_0 + k_1 x_i + k_2 x_i^2 + \cdots + k_m x_i^m \tag{5-40}$$

将上式作如下变量置换，令 $x_{1i} = x_i, x_{2i} = x_i^2, x_{mi} = x_i^m$，即可将式(5-40)转化为形如式(5-22)的多元线性回归模型，同样可列出正规方程组，求解方法同上。

3. 正交多项式回归

多项式回归的困难之一是难以确定多项式的最高阶数，这可借助于正交多项式回归来实现。设一个正交多项式为

$$y = k_0 + k_1 x + k_2 x^2 + \cdots + k_m x^m \tag{5-41}$$

设 $\varphi_1(x)、\varphi_2(x)、\cdots、\varphi_m(x)$ 分别是 x 的一次、二次、$\cdots$、m 次多项式，把 $\varphi_i(x)$ $(i=1,2,\cdots,m)$，代入式(5-41)可得

$$y = b_0 + b_1\varphi_1(x) + b_2\varphi_2(x) + \cdots + b_m\varphi_m(x) \tag{5-42}$$

b_i 为回归系数，关于 $\varphi_i(x)$ 有

$$\left.\begin{aligned}
\varphi_1(x) &= x - \bar{x} \\
\varphi_2(x) &= (x - \bar{x})^2 - \frac{N^2 - 1}{12} \\
\varphi_3(x) &= (x - \bar{x})^3 - \frac{3N^2 - 7}{20}(x - \bar{x}) \\
\varphi_4(x) &= (x - \bar{x})^4 - \frac{3N^2 - 13}{14}(x - \bar{x})^2 + \frac{3(N^2 - 1)(N^2 - 9)}{560} \\
\varphi_5(x) &= (x - \bar{x})^5 - \frac{5(N^2 - 7)}{18}(x - \bar{x})^3 + \frac{15N^4 - 230N^2 + 407}{1\,008}(x - \bar{x}) \\
&\vdots \\
\varphi_{p+1}(x) &= \varphi_1(x)\varphi_p(x) - \frac{p^2(N^2 - p^2)}{4(4p^2 - 1)}\varphi_{p-1}(x)
\end{aligned}\right\} \tag{5-43}$$

式(5-43)为正交多项式。

回归系数 b_i 可用式(5-44)求出：

$$b_i = \frac{\sum_{k=1}^{N} \varphi_i(x_k) y_k}{\sum_{k=1}^{N} \varphi_i^2(x_k)}$$ (5-44)

5.2.4 回归分析的应用

【例 5-1】 已知 x 及 y 为近似直线关系的一组数据列于表 5-2。

表 5-2 x、y 关系表

x	1	3	8	10	13	15	17	20
y	3.0	4.0	6.0	7.0	8.0	9.0	10.0	11.0

试用最小二乘法建立此直线的回归方程。

解：① 列一元回归计算表 5-3。

表 5-3 一元回归计算表

序 号	x_i	y_i	x_i^2	y_i^2	$x_i y_i$
1	1	3.0	1	9	3.0
2	3	4.0	9	16	12.0
3	8	6.0	64	36	48.0
4	10	7.0	100	49	70.0
5	13	8.0	169	64	104.0
6	15	9.0	225	81	135.0
7	17	10.0	289	100	170.0
8	20	11.0	400	121	220.0
Σ	87	58.0	1 257	476	762.0

② 由表中数据可知：

$\sum x_i = 87$, $\sum y_i = 58$, $\sum x_i^2 = 1257$, $\sum y_i^2 = 476$,

$\bar{x} = \frac{87}{8} = 10.875$, $\bar{y} = \frac{58}{8} = 7.25$ $(n=8)$,

$(\sum x_i)^2/n = 946.125$, $(\sum y_i^2)/n = 420.5$, $(\sum x_i)(\sum y_i)/n = 630.75$

③ $L_{xx} = \sum x_i^2 - (\sum x_i)^2/n = 1257 - 946.125 = 310.875$

$L_{xy} = \sum x_i y_i - (\sum x_i)(\sum y_i)/n = 762 - 630.75 = 131.25$

$k = \frac{L_{xy}}{L_{xx}} = \frac{131.25}{310.875} = 0.422$

$b = \bar{y} - k\bar{x} = 7.25 - 0.422 \times 10.875 = 2.66$

④ 故可得回归方程为 $\hat{y} = 0.422x + 2.66$。

【例 5-2】 一位移测量系统，经大量实验表明，其系统输出 y 与被测位移量变化及环境温度的变化线性相关，某次实验数据如表 5-4 所列。

表 5-4 实验数据表

x_1/mm	10	20	30	10	15	25	20	30	30	25	15	20
x_2/℃	11	15	16	20	26	30	25	29	12	14	12	30
y/mV	36	68	98	37	69	92	71	102	96	82	54	76

试用多元线性回归法,建立系统输出与位移及温度的经验公式。

解:按题意,可设位移测量系统输出与位移及温度的回归方程为 $y = k_0 + k_1 x_1 + k_2 x_2$。
由多元线性回归法可得

$$\begin{bmatrix} 12 & 250 & 240 \\ 250 & 5\,800 & 5\,090 \\ 240 & 5\,090 & 5\,428 \end{bmatrix} \begin{bmatrix} k_0 \\ k_1 \\ k_2 \end{bmatrix} = \begin{bmatrix} 881 \\ 20\,105 \\ 18\,239 \end{bmatrix}$$

及 $\sum y^2 = 70\,195$。

由此求得 $k_1 = 2.871\,8, k_2 = 0.574\,1, k_0 = 2.104\,9$。

得回归方程为

$$y = 2.104\,9 + 2.871\,8 x_1 + 0.574\,1 x_2$$

以及

$$L = 70\,195 - 881^2/12 = 5\,515$$

$$S = 2.871\,8(20\,105 - 881 \times 250/12) + 0.574\,1(18\,239 - 881 \times 240/12) = 5\,383.4$$

$$\rho = 0.988, \quad \sigma = 3.824, \quad 3\sigma = 11.47$$

5.3 功率谱分析

信号的时域描述是时间历程的自然记录,频域描述则反映了信号的频谱结构组成。这两者描述是唯一对应的,其所包含的信息内容也是等价的。时域中的信息分析为在噪声背景下提取有用信息提供了途径;功率谱分析则从频域提供相关分析所能提供的信息,它是研究平稳随机过程的重要方法。

5.3.1 定 义

随机信号的自功率谱函数(自谱)是该随机信号自相关函数的傅里叶变换,为 $S_x(f)$,公式如下:

$$S_x(f) = \int_{-\infty}^{+\infty} R_{xx}(\tau) e^{-j2\pi f \tau} d\tau \tag{5-45}$$

所以

$$R_{xx}(\tau) = \int_{-\infty}^{+\infty} S_x(f) e^{j2\pi f t} df \tag{5-46}$$

两随机信号的互功率谱密度函数(互谱)是互相关函数的傅里叶变换,记为 $S_{xy}(f)$,公式如下:

$$S_{xy}(f) = \int_{-\infty}^{+\infty} R_{xy}(\tau) e^{-j2\pi f \tau} d\tau \tag{5-47}$$

所以

$$R_{xy}(\tau) = \int_{-\infty}^{+\infty} S_{xy}(f) e^{j2\pi f\tau} df \qquad (5-48)$$

式(5-47)及式(5-48)又称维纳-辛钦公式。

5.3.2 功率谱分析的物理意义

$S_x(f)$和$S_{xy}(f)$是作为随机信号在频域内描述的函数。因随机信号的积分不收敛,不满足狄里赫利条件,所以傅里叶变换不存在,即不可能用频谱来对随机信号作频域描述。均值为零的随机信号的相关函数在$\tau \to \infty$时是收敛的,其相关函数的傅里叶变换表征了随机信号的何种特性呢?现以自谱函数作一简要的解释。

在式(5-46)中,令$\tau=0$,则

$$R_{xx}(0) = \int_{-\infty}^{+\infty} S_x(f) e^0 df \qquad (5-49)$$

根据自相关函数的定义,当$\tau=0$时有

$$R_{xx}(0) = \lim_{T \to \infty} \frac{1}{T} \int_0^T x(t) x(t+0) dt = \lim_{T \to \infty} \int_0^T \frac{x^2(t)}{T} dt \qquad (5-50)$$

即可得

$$\int_{-\infty}^{+\infty} S_x(f) df = \lim_{T \to \infty} \int_0^T \frac{x^2(t)}{T} dt \qquad (5-51)$$

式(5-51)的图解含义见图5-5。图(a)为原始的随机信号$x(t)$;图(b)是$\frac{x^2(t)}{T}$函数的波形;图(c)是$x(t)$的自相关函数$R_{xx}(\tau)$;图(d)是$R_{xx}(\tau)$的傅里叶变换$S_x(f)$,即自谱函数图。根据公式(5-51),$S_x(f)$曲线下的总面积与$\frac{x^2(t)}{T}$曲线下的总面积相等。$x^2(t)$可认为是信号$x(t)$的能量,则$\frac{x^2(t)}{T}$是信号$x(t)$的功率,而$\lim_{T \to \infty} \int_0^T \frac{x^2(t)}{T} dt$是信号$x(t)$的总功率,这一总功率与$S_x(f)$曲线下的总面积相等,所以$S_x(f)$曲线下的总面积就是信号$x(t)$的总功率。由$S_x(f)$曲线可知,这一总的功率是由无数在不同频率上的功率元$S_x(f) \cdot df$总合而成的。由于$S_x(f)$波形的起伏,反映了总功率在各频率上的频率元分布情况,即所谓"功率元频谱",故称$S_x(f)$为随机信号$x(t)$的功率谱密度函数。此解释也可推广至互谱密度函数。

(a) 原始的随机信号　　(b) $\frac{x^2(t)}{T}$函数的波形　　(c) $x(t)$的自相关函数$R_{xx}(\tau)$　　(d) $R_{xx}(\tau)$的傅里叶变换$S_x(f)$

图5-5 自谱的几何图形解释

因此对于随机信号而言,它不存在频谱密度函数,只存在功率谱密度函数,这就是随机信号的频域描述基本概念。功率谱分析在工程应用上具有重要意义,如在研究机械结构在何种频率情况下损伤、失效最为严重及如何减少这些情况下的功率消耗作为机械结构的设计依据,

对于安全运行、延长机械结构工作寿命等方面具有指导意义。

5.3.3 功率谱分析的实现

各态历经的平稳随机过程的功率谱的求取有以下三种方法：

① 由定义先求取随机信号样本的相关函数，再求其傅里叶变换功率谱密度函数。显然，在处理时是以有限长的样本来进行的，所得的功率函数都是估计。

② 用时域信号 $x(t)$ 做一系列运算后得到自功率谱的估计。根据式(5-49)计算时使有限频段内用有限采样点进行计算，因此

$$R_{xx}(0) \approx \sum_{f_1}^{f_2} S_x(f) \Delta f \tag{5-52}$$

当要求取在某一频率值 f_0 上一根 $S_x(f_0)$ 谱线时

$$S_x(f_0) \approx \frac{1}{\Delta f} \cdot \frac{1}{T} \int_0^T x^2(t, f_0, \Delta f) dt \tag{5-53}$$

式中，$x^2(t,f_0,f)$ 代表样本信号是以 f_0 为中心频率、以 f 为带宽范围内的特定函数。此时所选样本在有限长度 T 内作谱估计。

根据上述公式可构成图5-6的自谱分析仪的原理方框结构。随机信号 $x(t)$ 经有限长截断送入中心频率为 f_0、带宽为 $\Delta f=B$ 的带通滤波器后就成为 $x(t,f_0,f)$ 特定函数，然后经积分平均后再除以带宽 Δf，即可得到对应于 f_0 的自谱估计线，就可得到 $S_x(f)$ 的函数曲线。

③ 利用有限长度随机信号样本的傅里叶变换求取自谱密度函数的估计。随机信号 $x(t)$ 在有限区间 T 内截断得一样本为

$$x_T(t) = \begin{cases} x(t), & 0 < t < T \\ 0, & \text{其他} \end{cases}$$

图5-6 自谱分析仪原理方框图

由于在此范围内 $\int_{-\infty}^{+\infty} |x(t)| dt$ 存在，所以其傅里叶变换存在，其傅里叶变换是有限长度的傅里叶变换 $X_T(f)$，即

$$X_T(f) = \int_{-\infty}^{+\infty} x_T(t) e^{-j2\pi ft} dt = \int_{-\infty}^{+\infty} x(t) e^{-j2\pi ft} dt$$

根据巴什瓦尔定理，即时域中信号总能量等于在频域中的总能量，即

$$\int_{-\infty}^{+\infty} x_T^2(t) dt = \int_{-\infty}^{+\infty} |X_T(f)|^2 df$$

将上式两边同除以 T 并使 $T \to \infty$，则得

$$\lim_{T \to \infty} \frac{1}{T} \int_{-\infty}^{+\infty} x_T^2(t) \mathrm{d}t = \lim_{T \to \infty} \frac{1}{T} \int_{-\infty}^{+\infty} |X_T(f)|^2 \mathrm{d}f \tag{5-54}$$

因为

$$R_{xx}(0) = \lim_{T \to \infty} \frac{1}{T} \int_{-\infty}^{+\infty} x^2(t) \mathrm{d}t = \int_{-\infty}^{+\infty} S_x(f) \mathrm{d}f$$

所以

$$S_x(f) = \lim_{T \to \infty} \frac{|X_T(f)|^2}{T} = \lim_{T \to \infty} \frac{X_T^*(f) X_T(f)}{T} \tag{5-55}$$

式(5-55)中，$X_T^*(t)$ 为 $X_T(t)$ 的共轭复数。

根据这一公式可由有限长的随机信号的傅里叶变换计算 $S_x(f)$ 的估计函数。用快速傅里叶变换可得到 $x_T(t)$ 的傅里叶变换，然后用软件实现共轭、相乘和平均即可求得 $S_x(f)$。所以用计算机实现这种谱估计是目前用得较多的方法。

在此顺便提及相关函数的求取。由于有较方便迅速的方法求取功率谱函数，许多信号分析仪中反而用先求取信号的自功率谱再用傅里叶逆变换获得函数的自相关函数，从而免除在时域求取自相关函数的复杂过程。

同样，互相关函数也可以通过频域道来求取。与自相关函数类似，互相关函数也存在

$$R_{xy}(\tau) = \frac{1}{T} \int_{-\infty}^{+\infty} x(t) y(t+\tau) \mathrm{d}t \longleftrightarrow S_{xy}(f) = \frac{1}{T} X^*(f) Y(f) \tag{5-56}$$

上式表明，信号在时域内作相关运算，与在频域中的傅里叶变换作相乘运算相对应，但必须将其中一个的傅里叶变换变为其共轭复数。因此，为求取两信号的互相关函数，由于有了快速傅里叶变换的工具，人们常常不是直接在时域内将两信号作烦琐的相关运算，而是先将两信号作傅里叶变换，将其中一个求取共轭复函数后与另一个相乘、平均，再用傅里叶逆变换求得时域的互相关函数。

5.3.4 功率谱的应用

功率谱的应用主要基于它的物理含义和数学特征，本小节仅讨论两个方面的应用。

1. 作为工业设备状况的分析和故障诊断的依据

图 5-7 是从汽车变速箱上测取的振动加速度信号经处理后所得的功率谱图。图(a)是变速箱正常工作时的谱图，图(b)为不正常工作时的谱图。一般来说，对于正常运行的机器其功率谱是稳定的，且各谱线对应于不同零部件不同运转状态的振源。在机器运行不正常时，如轴系的动不平衡、轴承的局部失效、齿轮的不正常等，都会引起相应谱线的变动。图(b)较图(a)中在 9.2 Hz 和 18.4 Hz 两处出现额外谱线，反映了发动机的某些不正常，且指明了异常功率消耗所在的频率，为寻找与此功率相对应的故障部位提供了依据。

2. 利用功率谱的数学特点求取信号传递系统的频响函数

由图 5-8(a)可见，在理想情况下，该系统频响函数应为

$$H(\mathrm{j}\omega) = \frac{Y_x(\mathrm{j}\omega)}{X(\mathrm{j}\omega)} \tag{5-57}$$

但实际情况下，由于输入与输出均有噪声混入，如图 5-8(b)所示，该系统的输入为

(a) 变速箱正常工作时的谱图   (b) 变速箱不正常工作时的谱图

图 5-7 汽车变速箱振动和速度信号的功率谱图

(a) 理想状态下的测试系统   (b) 混有噪声的测试系统

图 5-8 频响函数的求取

$$x_\Sigma(t) = x(t) + n(t) \tag{5-58}$$

式(5-58)中：$n(t)$为噪声干扰输入。输出为

$$y_\Sigma(t) = y_x(t) + y_n(t) + m(t) \tag{5-59}$$

式(5-59)中：$y_x(t)$为由信号$x(t)$所引起的输出；$y_n(t)$为由输入噪声$n(t)$所引起的输出；$m(t)$为在系统输出端引入的干扰噪声。通常总是将输入与输出的傅里叶变换之比作为频响函数，为了书写方便，以下用f代替$j\omega$，在此情况下，有

$$H(f) = \frac{Y_\Sigma(f)}{X_\Sigma(f)} = \frac{Y_x(f) + Y_n(f) + M(f)}{X(f) + N(f)} \tag{5-60}$$

式(5-60)与式(5-57)所表示的系统频响函数有较大的误差。为了解决这一问题，采用功率谱求取频响函数可得到较好效果。式(5-60)引起误差的主要原因是由于在输入和输出端的噪声所致。采用功率谱计算的方法是先在时域作相关，在频域作运算。在理论上，信号中的随机噪声在时域作相关时，如τ取得足够长皆可使其相关函数值等于零。而随机信号与有用信号因互不相关，故二者之间的相关函数也是零。所以含有随机噪声的信号，经过相关处理所得的相关函数可屏除噪声成分，得到的是有用信号的功率谱，由此所求的频响函数是较精确的。至于功率谱和频响函数之间的数学关系可由以上的数学公式导出。

根据式(5-54)和式(5-55)，有

$$R_{xx}(\tau) \longleftrightarrow S_x(f) = \frac{1}{T}|X(f)|^2 = \frac{1}{T}X^*(f)X(f)$$

$$R_{yy}(\tau) \longleftrightarrow S_y(f) = \frac{1}{T}|X(f)|^2 = \frac{1}{T}Y^*(f)Y(f)$$

$$R_{xy}(\tau) \longleftrightarrow S_{xy}(f) = \frac{1}{T}X^*(f)Y(f)$$

所以

$$\frac{S_y(f)}{S_x(f)} = |H(f)|^2 \tag{5-61}$$

$$\frac{S_{xy}(f)}{S_x(f)} = \frac{\frac{1}{T}X^*(f)Y(f)}{\frac{1}{T}X^*(f)X(f)} = H(f) \tag{5-62}$$

由此可见,通过输入与输出信号的自谱之比可得到频响函数中的幅频特性,得不到相频特性。而用输出、输入的互谱与输入的自谱之比,系统频响函数的幅频与相频特性都可得到。

5.3.5 相干函数

1. 定　义

两信号 $x(t)$ 与 $y(t)$ 的自谱和互谱分别为 $S_x(f)$、$S_y(f)$、$S_{xy}(f)$,则它们之间的谱相干函数为

$$\gamma_{xy}^2 = \frac{|S_{xy}(f)|^2}{S_x(f)S_y(f)} \tag{5-63}$$

2. 含义和应用

相干函数是在频域内鉴别两信号相关程度的指标。例如在一测试系统中,为了评价其输入信号与输出信号间的因果性,即输出信号的功率谱中有多少是所测输入信号引起的响应,可用相干函数来描述。

设一个线性系统的输入信号为 $x(t)$,其输出信号为 $y(t)$,则它们的功率谱与频响函数间存在式(5-61)和式(5-62)的关系。将这两个公式代入式(5-63),有

$$\gamma_{xy}^2 = \frac{|H(f)S_x(f)|^2}{S_x(f)S_y(f)} = \frac{S_y(f)S_x(f)}{S_x(f)S_y(f)} = 1$$

所以,作为一个线性系统,输出响应与输入激励之间的功率谱关系使相干函数为1。这表明输出是完全由输入引起的线性响应。

若系统的输入与输出完全不相关,即 $R_{xy}(\tau)=0$,则 $S_{xy}(f)=0$,从而使 $\gamma_{xy}^2(f)=0$,表明输出 $y(t)$ 完全不是输入 $x(t)$ 所引起的线性响应。通常,在一般的测试过程中

$$0 < \gamma_{xy}^2(f) < 1$$

这表明有三种可能性:
① 联系 $x(t)$ 和 $y(t)$ 的系统不完全是线性的;
② 系统的输出 $y(t)$ 是由 $x(t)$ 和其他信号共同输入所引起的;
③ 在输出端有噪声干扰混入。

所以 $\gamma_{xy}^2(f)$ 的数值表征了 $y(t)$ 由 $x(t)$ 线性引起响应的程度。

5.4　倒频谱技术

倒频谱(Cepstrum)技术是因语音分析的需要而出现的,在时域和频域中无法分离出的卷积、乘积关系,可用倒频谱分析频谱图上的周期结构,并且能分离和提取在密集泛频信号(谐频分量的统称,即所有信号中基频的整数倍分量)中的周期成分,随着倒频谱分析技术的进一步发展,现已广泛应用于噪声与振动源识别、语音检测与语音分析、地震回波分析等方面;而在兵器学领域,倒频谱技术可用于自行火炮传动箱的故障检测、主动式高速目标的探测等领域。

5.4.1 倒频谱分析的基本原理

设一时域信号的自功率谱密度函数为 $S_x(f)$，则其功率倒频谱函数 $C(q)$ 定义为

$$C(q) = (\mathrm{F}^{-1}[\ln S_x(f)])^2 \tag{5-64}$$

即倒频谱函数为 $S_x(f)$ 的对数的傅里叶逆变换的平方。由于 $S_x(f)$ 为一偶函数，其对数也是一个偶函数，故其傅里叶正变换与逆变换相等，且也是一个实函数，即有

$$C(q) = (\mathrm{F}^{-1}[\ln S_x(f)])^2 = (\mathrm{F}[\ln S_x(f)])^2$$

工程应用中取其平方根作为信号 $x(t)$ 的有效幅值倒频谱，即

$$C_x(q) = \mathrm{F}^{-1}[\ln S_x(f)] = \mathrm{F}[\ln S_x(f)] \tag{5-65}$$

由于有

$$R_{xx}(\tau) = \mathrm{F}^{-1}[S_x(f)] \tag{5-66}$$

比较式(5-65)、式(5-66)可推断出，倒频谱与自相关函数十分类似，区别仅在于，倒频谱是对功率谱作对数变换后再进行傅里叶变换，而自相关函数是直接对功率谱进行线性的傅里叶逆变换得到的。q 与 τ 具有相同的量纲单位，即时间量纲，所以称为倒频率，也称时谱，一般以毫秒计(ms)。q 值大者称之为高倒频谱，表示频谱图的快速波动和密集谐频。q 值小的称为低倒频谱，表示频谱图上的缓慢波动和疏散谐频。在一些信号处理的场合，用倒频谱更为有效，因为倒频谱在作对数转换时，给低幅值分量以较高的加权，有助于判别谱的周期性，并能比较精确地测出频率间隔，特别对某些信号的回波滤波处理后(例如地震波的传输、回声的处理、声纳检测等)的检测，用自相关检测几乎不可能；而功率谱的对数对这种滤波的带宽不敏感，在倒频谱上可以显示出对应回波的延时峰。

5.4.2 倒频谱分析的意义

由倒频谱公式可知，倒频谱是功率谱对数的频谱，对功率作对数处理，相当于对其作对数加权处理，其结果是对低频分量有较高的加权，这样做的好处有以下几点：

① 变换后的信号能量集中，易于对信号识别；

② 易于解析卷积积分；

③ 将复杂的卷积关系变为简单的线性叠加，从而在其倒频谱上可以较容易地识别信号的频率组成分量，便于提取所关心的频率成分，有利于判别谱的周期性。

总之作信号的倒频谱变换，其目的是可较容易地识别信号的组成分量，便于从中提取有用的信号成分。

5.4.3 倒频谱技术的应用

1. 分离信息通道对信号的影响，并能识别信号功率谱中的周期成分

【例 5-3】 一系统的冲激响应为 $h(t)$，对信号 $x(t)$ 通过该系统的输出 $y(t)$ 有

$$y(t) = x(t) * h(t)$$

在频域也有

$$Y(f) = X(f) \cdot H(f)$$

或为

$$S_y(f) = S_x(f) \cdot |H(f)|^2$$

两边取对数得

$$\ln S_y(f) = \ln S_x(f) + \ln |H(f)|^2$$

作傅里叶逆变换有 $F^{-1}[\ln S_y(f)] = F^{-1}[\ln S_x(f)] + F^{-1}[\ln |H(f)|^2]$
即
$$C_y(q) = C_x(q) + C_h(q)$$

所以通过倒频谱分析可将时域上的卷积、频域上的相乘转化为倒频域上的相加处理,使信号与系统特性可明显地分开。

图 5-9 为输入、输出系统影响的对数功率谱及其倒频谱图。由图(a)中可看出:功率谱由带有明显周期性的 $\ln S_x(f)$(输入信号的谱,频率间隔 $1/\Delta f$)和系统的影响 $\ln |H(f)|^2$(缓变的中线)组成;图(b)为倒频谱中有表示输入信号特征的高倒频率 q_2($q_2 = 1/\Delta f$)及表示系统影响的低倒频率 q_1。

图 5-9 输入、输出系统响应的功率谱及倒频谱

对图 5-9 所示信号还可作进一步的处理,将周期信号倒频谱提取出来。可直接由上述公式推出,也可直接设一高通滤波器,仅保留倒频谱中的高倒频成分,再按倒频谱计算公式反向运算,即可得周期信号。

2. 剔除回声对信号的影响

【**例 5-4**】 一信号 $x(t)$ 在传输过程中受到其自身回波的干扰叠加,请剔除回声对信号的影响。

解:用 α 表示回声能量的衰减系数,$0 < \alpha < 1$,则回声信号可表示为 $\alpha x(t-\tau_0)$,τ_0 为回声的延迟时间,为简化分析起见,假设 $x(t)$ 为一半正弦脉冲,如图 5-10 所示。

图 5-10 信号的传输过程

这样实际得到信号为
$$y(t) = x(t) + ax(t - \tau_0) \quad (5-67)$$
利用冲激函数 $\delta(t)$ 的性质,式(5-67)可写成
$$y(t) = x(t) * [\delta(t) + a\delta(t - \tau_0)] \quad (5-68)$$
根据倒频谱的计算公式对上式两边取傅里叶逆变换,有
$$F^{-1}[y(t)] = F^{-1}[x(t)]F^{-1}[\delta(t) + a\delta(t - \tau_0)] \quad (5-69)$$

即
$$Y(f) = X(f)(1 + ae^{-j\omega\tau_0}) \quad (5-70)$$

得到系统的频响函数为
$$H(f) = 1 + ae^{-j\omega\tau_0} \quad (5-71)$$

将式(5-70)用功率谱表示,得
$$S_y(f) = S_x(f)|H(f)|^2 = \\ S_x(f)[1 + ae^{-j\omega\tau_0}][1 + ae^{j\omega\tau_0}] \quad (5-72)$$

对式(5-72)两边取对数,得
$$\ln S_y(f) = \ln S_x(f) + \ln[1 + ae^{-j\omega\tau_0}] + \ln[1 + ae^{j\omega\tau_0}] \quad (5-73)$$

因为$|ae^{\pm j\omega\tau_0}| < 1$,可将$\ln(1 + ae^{\pm\omega\tau_0})$展开成幂级数,将式(5-73)展开有
$$\ln S_y(f) = \ln S_x(f) + ae^{-j\omega\tau_0} - \frac{a^2}{2}e^{-j2\omega\tau_0} + \frac{a^3}{3}e^{-j3\omega\tau_0} - \cdots + \\ ae^{j\omega\tau_0} - \frac{a^2}{2}e^{j2\omega\tau_0} + \frac{a^3}{3}e^{j3\omega\tau_0} - \cdots \quad (5-74)$$

对式(5-74)两边取傅里叶逆变换,得倒频谱为
$$C_y(\tau) = C_x(\tau) + a\delta(\tau - \tau_0) - \frac{a^2}{2}\delta(\tau - 2\tau_0) + \frac{a^3}{3}\delta(\tau - 3\tau_0) - \cdots + \\ a\delta(\tau + \tau_0) - \frac{a^2}{2}\delta(\tau + 2\tau_0) + \frac{a^3}{3}\delta(\tau + 3\tau_0) - \cdots \quad (5-75)$$

上式中
$$C_y(\tau) = F^{-1}[\ln S_y(\tau)]$$
$$C_x(\tau) = F^{-1}[\ln S_x(\tau)]$$

只要滤除逐渐衰减的δ函数项,就能得到初始信号$x(t)$的倒频谱,再按倒频谱公式进行反向运算,即可得到初始信号的功率谱。图5-11为对回声信号处理结构框图。

图5-11 回声信号处理结构框图

5.5 频谱细化分析

在工程信号分析时往往要求有较高的频率分辨率,但用普通FFT分析时,提高频率分辨率势必要以增加记录长度为代价。而在一些专用仪器上,采样频率和采样长度都是有限的。此时可借助于细化FFT技术(频段扩展FFT)。细化FFT技术是一种不要求扩充变换容量就能提高分辨率的方法。

窄带谱的频率细化,即局部频谱放大,能使某些感兴趣的重点频区得到较高的分辨率。频率细化方法有多种,本节重点讨论复调制细化、相位补偿细化方法。

5.5.1 基于复调制的FFT方法

在早期的FFT信号分析仪中,常常采用扫频的方法来实现窄带分析,其框图如图5-12

所示。它采用模拟电路对输入信号进行预处理,将所需要分析的窄带信号经过差频后变换到信号分析的频带范围内,然后用 FFT 方法进行信号分析。

图 5-12 扫频法实现窄带分析

由图 5-12 可见,系统中有一个扫频振荡器,它产生频率为 f_0 的扫频信号。将输入信号 $x(t)$ 与扫频信号差频,使输入信号的频率变成 $f_s - f_0$ 和 $f_s + f_0$。在差频器之后用低通滤波器选出 $f_s - f_0$ 的一个窄带范围 F_1 内的分量。低通滤波器滤除了高频分量,将待分析的信号频段降至零频附近的 F 频带内。由于这时信号频率很窄,故可用较低的抽样频率 $2F_1$ 进行抽样。经过模/数转化器变成数字量后,用 FFT 进行分析。由于 FFT 分析的信号其抽样频率已降至 $2F_1$,比起直接对进行抽样所需要的抽样频率,抽样频率降低了 f_s/F_1 倍。因而使用同样点数的 FFT 分析器,其等效的频率分辨率提高了 f_s/F_1 倍。

用模拟方法实现频率细化的 FFT 算法,其主要缺点在于分析频带宽度是固定的,不能任意改变,因而在使用中不够灵活。此外,频率细化的比例倍数等于 f_s/F_1,它随 f_s 的变化而变化,所得到的细化谱线的位置不容易标定。

上述的扫频频率细化完全可用数字处理技术来实现。差频可用复调制方法实现,因此称为复调制细化 FFT。

基于复调制的细化 FFT 方法处理步骤如下:

1. 复调制

设记录长度为 $T = NT_s$ 的时域信号 $x(t)$,其中 N 为采样长度,T_s 为采样时间间隔,$x(n)$ 是 $x(t)$ 离散后的时间信号,则 $x(n)$ 的频谱 $X_0(k)$ 为

$$X_0(k) = \sum_{n=0}^{N-1} x_0(n) W_N^{nk}, \quad k = 0, 1, \cdots, N-1 \tag{5-76}$$

相应有

$$x_0(n) = \frac{1}{N} \sum_{k=0}^{N-1} X_0(k) W_N^{-nk}, \quad n = 0, 1, \cdots, N-1 \tag{5-77}$$

其中,$W_N^{-nk} = e^{j\frac{2\pi}{N}nk}$。

对 $x_0(n)$ 以 $e^{-j2\pi n\frac{f_k}{f_s}}$ 进行复调制,可得频率信号为

$$\begin{aligned} x(n) &= x_0(n) e^{-j2\pi n\frac{f_k}{f_s}} = \\ &\quad x_0(n) \cos\frac{2\pi n f_k}{f_s} - j x_0(n) \sin\frac{2\pi n f_k}{f_s} = \\ &\quad x_0(n) \cos\frac{2\pi n L_0}{N} - j x_0(n) \sin\frac{2\pi n L_0}{N} \end{aligned} \tag{5-78}$$

式中：$f_k = \dfrac{f_1 + f_2}{2}$，为在频带$(f_1 \sim f_2)$范围内进行频率细化欲观测的频带中心；$f_s = \dfrac{1}{T_s} = Nf_0$，为采样频率，$f_0$为谱线间隔，即为频率分辨率；$L_0 = \dfrac{f_k}{f_s}$，为频率中心的移位。

根据DFT的频移特性，$x(n)$的离散频谱为

$$X(k) = X_0(k + L_0) \tag{5-79}$$

式中：$X(k)$为频移后的频谱；$X_0(k)$为频移前的频谱。

2. 低通滤波并细化

为保证重新采样后信号不发生频谱混叠，以频移后频率细化范围的上限频率为截止频率，通过低通频率对$x(n)$进行滤波，并以$T_s' = DT_s$在时域里对信号进行重新抽样，即将抽样信号的采样频率降到f_s/D，以提高频率的分辨率。这里D称之为细化倍数，低通滤波器的截止频率为$f_c = f_s/2D$。此时滤波器输出为$Y(k) = X(k)H(k) = X_0(k + l_0)$，$k = 0, 1, \cdots, N/2 - 1, \cdots, N - 1$。

3. 信号输出

滤波器输出的时域表示为

$$y(n) = \dfrac{1}{N} \sum_{k=0}^{N-1} H(k) X(k) W_N^{-kn} \tag{5-80}$$

式中，$H(k)$为数字低通滤波器的频响。

以细化倍数D对$y(n)$进行抽样，得

$$g(m) = y(Dm)$$

对重采样后的N点复序列进行复FFT处理，得到N条谱线，其频率分辨率$\Delta f' = f_s'/N = f_s/(ND) = \Delta f/D$，提高了$D$倍。

由式(5-76)、式(5-79)及式(5-80)可得

$$g(m) = \dfrac{1}{N} \left\{ \sum_{p=0}^{\frac{N}{2}-1} X_0(p + L_0) W^{-pm} + \sum_{p=\frac{N}{2}}^{N-1} X_0(P - N + L_0) W^{-pm} \right\} \tag{5-81}$$

$g(m)$的频谱函数为

$$G(K) = \sum_{m=0}^{N-1} g(m) W_N^{mk} = \begin{cases} \dfrac{1}{D} X_0(k + L_0), & k = 0, 1, \cdots, \dfrac{N}{2} - 1 \\ \dfrac{1}{D} X_0(k + L_0 - N), & k = \dfrac{N}{2}, \dfrac{N}{2} + 1, \cdots, N - 1 \end{cases} \tag{5-82}$$

得

$$X_0(k) = \begin{cases} D \cdot G(k - L_0), & k = L_0, L_0 + 1, \cdots, L_0 + \dfrac{N}{2} - 1 \\ D \cdot G(k + N - L_0), & k = L_0 - \dfrac{N}{2}, \cdots, L_0 - 1 \end{cases} \tag{5-83}$$

需要说明的是，在上述处理过程中，滤波器的幅频谱在该频带内恒为1是前提。若不为1，则需加以修正。由上述处理过程可知，与同样点数的FFT相比，这一细化方法所获得的分辨率要提高D倍，且提高了计算效率。图5-13为基于复调制的细化方法的原理框图。

图 5-13 复调制细化方法原理框图

5.5.2 相位补偿细化方法

处理步骤如下：

① 对 $x(t)$ 在时域中按所选采样间隔 T_s 采样得 $x_1(n)$，如图 5-14(a)所示。

② 将起始点右移 T_s/D 后，再采样得 $x_2(n)$，如图 5-14(b)所示。

③ 再将起始点右移 T_s/D 后，再采样得 $x_3(n)$，如此逐步右移 $D-1$ 次得 $x_D(n)$ 共 D 组时间序列，如图 5-14(c)、(d)所示，并将 D 组时间序列按顺序组成一个长度为 DN 的序列见图 5-14(e)。

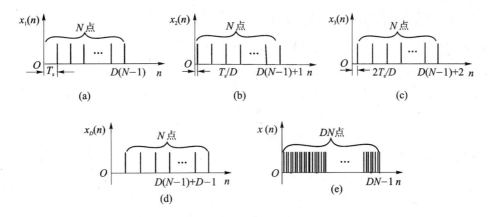

图 5-14 相位补偿时域采样分组

④ 对 D 组时间序列做 FFT 并使其频谱都落在同一频宽范围内，即总数据点为 DN，其 DFT 为

$$X(k) = \sum_{n=0}^{DN-1} x(n) W_{DN}^{kn} \tag{5-84}$$

若令 $n = D_r、D_r+1、\cdots、D_r+D-1(r=1、2、\cdots、N-1)$，将 DN 点分成 D 个子序列，于是有

$$\begin{aligned}X(k) &= \sum_{r=0}^{N-1} x(D_r) W_{DN}^{D_r k} + \sum_{r=0}^{N-1} x(D_r+1) W_{DN}^{(D_r+1)k} + \cdots + \sum_{r=0}^{N-1} x(D_r+D-1) W_{DN}^{(D_r+D-1)k} \\ &= \sum_{d=0}^{D-1} W_{DN}^{dk} \sum_{r=0}^{N-1} x(D_r+d) W_N^{kr}\end{aligned}$$

$$\tag{5-85}$$

令

$$G_d(k) = \sum_{r=0}^{N-1} x(D_r+d) W_N^{rk} \tag{5-86}$$

$G_d(k)$ 为子序列的 FFT，可得到

$$X(k) = \sum_{d=0}^{D-1} W_{DN}^{dk} G_d(k) \qquad (5-87)$$

即总频谱等于各个子序列 FFT 再乘以相位补偿项。由上述处理过程可知，该方法使频谱分辨率提高了 D 倍。

该细化方法简单直观的处理过程如图 5-15 所示。

图 5-15 相位补偿细化方法运算方法

5.5.3 频谱细化分析的应用

【例 5-5】 人枪系统机械导纳的求取。

解：机械导纳为稳态响应与激励的复数比，比较响应和激励的对应频率分量，可获得系统的动态特性。设激励、响应的频谱分别为 $X(j\omega)$、$Y(j\omega)$，写成实部和虚部的形式

$$X(j\omega) = X_R(\omega) + jX_I(\omega)$$
$$Y(j\omega) = Y_R(\omega) + jY_I(\omega)$$

传递导纳为

$$H(j\omega) = \frac{Y(j\omega)}{X(j\omega)} = H_R(\omega) + jH_I(\omega) \qquad (5-88)$$

上式

$$H_R(\omega) = \frac{Y_R(\omega) \cdot X_R(\omega) + Y_I(\omega) \cdot X_I(\omega)}{X_R^2(\omega) + X_I^2(\omega)}$$

$$H_I(\omega) = \frac{Y_I(\omega) \cdot X_R(\omega) - Y_R(\omega) \cdot X_I(\omega)}{X_R^2(\omega) + X_I^2(\omega)}$$

可由式(5-88)求取机械导纳。

根据人枪系统动态特性实验测得的抵肩力，可求取枪身侧偏力矩及仰俯力矩。人体在射击时仰俯转动是以腰部为转轴的，腰部以下对后坐位移有贡献，但对仰俯转动影响较小。枪体绕抵肩点也有仰俯转动，但比起上躯干造成的转动要小，因此取力臂为抵肩点到腰部的垂直距离。某射手的力臂测得值为 $e_1 = 35$ cm。由统计的最大仰俯角度可知，一般有 $\theta_{max} \leqslant 4°$，角度很小，可认为 e_1 在射击时基本保持不变。由此可求得仰俯力矩 M_θ，M_θ 为力臂 e_1 与抵肩力的乘积。侧偏方向力矩的力臂为抵肩点到人体中轴的垂直距离，某射手的测得值为 $e_2 = 16$ cm，由于射击时人体持枪与枪体不垂直，其夹角大约为 60°，因此可取 $e_1 = e_2 \sin 60° = 13.8$ cm，则可求得侧偏力矩为 e_2 乘以抵肩力。以仰俯力矩、侧偏力矩作为产生仰俯和侧偏角运动的激励，抵肩力作为引起枪肩系统后坐运动的激励，由此可求抵肩力-后坐位移导纳函数、仰俯力矩-仰俯角位移导纳函数、侧偏力矩侧偏角位移导纳函数。实验中采样点数总长为 4 096，采样频率为 50 kHz，计算导纳函数时，为防止"栅栏效应"丢失重要的频域信息，使求得的阻抗函数能真实地反映系统的动态特性，采用了"相位补偿法"。设序列 $x(n)$ 的采样率为 T_s，总长为 N（一

般有 $N=2^m$，m 为正整数），细化后频率分辨率提高 8 倍，$x(n)$ 作 8 次复调制，第 I 次调制公式为

$$\dot{y}(n) = x(n)\left[\cos\left(\frac{I}{8NT_s}n\right) + \mathrm{j}\sin\left(\frac{I}{8NT_s}n\right)\right] \quad (5-89)$$

式(5-89)中，$\dot{y}(n)$ 为调制后的复序列，分别对调制后的复序列 $\dot{y}(n)$ 作 FFT，根据频移定理即可得到细化后的频谱函数。图 5-16、图 5-17 分别为某射手的抵肩力-后坐位移导纳模、仰俯力矩-仰俯角位移导纳模曲线。

图 5-16 某射手抵肩力-后坐位移导纳模

图 5-17 某射手仰俯力矩-仰俯角位移导纳模

5.6 小波分析在测试信号中的应用

20 世纪 90 年代以来，小波变换作为信号处理的一种手段，逐渐被越来越多领域的理论工作者和工程技术人员所重视和应用，并在许多应用中取得了显著的效果，如信号处理、数据压缩、图像处理、模式识别、地震勘测、流体力学、故障诊断与监测、数值计算等领域，它被认为是近年来在工具及方法上的重大突破。小波分析具有良好的时频局部化特性，它可以根据信号的不同频率成分自动调节在时间域取样密度，当用于测试信号的分析时，它特别适合于分析低频分量叠加高频瞬时信号，是一种有效的测试信号分析方法。小波分析在测试信号分析中的应用极为广泛，例如将小波分析理论与系统辨识、神经网络等理论和方法相结合，对系统测试信号进行分析处理，可以应用于战略导弹控制系统故障诊断；又如小波变换具有随频率成分的不同自动调节分析窗大小的能力，使其成为分析宽带非平稳信号的有力工具，为宽带雷达波形的综合提供有力的手段。

5.6.1 小波分析的基本原理

小波变换是由法国地球物理学家 Morlet 于 1984 年在分析地球物理信号时，作为一种信号分析的数学工具而提出来的。经过几十年的发展，小波变换不仅在理论和方法上取得了突破性的进展，而且在工程信号分析领域中得到了广泛应用。

小波函数的确切定义为：设 $\psi(x)$ 为一平方可积函数，也即 $\psi(x) \in L^2(R)$，其傅里叶变换 $\psi(\omega)$ 满足条件

$$\int_R \frac{|\psi(\omega)|^2}{|\omega|} \mathrm{d}\omega < \infty \quad (5-90)$$

的函数 $\psi(x)$ 称为是一个小波基函数（或母小波函数）。其中 $L^2(R)$ 是一个可测得、平方可积的一维函数空间，R 为实数集。对满足上式的小波基函数 $\psi(x)$ 进行伸缩、平移得

$$\psi_{a,b}(X) = \frac{1}{\sqrt{|a|}}\psi\left(\frac{x-b}{a}\right) \tag{5-91}$$

其中 $a,b \in R$，则称 $\psi_{a,b}(X)$ 为由小波基函数 $\psi(x)$ 生成的依赖于参数 (a,b) 的连续小波函数，简称小波。一般情况下，小波基函数 $\psi(x)$ 能量集中在原点，而小波函数 $\psi_{a,b}(X)$ 能量集中在 b 点。

对于任意的函数或信号 $f(x)$ 在 $L^2(R)$ 上的连续小波变换定义如下：

$$Wf(a,b) = \int_R f(x)\overline{\psi_{a,b}(x)}\mathrm{d}x = \frac{1}{\sqrt{|a|}}\int_R f(x)\bar{\psi}\left(\frac{x-b}{a}\right)\mathrm{d}x \tag{5-92}$$

函数 $f(x)$ 在小波基的展开具有多分辨率的特性，这种特性正是通过伸缩因子 a 和平移因子 b 来实现的。根据 a,b 的不同取值，可以得到小波变换下不同的时、频宽度的信息，从而实现对信号的局部信息提取、分析。

设小波函数 $\psi(x)$ 及其傅里叶变换 $\psi(\omega)$ 满足窗函数的要求，其中时域、频域的中心频率和频率窗宽度分别记为 $E(\psi)$ 和 $\Delta\psi$、ω_0 和 $\Delta\omega$，则连续小波 $\psi_{a,b}(X)$ 的时域窗宽度和频域窗宽度分别为

时域窗宽度

$$[b + E(\psi) - |a|\Delta\psi, b + E(\psi) + |a|\Delta\psi] \tag{5-93}$$

频域窗宽度

$$\left[\frac{\omega_0}{a} - \frac{\Delta\omega_0}{|a|}, \frac{\omega_0}{a} + \frac{\Delta\omega_0}{|a|}\right] \tag{5-94}$$

可见，小波变换的时频窗口特性与短时傅里叶变换的时频窗口是不一样的，其窗口形状为两个矩形

$$[b - |a|\Delta\psi, b + |a|\Delta\psi] \times [(\omega_0 - \Delta\omega)/|a|, (\omega_0 + \Delta\omega)/|a|] \tag{5-95}$$

窗口中心频率为 $(b, \omega_0/|a|)$，时窗和频窗宽分别为 $|a|\Delta\psi$、$\Delta\omega/|a|$。

由此可知，b 仅仅影响时域中心，而 a 不仅影响时频窗口在频率轴上的位置，也影响窗口的形状：a 增大，时窗宽度变宽，频窗中心朝低频方向移动；a 越小，时窗宽度变窄，频窗中心移向高频。可见，小波变换对不同的频率在时域上的取样步长是调节性的，即在低频时小波变换的时间分辨率较差而频率分辨率较高；在高频时小波变换的时间分辨率较高而频率分辨率较低，这正符合低频信号变化缓慢而高频信号变化迅速的特点，这便是它优于经典的傅里叶变换与短时傅里叶变换的地方。从总体上来说，小波变换比短时傅里叶变换具有更好的时频窗口特性，能实现时-频窗口的自适应变化，是一种对信号的局部频谱分析比较理想的数学工具。

小波函数的选择具有多样性，包括 Harr 小波、Daubecheies(dbN)小波系、Symlets(symN)小波系、ReverseBior(rbio)小波系、Meyer(meyer)小波、Dmeyer(dmey)小波、Morlet(morl)小波、Complex Gaussian(cgau)小波系、Complex morlet(cmor)小波系、Lemarie(lem)小波系等。实际应用中应根据支撑长度、对称性、正则性等标准选择合适的小波函数。

5.6.2 小波的多分辨率分析

Matlab 使用多分辨率分析的概念统一了各种具体小波基的构造方法，并由此提出了现今广泛使用的 Matlab 快速小波分解和重构算法，它在小波分析中的地位与快速傅里叶变换在傅里叶分析中的地位相当。

空间 $L^2(R)$ 的多分辨率分析的严格定义是指构造该空间内一个子空间列 $\{V_j\}_{j\in Z}$，使其具有以下性质：

- 单调性　　$\cdots\subset V_2\subset V_1\subset V_0\subset V_{-1}\subset V_{-2}\subset\cdots$；
- 逼近性　　$\text{close}\{\bigcup\limits_{j=-\infty}^{\infty}V_f\}=L^2(R)$，$\bigcap\limits_{j=-\infty}^{\infty}V_f=\{0\}$；
- 伸缩性　　$\phi(t)\in V_j \Leftrightarrow \phi(2t)\in V_{j-1}$；
- 平移不变性　　$\phi(t)\in V_j \Leftrightarrow \phi(t-2^{j-1}k)\in V_j$，$\forall k\in Z$；
- Risez 基存在性　　存在 $\phi(t)\in V_0$，使得 $\{\phi(2^{j-1}t-k)\}$ 构成 V_j 的 Risez 基。

满足以上性质则称 ϕ 为尺度函数，并称 ϕ 生成 $L^2(R)$ 的多分辨率分析 $\{V_j\}_{j\in Z}$。

在多分辨率分析中，称 V_j 为逼近空间。一般不同的逼近空间对应不同的尺度函数。由于 $V_j\in V_{j+1}$，则存在 V_j 在 V_{j+1} 中正交补空间 W_j，使得

$$V_{j+1}=V_j\oplus W_j=\cdots=V_M\oplus W_M\oplus W_{M+1}\oplus\cdots\oplus W_{j-1}，\quad M<j \tag{5-96}$$

从而可以得到 V_j 中任意函数 f_j 都存在如下多分辨率分析表示：

$$f_{j+1}=f_j\oplus d_j=\cdots=f_M\oplus d_M\oplus d_{M+1}\oplus\cdots\oplus d_{j-1}，\quad M<j \tag{5-97}$$

式中

$$f_l(t)=\sum_k c_k^l\varphi_{l,k}\in V_l，\quad l=M,\cdots,j \tag{5-98}$$

$$d_l(t)=\sum_k c_k^l\psi_{l,k}\in W_l，\quad l=M,\cdots,j-1 \tag{5-99}$$

f_l 表示函数 f_j 的低频部分，而 d_l 表示函数 f_j 的高频部分。一维信号小波分解与重构的迭代过程如图 5-18 所示。

因此对信号进行小波多分辨率分解，其实质就是把采到的信号分成两个信号，即高频部分和低频部分。低频部分通常包含信号的主要信息；高频部分则与噪声及扰动联系在一起。根据分析的需要，可以继续对所得到的低频部分进行分解，如此又得到了更低频部分的信号和频率相对较高部分的信号。

(a) 小波分解示意图

(b) 小波重构示意图

图 5-18　一维信号小波分解与重构的迭代过程示意图

5.6.3　小波分析在信号处理中的应用

小波分析在信号处理中的应用包括信号的分解、重构、去噪、压缩、识别和检测等。小波分析的方法是利用多种"小波基函数"对"原始信号"进行分解，然后再利用分解后的信号进行处理。例如去噪就是利用分解后的信号的特点，将不需要的噪声信号的部分进行阈值的设置，然后再进行信号的重构，得到的信号将会看到含有噪声部分的变换（效果和设置的阈值以及选取的小波基函数等有关）。压缩就是先利用小波或小波包分解，再进行阈值量化处理，将不需要的细节信号除去，再重构。下面主要介绍信号的分解与重构、信号去噪、信号突变点分析。

1. 信号的分解与重构

信号的小波分解是后续分析的前提，图 5-19 为某爆炸冲击波压力信号进行单尺度离散

haar 小波变换。由图 5-19 中可以看出，haar 低频系数包含原始信号的特性信息，而 haar 高频系数则包含噪声。

图 5-19 某次爆炸冲击波信号小波分解与重构

2. 信号去噪

在信号分析技术中，信号中通常都不可避免地存在着各种不易消除的噪声。这些噪声的存在将影响系统的分辨率和稳定性，而且噪声严重时，会淹没正常的信号，导致无法正常工作。因此，信号的去噪（滤波）是一个首要的问题。常用的去噪算法在消除噪声的同时，数据信息会产生较大失真。小波去噪算法能满足各种去噪要求，如低通、高通、陷波、随机噪音的去除等，与传统的去噪方法相比较，小波去噪有着无可比拟的优点。

小波在去噪中的重要环节是选取阈值，阈值处理函数分为硬阈值和软阈值，设 w 是小波系数的大小，w_λ 是施加阈值后的小波系数大小，λ 是阈值。

（1）硬阈值

当小波系数的绝对值小于给定阈值时，令其为 0，而大于阈值时，保持其不变，即

$$w_\lambda = \begin{cases} w, & |w| \geqslant \lambda \\ 0, & |w| < \lambda \end{cases} \tag{5-100}$$

（2）软阈值

当小波系数的绝对值小于给定阈值时，令其为 0，而大于阈值时，令其都减去阈值，即

$$w_\lambda = \begin{cases} [\mathrm{sign}(w)](|w|-\lambda), & |w| \geqslant \lambda \\ 0, & |w| < \lambda \end{cases} \tag{5-101}$$

其中硬阈值函数在 $|w|=\lambda$ 处是不连续的，容易造成去噪后的信号在奇异点附近出现明显的 Pseudo-Gibbs 现象，因此在设计中选用软阈值数作为处理函数的居多。

目前，所使用的阈值包括全局阈值和局部适应阈值，各种各样的阈值公式也层出不穷，考虑到算法实现的复杂程度以及去噪的效果，大多数采用了 Donoho 和 Johnstone 统一阈值 $\delta = \sigma\sqrt{2\log_e N}$。其中，$\sigma$ 为噪声标准方差，N 为信号的尺寸或长度。这是在正态高斯噪声模型下，

针对多为独立正态变量联合分布,在多维数趋向无穷时得出的研究结论,即大于该阈值的系数含有噪声信号的概率为 0。这个阈值由于与信号的尺寸对数的平方根成正比,所以当 N 较大时,阈值趋向于将所有小波系数置零,此时小波滤噪器退化为低通滤波器。

然而,在实际环境中,信号中的噪声方差是不知道的,因此在选取阈值时,要用估计方法来确定噪声标准方差。其中,较常用的估算方法多采用如下公式:

$$\sigma = \frac{\text{median}(|d_j(k)|)}{0.6745} \tag{5-102}$$

式中:j 是小波分解的尺度;median 是 Matlab 中求中值的运算指令。

如图 5-20 所示,图(a)为测得的冲击波压力原始信号,图(b)为该冲击波压力经小波去噪的结果。

(a) 爆炸冲击波压力原始信号　　　　　(b) 去噪后的信号

图 5-20　某次爆炸冲击波信号的小波去噪

3. 信号突变点分析

图 5-21 所示是某冲击波压力信号突变点分析例。采用 db3 小波对原始信号进行 4 层分解,得到的逼近信号为 d1~d4。从图中 d2、d3 和 d4 可以看出,在第 3 000 个点处有一处突变,该突变点与原始信号对比发现是冲击波的峰值点;从 d2 还可以看出第 6 000 个点处有一处突变,这是信号的干扰点可以剔除;从剔除此突变点的信号可以看出,第 6 000 个点处的突变被消除。

小波分析从理论上克服了傅里叶变换的缺点。由于小波系数随时间变化,所以,不论是平稳信号还是非平稳信号得到的小波频谱与实际的物理频谱都十分接近。

小波方法的理论也在进一步发展,提出了小波包分析,小波包对小波未分解的高频部分进行进一步的分解,从而具有更好的时频特性。

5.7　动态补偿数字滤波器

用数字处理方式选择信号频率称为数字滤波,滤波的目的是让符合要求的频率信号通过,不符合要求的信号作极大衰减。数字滤波可用图 5-22(a)所示的时域来表示,或如图 5-22(b)所示的频域来表示。

当系统的动态特性不够理想,不能保证被测信号以足够小的动态误差传输时,自然会想到

图 5-21　某爆炸冲击波信号小波分解各细节信号

图 5-22　数字滤波示意图

更换不符合要求的测量系统或不符合要求的元器件或仪器，抛开性价比、经济性不谈，目前由于传感器发展的"瓶颈"现象，许多传感器的动态特性往往难以达到系统所要求的性能指标。这时可在二次仪表中增加动态特性补偿环节来拓宽整个系统的工作频带以满足动态测试的要求；也可以对测试信号进行动态误差修正。例如用热电偶测量瞬变的高温，为了得到足够小的时间常数，热偶丝必须非常细，然而太细的热偶丝遇到振动或者热气流（或液流）冲击时很容易损坏以致根本不能使用。而采用动态特性补偿或动态误差修正的方法，可以把热电偶测温系统的时间常数降低两个数量级，极大地缓和了上述矛盾。与数字滤波相同，动态补偿既可以通过硬件电路实时补偿，也可通过软件进行事后补偿（先记录数据，再通过软件补偿）。

本书的第 4 章对数字滤波作了详细的介绍，这里不再描述。本节从动态测试不失真的需求出发，着重讨论如何拓宽系统的通频带，即动态特性补偿问题。动态补偿有硬件补偿和软件补偿两种。因为高阶系统可以分解成若干低阶系统的串并联,所以可通过对低阶系统的补偿实现对高阶系统的补偿。本节重点讨论一阶、二阶系统的补偿问题。

5.7.1 硬件补偿方法

已知测量系统的传递函数为 $H_1(s)$,若串联一传递函数为 $K/H_1(s)$ 的补偿系统,就可获得一传递函数为常数 K 的理想系统。但实际上理想系统是不可能实现的,只能尽可能地逼近理想系统。选一比 $H_1(s)$ 动态特性更好的传递函数 $H_2(s)$,使补偿系统的传递函数为 $KH_2(s)/H_1(s)$,则串联后的传递函数为

$$H(s) = H_1(s) \cdot KH_2(s)/H_1(s) = KH_2(s) \tag{5-103}$$

1. 一阶系统的动态特性补偿

一阶系统的传递函数为

$$H_1(s) = K_1/(\tau_1 s + 1)$$

为了改善一阶惯性环节的动态特性,可串联一个与时间常数 τ_1 相同的一阶微分环节 $K_2(\tau_1 s+1)$。串联后,一阶微分环节与惯性环节相抵消,成为一个频带很宽的放大环节。有时,一阶微分环节不易实现,实际上也没有必要将测试系统做成一个放大环节,因为它容易收到高频干扰。通常,将动态补偿滤波器设计成如下的一阶微分惯性环节:

$$H_2(s) = K_2 \frac{\tau_2 s + 1}{\tau s + 1} \tag{5-104}$$

式中:K_2 为动态补偿滤波器的静态传递函数;τ 为动态补偿滤波器的时间常数。

在参数设计时,取其零点的时间常数就是被补偿测试系统的时间常数 $\tau_2 = \tau_1$,其极点的时间常数 τ 符合目标动态特性要求。

若其输出变量是电压,就可串联一个图 5-23(a)所示的无源 RC 网络,该网络的传递函数为

$$H_2(s) = K_2 \frac{\tau_2 s + 1}{K_2 \tau_2 s + 1} \tag{5-105}$$

其中 $K_2 = R_2/(R_1 + R_2) \cdot \tau_2 = R_1 C$。调整参数 R_1 和 C,不难使 $\tau_2 = \tau_1$,则串联后总的传递函数为

$$H(s) = H_1(s) \cdot H_2(s) = \frac{K_1 K_2}{K_2 \tau_1 s + 1} = \frac{K}{\tau s + 1} \tag{5-106}$$

若 $\tau(=K_2 \tau_1) \ll \tau_1$,则系统的动态响应特性将得到明显改善。这就要求 $K_2 \ll 1$,即导致总的灵敏度 $K(=K_1 K_2) \ll K_1$,即灵敏度 K 随着时间常数 τ 的减小而成比例地下降。如果灵敏度降到不能允许的程度,就要再增加一个放大器,一般将放大器插在原系统与补偿网络之间,以减少二者之间的负载效应。如果补偿系统改用 5-23(b)所示的有源网络,则其传递函数为

$$H_2(s) = \frac{\tau_2 s + 1}{\dfrac{\tau_2 s}{G} + \dfrac{1 + K - G}{G}} = \frac{G}{1 + K - G} \cdot \frac{\tau_2 s + 1}{\tau s + 1} \tag{5-107}$$

式(5-107)中 $\tau_2 = R_1 C, K = \dfrac{R_1}{R_2}, \tau = \dfrac{\tau_2}{1 + K - G}$,$G$ 为放大器增益。如果 $\tau_2 = \tau_1$,则串联了补偿系统后总的传递函数为

$$H(s) = H_1(s) \cdot H_2(s) = \frac{K_1 G}{1+K-G} \cdot \frac{1}{\tau s + 1} \qquad (5-108)$$

若$|G| \gg |1+K|$,则$\tau \ll \tau_1 (= \tau_2)$,即补偿后得到了一个时间常数小得多的一阶系统,灵敏度则仍近似为原来的K_1。用该方法补偿热电偶曾成功地使时间常数减小到原来的1/100。需要注意的是,补偿效果的进一步提高首先受到放大器增益G的限制,因为过分提高放大器的增益,其噪声、零点漂移等都将明显增大,以致系统动态特性变差。实际上,放大器的输入阻抗不可能为无限大,放大器输入端的等效电阻R_A和等效电容C_A(见图5-23(b)虚线),并不能完全忽略,尤其对高频信号在高频段补偿电路的传递函数将明显偏离上述$H_2(s)$的形式。

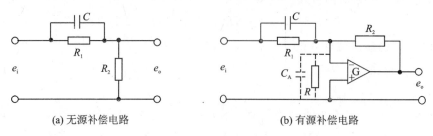

(a) 无源补偿电路　　　　　　(b) 有源补偿电路

图 5-23　一阶系统动态补偿电路

2. 二阶系统的动态特性补偿

二阶系统的传递函数为

$$H_1(s) = \frac{K_1}{\dfrac{s^2}{\omega_n^2} + \dfrac{2\xi}{\omega_n}s + 1} \qquad (5-109)$$

理想的补偿系统的传递函数应为

$$H_2(s) = K_2 \left[\frac{s^2}{\omega_n^2} + \frac{2\xi}{\omega_n}s + 1 \right] \qquad (5-110)$$

这两个系统串联后的传递函数为$H(s) = H_1(s) H_2(s) = K_1 K_2$(忽略两个系统相互的负载效应)。记二阶系统的输出为$y_1(t)$,补偿系统的输出为$y_2(t)$,由式(5-110)导出补偿系统应满足的微分方程为

$$y_2(t) = K_2 \left[\frac{1}{\omega_n^2} D^2 + \frac{2\xi}{\omega_n} D + 1 \right] y_1(t) \qquad (5-111)$$

式中,D为微分算子,则最终的输出$y_2(t)$与输入信号$x(t)$满足

$$y_2(t) = K_1 K_2 x(t)$$

它是一个理想的无失真的系统,并不能实现。图5-24(a)给出了实现式(5-111)的框图结构,其中的微分环节则可按图5-24(b)的原理电路实现。可以证明这个电路的输入和输出电压之间满足下列关系

$$e_o(t) = \left[\frac{\tau G}{1+\tau+G} \right] \frac{\mathrm{d} e_i t}{\mathrm{d} t} \qquad (5-112)$$

式中,$\tau = RC$,G是放大器增益。当$G \gg 1+\tau$时,调整RC值使$\tau = RC = 1/\omega_n$,则这个电路就能近似地完成

$$e_o(t) = -\frac{1}{\omega_n} \cdot \frac{\mathrm{d} e_i t}{\mathrm{d} t} \qquad (5-113)$$

(a) 理想的补偿系统的原理框图

(b) 微分环节的电路原理图

图 5-24 二阶系统动态补偿电路

这样的运算任务。与一阶补偿系统类似,近似的程度受到增益 G 值的影响,G 值越大越好,然而 G 值的增大受放大器的噪声和漂移等因素的限制。同样,放大器输入阻抗也不可能为无穷大,随着频率增高,输入阻抗的影响也越大,补偿系统的微分方程偏离式(5-112)越严重,整个补偿效果就不再是理想的状态。

虽然硬件补偿方法可以实现实时补偿,但每一个具体的测量系统都需要用专门的补偿环节,即使相似的测量系统,仅仅因为具体参数稍有不同也难以用同样的补偿环节,甚至测试系统本身动态特性的变化(如老化、漂移、环境温湿度的影响等)都有导致补偿效果恶化的可能,因而代价较高,灵活性较差。

5.7.2 软件补偿方法

当对系统实时性要求不高时,一般求助于软件补偿方法。对于补偿环节的传递函数 $H_2(s)$,可利用离散和模拟系统相互模仿的方法,获得与模拟系统有相似动态响应特性的离散系统的传递函数 $H_2(z)$,并由软件来实现。

1. 一阶系统

对于一阶系统,其传递函数为

$$H_1(s) = \frac{1}{1+\tau s} \tag{5-114}$$

用双线性变换法可得其相似的离散系统传递函数应为

$$H_1(z) = \frac{b_0 + b_1 z^{-1}}{1 + a_1 z^{-1}} \tag{5-115}$$

式中

$$b_0 = b_1 = \frac{1}{1 + 2T_c} \tag{5-116}$$

$$a_1 = \frac{1 - 2T_c}{1 + 2T_c} \tag{5-117}$$

其中 $T_c = \frac{\tau}{T}$，T 为采样间隔。

所要求的补偿环节的离散传递函数应为

$$H_2(z) = \frac{1}{H_1(z)} = \frac{1 + a_1 z^{-1}}{b_0 + b_1 z^{-1}} \tag{5-118}$$

在设计补偿环节时，需要注意由于 $H_1(z)$ 收敛的条件是其极点必须在 z 平面的单位圆内，而其零点却允许在单位圆外。由于 $H_2(z)$ 的极点（就是 $H_1(z)$ 的零点）可能在单位圆外，引起 $H_2(z)$ 不收敛，所以 $H_2(z)$ 有可能不收敛，即补偿后的系统可能不稳定。

例如，取补偿系统的离散传递函数为

$$H_3(z) = \frac{1 + a_1 z^{-1}}{b'_0 + b_1 z^{-1}} \cdot \frac{b_2 + b_3 z^{-1}}{1 + a_2 z^{-1}} \tag{5-119}$$

式中 b'_0 应略大于 b_1，以保证极点在单位圆内并有适当的稳定余量，且

$$b_2 = b_3 = \frac{1}{1 + 2T'_c}, \qquad a_2 = \frac{1 - 2T'_c}{1 + 2T'_c}, \qquad T'_c = T_c / K \quad (\text{一般取 } 3 \leqslant K \leqslant 10)$$

这样的系统与原系统串联后，其传递函数为

$$H(z) = \frac{b_0 + b_1 z^{-1}}{b'_0 + b_1 z^{-1}} \cdot \frac{b_2 + b_3 z^{-1}}{1 + a_2 z^{-1}} \tag{5-120}$$

其中，第一项的分子分母很接近，故其频率特性主要由第二项决定，等效的模拟系统传递函数近似为

$$H(s) \approx \frac{1}{1 + \tau' s} \tag{5-121}$$

式中，$\tau' = \tau / K$，即时间常数减小为原来的 K 分之一，工作频带则扩展了 K 倍。

2. 二阶系统

对于二阶系统，设其传递函数为

$$H(s) = \frac{\omega_n^2}{s^2 + 2\xi\omega_n s + \omega_n^2} \tag{5-122}$$

通过双线性变换得

$$H_1(z) = \frac{b_0 + b_1 z^{-1} + b_2 z^{-2}}{1 + a_1 z^{-1} + a_2 z^{-2}} \tag{5-123}$$

式中

$$b_0 = b_2 = \frac{T^2 \omega_n^2}{4 + 4T\xi\omega_n + T^2 \omega_n^2} \tag{5-124}$$

$$b_1 = \frac{2T^2 \omega_n^2}{4 + 4T\xi\omega_n + T^2 \omega_n^2} \tag{5-125}$$

$$a_1 = \frac{2T^2 \omega_n^2 - 8}{4 + 4T\xi\omega_n + T^2 \omega_n^2} \tag{5-126}$$

$$a_2 = \frac{4 - 4\xi T \omega_n + T^2 \omega_n^2}{4 + 4\xi T \omega_n + T^2 \omega_n^2} \tag{5-127}$$

式中，T 为采样间隔。

有了 $H_1(z)$，就可按分析一阶系统的方法去求得补偿环节的离散传递函数 $H_2(z)$。关于 $H_1(z)$ 和 $H_2(z)$ 的设计与实现参阅本书第 4 章。

软件补偿方法尽管实时性不高，但其设计运算方便、灵活。实际应用时，可根据不同的要求编制不同的补偿程序。随着计算机技术及虚拟仪器的发展，软件补偿方法已广泛用于动态测试中。

3. 硬件及软件补偿方法小结

(1) 两种方法的比较

硬件补偿处理基本上无时间延迟。但是，参数的选择有一定的局限性，且有些类型的补偿环节不易实现。软件补偿的参数设置灵活，使用方便，主要问题是运算速度及数据处理的实时性问题。

(2) 响应的快速性与动态误差

采用动态补偿器，提高了传感器动态响应的快速性，使得整个系统能迅速跟上被测动态非电量的变化，这就减小了动态测量误差。

(3) 实时性

软件补偿实用化的主要问题是实时性。为此，要选择高速微处理器，如 DSP（数字信号处理器）。DSP 运算速度快，指令周期是 ns 级的；且一条指令就可以完成一次乘法和移位，完全能在 ms 级时间内完成数字补偿运算。

5.7.3 动态补偿滤波器的应用

【例 5-6】 某传感器离散传递函数为

$$H(z) = \frac{0.03 + 0.2z^{-1}}{1 - 1.6z^{-1} + 0.83z^{-2}} \quad (5-128)$$

其时域仿真阶跃响应如图 5-25 中曲线 1 所示，存在着很大的动态误差。考虑对其进行动态补偿。

解：经分解可得该传感器离散传递函数的极点为 $P = 0.5644 \pm 0.222\text{j}$，若需要将响应时间改进为 $t_r = 5$ ms，并取系统的阻尼系数为 $\xi = 0.65$。当采样时间 $T = 1$ ms 时，根据前述变换方法，可求出动态补偿数字滤波器的传递函数为

$$H_c(z) = \frac{1.0309 - 1.6634z^{-1} + 0.8629z^{-2}}{1 - 1.1288z^{-1} + 0.3679z^{-2}} \quad (5-129)$$

时域动态补偿的仿真效果如图 5-25 中曲线 2 所示，动态误差大大减小。

该动态数字滤波器可采用 Altera 公司的可编程逻辑器件（EPLD）来实现，在实现数字滤波器这一功能时，其设计软件 MAX+PLUSⅡ中提供了很多参数化的模块使用。这些参数化的模块相当于计算机程序中的函数，使用者将设计中的参数赋给它。因此，加减法器采用 LPM-ADD-SUB 模块来实现，延时器则调用 LPM-FF 参数化的触发器模块，数据的字长在模块的参数中设定。乘法运算是数字信号处理的关键，而 Altera 的参数化的乘法器模块 LPM-MULT 使设计者省去了许多麻烦。由于动态补偿数字滤波的阶次一般不超过二阶，数字滤波器的实现可以直接从数字滤波器的结构框图入手。图 5-26 为式(5-129)的直接形式的框图，方块图构成的变化直接决定了硬件资源的需要量。实现一个动态数字滤波器需要一片 10K10 芯片就足够，通过时序仿真证实该滤波器可用于实时的动态补偿。此外，由于

EPLD 器件可在线编程的特点,在滤波器的系数需要改变时,可以修改原理图中的设计并重新进行编译,由此可以做到动态补偿数字滤波器硬件结构的通用化。

图 5-25 传感器的阶跃响应

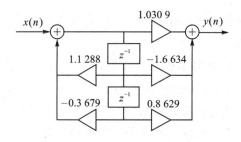

图 5-26 数字滤波器结构框图

采用动态补偿技术拓宽传感器或测试系统的通频带,以减少动态测量时的误差,已是动态测试的一个重要研究内容。对于实时的动态误差补偿,有着广泛的背景要求。实践证明,在测试系统后面增加一动态补偿数字滤波器,可以在一定程度上减少动态测量的误差。然而,动态补偿毕竟只是对所测带有畸变的信号的一次再处理,在实际运用中还存在着很多问题需要解决,鉴于目前国际上尚没有动态误差评定的标准,动态补偿的有效性必须经过仔细的分析才能认可。

第 3 篇　常用兵器动态参量测试方法及应用

第6章 应力、应变、力及转矩测量技术

6.1 概 述

力是物体间的相互作用,力的作用既可产生加速度而改变物体的运动状态,也可产生内应力而使物体变形。这就是力的动力效应和静力效应。

在兵器动态测试中,应变和力的测量非常广泛且极为重要,如可通过对结构和构件的受力测量以确定系统的零部件的工作状态,从而为设计的合理性和正确性提供依据。应变及力的测量已成为国防、交通、机械、能源等部门中不可缺少的环节。

常用的应力、应变测量方法有电阻应变法、激光全息干涉法、云纹法、脆性涂层法、光弹性实验法、激光散斑干涉法。

6.2 应变测量基础知识

电阻应变法将应变片粘贴在被测构件表面上,构件受力变形,应变片产生与构件表面应变成比例的电阻变化,用适当的测量电路和仪器就能测得构件的应变或应力。该方法不仅能测应变,而且对能转化为应变变化的物理量都可进行测量,如力、扭矩、压强、位移、温度和加速度等,所以它是最基本和应用最为广泛的测量方法。

6.2.1 应变片的工作原理

1. 金属丝电阻应变片

由欧姆定理可知,金属丝的电阻($R=\rho L/S$)与材料的电阻率(ρ)及其几何尺寸(长度 L 和截面积 S)有关,而金属丝在承受机械变形的过程中,这三者都要发生变化,因而引起金属丝的电阻变化。金属丝的电阻随着它在机械力作用下所产生的变形(拉伸或压缩)的大小而产生相应变化的现象称为金属的电阻应变效应。

由物理学可知,金属丝的电阻为

$$R = \rho \frac{L}{S} \tag{6-1}$$

式中:R 为金属丝的电阻(Ω);ρ 为金属丝的电阻率($\Omega \cdot m^2/m$);L 为金属丝的长度(m);S 为金属丝的截面积(m^2)。

取如图 6-1 所示一段金属丝,当金属丝受拉而伸长 dL 时,其横截面积将相应减小 dS,电阻率因金属晶格发生变形等因素的影响也将改变 $d\rho$,则有金属丝电阻变化量 dR 为

$$dR = \frac{\rho}{S}dL - \frac{\rho L}{S^2}dS + \frac{L}{S}d\rho \tag{6-2}$$

方程两边同除 R,得

$$\frac{dR}{R} = \frac{dL}{L} - \frac{dS}{S} + \frac{d\rho}{\rho} \tag{6-3}$$

设金属丝半径为 r，令 $\varepsilon_x = \mathrm{d}L/L$ 为金属丝的轴向应变；$\varepsilon_y = \mathrm{d}r/r$ 为金属丝的径向应变。金属丝受拉时，沿轴向伸长，沿径向缩短，二者之间的关系为

$$\varepsilon_y = -\mu \varepsilon_x \quad (6-4)$$

图 6-1 金属导体的电阻-应变效应

式中，μ 为金属材料的泊松系数。

于是有

$$\frac{\mathrm{d}R}{R} = (1+2\mu)\varepsilon_x + \frac{\mathrm{d}\rho}{\rho} \quad \text{或} \quad \frac{\mathrm{d}R/R}{\varepsilon_x} = (1+2\mu) + \frac{\mathrm{d}\rho/\rho}{\varepsilon_x} \quad (6-5)$$

令

$$K_\mathrm{S} = \frac{\mathrm{d}R/R}{\varepsilon_x} = (1+2\mu) + \frac{\mathrm{d}\rho/\rho}{\varepsilon_x} \quad (6-6)$$

式中，K_S 为金属丝的灵敏系数，表征金属丝产生单位变形时，电阻相对变化的大小。显然，K_S 越大，单位变形引起的电阻相对变化越大。由式 (6-6) 可看出，金属丝的灵敏系数 K_S 受两个因素影响：第一项 $(1+2\mu)$ 是由于金属丝受拉伸后，几何尺寸产生变化而引起的；第二项 $\mathrm{d}\rho/\rho/\varepsilon_x$ 是由于材料产生变形时，其自由电子的活动能力和数量均发生了变化的缘故。由于 $\mathrm{d}\rho/\rho/\varepsilon_x$ 还不能用解析式来表示，所以 K_S 只能靠实验求得。实验证明，在弹性范围内，应变片电阻相对变化 $\mathrm{d}R/R$ 与应变 ε_x 成正比，K_S 为一常数，可表示为

$$\frac{\mathrm{d}R}{R} = K_\mathrm{S} \varepsilon_x \quad (6-7)$$

应该指出，将直线金属丝做成敏感栅之后，电阻-应变特性与直线时不同。实验表明，应变片的 $\mathrm{d}R/R$ 与 ε_x 的关系在很大范围内具有很好的线性关系，即

$$\frac{\mathrm{d}R}{R} = K \varepsilon_x \quad \text{或} \quad K = \frac{\mathrm{d}R/R}{\varepsilon_x} \quad (6-8)$$

式中，K 为电阻应变片的灵敏系数。

用应变片测量应变或应力时，是将应变片粘贴于被测对象上，在外力作用下，被测对象表面产生微小机械变形，粘贴在其表面上的应变片亦随其产生相同的变化，因而应变片的电阻也产生相应的变化，如用仪器测出应变片的电阻值变化 $\mathrm{d}R$，则根据式 (6-8) 可得到被测对象的应变值 ε_x，而根据应力-应变关系可得到应力值 σ 为

$$\sigma = E \varepsilon_x \quad (6-9)$$

式中，E 为被测材料的体积弹性模量。

应变片种类繁多、形式多样，但基本构造大体相同。现以丝绕式应变片为例说明，其结构如图 6-2 所示，它是以直径为 0.025 mm 左右的、高电阻率的合金电阻丝绕成形如栅栏的敏感栅。敏感栅为应变片的敏感元件，作用是敏感应变。敏感栅粘结在基底 1 上，基底除能固定敏感栅外，还有传递应变、绝缘作用；敏感栅上面粘贴有覆盖层 3，起定位、绝缘及保护作用；敏感栅电阻丝两端焊接引出线 4，用来与外接导线相连。

1—基底；2—电阻丝；3—覆盖层；4—引线

图 6-2 电阻丝应变片的基本结构

2. 半导体应变片

半导体应变片的工作原理是基于半导体材料的电阻率随作用应力而变化的所谓"压阻效应"。所有材料在某种程度上都具有压阻效应,但半导体的这种效应特别显著,能直接反映出微小的应变。常见的半导体应变片是用锗或硅等半导体材料作敏感栅,一般为单根状,如图6-3所示。根据压阻效应,半导体和金属丝一样可把应变转换成电阻的变化。

图6-3 半导体应变片的结构形式

半导体应变片受纵向力作用时,电阻相对变化可用式(6-10)表示:

$$\frac{\Delta R}{R} = (1+2\mu)\varepsilon_x + \frac{\Delta \rho}{\rho} \tag{6-10}$$

式中,$\Delta\rho/\rho$为半导体应变片的电阻率相对变化,其值与半导体小条的纵向轴所受的应力之比为一常数,即

$$\frac{\Delta\rho}{\rho} = \pi\sigma \quad 或 \quad \frac{\Delta\rho}{\rho} = \pi E \varepsilon_x \tag{6-11}$$

式中,π为半导体材料的压阻系数,它与半导体材料种类及应力方向与晶轴方向之间的夹角有关。将式(6-11)代入式(6-10)得

$$\frac{\Delta R}{R} = (1+2\mu+\pi E)\varepsilon_x \tag{6-12}$$

式中,$1+2\mu$项随半导体几何形状而变化,πE项为压阻效应,随电阻率而变。实验表明,πE比$(1+2\mu)$大近百倍,$(1+2\mu)$可忽略,故半导体应变片的灵敏系数为

$$K = \frac{\Delta R/R}{\varepsilon_x} = \pi E \tag{6-13}$$

半导体应变片的优点是尺寸、横向效应和机械滞后都很小,灵敏系数大,因而输出也大。缺点是电阻值和灵敏系数的温度稳定性差,测量较大应变时非线性严重,灵敏系数随受拉或受压而变,且分散度大,一般在3‰~5‰之间。

利用半导体应变片可设计多种固态压阻式传感器,主要用于压力和加速度的测量。图6-4是固态压力传感器结构简图。压阻式固态力传感器由外壳、硅膜片和引线组成。其核心部分是一块圆形的膜片。在膜片上,利用集成电路的工艺方法设置四个阻值相等的电阻,构成平衡电桥。膜片的四周(硅杯)固定。膜片的两边有两个压力腔:一个是和被测系统相连接的高压腔;另一个是和大气相通的低压腔。当膜片两边存在压力差时,膜片上各点存在应力。四个电阻在应力作用下,阻值发生变化,电桥失去平衡,输出相应的电压。该电压和膜片的两边压力差成正比。

图6-5是压阻式加速度传感器结构简图,悬臂梁直接用单晶硅制成,四个扩散电阻在其

根部。当悬臂梁自由端质量块受到加速度作用时,悬臂梁有弯矩作用,产生应力,使阻值变化。电桥产生与加速度成比例的输出。

1—低压腔;2—高压腔;3—硅杯;4—引线;5—硅膜片

图 6-4　固态压力传感器结构简图

图 6-5　压阻式加速度传感器

6.2.2　应变片的粘贴

1. 应变片的工作情况

贴在试件上的应变片,其敏感部分基本上可与试件一起变形。这是因为电阻丝的直径很细(直径仅 0.02～0.03 mm),中间物质(基底和粘合剂)很薄(0.06 mm 以下有效),电阻丝全部埋在粘合剂里,其粘结表面积相当大。如常用的直径为 0.025 mm、长度为 4 mm 的康铜丝,它与粘合剂胶合的面积是它截面的 1 600 倍,因此说基本上可与试件一起变形。

试件表面的变形(应变)是通过胶层、基底以剪力的形式传给电阻丝的,如图 6-6 所示。当试件沿 x 方向变形时,胶层下表面与试件一起移动,和基底粘合的上表面是被动的,基底被带动,胶层发生剪应力 γ_1。基底发生剪应力 γ_2 将应变传到电阻丝上。剪应力分布规律如图 6-6(b)所示:应变片两端剪应力最大,中间最小,因此在粘贴应变片时应注意将应变片的两端贴牢固。

2. 粘合剂

应变片工作时,总是被粘贴到试件或传感器的弹性元件上,粘合剂所形成的胶层起着非常重要的作用,应准确无误地将试件或弹性元件的应变传递到应变片的敏感栅上去。所以粘合剂与粘贴技术对于测量结果有直接影响,不能忽视它们的作用。

对粘合剂有如下要求:
① 有一定的粘结强度;
② 能准确传递应变;
③ 蠕变小;
④ 机械滞后小;
⑤ 耐疲劳性能好、韧性好;
⑥ 长期稳定性好;
⑦ 具有足够的稳定性能;
⑧ 对弹性元件和应变片不产生化学腐蚀;

图 6-6 应变片的受力状态

⑨ 有适当的储存期;
⑩ 有较大的使用温度范围。

选用粘合剂时要根据应变片的工作条件、工作温度、潮湿程度、有无化学腐蚀、稳定性要求,加温加压、固化的可能性,粘贴时间长短要求等因素考虑,并注意粘合剂是否与应变片基底材料相适应。

3. 应变片粘贴工艺

正确的粘贴工艺是粘贴质量的保证,与测试精度有很大关系。

(1) 应变片检查

根据测试要求而选用的应变片,要做外观和电阻值的检查,对精度要求较高的测试还应复测应变片的灵敏系数和横向灵敏度。

① 外观检查:线栅或箔栅的排列是否有造成短路、断路的部位或是否有锈蚀斑痕;引出线焊接是否牢固;上下基底是否有破损部位。

② 电阻值检查:对经过外观检查合格的应变片,要逐个进行电阻值测量,配对桥臂用的应变片电阻值应尽量相同。

(2) 修整应变片

① 对没有标出中心线标记的应变片,应在其基底上标出中心线;

② 如有需要,应对应变片的长度和宽度进行修整,但修整后的应变片应不小于规定的最小长度和宽度;

③ 对基底较光滑的胶基应变片,可用细砂纸将基底轻轻地稍许打磨,并用溶剂洗净。

(3) 试件表面处理

为了使应变片牢固地粘贴在试件表面上,须将待贴应变片的试件表面进行处理,使之平整光洁、无油漆、锈斑、氧化层、油污和灰尘等。

(4) 划出粘贴应变片的定位线

为了确保应变片粘贴位置的准确,可用划笔在试件表面划出定位线。粘贴时应使应变片的中心线与定位线对准。

(5) 贴应变片

在处理好的粘贴位置上和应变片基底上,各涂抹一层薄薄的粘合剂,稍待一段时间(视粘合剂种类而定),然后将应变片粘贴到预定位置上。再在应变片上面放一层玻璃纸或一层透明的塑料薄膜,然后用手滚压挤出多余的粘合剂,使粘合剂层的厚度尽量减薄。

(6) 粘合剂的固化处理

对粘贴好的应变片,依粘合剂固化要求进行固化处理。

(7) 应变片粘贴质量的检查

① 外观检查:最好用放大镜观察粘合层是否有气泡,整个应变片是否全部粘贴牢固,有无造成短路、断路等危险的部位,还要观察应变片的位置是否正确。

② 电阻值检查:应变片的电阻值在粘贴前后不应有较大的变化。

③ 绝缘电阻检查:应变片电阻丝与试件之间的绝缘电阻一般大于 200 MΩ。

(8) 引出线的固定保护

将粘贴好的应变片的引出线与测量用导线焊接在一起。为了防止电阻丝和引出线被拉断,可用胶布将导线固定于试件表面,但固定时要考虑使引出线有呈弯曲形的余量和引线与试件之间的良好绝缘。

(9) 应变片的防潮处理

应变片粘贴好后要进行防潮处理,以免潮湿引起绝缘电阻和粘合强度降低,影响测试精度。简单的方法是在应变片上涂一层中性凡士林,有效期为数日。最好是将石蜡或蜂蜡熔化后涂在应变片表面上(厚约 2 mm),可长时间防潮。

6.2.3 电阻应变片的温度误差及补偿

1. 电阻应变片的温度误差

由于温度变化所引起应变片的电阻变化与试件应变所造成的电阻变化几乎有相同的数量级,若不采取必要的措施克服温度的影响,则测量精度无法保证。

(1) 温度变化引起应变片敏感栅电阻变化而产生附加应变

电阻与温度关系可用下式表达,即

$$R_t = R_0(1 + \alpha \Delta t) = R_0 + R_0 \alpha \Delta t$$
$$\Delta R_{ta} = R_t - R_0 = R_0 \alpha \Delta t \tag{6-14}$$

式中:R_t 是温度为 t 时的电阻值;R_0 是温度为 t_0 时的电阻值;Δt 为温度的变化值;ΔR_{ta} 为温度变化 Δt 时的电阻变化;α 为敏感栅材料的电阻温度系数。将温度变化 Δt 时的电阻变化折合成应变 ε_{ta},则

$$\varepsilon_{ta} = \frac{\Delta R_{ta}/R_0}{K} = \frac{\alpha \Delta t}{K} \tag{6-15}$$

(2) 试件材料与敏感栅材料的线膨胀系数不同,使应变片产生附加应变

如粘贴在试件上一段长度为 l_0 的应变丝,当温度变化 Δt 时,应变丝受热膨胀至 l_{t1},而应变丝 l_0 下的试件伸长为 l_{t2}。

$$l_{t1} = l_0(1+\beta_{丝}\Delta t) = l_0 + l_0\beta_{丝}\Delta t \tag{6-16}$$

$$\Delta l_{t1} = l_{t1} - l_0 = l_0\beta_{丝}\Delta t \tag{6-17}$$

$$l_{t2} = l_0(1+\beta_{试}\Delta t) = l_0 + l_0\beta_{试}\Delta t \tag{6-18}$$

$$\Delta l_{t2} = l_{t2} - l_0 = l_0\beta_{试}\Delta t \tag{6-19}$$

式中：l_0 是温度为 t_0 时的应变丝长度；l_{t1} 是温度为 t 时的应变丝长度；l_{t2} 是温度为 t 时试件的长度；$\beta_{丝}$、$\beta_{试}$ 为应变丝和试件材料的线膨胀系数；Δl_{t1}、Δl_{t2} 是温度变化 Δt 时应变丝和试件膨胀量。

由式(6-17)和式(6-19)可知，如 $\beta_{丝} \neq \beta_{试}$，则 $\Delta l_{t1} \neq \Delta l_{t2}$，由于应变丝和试件是粘合在一起的，若 $\beta_{丝} < \beta_{试}$，则应变丝被迫从 Δl_{t1} 拉长至 Δl_{t2}，使应变丝产生附加变形 $\Delta l_{t\beta}$，即

$$\Delta l_{t\beta} = \Delta l_{t2} - \Delta l_{t1} = l_0(\beta_{试} - \beta_{丝})\Delta t$$

折算为应变

$$\varepsilon_{t\beta} = \frac{\Delta l_{t\beta}}{l_0} = (\beta_{试} - \beta_{丝})\Delta t \tag{6-20}$$

引起的电阻变化为

$$\Delta R_{t\beta} = R_0 K \varepsilon_{t\beta} = R_0 K (\beta_{试} - \beta_{丝})\Delta t \tag{6-21}$$

因此由于温度变化 Δt 而引起的总电阻变化为

$$\Delta R_t = \Delta R_{t\alpha} + \Delta R_{t\beta} = R_0 \alpha \Delta t + R_0 K (\beta_{试} - \beta_{丝})\Delta t \tag{6-22}$$

总附加虚假应变量为

$$\varepsilon_t = \frac{\Delta R_t / R_0}{K} = \frac{\alpha \Delta t}{K} + (\beta_{试} - \beta_{丝})\Delta t \tag{6-23}$$

由上式可知，由于温度变化而引起附加电阻变化或造成了虚假应变，从而给测量带来误差。这个误差除与环境温度变化有关外，还与应变片本身的性能参数（K、α、$\beta_{丝}$）及试件的线膨胀系数（$\beta_{试}$）有关。

2. 温度补偿方法

温度补偿方法分为桥路补偿和应变片自补偿两大类。

(1) 桥路补偿法

桥路补偿法也称补偿片法。应变片通常是作为平衡电桥的一个臂测量应变的，图 6-7 中 R_1 为工作片，R_2 为补偿片。工作片 R_1 粘贴在需要测量应变的试件上，补偿片 R_2 粘贴在一块不受力的、与试件相同的材料上，这块材料自由地放在试件上或附近，如图 6-7(b)所示。当温度发生变化时，工作片 R_1 和补偿片 R_2 的电阻都发生变化，而它们的温度变化相同，R_1 与 R_2 为同类应变片，又贴在相同的材料上，因此 R_1 和 R_2 的变化也相同，即 $\Delta R_1 = \Delta R_2$。由于 R_1 和 R_2 分别接入电桥的相邻两桥臂，则因温度变化引起的电阻变化 ΔR_{1t} 和 ΔR_{2t} 的作用相互抵消。

图 6-7 桥路补偿法

桥路补偿法的优点是简单、方便,在常温下补偿效果较好,缺点是在温度变化梯度较大的条件下,很难做到工作片与补偿片处于完全一致的温度情况,从而影响补偿效果。

(2) 应变片自补偿法

采用一种特殊应变片粘贴在被测部位上,当温度变化时,使得产生的附加应变为零或相互抵消,这种特殊应变片称为温度自补偿应变片。利用温度自补偿应变片来实现温度补偿的方法称为应变片自补偿法。下面介绍两种自补偿应变片。

① 选择式自补偿应变片

由式(6-23)可知,实现温度补偿的条件为

$$\varepsilon_t = \frac{\alpha \Delta t}{K} + (\beta_{试} - \beta_{丝}) \Delta t = 0$$

则

$$\alpha = -K(\beta_{试} - \beta_{丝}) \qquad (6-24)$$

被测试件材料确定后,就可选择合适的应变片敏感栅材料满足式(6-24),达到温度自补偿。这种方法的缺点是一种 α 值的应变片只能在一种材料上应用。

② 双金属敏感栅自补偿应变片

这种应变片也称组合式自补偿应变片,利用两种电阻丝材料的电阻温度系数不同(一个为正,一个为负)的特性,将二者串联绕制成敏感栅,如图 6-8 所示。若两段敏感栅 R_1 与 R_2 由于温度变化而产生的电阻变化 ΔR_{1t} 和 ΔR_{2t} 大小相等而符号相反,则即可实现温度补偿,电阻 R_1 与 R_2 的比值关系可由下式决定

图 6-8 双金属线栅法

$$\frac{R_1}{R_2} = \frac{\Delta R_{2t}/R_2}{\Delta R_{1t}/R_1}$$

式中,$\Delta R_{1t} = -\Delta R_{2t}$,这种补偿的效果较前者好,在工作温度范围内通常可达到 $\pm 0.14\ \mu\varepsilon/℃$。

6.2.4 电阻应变片的信号调理电路及应变仪

应变片将应变转换为电阻的变化,由于电阻变化的量值很小,因此需采用高精度的测量电路——电桥测量电路。以直流电源供电的电桥称直流电桥,以交流电源供电的电桥称交流电桥。

1. 直流电桥

图 6-9 为直流惠斯登电桥。由四个电阻 R_1、R_2、R_3、R_4 组成四个桥臂;A、C 为桥压端,接电压为 U_{sr} 的直流电源;B、D 为输出端,接电流指示表 R_g。根据戴维宁定律,可以算出流经电流表的电流 I_g。该定理指出:任何一个有源两端网络,都可用一个恒定的电动势 U_0 和一个电阻 R_g 与 R_0 串联的等效电路来代替。据此可将图 6-9 简化成图 6-10。

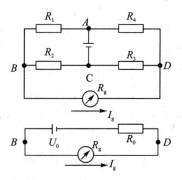

图 6-9 直流电桥　　　　　图 6-10 直流电桥等效电路

电势 U_0 是原网络开路时（B、D 两点）的端电压，可由二支路的分压比直接得出

$$U_{sc} = \frac{R_1}{R_1 + R_2} \cdot U_{sr} - \frac{R_4}{R_3 + R_4} \cdot U_{sr} \tag{6-25}$$

电阻 R_0 等于网络内各电源的内阻，即原网络 B、D 两端的总电阻，等于该电路的混联电阻

$$R_0 = \frac{R_1 R_2}{R_1 + R_2} + \frac{R_3 R_4}{R_3 + R_4} \tag{6-26}$$

则流经电流表的电流 I_g 为

$$I_g = \frac{U_{sc}}{R_g + R_0} = U_{sr} \cdot \frac{R_1 R_3 - R_2 R_4}{R_g(R_1 + R_2)(R_3 + R_4) + R_1 R_2(R_3 + R_4) + R_3 R_4(R_1 + R_2)} \tag{6-27}$$

为使电桥的输出功率最大，应使电桥的输出阻抗 R_0 和负载 R_g 相等，即

$$R_g = R_0 = \frac{R_1 R_2}{R_1 + R_2} + \frac{R_3 R_4}{R_3 + R_4} \tag{6-28}$$

将式(6-28)代回式(6-27)，得到流经指示电表的电流为

$$I_g = \frac{U_{sr}}{2} \cdot \frac{R_1 R_3 - R_2 R_4}{R_1 R_2 (R_3 + R_4) + R_3 R_4 (R_1 + R_2)} \tag{6-29}$$

电桥以电流形式输出，仅用于被测应变较大、不用放大器而直接与显示、记录器相连接的情况。一般测量时电桥的输出端 B、D 多接至应变仪的放大器，放大器的输入端内阻很高，即 R_g 远远大于桥臂的电阻，电桥的输出端相当于开路，则电桥的输出是 B、D 两端的电位差 U_{sc}。根据图 6-9 及式(6-25)，由于 R_g 的数值很大，则

$$U_{sc} = U_{sr} \cdot \frac{R_1 R_3 - R_2 R_4}{(R_1 + R_2)(R_3 + R_4)} \tag{6-30}$$

当 $I_g = 0$ 或 $U_{sc} = 0$ 时，电桥处于平衡状态，故电桥的平衡条件为

$$R_1 R_3 - R_2 R_4 = 0 \quad \text{或} \quad \frac{R_1}{R_4} = \frac{R_2}{R_3} \tag{6-31}$$

因此，调节桥臂电阻的比例关系，可使电桥达到平衡。实际测量时，桥臂四个电阻 $R_1 = R_2 = R_3 = R_4$ 时，称为等臂电桥。设 R_1 为工作片，则其电阻在试件变形后，将由 R_1 变为 $R_1 + \Delta R$，使电桥失去平衡，即

$$\frac{R_1 + \Delta R}{R_4} \neq \frac{R_2}{R_3}$$

于是 B、D 间就有电位差,电流表中有电流 I_g 流过,在匹配条件下,可由式(6-29)求得

$$I_g = \frac{U_{sr}}{2} \cdot \frac{(R+\Delta R)R - RR}{(R+\Delta R)R(R+R) + RR[(R+\Delta R)+R]} = \frac{U_{sr}}{2} \cdot \frac{\Delta R/R}{4R + 3\Delta R} \quad (6-32)$$

一般 ΔR 比 R 小得多,舍去 $3\Delta R$,上式可简化为

$$I_g \approx U_{sr} \cdot \frac{\Delta R}{8R^2}$$

由式(6-30)得 B、D 两点间电位差为

$$U_{sc} = U_{sr} \cdot \frac{(R+\Delta R)R - RR}{[(R+\Delta R)+R](R+R)} = U_{sr} \cdot \frac{\Delta R}{4R + 2\Delta R}$$

同理,由于 $\Delta R \ll R$,故可忽略分母中的 $2\Delta R$ 项,则

$$U_{sc} = U_{sr} \cdot \frac{\Delta R}{4R} = \frac{U_{sr}}{4} K \cdot \varepsilon \quad (6-33)$$

式(6-32)及式(6-33)建立了 I_g 与 ΔR 及 U_{sc} 与 ΔR 的关系。可见,电桥输出的电流或电压与应变片的电阻变化率和供桥电压有关。当 ΔR 远小于 R 时,I_g、U_{sc} 与 ΔR 呈线性关系。式(6-33)中,K 为应变片的灵敏度;ε 为应变片的应变量。

2. 交流电桥

交流电桥的一般形式如图 6-11(a)所示,电桥的四臂可为电阻、电感或电容。因此,电桥的四臂需以阻抗 Z_1、Z_2、Z_3、Z_4 表示,电表的电阻也需以 Z_g 表示。按照直流电桥的推导方法,同样可导出交流电桥的输出公式:

$$i_g = u_{sr} \cdot \frac{Z_1 Z_3 - Z_2 Z_4}{Z_g(Z_1+Z_2)(Z_3+Z_4) + Z_1 Z_2(Z_3+Z_4) + Z_3 Z_4(Z_1+Z_2)} \quad (6-34)$$

$$u_{sc} = i_g \cdot Z_g = u_{sr} \cdot \frac{Z_1 Z_3 - Z_2 Z_4}{(Z_1+Z_2)(Z_3+Z_4)} \quad (6-35)$$

由应变片构成的电桥如图 6-11(b)所示,两臂由应变片构成,另两臂是应变仪中的精密无感电阻,它可认为是纯电阻 R_3 和 R_4,由于应变片接线及线栅存在分布电容,所以两应变片可看成由电阻、电容并联阻抗组成(因电感很小,可忽略)。如在测量前,对电桥分别同时进行电阻、电容平衡,有

(a) (b)

图 6-11 交流电桥

$$i_g = \frac{R_1 R_3 - R_2 R_4}{R_g(R_1+R_2)(R_3+R_4)+R_1 R_2(R_3+R_4)+R_3 R_4(R_1+R_2)} \cdot U_m \sin \omega t$$
(6-36)

$$u_{sc} = \frac{R_1 R_3 - R_2 R_4}{(R_1+R_2)(R_3+R_4)} \cdot U_m \sin \omega t \qquad (6-37)$$

当为等臂电桥,单臂工作时,输出电压与电阻的变化关系可写成

$$u_{sc} = \frac{\Delta R}{4R} \cdot U_m \sin \omega t \qquad (6-38)$$

式中:$U_m \sin \omega t$ 为交流供桥电源电压(设初相角 $\varphi=0$);U_m 为电压峰值;ω 为角频率。

可见,输出电压 U_{sc} 及电流 i_g 均是交流,测量时电桥与应变仪放大器相连接,放大器的输入阻抗远大于电桥各臂阻值,故一般用电压输出的形式来表示。

(1) 交流电桥的平衡条件

由式(6-38)及式(6-39)得交流电桥的平衡条件为

$$Z_1 \cdot Z_3 = Z_2 \cdot Z_4 \qquad (6-39)$$

即两相对桥臂阻抗的乘积相等。若桥臂阻抗以指数形式表示,则式(6-39)可写成

$$r_1 \cdot r_3 e^{j(\varphi_1+\varphi_3)} = r_2 \cdot r_4 e^{j(\varphi_2+\varphi_4)}$$

由复数相等的条件,等式两端的幅模和幅角须分别相等,故有

$$\left.\begin{array}{r} r_1 \cdot r_3 = r_2 \cdot r_4 \\ \varphi_1 + \varphi_3 = \varphi_2 + \varphi_4 \end{array}\right\} \qquad (6-40)$$

式(6-40)是交流电桥平衡条件的一种表达形式。因此,交流电桥设有电阻平衡装置和电容平衡装置。

(2) 交流电桥的"调幅"作用

为分析方便,以等臂电桥单臂工作为例加以介绍。

设供桥电源电压 $U_{sr}=U_m \sin \omega t$,当试件受拉伸产生静应变时,电桥输出为

$$u_{sc} = \frac{1}{4} K \varepsilon U_m \sin \omega t \qquad (6-41)$$

可见,电桥输出与供桥电压同相,但幅度为电源电压幅值的 $\frac{1}{4}K\varepsilon$ 倍,如图 6-12(a)所示。

当试件受压产生静的负应变时,有

$$u_{sc} = \frac{1}{4} K(-\varepsilon) U_m \sin \omega t \qquad (6-42)$$

可见,电桥输出与供桥电压反相,幅度降为电源电压的 $-\frac{1}{4}K\varepsilon$ 倍,与受拉相比波形在相位上差了180°,如图 6-12(b)所示。

当试件受动态应力产生简谐变化应变时,设简谐应变为 ε_N,$\varepsilon_N = \varepsilon_m \sin \Omega t$,其中 ε_N、ε_m 为简谐应变的瞬时值和最大值,Ω 为简谐应变的角频率。此时电桥的输出为

$$\begin{aligned} u_{sc} &= \frac{1}{4} K \varepsilon_m \sin \Omega t \cdot U_m \sin \omega t \\ &= \frac{1}{8} K \varepsilon_m \cdot U_m \cos(\omega-\Omega)t - \frac{1}{8} K \varepsilon_m \cdot U_m \cos(\omega+\Omega)t \end{aligned} \qquad (6-43)$$

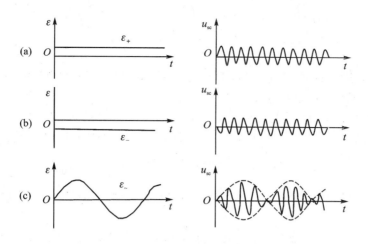

图 6-12 交流电桥的调幅作用

可见,电桥输出是在载波上叠加了一个低频的工作正弦波,载波的波幅由常数 U_m 变为 $\frac{1}{4}K\varepsilon_m \sin \Omega t \cdot U_m$,如图 6-12(c)所示。

由式(6-43)可知,动态应变的调幅波是由振幅相等而频率分别为 $(\omega-\Omega)$ 和 $(\omega+\Omega)$ 的两个波叠加。但实际应变的变化频率多为非正弦的,其中有不可忽视的高次谐波频率 $n\Omega$,则此时电桥的输出频率宽度为 $\omega \pm n\Omega$。为使电桥调制后不失真,载波频率 ω 应比应变信号频率 $n\Omega$ 大 10 倍左右。

3. 等臂对称电桥的"相邻相减、相对相加"特性

当电桥的四臂 R_1、R_2、R_3、R_4 皆产生电阻变化 ΔR_1、ΔR_2、ΔR_3、ΔR_4 时,根据式(6-30)可得输出电压为

$$U_{sc} = \frac{(R_1+\Delta R_1)(R_3+\Delta R_3)-(R_2+\Delta R_2)(R_4+\Delta R_4)}{(R_1+\Delta R_1+R_2+\Delta R_2)(R_3+\Delta R_3+R_4+\Delta R_4)} \cdot U_{sr}$$

由于 ΔR_i 远小于 R_i,在分母中忽略 ΔR_i,在分子中忽略 ΔR_i 的高次项,又考虑电桥的初始是平衡的,则输出电压为

$$U_{sc} = \frac{\Delta R_1 \cdot R_3 + \Delta R_3 \cdot R_1 - \Delta R_2 \cdot R_4 - \Delta R_4 \cdot R_2}{(R_1+R_2)(R_3+R_4)} \cdot U_{sr} \qquad (6-44)$$

对于等臂电桥,即 $R_1=R_2=R_3=R_4=R$,则上式可写成

$$U_{sc} = \frac{1}{4}\left(\frac{\Delta R_1}{R}+\frac{\Delta R_3}{R}-\frac{\Delta R_2}{R}-\frac{\Delta R_4}{R}\right) \cdot U_{sr} \qquad (6-45)$$

由于 $\frac{\Delta R}{R}=K\varepsilon$,则式(6-45)可写成

$$U_{sc} = \frac{1}{4}K(\varepsilon_1+\varepsilon_3-\varepsilon_2-\varepsilon_4) \cdot U_{sr} \qquad (6-46)$$

式(6-45)和式(6-46)为电桥加减特性表达式。

① 单臂工作:只有一只电阻 R 产生 ΔR 变化时,电桥输出电压为

$$U_{sc} = \frac{1}{4} \cdot \frac{\Delta R}{R} \cdot U_{sr} = \frac{1}{4}K\varepsilon U_{sr} \qquad (6-47)$$

② 双臂工作:设 R_1 产生正 ΔR 的变化,R_2 产生负 ΔR 的变化,且变化的绝对值相等,即

$\varepsilon_1=\varepsilon, \varepsilon_2=-\varepsilon, \varepsilon_3=0, \varepsilon_4=0$，则电桥输出为

$$U_{sc} = \frac{1}{2} \cdot \frac{\Delta R}{R} \cdot U_{sr} = \frac{1}{2} K\varepsilon U_{sr} \quad (6-48)$$

即为单臂工作的 2 倍。若 R_1、R_2 产生 ΔR 的绝对值相等，符号相同时，即 $\varepsilon_1=\varepsilon, \varepsilon_2=\varepsilon$，则 $U_{sc}=0$，电桥无输出，两工作臂的输出互相抵消。

③ 四臂工作：设 R_1、R_4 感受负的 ΔR 的变化，R_2、R_3 感受正的 ΔR 的变化，且 ΔR 绝对值相等，即 R_1、R_3 感受正应变，R_2、R_4 感受负应变，且应变的绝对值相等，则电桥的输出为

$$U_{sc} = \frac{\Delta R}{R} \cdot U_{sr} = K\varepsilon U_{sr} \quad (6-49)$$

即为单臂工作的 4 倍。若 R_1、R_2、R_3、R_4 感受同向的 ΔR 的变化，则 $U_{sc}=0$，即各桥臂的输出互相抵消。

图 6-13 给出了电桥的输出关系，虽为直流电桥形式，但对交流电桥形式也完全适用。电桥输出可总结为：当相邻桥臂为异号或相对桥臂为同号的电阻变化时，电桥的输出可相加；当相邻桥臂为同号或相对桥臂为异号的电阻变化时，电桥的输出应相减。

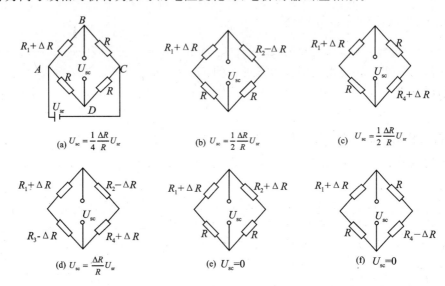

图 6-13 电桥加减特性

4. 电阻应变仪

由于电阻应变片的电阻变化很小，因此电桥输出信号的幅度小，不足以驱动显示和记录装置。实际工作时需将电桥输出的信号用一个高增益的放大器进行放大，用于完成这一任务的仪器称电阻应变仪。

电阻应变仪有两个作用：一是将电桥输出的微弱信号进行放大；二是进行阻抗变换，以确保放大器的输出阻抗和记录仪器的输入阻抗匹配。

应变仪按被测应变的变化频率可分为静态应变仪、静动态应变仪、动态应变仪、超动态应变仪。按放大器工作原理可分为直流放大和交流放大两类。

静态电阻应变仪主要测量静载荷作用下物理量的变化，其应变信号变化十分缓慢或变化后能相对稳定。静态应变仪一般是载波放大式的，使用零位法进行测量。

静动态电阻应变仪测量静态应变为主,也可测量频率较低的动态应变。测量的工作频率一般在 0~100 Hz 以内。

动态应变仪与各种记录仪配合用于测量动态应变。测量的工作频率可达 0~2 kHz,个别可达 10 kHz。动态应变仪具有电桥、放大器、相敏检波器和滤波器等。

工作频率高于 10 kHz 的应变仪称超动态应变仪,用于测量冲击等变化非常剧烈的瞬间过程。超动态电阻应变仪工作频率比较高,因此,要求载波的频率就更高,多采用直流放大器。

(1) 载波放大式应变仪的组成及工作原理

载波放大式应变仪由电桥、电桥平衡装置、放大器、振荡器、相敏检波器、滤波器和稳压电源等组成。其工作原理如图 6-14 所示。稳压电源对放大器和载波振荡器提供稳定的电压。载波振荡器产生正弦电压供给测量电桥和作为相敏检波器的参考电压。当工作片感受一个如图所示的动态应变时,电桥输出一个微弱的调幅波,调幅波的包络线与动态应变相似。放大器将微弱的调幅波放大 1 600~2 000 倍后输入相敏检波器,经解调得应变包络线,检出应变波形,辨别出信号的正负方向,再经低通滤波器滤去载波及高次谐波而得到与所测动态应变相似的信号。

图 6-14 载波式应变仪的典型方框图

(2) 电标定及电标定桥

动态应变仪可根据电标定来确定应变片感受的应变值。当变形使应变片产生 $\Delta R = K\varepsilon R$ 的电阻变化时,为模拟这种变化,可在应变片 R 上并联一大阻值电阻 R_p,如图 6-15 所示。这种在桥臂上并联大电阻来模拟试件变形的方法叫电标定。如 100 微应变的电标定,实际上是将 $R_p = 600$ kΩ 的电阻并联到 120 Ω 的测量应变片上,使这个臂的阻值减小了 $\Delta R = 120 - 120R_p/(120+R_p) = 0.024$ Ω;而 $K=2$,阻值为 120 Ω 的应变片在 100 微应变的作用下,产生的电阻变化为 $\Delta R = K\varepsilon R = 2 \times 100 \times 10^{-6} \times 120 = 0.024$ Ω 这两种情况产生的效果是等效的。

实际应变仪的电标定不是在桥臂上并联一个电阻,而是有一系列的精密电阻,根据需要并联其中之一,以便给出一系列的电标定值,如图 6-16 所示。

图 6-15 电标定　　　　图 6-16 电阻应变仪的电标定

6.3　力测量

6.3.1　常用力传感器

性能优良的测力传感器,应具备以下要求:

① 灵敏度高,交叉干扰度小。灵敏度高,传感器的分辨率就高,可反映力的微小变化。交叉干扰度(交叉灵敏度)是指衡量垂直于某方向的作用力对该方向作用力的读数的影响程度。交叉干扰一般是不可避免的,但要尽量减小这种干扰。

② 线性度好,稳定性高。测力传感器应具有良好的线性度,且不随外界因素的变化而变化。

③ 静刚度高。静刚度指使弹性元件每单位变形需加的外作用力,是测力传感器的最重要的性能指标之一,一般应尽可能提高测力传感器的静刚度。

④ 动态响应特性好。频率响应应满足信号的不失真的传输条件。

⑤ 密封与屏蔽良好以减小环境干扰。

1. 应变式力传感器

应变式力传感器由弹性元件及应变片组成。弹性元件的性能好坏直接影响传感器的测量准确度。衡量弹性元件性能的主要指标有载荷与变形的线性度、弹性滞后量、弹性模量的温度系数、热膨胀系数、结构的柔度与刚度、固有频率等。弹性模量的温度系数是指同样的载荷作用下,弹性元件的应变随温度的变化率。它影响力传感器输出读数的稳定。根据被测力的大小、性质及传感器准确度等不同要求,弹性元件可采用不同的结构形式,常用的有柱式、环式、梁式、轮辐式四种。表 6-1 列出了常用应变式力传感器的结构、贴片位置和测量电桥的组成等情况。

第6章 应力、应变、力及转矩测量技术

表 6-1 常用弹性元件及应变片接桥方式

形 式	弹性元件的形式布片和接桥方式	弹性元件的应变值	桥臂系数	电桥的电压输出	符号含义
柱式(圆柱、方柱、圆筒)		$\varepsilon = \dfrac{F}{AE}$	$n = 2(1+\mu)$	$U = \dfrac{U_0}{4}nk\varepsilon = \dfrac{k(1+\mu)U_0}{2AE}F$	A 为柱件的断面积。对于圆柱,$A = \dfrac{\pi}{4}d^2$;对于圆筒,$A = \dfrac{\pi}{4}(D_0^2 - d_0^2)$;对于方柱,$A = ab$
薄臂环式		$\varepsilon = \dfrac{1.092FR}{bt^2E}$ $(R > 20t)$	$n = 4$	$U = \dfrac{U_0}{4}nk\varepsilon = \dfrac{1.092kRU_0}{bt^2E}$	R 为圆环半径;t 为圆环厚度;b 为圆环宽度
悬臂梁式		$\varepsilon = \dfrac{6Fl}{Ebh^2}$	$n = 4$	$U = \dfrac{U_0}{4}nk\varepsilon = \dfrac{6klU_0}{Ebh^2}F$	l 为着力点至应变中心的距离;b 为梁的宽度;h 为梁的高度
轮辐式		$\varepsilon = \dfrac{3(1+\mu)F}{8bhE}$	$n = 4$	$U = \dfrac{U_0}{4}nk\varepsilon = \dfrac{3U_0k(1+\mu)}{8bhE}F$	b 为轮辐截面宽度;h 为轮辐截面高度

柱式应变力传感器的特点是结构紧凑、简单,承载能力大,主要用于中等载荷的拉压力测量。

环式应变力传感器的特点是稳定性好、固有频率较高,主要用于中、小载荷的力测量,可测几百到几万牛顿的拉、压力。但其应力分布变化大,同一截面上应力状态也比较复杂。为使传感器得到较高的灵敏度,应选择有利的部位粘贴应变片。

梁式应变力传感器结构简单,易于加工,贴片方便,灵敏度较高,主要用于小载荷、高准确

度的拉、压力测量,测量范围从 0.01 N 到几千 N。应变片的粘贴位置应选择在梁的最大弯矩截面处,并在该截面中性轴的对称表面上,此时应变大小相等、符号相反。通常用全桥接法以获得桥路最大输出。

轮辐式应变力传感器外形低矮,可承受大载荷,固有频率很高,抗偏心载荷和抗侧向载荷能力强,常用于重型载荷的电子秤中。应变片粘贴在轮辐侧面上,且 45 ℃斜线交叉成直角的两应变大小相等、符号相反,便于全桥接法。

2. 压电式力传感器

压电式传感器是一种典型的有源传感器或发电型传感器,以某些电介质的压电效应为基础,外力作用下在电介质的表面上产生电荷,从而实现非电量电测的目的。压电式力传感器具有灵敏度高、频率响应范围宽和稳定性好等特点,因此在瞬态力与交变力的测量中得到了广泛的应用。

图 6-17 为单向压电式力传感器结构图。晶体片为采用 X 切割的石英晶片,上盖为传力元件,其变形壁的厚度为 0.1~0.5 mm,由测力范围决定。绝缘套用来绝缘和定位。基座内外底面对其中心线的垂直度、上盖及晶片、电极的上下底面的平行度与表面光洁度都有极严格的要求,否则会使横向灵敏度增加或使晶片因应力集中而过早破坏。为提高绝缘阻抗,传感器装配前要经过多次净化(包括超声波清洗),然后在超净工作环境下进行装配,加盖之后用电子束封焊。

图 6-17 压电式单向测力传感器

三向压电力传感器结构图如图 6-18 所示,传感器内安装有三组石英晶片。其中两组石英晶片对剪切力敏感,分别用于测量 F_x 和 F_y 这两个横向分力;另一组石英晶片测量纵向分力 F_z。在载荷作用下,各组石英晶片分别产生与相应分力成比例的电荷信号,通过电极引到外部输出插座。由于剪切力 F_x、F_y 是通过上下安装面与传感器表面的静摩擦传递的,所以安装时传感器一定要预加载荷。

图 6-18 三向测力传感器结构图

6.3.2 力传感器标定

为确保力测量的正确性和准确性,使用前需对力传感器及其系统进行标定。标定的精度直接影响测量精度。力传感器的标定分静态标定和动态标定。

1. 静态标定

静态标定是对测力传感器施加一系列标准力,测得相应的输出后,根据两者的对应关系作出标定曲线,再求出表征传感器静态特性的各项性能指标,如静态灵敏度、线性、迟滞、重复性、稳定性以及横向干扰等。对于多向测力传感器,还要进行交叉干扰度的标定。

静态标定通常在特制的标定台上进行。所施加的标准力的大小和方向都应十分精确,其力值必须符合量值传递的规定和要求。静态标定时采用的加载方式有砝码-杠杆加载系统、螺杆-标准测力环加载系统、标准测力机加载等。

2. 动态标定

用于瞬变力和交变力等动态测试的传感器,仅作静态标定是不够的,有时还需进行动态标定。动态标定的目的在于获取传感器的动态特性曲线,再由动态特性曲线求得测力传感器的固有频率、阻尼比和工作频带等反映动态特性的参数。力传感器或测力系统动态标定的常用方法是输入一个已知的动态激励力,测出相应的响应,根据激励及响应来确定出传感器的频率响应特性。

冲击法可获得半正弦波瞬变激励力,此法简单易行。如图 6-19 所示,将待标定的测力传感器安放在有足够质量的刚性基础上,用一个质量 m 的钢球在确定的高度 h 自由下落,当钢球冲击传感器时,由传感器所测得的冲击力信号经放大后输入瞬态波形存储器,或直接输入信号分析仪,即可得到如图 6-20 所示的波形图。图中 $0 \sim t_1$ 为冲击力作用时间,虚线为冲击力波形,实线为实际的输出波形,$t_1 \sim t$ 段为自由衰减振荡信号,它和 $0 \sim t_1$ 段中叠加在冲击力波形上的高频分量反映了传感器的固有振荡信号,对其作进一步分析处理,可获得力传感器的动态特性。

图 6-19 冲击法标定系统

图 6-20 冲击力波形

6.3.3 测量实例

1. 抵肩力测量

手持式武器射击时以人为架座,武器射击精度与其射击架座——人的反作用力的影响密切相关。人-枪之间的相互作用力包括射手肩部和双手对枪支的反作用力,即抵肩力、握把力和护木力。立姿射击的抵肩力为手持式武器立姿射击时,在武器后坐力作用下,枪托底部抵压人体肩部所产生的那部分人-枪之间的相互作用力。

传感器安装及抵肩力作用示意图如图 6-21 所示,图 6-22 为测量系统组成框图。抵肩力传感器选用双剪切梁式应变力传感器,该传感器质量较轻,其固有频率为 $f_n = 670$ Hz,阻尼

比 $\xi=0.113$。系统中加速度传感器选用恩德福克公司 7264-2000 型压阻式加速度计,加速度计安装在抵肩板上。图 6-21 中 F_1 为主动力即火药燃气作用而产生的力,F_2 为抵肩力,m_1 为枪的等效质量,m_2 为抵肩板及传感器敏感元件的等效质量。图 6-23 是获得的原始抵肩力信号。由图 6-23 可见,实测的信号曲线上有三个振荡峰,分别是在射击时火药燃气冲击枪身、自动机后坐到位与机匣尾端面的撞击以及自动机复进到位时与枪管尾部的撞击而产生的。由于人体肩部肌肉组织的作用及在射击过程中射手不由自主地后仰或偏转所产生的缓冲作用。射击时真正的人-枪相互作用力的频率范围不应很高,曲线中高频振荡是由于在射击过程中火药气体的冲击、枪机框与机匣、枪机框与枪管的弹性撞击激振的结果,尖峰是与传感器固有频率相近的那部分激振信号所引起的传感器之共振。因此,这一信号不是真正的抵肩力随时间变化曲线,只能说抵肩力信号包藏在这一曲线之中,必须设法将它提取出来。另外,肩部作用力是通过抵肩板传给弹性元件的,传感器和抵肩板具有一定的质量,由于惯性力作用于敏感元件上也会产生附加输出。

图 6-21 传感器安装及抵肩力作用示意图

图 6-22 抵肩力测量系统组成框图

肩部模型可看成是一个线性的肩部弹簧及一个阻尼器以抵抗武器的后坐力,而抵肩力则是武器后坐时压缩"肩部弹簧"所作用的力,因此可近似地将抵在肩部的武器与肩部简化为一单自由度二阶振动系统。加速度修正模型可简化为图 6-24 所示。

图 6-24 中,c 为传感器的阻尼;k 为传感器的刚度;a_1 和 a_2 分别为射击时枪托部位及抵肩板的加速度。显然,由于 m_2 及 c 的存在必然会引起测量误差。以抵肩板为隔离体,则抵肩力为

$$F_2 = c\,\mathrm{d}y/\mathrm{d}t + ky + m_2 \mathrm{d}^2 x_2/\mathrm{d}t^2 \tag{6-50}$$

可写成

$$F_2 = 2\xi m_2 \omega_n \mathrm{d}y/\mathrm{d}t + ky - m_2 a_2 \tag{6-51}$$

式(6-51)中:$\omega_n = 2\pi f_n$;y 为传感器输出;k 为传感器静态灵敏度的倒数。

图 6-23 原始抵肩力实验曲线

图 6-24 加速度修正模型

枪支的等效质量为 $m=4$ kg，肩部弹簧取 $k=43.8$ N/mm，由 $\omega_n=\sqrt{k/m}$，得 $f_n=16.7$ Hz。对二阶系统来说，当激励频率超过三倍固有频率时，系统的响应便可忽略不计，据此能检测的抵肩力的频率范围为 50 Hz 左右。考虑到肩部组织内部包着骨骼等硬组织，在射击过程中会影响弹簧刚度 k，实际滤波截止频率略高。对加速度修正后的抵肩力信号进行谱分析表明，除在传感器共振频率附近不正常放大的那些频率分量外，信号的能量主要集中在 20 Hz 以下的范围内，随后幅值急剧下降，在 100 Hz 时已降到最大幅值的 2% 以下，将大于 100 Hz 的频率分量滤去不会对信号产生大的影响。图 6-25 为经处理后的抵肩力信号，图 6-25 中水平线①为射击前枪托未抵肩时传感器未受力的系统零线位置。准备射击时，枪托抵肩，双手举枪的同时往后拉，使枪抵压肩部，传感器受静力作用，系统输出零线移到水平线②处。这一静态抵肩力的值为 120～140 N。击发后在火药燃气的作用下，枪托冲击肩部，抵肩力曲线出现第一峰值。随后由于从导气孔导出的火药气体推动枪机后坐对导气室前端面的作用等，抵肩力曲线出现下降和波动，然后在整个自动机后坐过程中，抵肩力变化较平缓。当自动机后坐到位撞击机匣尾端面时，抵肩力急剧上升到达最大值。在自动机复进过程中，抵肩力逐步下降，当自动机复进到位撞击枪管尾部时，枪支前冲，抵肩力下降越过动态零线②，但仍未到达静态零线①，说明与射击前的抵肩状态相比枪肩略有松开，由于握持的双手仍在起作用，但未达到完全松开状态。

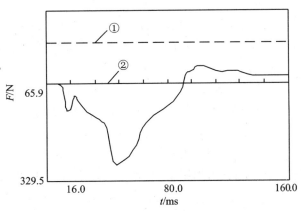

图 6-25 处理后的抵肩力信号

2. 握把力测量

在手持式武器的射击过程中,有一部分后坐力通过武器的握把作用在人手上,而人手亦通过握把对武器产生反作用,并对武器的运动产生影响。用实验的方法测定这一部分人-枪的相互作用力(简称"握把力"),对人-枪力学模型的研究是必要的。

根据手持式武器的工作特点及人手和握把之间作用力的状况,要求测力传感器应能同时测量两个相互垂直的作用力。采用双环式弹性体作为传感器的敏感元件。图 6-26 为双环弹性体的工作原理图。当环受到垂直力 F 和水平力 H 以及一个弯矩 M_0 同时作用时,两个圆环部分截面上的弯矩分别为

右圆弧 $\quad M_\alpha = \dfrac{FR}{\pi} + \dfrac{M_0}{2} - \left(\dfrac{2M_0}{\pi} + \dfrac{FR}{2}\right)\sin\alpha + \dfrac{HR}{2}\cos\alpha, \quad 0 < \alpha < \pi \quad (6-52)$

左圆弧 $\quad M_\alpha = \dfrac{FR}{\pi} - \dfrac{M_0}{2} - \left(\dfrac{2M_0}{\pi} - \dfrac{FR}{2}\right)\sin\alpha - \dfrac{HR}{2}\cos\alpha, \quad 0 < \alpha < 2\pi \quad (6-53)$

由式(6-52)、式(6-53)可知:当 $\sin\alpha = \pm(2/\pi)$ 时,即当 $\alpha = 39.54°$,$180° \pm 39.54°$ 和 $\alpha = -39.54°$ 时弯矩与垂直力 F 无关;当 $\alpha = 90°$ 或 $270°$ 时,弯矩与水平力 H 无关,因此在这些位置上分别粘贴几组应变片并采用相应的接桥方式,可独立地测量 F、H 和 M_0。传感器的安装方式如图 6-27 所示,其中①为枪体;②为握把力传感器;③为握把。

图 6-26 握把力传感器的工作原理

图 6-27 握把力传感器安装示意图

静标时将传感器固定,分别沿着传感器水平和垂直方向悬挂标准质量的砝码,作为已知水平力和垂直力的输入,从而获得传感器在对应方向的输出。在理论上,传感器的垂直与水平方向上的输出是相互独立的,但由于敏感元件的加工误差及应变片贴片位置偏差的影响,传感器垂直方向与水平方向输入的交互作用难以避免。故可设传感器单独受垂直力 F 与水平力 H 作用时,传感器输出分别为

垂直方向 $\quad Y_1 = b_1 F$

交互作用下的水平方向 $\quad X_1 = d_1 F$

水平方向 $\quad X_2 = d_2 H$

交互作用下的垂直方向 $\quad Y_2 = b_2 H$

则包含有垂直分力和水平分力的合力作用下,其垂直与水平方向的总输出分别为 X、Y,有

$$\begin{bmatrix} X_1 + X_2 \\ Y_1 + Y_2 \end{bmatrix} = \begin{bmatrix} X \\ Y \end{bmatrix} = \begin{bmatrix} b_1 & d_1 \\ b_2 & d_2 \end{bmatrix} \begin{bmatrix} F \\ H \end{bmatrix} \quad (6-54)$$

由式(6-54)可得

第6章 应力、应变、力及转矩测量技术

$$\begin{bmatrix} F \\ H \end{bmatrix} = \begin{bmatrix} b_1 & d_1 \\ b_2 & d_2 \end{bmatrix}^{-1} \begin{bmatrix} X \\ Y \end{bmatrix} \tag{6-55}$$

式(6-55)中,系数矩阵可由静态标定获得。由式(6-54)可知,当没有交互作用时,即 $d_1 = b_2 = 0$,则有

$$\begin{bmatrix} F \\ H \end{bmatrix} = \begin{bmatrix} b_1 & 0 \\ 0 & d_2 \end{bmatrix}^{-1} \begin{bmatrix} X \\ Y \end{bmatrix} \tag{6-56}$$

垂直力 F 和水平力 H 对枪支而言,并不是真正的垂直力和水平力,为确保握把部位原有的受力方式,传感器安装时保持了原有握把的连接方式,传感器的水平中心线与枪管轴线有一约 $25°$ 的夹角 β,如图6-28所示。握把部位以枪管轴线为基准的垂直作用力 F' 和水平作用力 H',为

$$\begin{bmatrix} F' \\ H' \end{bmatrix} = \begin{bmatrix} \cos\beta & \sin\beta \\ \sin\beta & \cos\beta \end{bmatrix}^{-1} \begin{bmatrix} F \\ H \end{bmatrix} \tag{6-57}$$

图6-28 握把力作用方向示意图

对分解后获得的握把力信号进行频谱分析,其结果表明:握把力的主要频率分量均集中在 200 Hz 以内,200 Hz 以上的频率分量可看成是干扰噪声的影响,因此将握把力的滤波截止频率定为 200 Hz。

握把力测量曲线见图6-29,其中(a)为握把力水平分力曲线,(b)为握把力垂直分力曲线。当握把力处于自由状态时,水平分力的零线位置在 $0'$。枪支抵肩后,手握握把向后拉,有一 $50\sim100$ N 的拉力,使零线位置移到 0 处。垂直力零线位置基本不变。枪支击发后,水平力产生了曲线尖峰(a),峰值大小为 $100\sim130$ N,由于握把的安装带有一倾斜角,枪支后坐时手对握把有一向上的垂直作用力,因此在后坐的最初瞬间,垂直分力曲线上出现尖峰①。由于火药燃气冲击导气室前端面的作用,手和握把的接触位置移到握把前侧,对握把作用产生一向后的拉力,水平力曲线出现反向尖峰(b),峰值大小为 $50\sim100$ N。此力与气室前壁力使枪支产生绕肩部向下翻倒的趋势。于是握把部位对手产生一向下的力,垂直力曲线出现峰③。自动机后坐到位向后撞击,手与握把作用位置又移到握把后侧,在水平方向手对握把产生向前的反作用力,垂直方向则产生向下拉力峰④。在自动机复进过程中,水平方向分力保持在静压零线附近,但在垂直方向,枪仍在上抬,所以手对握把呈拉力,同时手随枪动,拉力逐渐减小,形成峰⑥。自动机复进到位,水平方向分力出现峰(e),产生一向后拉力,在手向后拉时,对握把有一向下拉力,于是出现峰⑦。

3. 火箭发动机六分力测量

在早期的固体火箭发动机试验中,一般只测量沿轴向的推力分量,因此所测得的推力只是一个主推力分量而不是整个推力。随着固体火箭技术的发展,仅轴向推力的测量已不能满足火箭技术发展的需要。例如,对于喷管固定的固体火箭发动机,在工作过程中,由于推进剂燃烧的不均匀性或者喷管的几何不对称性,使喷管中的燃气流动为非对称流动。这种流动造成火箭推力偏离其轴线,从而出现了侧向力和推力矢量绕火箭质心的力矩,这就是推力偏心,如图6-30所示。固体火箭发动机的推力偏心是影响火箭弹密集度的主要原因之一,故在地面

(a) 握把力水平分力曲线   (b) 握把力垂直分力曲线

图 6-29　握把力曲线处理结果

试车过程中,推力矢量是需要测量的一个重要参数。近年来,随着多分力测量技术的发展,多分力测量系统能测得微小变化的侧向力,从而获得较真实的推力矢量。目前,国内外主要采用多分力模型和多分力试验台对推力矢量进行测量,其中较为常用的是六分力模型和六分力试验台。

图 6-30　推力矢量偏心示意图

推力矢量测量在六分力试验台架上进行,用球铰和弹簧夹头将发动机安装在动架筒内,动架筒依靠一个主推力测力组件和五个侧向测力组件与定架相连。推力矢量测试系统组成如图 6-31 所示。

固体火箭发动机在进行推力测试时,火箭发动机喷管的燃气流产生的反作用力通过六分力试验台架作用在六组测力组件的传感器上,六组传感器将力值转换为电压信号通过信号调理模块转换后传输至测试间数据采集系统,通过相应的软件记录六路传感器输出曲线,经过力学推导得出推力矢量、推力偏心距、推力偏心角等相关参数的变化曲线。

六组测力传感器在六分力火箭试验台上的布置如图 6-32 所示。

将图 6-32 可进一步简化成图 6-33 所示的力学模型,规定传感器受压为正,受拉为负,而力矩的正方向按右手螺旋法则规定。选 $O-xyz$ 为直角坐标系。以 F_4、F_5 两个方向传感器的理论轴线交点为坐标系原点 O,F_4 方向传感器的理论轴线为 x 轴,F_6 方向传感器的理论轴线为 z 轴,F_5 方向传感器的理论轴线为 y 轴,安装传感器的方向为各坐标轴的正方向。

图 6-31 推力矢量测量分系统

图 6-32 六分力模型测力传感器布置示意图

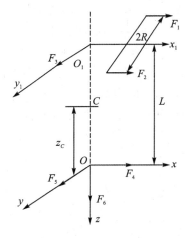

图 6-33 六分力力学模型

由图 6-33，若把简化中心选在坐标原点 O 上，由空间力系平衡条件可得

$$\left. \begin{array}{l} F_x = -(F_1 + F_2 + F_4) \\ F_y = -(F_3 + F_5) \\ F_z = -F_6 \end{array} \right\} \quad (6-58)$$

$$\left. \begin{array}{l} M_x = F_3 \times L \\ M_y = -(F_1 + F_2) \times L \\ M_z = (F_1 - F_2) \times R \end{array} \right\} \quad (6-59)$$

在式(6-58)与式(6-59)中，L 为上下侧向力组件平面间的距离，即为 O_1 到 O 的距离；R 为 F_1 与 F_2 侧向力组件距离的一半；$F_1 \sim F_6$ 为传感器所测得的力，传感器受压为正；F_x、F_y、F_z 为合力在各坐标系上的投影，与坐标系同向为正；M_x、M_y、M_z 为合力矩在各坐标系上的投影，正负号按右手螺旋法则确定。

推力作用线偏离发动机几何轴线称为推力偏心。可用推力偏心角、推力偏心距及幅角来描述。推力偏心距 Δ_C 及幅角 φ_{Δ_C} 的定义如图 6-34 所示,推力偏心距为火箭发动机质心 C 到推力作用线与过 C 点的横截面的交点 D 的距离 CD,即 $CD=\Delta_C$。幅角为 CD 与 x 轴线的夹角,即 φ_{Δ_C},由图 6-33 的几何关系可得

$$\Delta_C = \overline{CD} = \sqrt{CN^2 + CM^2} = \sqrt{\Delta_{Cx}^2 + \Delta_{Cy}^2} \qquad (6-60)$$

$$\varphi_{\Delta_C} = \arctan \frac{\Delta_{Cy}}{\Delta_{Cx}} \qquad (6-61)$$

在这里假设质心 C 的坐标 $(0,0,z_C)$,则 D 点坐标 $(\Delta_{Cx}, \Delta_{Cy}, z_C)$,其中 z_C 为火箭质心与直角坐标原点 O(简化中心)之间的距离(见图 6-33)。通过推导,由合力矩定理得

$$\Delta_{Cx} = \sqrt{\frac{(F_1+F_2)(L+z_C)+f_4 z_C}{F_6}} \qquad (6-62)$$

$$\Delta_{Cy} = \frac{F_3(z_C+L)+z_C F_5}{F_6} \qquad (6-63)$$

在式(6-62)与式(6-63)中,L 和 z_C 对于一定的试验台和确定的发动机都是常数,将计算结果 Δ_{Cx}、Δ_{Cy} 代入式(6-60)和式(6-61)中,即可求得推力偏心距 Δ_C 和幅角 φ_{Δ_C}。

图 6-35 中为某次试验中固体火箭发动机主推力方向的压力曲线,可以看到当点火后主推力方向的力伴随着固体火药的燃烧会经历一个前期振动、中期平稳、后期迅速减小的过程。在六分力测试中,一般关心的是火箭发动机中间平稳工作阶段时的推力情况,图 6-36 和图 6-37 即为通过六个分力计算出的平稳工作阶段火箭的推力偏心角和推力偏心矩,可见在平稳工作阶段,推力偏心角和推力偏心矩基本保持不变。这样通过六分力测试,可以掌握火箭发动机的推力偏心角和推力偏心矩等参数,从而对火箭发动机的工作性能进行评判。

图 6-34 发动机推力作用线几何关系

图 6-35 F6 实时变化曲线

图 6-36 推力偏心角　　　　　　　　图 6-37 推力偏心矩

6.4 应变、应力测量

6.4.1 基于应变片的应变、应力测量

应变片反映的是结构表面应变片粘贴区域的应变,由于该应变是由多种因素引起的,如拉力、弯矩、扭转、剪切等,为了排除多方因素的干扰,测定某种内力因素造成的应变,同时削弱环境温度的影响及载荷偏心的影响,必须选择合适的应变片粘贴方向和粘贴位置,并将应变片正确地接入电桥。

(1) 布片与接桥的原则

① 选择主应变最大,最能反映力学规律的点作为贴片位置,并沿主应力方向贴片。

② 按应变测量电桥的和差特性将应变片接入电桥的各臂,以获得欲测应变引起的电桥输出,使输出的灵敏度尽量大,非线性误差最低。

③ 应使所选贴片位置的应变尽量与外载荷呈线性关系。

(2) 轴向拉伸载荷下的布片与接桥

应变片的布片及接桥方法如表 6-2 所列。表中:K 为应变片的灵敏度;μ 为被测件的泊松比;ε_i 为指示应变值;ε 为所要测量的机械应变值;U 为供桥电压;U_o 为输出电压。从表中可看到不同的布片和接桥方法对灵敏度、温度补偿情况和消除弯矩的影响是不同的,应优先选用输出信号大、能实现温度补偿、粘贴方便的方案。

1. 平面应力、应变测量

平面应力是指构件内的一个点在两个互相垂直的方向上受到拉伸或压缩而产生的应力状态。

(1) 已知主应力方向

例如承受内压的薄壁圆筒形容器的筒体,处于平面应力状态下,其主应力方向是已知的。这时只需要沿两个互相垂直的主应力方向上各贴一片应变片,另外再采取温度补偿措施,就可以直接测出主应变 ε_1 和 ε_2。其贴片和接桥方法如图 6-38 所示。

σ_1 作用:x 轴方向的应变为 σ_1/E;y 轴方向的应变为 $-\mu\sigma_1/E$。

图 6-38 用半桥单点测量桥测量主应变

σ_2 作用：y 轴方向的应变为 σ_2/E；x 轴方向的应变为 $-\mu\sigma_2/E$。

表 6-2 轴向拉伸（压缩）载荷下布片、接桥组合

应变片的数量	受力状态简图	电桥组合形式	电桥输出电压	测量项目及应变值	温度补偿情况	特 点
2		半桥式	$U_\circ = \frac{1}{4}UK\varepsilon$	拉（压）应变 $\varepsilon = \varepsilon_1$	另设补偿片	不能消除弯矩的影响
		半桥式	$U_\circ = \frac{1}{4}UK\varepsilon(1+\mu)$	拉（压）应变 $\varepsilon = \frac{\varepsilon_1}{1+\mu}$	互为补偿	输出电压提高到 $(1+\mu)$ 倍，不能消除弯矩的影响
4		半桥式	$U_\circ = \frac{1}{4}UK\varepsilon$	拉（压）应变 $\varepsilon = \varepsilon_1$	设补偿片	可以消除弯矩的影响
		全桥式	$U_\circ = \frac{1}{2}UK\varepsilon$	拉（压）应变 $\varepsilon = \frac{\varepsilon_1}{2}$		输出电压提高一倍，可以消除弯矩的影响
		半桥式	$U_\circ = \frac{1}{4}UK\varepsilon(1+\mu)$	拉（压）应变 $\varepsilon = \frac{\varepsilon_1}{1+\mu}$	互为补偿	输出电压提高到 $(1+\mu)$ 倍，且能消除弯矩的影响
		全桥式	$U_\circ = \frac{1}{2}UK\varepsilon(1+\mu)$	拉（压）应变 $\varepsilon = \frac{\varepsilon_1}{2(1+\mu)}$		输出电压提高到 $2(1+\mu)$ 倍，能消除弯矩的影响

则 x 轴方向和 y 轴方向的应变分别有

$$\varepsilon_1 = \frac{\sigma_1}{E} - \mu \frac{\sigma_2}{E} = \frac{1}{E}(\sigma_1 - \mu \sigma_2) \tag{6-64}$$

$$\varepsilon_2 = \frac{\sigma_2}{E} - \mu \frac{\sigma_1}{E} = \frac{1}{E}(\sigma_2 - \mu \sigma_1) \tag{6-65}$$

即可得

$$\sigma_1 = \frac{E}{1-\mu^2}(\varepsilon_1 + \mu \varepsilon_2) \tag{6-66}$$

$$\sigma_2 = \frac{E}{1-\mu^2}(\varepsilon_2 + \mu \varepsilon_1) \tag{6-67}$$

（2）主应力方向未知

主应力方向未知时，可采用应变花来进行测量。应变花是由三个（或多个）互相之间按一定角度关系排列的应变片所组成的。用它可测量某点三个方向的应变，然后按已知公式可求出主应力的大小和方向。图 6-39 列举了几种常用的应变花。

(a) 直角形应变花　　(b) 等边三角形应变花　　(c) T-△形应变花　　(d) 双三角应变花

图 6-39　常用的应变化

图 6-40 所示是边长为 x、y，对角线长为 l 的矩形单元体。设在平面应力状态下，与主应力 x 方向成 θ 角的任一方向的应变为 ε_θ，即图中对角线长度 l 的相对变化量。由于主应力 σ_x、σ_y 的作用，该单元体在 x、y 方向的伸长量为 Δx、Δy，如图 6-40(a)、(b) 所示，该方向的应变为 $\varepsilon_x = \Delta x/x$，$\varepsilon_y = \Delta y/y$；在切应力 τ_{xy} 作用下，使原直角 $\angle xOy$ 减小 γ_{xy}，如图 6-40(c) 所示，即切应变 $\gamma_{xy} = \Delta x/y$。这三个变形引起单元体对角线长度 l 的变化分别为 $\Delta x\cos\theta$、$\Delta y\sin\theta$、$y\gamma_{xy}\cos\theta$，其应变分别为 $\varepsilon_x\cos^2\theta$、$\varepsilon_y\sin^2\theta$、$\gamma_{xy}\sin\theta\cos\theta$。当 ε_x、ε_y、γ_{xy} 同时产生时，对角线的总应变为上述三者之和，可表示为

(a) x 方向应变　　(b) y 方向应变　　(c) 切应变

图 6-40　在 σ_x、σ_y 和 τ_{xy} 作用下单元体的应变

$$\varepsilon_\theta = \varepsilon_x \cos^2\theta + \varepsilon_y \sin^2\theta + \gamma_{xy}\sin\theta\cos\theta \tag{6-68}$$

利用半角公式变换后，上式可写成

$$\varepsilon_\theta = \frac{\varepsilon_x + \varepsilon_y}{2} + \frac{\varepsilon_x - \varepsilon_y}{2}\cos 2\theta + \frac{\gamma_{xy}}{2}\sin 2\theta \tag{6-69}$$

由式(6-69)可知 ε_θ 与 ε_x、ε_y、γ_{xy} 之间的关系。因 ε_x、ε_y、γ_{xy} 未知,实际测量时可任选与 x 轴成 θ_1、θ_2、θ_3 三个角的方向各贴一个应变片,测得 ε_{θ_1}、ε_{θ_2}、ε_{θ_3} 连同三个角度代入式(6-69)中可得

$$\left.\begin{aligned}\varepsilon_{\theta_1} &= \frac{\varepsilon_x + \varepsilon_y}{2} + \frac{\varepsilon_x - \varepsilon_y}{2}\cos 2\theta_1 + \frac{\gamma_{xy}}{2}\sin 2\theta_1 \\ \varepsilon_{\theta_2} &= \frac{\varepsilon_x + \varepsilon_y}{2} + \frac{\varepsilon_x - \varepsilon_y}{2}\cos 2\theta_2 + \frac{\gamma_{xy}}{2}\sin 2\theta_2 \\ \varepsilon_{\theta_3} &= \frac{\varepsilon_x + \varepsilon_y}{2} + \frac{\varepsilon_x - \varepsilon_y}{2}\cos 2\theta_3 + \frac{\gamma_{xy}}{2}\sin 2\theta_3\end{aligned}\right\} \quad (6-70)$$

由式(6-70)联立方程就可解出 ε_x、ε_y、γ_{xy}。再由 ε_x、ε_y、γ_{xy} 可求出主应变 ε_1、ε_2 和主方向与 x 轴的夹角 θ,即

$$\left.\begin{aligned}\varepsilon_1 &= \frac{\varepsilon_x + \varepsilon_y}{2} + \frac{1}{2}\sqrt{(\varepsilon_x - \varepsilon_y)^2 + \gamma_{xy}^2} \\ \varepsilon_2 &= \frac{\varepsilon_x + \varepsilon_y}{2} - \frac{1}{2}\sqrt{(\varepsilon_x - \varepsilon_y)^2 + \gamma_{xy}^2} \\ \theta &= \frac{1}{2}\arctan\frac{\gamma_{xy}}{\varepsilon_x - \varepsilon_y}\end{aligned}\right\} \quad (6-71)$$

将上式中主应变 ε_1 和 ε_2 代入式(6-70)、式(6-71)中,即可求得主应力。

2. 高温条件下应力、应变测量

(1) 高温下应变测量的特点

① 应变片的灵敏系数 K 将随温度而改变,需找出灵敏系数 K 随温度 t 变化的关系,以便做相应的修正。

② 应变片的热输出是个很突出的问题。将表征热输出的应变称为温度视应变,用 ε_T 表示。由于温度视应变和机械应变叠加在一起,将严重影响测量的精度,必须找出视应变随温度变化的关系。在测量系统中还需采取有效的温度补偿措施。

③ 高温下,应变片的蠕变也较大,将使应变仪的指示应变产生较大的漂移。

以上都是温度对应变片性能的影响,统称为应变片的温度特性。对于高温应变片,除满足常温应变片的要求外,还需注意以下几点:

① 温度特性的一致性要好,若分散度大,则修正误差较大;

② 温度特性的稳定性要好,也就是在多次热循环中,应变片温度特性的重复性要好,否则各次测量结果不具有可比性;

③ 应变片的热输出值要尽量小,因热输出值越大,其分散度也越大,将其算术平均值作为修正值时的可信度就越低;

④ 在高温下,由于连接导线的阻值将发生明显的变化,影响了应变仪的指示应变。

(2) 高温应变测量的数据处理

为保证测量的准确性,高温下测量应变时,需对应变仪指示应变的读数进行修正。修正步骤如下:

① 修正导线电阻的影响。高温应变测量时,在高温区,常选用与应变片敏感栅和引线相同的材料做测量导线,其电阻较大,每一米长可达几欧姆,需按式(6-72)进行修正。

$$\varepsilon_{1L} = \varepsilon_{仪}\left(1 + \frac{R_L}{R}\right) \quad (6-72)$$

式中：ε_{1L} 为经导线电阻修正后的应变值；$\varepsilon_{仪}$ 为应变仪原始指示应变值；R 为应变片电阻值；R_L 为导线电阻，对于用两根导线将应变片接入电桥的情况，R_L 是两根导线电阻的总和，应变片采用三线制接法时，R_L 则为一根导线的电阻。

② 修正热输出的影响。根据实测点的温度，按事前已测定出的热输出曲线（$\varepsilon_T - T$），对应变读数进行修正，查出 ε_T 值，从已经导线电阻修正后的应变读数 ε_{1L} 中减去此值，即

$$\varepsilon_{2T} = \varepsilon_{1L} - \varepsilon_T \tag{6-73}$$

式中，ε_{2T} 是对热输出影响修正后的应变值。

③ 修正蠕变偏移的影响。根据实测点温度，按已测定的蠕变曲线（$\varepsilon_\theta - T$ 曲线）查出相应的 ε_θ 值，在 ε_{2T} 中将其扣除，得经蠕变修正后的应变值 $\varepsilon_{3\theta}$ 为

$$\varepsilon_{3\theta} = \varepsilon_{2T} - \varepsilon_\theta = \varepsilon_{1L} - \varepsilon_T - \varepsilon_\theta \tag{6-74}$$

④ 修正灵敏系数随温度变化的影响。根据测点的实际温度，按已测得的灵敏系数随温度变化曲线（$K_T - T$ 曲线）对应变读数进行修正，查出 K_T 值，用式（6-75）修正：

$$\varepsilon = \frac{K\varepsilon_{3\theta}}{K_T} \tag{6-75}$$

式中：ε 为经灵敏系数修正后的实际应变；K_T 为实际温度为 T 时应变片的灵敏系数；K 为应变片灵敏系数。

综上所述可得

$$\varepsilon = \frac{K}{K_T}\left\{\varepsilon_{仪}\left(1 + \frac{R_L}{R}\right) - \varepsilon_T - \varepsilon_\theta\right\} \tag{6-76}$$

此即经过各项修正后的真实应变值。

低温下的应变测量同样有温度效应问题，采用的方法措施与高温应变测量时相同，但需注意选择适宜于低温下工作的敏感栅和引线的材料以及粘结剂。

（3）应变测量时的注意事项

应变测量首先必须选择能够反映真实受力情况的测试点，尽可能地消除或削弱各种误差的影响，以确保测量的正确性、有效性。测点的选择需要考虑如下因素：

① 根据构件的受力情况进行分析。预报出最大应力点的变形位置及变形形式，然后再结合测试要求选定测试点。

② 在截面尺寸急剧变化的部位或在因孔、槽导致应力集中的部位，应适当多布置一些测点，以便了解这些区域的应力梯度情况。

③ 如果最大应力点的位置难以取定，或者为了了解截面应力分布规律和曲线轮廓段应力过度的情况，可在截面上或过渡段上比较均匀地布置 5~7 个测点。

④ 利用结构与载荷的对称性，以及对结构边界条件的有关知识来布置测点，可减少测点数目，减少工作量。

⑤ 可在不受力或已知应变、应力的位置上安排一个测点，以便在测试时进行监测和比较，便于检查测试结果的正确性。

提高应变测量不确定度一般可采取下列措施：

① 实测时，根据测试对象的要求选择合适的仪器，并进行准确的定度。如动态测试时，选择能满足动态特性要求的应变放大器。

② 进行温度补偿，温度变化一般都是同时作用到应变片和试件上去的，消除由温度引起

的虚假应变,有助于测试精度的显著提高。

③ 降低测量中的电磁干扰。测量时,由于电磁干扰或接地等不良的影响,实验数据或曲线上易叠加高频噪声或 50 Hz 的工频干扰等。测试时,应尽量采取措施在保证接地正确的同时,排除非正常干扰。

④ 减少贴片误差。测量单向应变时,若应变片的轴线与主应变方向有偏差,也会产生测量误差,因此在粘贴应变片时应予注意。

⑤ 注意应变片额定条件与实际工作条件的差别。例如应变片的灵敏度定度时的试件材料与被测材料不同时,将会引起误差;又如应变片名义电阻值与应变仪桥臂电阻不同时,也会引起误差。

⑥ 消除导线电阻引起的影响。应变片的电阻变化率为 $\frac{\Delta R}{R}$,其中 $\Delta R = \varepsilon K R$。若导线电阻 R_L 不可忽略,则电阻变化率应为 $\frac{\Delta R}{R + R_L}$,即

$$\frac{\Delta R}{R + R_L} = \frac{\varepsilon K R}{R + R_L} = \frac{K R}{R + R_L} \varepsilon \tag{6-77}$$

根据电阻应变片灵敏度的定义,则有

$$K' = \frac{\Delta R}{R + R_L} \frac{1}{\varepsilon} = K \frac{R}{R + R_L}$$

式中:K 为应变片原来的灵敏度;K' 为考虑了 R_L 影响的灵敏度。

式(6-77)表明:由于导线电阻 R_L 的存在,在同样大小的 ε 时,所产生的电阻变化率将减小,其结果将使灵敏度变小。因此,当导线长超过 10 m 时,为了获得正确的 ε 值,应对灵敏度加以修正,或把应变片原有灵敏度 K 乘以 $R/(R+R_L)$。

⑦ 减小读数漂移。具体办法有:使电桥电容尽可能对称;采用屏蔽线并接地以避免由于导线抖动而引起分布电容的改变;尽可能地使工作应变片与补偿应变片的导线电阻相等。

6.4.2 基于光纤 Bragg 光栅应变测量

光纤 Bragg(布拉格)光栅是一种根据反射波长检测 Bragg 波长漂移的光纤传感器,具有结构轻便简单、灵敏度高且可以进行瞬态测量等特点。将其粘贴在被测物体表面,应变量可引起 Bragg 波长的变化,通过解调波长的变化可得到被测物体表面的应变值。Bragg 光栅尤其适合于瞬态微小应变的测量。

在测量过程中,应变的分辨率和测量误差是系统最重要的两个性能指标。分辨率是指测试系统能够探测到的最小应变量,测量误差是测量值与实际应变值存在的偏差。

1. 光纤 Bragg 光栅传感原理

光纤光栅是利用光纤的光敏性,即光纤纤芯在受到特定波长和高于一定强度的激光照射时,折射率会发生永久性变化这一特性制成的一种光纤无源器件。由于光纤的光敏性主要取决于纤芯材料,广泛用于通信和传感领域的光纤光栅主要是用紫外光照射掺锗石英光纤而成的。由于纤芯受到紫外光(一般是双光束干涉)的照射,致使纤芯内部折射率形成周期性调制分布。所谓调制,就是本来沿光纤轴线均匀分布的折射率产生大小起伏的变化。当宽带光传播到光纤光栅时,满足 Bragg 条件的一定波长的光将会被反射。光纤光栅在典型的 0.1 nm 到几十 nm 的带宽内反射率可以达到 100%,从而实现按波长编码对光进行选择。通常把光栅周期小于 1 μm

周期光纤光栅称为光纤 Bragg(布拉格)光栅,简写为 FBG(Fiber Bragg Grating)。

光纤 Bragg 光栅传感原理如图 6-41 所示。光纤 Bragg 光栅的方程为

$$\lambda_B = 2n_{eff}\Lambda \tag{6-78}$$

式中:λ_B 为 Bragg 波长;n_{eff} 为光栅的有效折射率,即折射率调制幅度大小的平均效应;Λ 为光栅周期,即折射率调制的空间周期。

图 6-41 光纤 Bragg 光栅传感原理示意图

当光波传输通过 FBG 时,满足 Bragg 条件的光波将被反射回来,这样入射光就分成透射光和反射光。FBG 的反射波长或透射波长取决于反向耦合模的有效折射率 n_{eff} 和光栅周期 Λ,任何使这两个参量发生改变的物理过程都将引起光栅 Bragg 波长的位移,测量此位移量就可直接或间接地感知外界物理量的变化。

2. 光纤 Bragg 光栅动态应变传感原理

在所有引起 Bragg 波长位移的外界因素中,最直接的是应力应变参量。因为无论是对光线进行压缩还是拉伸,都将导致光栅周期 Λ 的变化,并且光纤本身所具有的弹光效应使得有效折射率 n_{eff} 也随着外界应力状态的变化而变化。其中,应力引起光纤 Bragg 光栅波长的位移可表示为

$$\Delta\lambda_B = 2n_{eff}\Delta\Lambda + 2\Delta n_{eff}\Lambda \tag{6-79}$$

式中:$\Delta\lambda_B$ 为光纤 Bragg 光栅波长的位移量;$\Delta\Lambda$ 为光纤本身在应力作用下的弹性形变;Δn_{eff} 为光纤的弹光效应。

假定光纤光栅仅受轴向应力作用,温度场保持恒定。轴向应变会引起光纤 Bragg 光栅的栅距 Λ 的变化为

$$\Delta\Lambda = \Lambda\varepsilon_Z \tag{6-80}$$

式中,ε_Z 为轴向产生位移,即应变。

有效折射率的变化可用弹光系数矩阵和应变张量矩阵表示:

$$\Delta(1/n_{eff})_i^2 = \sum_{j=1}^{6} p_{ij}\varepsilon_j, \qquad i=1,2,3 \tag{6-81}$$

式中,$i=1,2,3$ 分别代表 x,y,z 方向。

设剪切应力为零,$\varepsilon_4 = \varepsilon_5 = \varepsilon_6 = 0$,应变张量矩阵 ε_j 可用轴向应变表示为

$$\varepsilon_j = \begin{bmatrix} -\nu\varepsilon_Z & -\nu\varepsilon_Z & \varepsilon_Z & 0 & 0 & 0 \end{bmatrix}^T \tag{6-82}$$

式中，ν 是石英光纤的泊松系数。

弹光矩阵为

$$P_{i,j} = \begin{bmatrix} P_{11} & P_{12} & P_{12} & 0 & 0 & 0 \\ P_{12} & P_{11} & P_{12} & 0 & 0 & 0 \\ P_{12} & P_{12} & P_{11} & 0 & 0 & 0 \\ 0 & 0 & 0 & P_{44} & 0 & 0 \\ 0 & 0 & 0 & 0 & P_{44} & 0 \\ 0 & 0 & 0 & 0 & 0 & P_{44} \end{bmatrix} \tag{6-83}$$

式中，P_{11}、P_{12}、P_{44} 是弹光系数。对各种同性材料，$P_{44} = (P_{11} + P_{12})/2$。

由于剪切应变不存在，因此只需考虑弹光矩阵中 $i,j = 1,2,3$ 的矩阵元，此时弹光矩阵可简化为

$$P_{i,j} = \begin{bmatrix} P_{11} & P_{12} & P_{12} \\ P_{12} & P_{11} & P_{12} \\ P_{12} & P_{12} & P_{11} \end{bmatrix} \tag{6-84}$$

由式(6-82)、式(6-83)、式(6-84)可得

$$\Delta (1/n_{\text{eff}})^2_{x,y,z} = \begin{cases} [P_{11} - \nu(P_{11} + P_{12})]\varepsilon_Z, & x \text{ 方向} \\ [P_{12} - \nu(P_{11} + P_{12})]\varepsilon_Z, & y \text{ 方向} \\ [P_{11} - 2\nu P_{12}]\varepsilon_Z, & z \text{ 方向} \end{cases} \tag{6-85}$$

沿 z 方向的折射率变化为

$$\Delta n_{\text{eff}} = -\frac{1}{2} n_{\text{eff}}^3 \Delta\left(\frac{1}{n_{\text{eff}}^2}\right) \lambda_B = -\frac{1}{2} n_{\text{eff}}^3 [P_{12} - \nu(P_{11} + P_{12})]\varepsilon_Z \tag{6-86}$$

定义有效弹光系数 P_e 为

$$P_e = \frac{1}{2} n_{\text{eff}}^2 [P_{12} - \nu(P_{11} + P_{12})] \tag{6-87}$$

由式(6-84)、式(6-85)可得

$$\Delta n_{\text{eff}} = -P_e n_{\text{eff}}^* \varepsilon_Z \tag{6-88}$$

将式(6-80)、式(6-86)代入式(6-79)可得均匀轴向应变导致光纤 Bragg 光栅 Bragg 波长的相对移位为

$$\Delta \lambda_B = 2\Delta n_{\text{eff}} \Lambda + 2 n_{\text{eff}} \Delta \Lambda = \lambda_B (1 - P_e) \varepsilon_Z \tag{6-89}$$

均匀轴向应变导致光纤 Bragg 光栅 Bragg 波长相对移位的轴应变灵敏度系数 S_E 为

$$S_E = \frac{\Delta \lambda_B}{\lambda_B \varepsilon_Z} = 1 - P_e \tag{6-90}$$

其中，S_E 为光纤光栅相对波长位移应变灵敏度系数。利用熔石英的参数，$p_{11} = 0.121$，$p_{12} = 0.270$，$\nu = 0.17$，$n_{\text{eff}} = 1.456$，可得 $S_E = 0.784$。

光纤 Bragg 光栅的应变传感原理是：当光栅周围的应变发生变化时，将导致光栅周期或者纤芯折射率变化，从而产生 Bragg 波长漂移。通过检测 Bragg 波长的漂移量，即获得待测应变物理量的变化情况。设 Bragg 波长为 λ_B，位移的波长为 $\Delta \lambda_B$，待测应变为 ε，假设在测试环境无温度变化的情况下，三者存在以下的物理关系：

$$\frac{\Delta\lambda_B}{\lambda_B} = S_E \varepsilon \tag{6-91}$$

对于一般的石英光纤 Bragg 光栅，$S_E=0.78$，而且实际采用的光纤 Bragg 光栅的 λ_B 是已知的。因此，只要求出 $\Delta\lambda_B$，就能确定待测应变 ε。

但在实际测量时，$\Delta\lambda_B/\lambda_B$ 与 ε 并不是严格线性的，即 S_E 并不是固定的常数。所以，在测量前通常采用标定的方法来先确定 $\Delta\lambda_B/\lambda_B$ 与 ε 之间的非线性关系，利用该非线性关系，由 $\Delta\lambda_B/\lambda_B$ 可以求出待测应变 ε。

3. 光纤 Bragg 光栅组成的应变测量系统

(1) FBG 应变测量的组成

图 6-42 给出了基于 FBG 组成的身管应变测试装置原理。光纤干涉应变测量系统主要由四个部分组成：光源发射和信号返回系统、光纤干涉系统、光电转换系统、数据处理系统。

图 6-42 基于 FBG 组成的身管应变测试装置原理图

宽带光源通过一个 1×8 耦合器分别将 8 路光导入 8 个 1×2 耦合器，光经过耦合器进入光纤光栅，从 FBG 反射回来的光携带了应变引起的 Bragg 波长的改变，反射光从 1×2 耦合器的另一端输出并接入马赫-曾德干涉仪，由于应变的改变导致反射波长的改变：

$$\Delta\lambda_B = \lambda_B S_E \varepsilon \tag{6-92}$$

会导致干涉场内光强周期性的变化：

$$\Delta\varphi = \frac{2\pi nl}{\lambda_B^2} \Delta\lambda_B = \frac{2\pi nl}{\lambda_B} S_E \varepsilon \tag{6-93}$$

$$S_E = \frac{2\pi nl}{\lambda_B^2} \Delta\lambda = \frac{1}{\lambda_B} \cdot \frac{\Delta\lambda_B}{\varepsilon} \tag{6-94}$$

式中：l 是光纤马赫-曾德干涉仪两臂之间的不平衡量；n 是纤芯折射率，λ_B 是 FBG 反射波长，$\Delta\varphi$ 是随机相位差。

因此，可以通过光电转换系统中得到的相位信息获得待测应变量：

$$\varepsilon = \frac{\lambda_B \Delta\varphi}{2\pi n l S_E} \tag{6-95}$$

光纤 Bragg 光栅的反射光直接进入一个平衡的马赫-曾德干涉仪,平衡的马赫-曾德干涉仪是利用一个 1×2(或 2×2)耦合器和一个 3×3 耦合器拼接而成的,从 3×3 耦合器输出的三路干涉信号分别接入三个光电管,通过数据采集装置采集每一路的光强信号,光路系统如图 6-43 所示。

图 6-43　光纤 Bragg 光栅应变测量的光路系统

因为 3×3 耦合器的三个光强信号输出相差均为 $\frac{2\pi}{3}$,所以可以利用三步移相法解得干涉信号的相位。通过相位的变化:

$$\Delta\varphi = \frac{2\pi n l}{\lambda_B^2}\Delta\lambda_B \tag{6-96}$$

就可解得光纤 Bragg 光栅 Bragg 波长的变化,进而得到待测物体的应变。

干涉仪输出端干涉场的光强分别为 I_1、I_2、I_3,可以得到干涉场在任意时刻的相位为

$$\varphi = \arctan\left[\frac{\sqrt{3}(I_1 - I_3)}{2I_2 - I_1 - I_3}\right] \tag{6-97}$$

相位差为

$$\varphi = \frac{2\pi n l}{\lambda}$$

上式中,nl 是常数,$\lambda = \lambda_B + \Delta\lambda_B$,又因为

$$\frac{\Delta\lambda_B}{\lambda_B} = S_E \varepsilon$$

所以

$$\frac{\Delta\lambda_B + \lambda_B}{\lambda_B} = \frac{\Delta\lambda_B}{\lambda_B} + 1 = S_E \varepsilon + 1 \tag{6-98}$$

代入到相位差公式中得

$$\varepsilon = \frac{2\pi n l - \lambda_B \varphi}{\lambda_B \varphi S_E} \tag{6-99}$$

若对相位差公式 $\varphi = \frac{2\pi n l}{\lambda}$ 进行微分,即

$$\Delta\varphi = \frac{2\pi n l}{\lambda^2}\Delta\lambda \tag{6-100}$$

则有

$$\varepsilon = \frac{\lambda}{2\pi n l S_E}\Delta\varphi = S_E \Delta\varphi \qquad (6-101)$$

此时 ε 与 $\Delta\varphi$ 成线性关系。

(2) 数据处理

变化的光强通过 PIN 管以及放大处理电路,以电信号的方式输入到数据采集装置内,由 AD 卡进行采集。每次标定试验采集到的数据存入一个一维数组内,数据采集完毕后,从数组内部取出最大电压值和最小电压值,通过公式 $I(i) = \dfrac{I(i) - I_{\min}}{I_{\max} - I_{\min}}$,把一维数组中的数据进行归一化处理,这样得到的电压值在 0~1 之间,既保证不会超过 AD 采集卡的输入电压,又能同时保持数据之间的相对大小。然后把三路数据一一对应,根据三步移相法公式 $\varphi = \arctan\left[\dfrac{\sqrt{3}(I_1 - I_3)}{2I_2 - I_1 - I_3}\right]$,解算出各点相位值。应变 ε 与相位差值 $\Delta\varphi$ 成线性关系,所以用得到的相位值分别减去第一个相位值,得到相位的相对改变量,组成一个新的一维数组。随着应变的增大,相位差值发生周期性的改变,所以要对相位差值数组进行解包。所用的方法是:从第一个相位差值开始,判断它如果比后一个值大 100(角度),则后面所有值均加 180(角度),否则判断下一个,依次下去,直到判断完倒数第二个为止。

(3) 应用例

如图 6-44 所示,将光纤光栅粘贴于身管外壁,经过 40 m 跳线后接入到光纤干涉仪,用 1 m 跳线将干涉仪与光电控制仪相连,光电控制仪再经 1 m 数据线连接到数据采集装置。利用全光纤干涉仪使 Bragg 光栅的反射光产生干涉,对干涉仪输出信号解调可以得到干涉场的相位信息,利用应变与干涉信号相位差的关系再通过软件解算出相应的应变值。

图 6-44 身管应变测试结构示意图

在身管的前后共有四个应变测试点,它们与炮尾的距离分别为 0.30 m,0.665 m,1.125 m,1.530 m。

图 6-45 是 4 个应变点处理出的时间应变的信号图。从图中可以看出有 4 个峰值点,这是弹丸经过弹膛的每个测试点时,由于火药爆炸引起的气体的压力使得膛壁的应力产生急剧的变化。根据解算的结果可以知道,当弹丸经过测试点时,炮管壁的应变剧烈的递增,经过后,应变有一个逐渐衰减的过程;并且根据测试点的位置关系,可看到当弹丸经过测试点时,越是接近膛口的位置,应变的量值越小。

图 6-45 应变解算结果

采用 FBG 进行武器系统的应变测量具有响应快、精度高以及能够在强电磁场等复杂环境条件下工作等特点,通过数据处理既能够得到应变数值,也能够得到弹丸在膛内的运动速度。

6.5 转矩测量

6.5.1 转矩测量原理

转矩是力的一种特殊形式,它是力和力臂的乘积,单位为牛顿·米,记作 N·m。

测量转矩的方法,按其工作原理可以分为传递法(扭轴法)、平衡力法(反力法)及能量转换法。

1. 传递法

根据弹性元件在传递转矩时所产生的物理参数(形变、应力或应变)的变化来测量转矩的方法。测量转矩时常用的弹性元件是扭轴。

等截面圆柱形扭轴的形变为

$$\varphi = \frac{32TL}{\pi E d^4} \qquad (6-102)$$

式中:φ 为扭轴的扭转角(rad);T 为转矩(N·cm);L 为扭轴的工作长度(cm);d 为扭轴的直径(cm);E 为材料的弹性模量(MPa)。

扭轴变形可以引起各种机械量、电量、光学量的变化,从而形成各种变型转矩传感器。

等截面圆柱形扭轴表面的切应力为

$$\tau = \frac{16T}{\pi d^3} \qquad (6-103)$$

扭轴表面的应力变化可引起扭轴材料磁阻的变化,形成磁弹转矩传感器;它还可引起某些透光材料的双折射现象,形成光弹转矩传感器。这些都是所谓的应力型转矩传感器。

等截面圆柱形扭轴的应变为

$$\varepsilon_{45°} = -\varepsilon_{135°} = \frac{16T}{\pi E d^3} \tag{6-104}$$

式中：$\varepsilon_{45°}$、$\varepsilon_{135°}$ 分别为扭轴表面上与轴线成 45°和 135°夹角的螺旋线上的主应变值。

2. 平衡力法

对于任何一种匀速工作的动力机械或制动机械，当它的主轴受转矩作用时，在它的机体上必然同时作用着方向相反的平衡力矩（即支座反力矩）。测量机体上的平衡力矩以间接确定主轴所受转矩大小的方法，称平衡力法。

在采用平衡力法测量转矩的装置中，被测机械整体安装在摩擦力矩很小的平衡支承上。这时将机械整体看作只通过主轴和机壳与外界力矩的联系。主轴输入转矩 T 后，为保持主轴与机壳的相对关系，转矩 T 就必须与作用在机壳上的平衡力矩 M 相平衡。力矩 M 是由作用在与机壳相连的力臂上的作用力实现的，如已知力臂长 L，并由测力机测出 F 的大小，则可确定力矩 M 和转矩 T 的值。

采用平衡力法测量转矩，没有从旋转件到静止件之间的信号传输问题。但这种方法仅能测量匀速工作情况下的转矩，不能测量动态转矩。

3. 能量转换法

根据转矩与其他能量参数之间的对应关系来实现对转矩的间接测量。例如，电动机、内燃机等动力机械是将电能和化学能转换为机械能的机构，可通过对输入电能的电参数或输入的燃油量的测量来确定转矩的大小。又如，可由测定水泵或风机对输出水流或气流的温升（热能）来判断工作转矩的大小。但这些方法的测量误差比较大，常达到 ±10%～15%。

利用传递法工作的转矩测量仪有接触型和非接触型之分，所使用的转矩传感器有串接式和附装式两种。此类转矩测量仪的主要特点是小巧、轻便。它可以串接到机器的传动系统中去测量转矩，很适宜于各类机器的现场测量。测试时，采用接触型信号传输方式有摩擦阻力大、寿命短及信号误差大等缺点，近年来，已逐步由各种非接触型信号传输方式所代替。

平衡力类转矩测量装置主要是各类测功机。其测力机构有砝码式、游码式、摆锤式、弹簧式、应变式、磁电式和气动式等。这类装置本身就是一台原动机或制动器，不需要另配原动机或加载装置。其主要缺点是机构比较庞大，价格比较高，且不能测动态转矩。

能量转换法在电机和液机方面应用较多。因其测量误差太大，一般已很少使用。

在选择转矩测量仪时，主要考虑转矩量程、工作转速范围、精度等级、灵敏阈（最小感量）、平均特性、动态特性、工作寿命、环境适应性、抗干扰能力、外形尺寸及重量等因素。

6.5.2 常用转矩传感器

1. 应变式转矩传感器

图 6-46 是典型的应变式转矩传感器结构示意图。它由弹性扭轴 1、应变片电桥 2、炭刷-滑环式引电器 3、外壳 4 等部分组成。主要技术指标有：转矩过载能力 20%～25%；线性误差 0.2%～1.0%；滞后量 0.2%～1.0%；零点温漂 0.01%～0.02%/℃；较低速时引电器接触电阻的变化引起的误差为 0.3%～0.5%。其最高工作转速受到引电器炭刷和滑环间滑移线速度的限制，且与转矩量程有关，量程越大，允许的最高工作转速越低。

图 6-47 是一种测量小转矩的应变式传感器。在测量较小的转矩时，因轴很细而无法贴

1—弹性扭轴;2—应变片电桥;3—碳刷-滑环式引电器;4—外壳

图 6-46 应变式转矩传感器

片。图示传感器采用了附加的弹性元件——弹簧片,既解决了贴片位置问题,又增加了灵敏度。弹簧片 5 的两端分别与轴套 2 和圆盘 4 固定。测量时,转矩由传动轴 1 经轴套 2、弹簧片 5、圆盘 4 传递给传动轴 3,再传给被测轴。传感器的轴向尺寸很小,安装使用方便。

1—输入传动轴;2—轴套;3—输出传动轴;4—圆盘;5—弹簧片;6—应变片

图 6-47 应变式小转矩传感器

2. 磁电转矩测量仪

利用电磁感应原理和铁磁材料在应力作用下其物理性能发生变化可制成各种类型的磁电转矩测量仪。

图 6-48 所示是一种互感转矩测量仪。当扭轴 1 受转矩作用产生扭转变形时,圆盘 3 与套管 2 间产生相对角位移。这使固定在套管上的可动衔铁相对于圆盘上的线圈铁心产生相对

1—扭轴;2—套管;3—圆盘;4—引电器

图 6-48 互感转矩测量仪

移动。衔铁上开有若干圆孔,衔铁在圆周方向的移动,就改变了两铁心极间气隙面积的大小,使磁路的磁阻 R_s 产生相应的变化。当线圈 A 中通过交流电时,在铁心(即圆盘3)中产生交变磁场,使线圈 B 中产生感应交变电流。当磁阻 R_s 发生变化时,线圈 B 中感应的电流也发生相应的变化,此电流经引电器4输到适当的检测仪表,则可指示出转矩的大小。

图 6-49 给出了频率输出磁弹转矩测量仪的原理框图,铁磁性材料在机械应力作用下,材料本身的导磁性能发生相应变化的现象,称为磁弹现象。它是磁致伸缩现象的逆过程。磁弹转矩传感器就是依据这种原理工作的。如图 6-49 所示,与弹性扭轴1同轴安装有一个固定线圈2,线圈与扭轴间有一定的间隙。这个线圈是 LC 振荡电路中的电感,其感抗的大小取决于扭轴上承受的转矩大小(实际上是与转矩对应的磁导率的大小)。而感抗的改变将使振荡电路的振荡频率发生变化。测定出电路的频率值就可以确定转矩的大小。一般采用外差法测量频率,这样能把转矩为零时的初始频率值扣除。

1—弹性扭轴;2—线圈

图 6-49 频率输出磁弹转矩测量仪

6.5.3 转矩传感器标定

常采用比较法来标定转矩传感器,即将传感器的示值与选作标准的扭矩值在规定的条件下进行比较。由于目前尚无旋转型标定装置,也无标准的动态扭矩装置,因此只能对转矩传感器进行静态标定。最常用的是间接标定法,具体方法有小轴模拟标定法、应变梁模拟标定法和并联电阻模拟标定法等。

图 6-50 所示为小轴模拟标定法的原理图。此法是在与被测轴同材质的小直径($d=30\sim50$ mm)模拟轴上,采用杠杆砝码加载法进行标定。也可以在扭转材料试验机上加载。在模拟小轴上使用应变片、布片位置和贴片工艺,应变电桥的组桥方式,所用应变仪、记录仪等,以及各种仪器的调整状态,都应与实测时完全相同。

在图 6-50 所示装置中,有一根长度准确,并有足够刚度的单臂杠杆2(取杠杆臂的有效长度为 1 m),杠杆的一端连接在小轴5的一端上,轴的另一端由防转支座7固定,使杠杆处于水平位置,在杠杆另一端悬挂标准砝码9加载,使小轴承受预定转矩的作用,通过贴在小轴上的应变片 6 及后续电桥测试,就能得到对应的输出示值。砝码逐级加载,得出一系列的输出,即可按静态标定的方法,作出标定曲线及算出各项静态标定的参数。

1—底板;2—单臂杠杆;3—轴承;4—轴承座;5—小轴;6—应变片;7—防转支座;8—接线板;9—砝码

图 6-50 小轴模拟标定装置

若在被测轴和模拟小轴的测试中,由测试仪器得到的输出幅值相等,均为 h,则有

$$\frac{T_k}{T'_k} = \frac{W_p}{W'_p} = \frac{D^3}{d^3} \tag{6-105}$$

式中:T_k 为被测轴所受的转矩;T'_k 为模拟小轴所受的转矩;W_p 为被测轴的抗扭截面系数;W'_p 为模拟小轴的抗扭截面系数;D 为被测轴的直径;d 为模拟小轴的直径。

若小轴的灵敏度为 K',则有 $T'_k = K'h$,从而

$$T_k = T'_k \frac{D^3}{d^3} = K' \frac{D^3}{d^3} h = Kh \tag{6-106}$$

式中,$K = K'D^3/d^3$,为被测轴的灵敏度,即被测轴的灵敏度为模拟小轴灵敏度之比是两者直径三次方之比。

在采用上述方法标定时,为提高标定精度,可采用以下措施:减小标准砝码误差;砝码加载部位用刀口形支承,以保证精确的力臂长度;尽量减少各支承处的摩擦力矩;在安装转矩传感器时,应避免使其受到轴向力、径向力和弯矩的作用。

为了能及时检查和校正转矩传感器的灵敏度,可采用并联电阻模拟标定法。即在测量电桥的任一桥臂上,并联一已知的校正电阻,使应变仪电路产生一个模拟扭矩作用的标准输入信号,对传感器的灵敏度进行校正。这就是所谓电桥的电标定。此方法虽未对整个测量系统进行标定,但对仪器中易产生系统误差的电路部分进行了校正,对提高测量精度具有一定的实际意义。

第7章 动态压力测量技术

7.1 概 述

膛压测量在各类以火药燃气为动力的兵器的设计、定型、验收中是必不可少的测量项目，也是各类武器系统中战术、技术指标考核的重要参数，在炮身、炮架、火炮各部分机构强度的设计、评价引信动作的正确性和膛内安全性，检验、验收火炮装置和弹道性能好坏以及判断火炮寿命等方面都有非常重要的参考价值。炸药在空中爆炸，瞬时转变为高温高压产物。爆炸产物在空气中进行膨胀，强烈压缩空气从而形成爆炸空气冲击波。冲击波压力是衡量各种炸药及战斗部威力的重要技术指标。表征冲击波压力参数有冲击波超压峰值、冲击波正压作用时间及冲击波压力比冲量。如何准确地测量冲击波压力是兵器测试研究的重要课题之一。

流体或固体垂直作用在单位面积（S）上的力（F）称为压力（p），也称压强。工程中常采用的压力有绝对压力（p_a）、表压力（p_g）、真空（p_v）和差压等几种，它们的定义、计算公式见表 7-1。

表 7-1 各种压力的定义、计算公式和相互关系

压力名称	定 义	计算公式
绝对压力 p_a	相对于绝对压力零线测得的压力，或作用于物体上的全部压力	$p_a = p_g + p_0$
表压力 p_g	绝对压力 p_a 与当地大气压力 p_0 的差值，当 $p_a > p_0$ 时，p_g 为正，称为正表压；当 $p_a < p_0$ 时，p_g 为负，称为真空度	$p_g = p_a - p_0$
真空 p_v	习惯上，将负表压称为真空，理想的真空是绝对零压力	$p_v = p_0 - p_a$
差压 Δp	任意两个压力之间的差值	$\Delta p = p_1 - p_2$

国际单位制中定义压力的单位是帕斯卡，简称"帕"符号为 Pa（1 Pa＝1 N/m²）。

目前，在工程上广泛使用的压力单位主要有下列几种。

① 标准大气压（atm）。0 ℃时，水银密度为 13.59 51g/cm³，标准重力加速度 $g = 9.806\ 65$ m/s² 时，垂直高度为 760 mm 水银柱的底面上产生压力。

② 工程大气压（at）。这是目前工业上常用的单位，指 1 cm² 的面积上垂直作用 1 kg 的力，用 kgf/cm² 表示。

③ 毫米汞柱（mmHg）。0 ℃时，标准重力加速度下，1 mm 高的水银柱在 1 cm² 的底面上所产生的压力。

④ 毫米水柱（mmH$_2$O）。4 ℃时，标准重力加速度下，1 mm 高的水银柱在 1 cm² 的底面上所产生的压力。

⑤ psi。英文全称为 Pounds per square inch，即每平方英寸的面积上受到多少磅的压力，为英制单位，在欧美等国家多习惯使用 psi 作压强的单位。

⑥ 巴（bar）。国际标准组织定义的压力单位，源自希腊语 báros，意思是重量，后来引申用

巴作为压强的单位,1 bar=10^5 Pa。1 bar 约为一个大气压。

各种压力单位间的换算关系如表 7-2 所列。此表用法,先从纵列中找到被换算的单位,再由横行中找到想要换算成的单位,两坐标交点处便是换算比值。例如由工程大气压(at)换算成帕(Pa),先在单位行里找到工程大气压(倒数第 4 行),再在单位纵行里找到帕(Pa)(在左边第 1 列),两者的交点处有数值 $9.806\,65\times10^4$,故可知道 1 at=0.098 066 5 MPa≈(0.1 MPa。)

表 7-2 压力单位换算表

单 位	帕/Pa	巴/bar	标准大气压/atm	工程大气压/(kgf·cm^{-2})	毫米汞柱/mmHg	毫米水柱/mmH$_2$O	磅力/英寸^2/(lbf·in^{-2})
帕/Pa	1	1×10^{-5}	$9.869\,236\times10^{-6}$	$1.019\,716\times10^{-5}$	$7.500\,6\times10^{-3}$	$1.019\,716\times10^{-1}$	$1.450\,4\times10^{-4}$
巴/bar	1×10^5	1	0.986 923 6	1.019 716	$7.500\,6\times10^2$	$1.019\,7\times10^4$	$1.450\,4\times10$
标准大气压/atm	$1.013\,25\times10^5$	1.013 25	1	1.033 2	7.6×10^2	$1.033\,227\times10^4$	$1.469\,6\times10$
工程大气压/(kgf·cm^{-2})	$9.806\,65\times10^4$	0.980 665	$9.806\,65\times10^{-2}$	1	$7.355\,7\times10^2$	1×10^4	$1.422\,4\times10$
毫米汞柱/mmHg	$1.333\,224\times10^2$	$1.333\,224\times10^{-3}$	1.316×10^{-3}	$1.359\,51\times10^{-3}$	1	$1.359\,51\times10$	$1.933\,7\times10^{-2}$
毫米水柱/mmH$_2$O	9.806 65	$9.806\,65\times10^{-5}$	9.678×10^{-5}	1×10^{-4}	$7.355\,6\times10^{-2}$	1	$1.422\,3\times10^{-3}$
磅力/英寸^2/(lbf·in^{-2})	$6.894\,8\times10^3$	$6.894\,8\times10^{-2}$	6.805×10^{-2}	7.07×10^{-2}	$5.171\,5\times10$	$7.030\,7\times10^2$	1

根据压力随时间有无变化的特征,可分为静态压力和动态压力。静态压力是不随时间变化或变化非常缓慢的压力,动态压力是随时间变化的压力。在兵器测试中,压力通常由爆炸、冲击等产生,其压力变化剧烈,属于典型的动态压力。由于兵器动态压力的测试条件较为恶劣,所以需要专门的测试方法对其进行测量。动态压力测量与静态压力测量迥然不同,有些静压测量中精度很高的测压器具,用于动压测量却可能出现高达百分之百的动态误差。

在兵器动态参量测试中,动态压力的测量按其敏感元件的变形特征的不同,可分为塑性变形测压法与弹性变形测压法(或电测法)。前者是基于铜柱或铜球的塑性变形;后者是基于弹性敏感元件感受压力而产生弹性变形再由转换器件转换为电量进行测量。塑性变形测压法按敏感元件的形状可分为铜柱测压法及铜球测压法。塑性变形测压法能测出火药燃气压力的最大值,压力电测法能测出压力随时间的变化规律,两种方法各有特点及其适用场合。

自 19 世纪 60 年代诺贝尔首次使用铜柱测压器测得膛内火药燃气最大压力后,一百多年来,古老的塑性变形测压法在"实用弹道学"领域一直是膛压测量的主要技术手段,至今仍为世界各国采用,究其原因主要是塑性变形测压法具有以下特点:

① 使用方便。采用电测技术测量压力信号时,不仅需要高精度的压力传感器,而且需要复杂的信号放大设备及记录设备,需要稳定的供电系统,对于实际测量(尤其是野外实验)极为不便。如果采用塑性测压法进行膛压测量,则只需一个塑性测压器件(由测压器、塑性敏感元件组成)即可,敏感元件受压后塑性残余变形就是实验结果的记录,因而不需采用专门的记录仪器及供电系统。

② 操作简单。使用电测法测量膛压时,由于需采用专门的仪器设备,为了获得完整的实验结果,常常需要对测试系统的各仪器反复进行调试。采用塑性测压法进行测压,操作过程要

简单得多,省去了繁杂的调试。

③ 不需破坏被试武器。电测法对压力传感器的安装有要求,需要在武器上开出大小合适的安装孔,这对于造价高昂的武器(如火炮等重型武器),实验代价高。在这类武器上可以使用放入式的测压器,从而避免了对武器的破坏,这对于成品武器的检验更为重要。

④ 一致性好。电测传感器得到的膛压值易受随机干扰影响,且对被测武器的装药十分敏感,塑性测压法几乎不受随机干扰影响,对被测武器的装药敏感度小,测量值的一致性较电测法好。

由上可见,塑性测压法具有明显的经济性和可靠性优点。因此,在重武器膛压测量领域,塑性测压法还会有相当长的技术寿命。在目前膛压测试中,塑性测压法仍然是靶场进行膛压测试的主要方法之一。

7.2 铜柱测压法

7.2.1 铜柱测压法系统组成及工作原理

铜柱测压法是利用塑性敏感材料铜柱在压力作用下产生永久塑性变形来进行压力测量的。铜柱测压系统或测压器具由两部分组成:一是铜柱测压器;一是塑性敏感元件铜柱。

铜柱测压法所用的测压元件是铜柱。铜柱用含铜量不小于 99.97%、含氧量不大于 0.02% 的纯净电解铜制成。它具有良好的塑性,同一批铜柱的硬度应相同。铜柱应有良好的表面质量,且变形均匀。铜柱分为柱形铜柱、锥形铜柱两种,前者用于测量高膛压枪炮压力,后者用于测量低膛压枪炮压力。铜柱的塑性变形规律如图 7-1 所示,其中曲线 a 为柱形铜柱的 p-ε 曲线,由图可知,其中段线性较好;曲线 b 为锥形铜柱的 p-ε 曲线,呈抛物线状,起始段的线性较好,适合于测量低压力。由于不同类型的枪炮的最大膛压值相差很大,而从提高测量精度考虑,使用 p-ε 的接近线性的区段较为有利,所以制作了不同形状和尺寸的测压铜柱,以适用不同的量程。铜柱测压装置原理如图 7-2 所示。

图 7-1 铜柱的塑性变形规律

图 7-2 铜柱测压装置原理

铜柱测压器按其结构和使用方法不同,可分为旋入式测压器和放入式测压器两种,如图 7-3 所示。

旋入式测压器主要用于各种枪械、迫击炮、无后座炮的最大膛压测量。它只能用于特制的测压枪(炮)。旋入式测压器由测压本体 2、活塞 3 及支撑螺杆 1 组成。本体的端部有螺纹及锥面,螺纹用于旋入测压枪(炮)上特制的测压孔内,锥面用于保证密封。活塞的作用是传递火药气体压力,应既能在本体的活塞孔内自由滑动,又能保证射击时不发生气体泄漏,因此加工精度要求很高。使用时将测压铜柱 4 放在活塞平台和支撑螺杆之间,并用支撑螺杆压紧。为防止火药气体燃蚀活塞,应在活塞端部活塞孔的空余部份填满特制的测压油。常温用测压油

(a) 旋入式　　　　(b) 放入式

1—支撑螺杆;2—测压本体;3—活塞;4—测压铜柱;5—螺栓

图 7 - 3　铜柱测压器

的成分为炮油 30％、蜂蜡 67％。

放入式测压器主要用于测量药室容积较大的火炮的最大膛压。它由本体 2、活塞 3、螺塞 5 组成。使用时放入炮弹的药筒内,为防止撞伤炮管的膛线,本体外镶嵌了紫铜外套。

根据测压器用途的不同,测压器又分为工作级、检验级、副标准级和标准级 4 种。日常实验室和靶场测量膛压时,都使用工作级测压器。

实际测压时首先将塑性敏感元件铜柱放置在测压器中,然后将测压器安装在武器系统的某个部位(旋入式测压器)或者在每发炮弹装填过程中将测压器放入弹膛底部(放入式测压器)。塑性测压等效的工作原理如图 7 - 2 所示,其中 $p(t)$ 为武器膛压。当膛压作用于活塞杆端部时,活塞杆将压力传递给铜柱,引起铜柱压缩变形。由于铜材的屈服极限较小,因此,在压力作用下铜柱很容易发生塑性变形,当压力作用结束后,塑性变形是不会完全消失的,存在着很明显的残余变形。该残余变形量的大小取决于膛内压力 $p(t)$ 的峰值压力 p_m 的大小。试验结束后,从测压器中取出铜柱,测量铜柱的压后高,可计算出铜柱的变形量或压后高,根据该批铜柱的压力对照表可查出被测压力的大小。

铜柱测压系统工作时,铜柱可视为二次传感元件,它承受轴向作用力,并将其变换为与之有确定关系的塑性永久变形;铜柱还具有记录单元的功能,它以永久变形的形式将测量结果记录下来。带活塞的测压器可视为一次传感元件,它把火药燃气压力变换为定向作用力。改变活塞与铜柱的直径(面积)比,可以调节定向作用力的大小,所以它又兼有放大(缩小)单元的功能。测压器的另一个重要作用是为铜柱提供必要的工作环境,使其免受高温、高压的火药燃气的干扰。该测试系统没有专门的示值装置,定量的结果需要测长器具(如千分尺)人工测读。

7.2.2　铜柱静态标定及静态压力对照表的编制

1. 测压铜柱的静态标定及压力表的编制

用测压铜柱测量枪炮的膛压时,直接测量的是铜柱的高度变形量,因此,使用前必须先测

出铜柱塑性变形量和压力之间的对应关系,编制出铜柱的压力换算表(简称铜柱压力表)。铜柱压力表的编制是在铜柱压力机上进行的。铜柱压力机的工作原理如图7-4所示。压力机杠杆的左端是支撑点O,右端有一个加载点B,测压铜柱放在二者之间的点A处的升降台上。使升降台上升,托起荷重Q,使杠杆平衡,这时铜柱被压缩,铜柱所受压缩力F和荷重间有如下关系:$F=Q\dfrac{OB}{OA}$。改变荷重Q,就改变了铜柱所受的压缩力,根据不同的活塞面积,折算成相应的压力值。

图7-4 铜柱压力机示意图

铜柱压力表的编制形式有两种:一种是表示铜柱压后高与压力之间关系的表,称为"高度表";另一种是表示铜柱变形量和压力之间关系的表,称为"变形量表"。

在编制铜柱压力表时可采用两种方法:一种是平行压缩法;另一种是连续压缩法。这两种方法都是按照一定的间隔增加负荷,在铜柱压力机上压缩铜柱。不同的是,平行压缩法对每个负荷都需要重新更换一组新的测压铜柱进行压缩;而连续压缩法则对各级负荷都是用同一组测压铜柱逐级压缩。

下面以$\phi 4\times 6.5$ mm柱形铜柱为例介绍一种高度表编制方法。编制时,根据需用的压力范围,每隔200 kgf/cm²用平行压缩法压一组铜柱,求出其平均压后高,检查变形的变化规律是否正常,如果符合规律,则将数据填在印好的表格内,如表7-3所列中标有*号栏目,然后用内插法求出其余各栏目的数值填入相应的空格内,就得到所需要的铜柱压力表。

举例说明压后高表的使用方法。估计的被测膛压值为3 000 kgf/cm²左右,因此选定预压值$p_1=2\ 700$ kgf/cm²,在铜柱压力机上对所用铜柱进行预压,测得预压后的铜柱压后高$h_1=4.67$ mm。查表7-3得到相应的压力$p_t=2\ 721$ kgf/cm²,从而有$\Delta p=p_1-p_t=2\ 700-2\ 721=-21$ kgf/cm²。这个差值Δp正是表示铜柱机械性能差异的修正值。一般$|\Delta p|$不应大于40 kgf/cm²。将预压好的铜柱装入测压器进行测压试验,射击后测得的铜柱压后高$h_x=4.45$ mm,再次查对表7-3,得到相应的压力值$p_x=2\ 955$ kgf/cm²,因而$p_m=p_x+\Delta p=2\ 955-21=2\ 934$ kgf/cm²,p_m就是修正后的最大膛压值。铜柱受压缩时的保压时间有一定限定,因此,铜柱压力表所列的最大膛压值包含动态误差,并不是真实的枪炮最大膛压值。一般情况下,铜柱测压法得到的最大膛压值比真实的最大膛压值要低12%~20%。

表7-3 铜柱压力表(压后高表)

制表单位 年 月 日		铜柱压力表		规 格	$\phi 4\times 6.5$ mm	形 式	柱 形
				表 号		批 号	
				温 度	21 ℃	预 压	
				适用活塞面积		0.2 cm²	
压后高/mm	压力/(kgf·cm⁻²)									
	0.00	0.01	0.02	0.03	0.04	0.05	0.06	0.07	0.08	0.09
4.3			3 100*	3 088	3 077	3 066	3 055	3 044	3 033	3 022

续表 7-3

制表单位 年月日	铜柱压力表	规格	$\phi4\times6.5$ mm	形式	柱形
		表号		批号	
		温度	21 ℃	预压	
		适用活塞面积		0.2 cm²	

压后高/mm	压力/(kgf·cm⁻²)									
	0.00	0.01	0.02	0.03	0.04	0.05	0.06	0.07	0.08	0.09
4.4	3 011	3 000	2 988	2 977	2 966	2 955	2 944	2 933	2 922	2 911
4.5	2 900*	2 889	2 878	2 868	2 857	2 346	2 836	2 825	2 814	2 804
4.6	2 794	2 784	2 773	2 763	2 752	2 742	2 731	2 721	2 710	2 700*
4.7	2 689	2 678	2 668	2 657	2 647	2 636	2 626	2 615	2 605	2 594
4.8	2 584	2 573	2 563	2 552	2 542	2 531	2 521	2 510	2 500*	2 489
4.9	2 479	2 468	2 458	2 447	2 437	2 426	2 416	2 405	2 395	2 384
5.0	2 374	2 363	2 353	2 342	2 332	2 321	2 311	2 300*		

2. 铜柱变形量压力表的编制及使用方法

高度表是利用铜柱受一次压缩后的压后高编制的,而采用一次预压铜柱测压,实际上铜柱将受到两次压缩,因此,在使用压后高表时,铜柱在编表时受压次数和使用时的受压次数是不一致的。希望编表时铜柱的受压次数和使用时一样,这就提出了"变形量表"。

用于测定膛压的铜柱广泛采用一次预压法。编制一次预压铜柱的变形量表时,先将一组铜柱以压力 p_1 进行第一次压缩,测出铜柱的压后高 h_1,然后再用 $p_2=(p_1+200)\,\text{kgf/cm}^2$ 的压力进行第二次压缩,测出铜柱的压后高 h_2。计算该组铜柱的平均变形量 $\varepsilon=h_1-h_2$,用内插法求变形量每间隔 0.01 mm 所相应的压力值,再用表格形式排列出来。表 7-4 为 $\phi4\times6.5$ mm 柱形铜柱的变形量表。

表 7-4 铜柱压力表(变形量表)

制表单位 年月日	铜柱压力表	规格	$\phi4\times6.5$ mm	形式	柱形
		表号		批号	
		温度	21 ℃	预压	
		适用活塞面积		0.2 cm²	

变形量/mm	压力/(kgf·cm⁻²)									
	0	1	2	3	4	5	6	7	8	9
0.0	2 000*	2 011	2 022	2 033	2 044	2 056	2 067	2 079	2 089	2 100
0.1	2 111	2 122	2 133	2 144	2 156	2 167	2 178	2 189	2 200*	2 211
0.2	2 222	2 233	2 244	2 256	2 267	2 278	2 289	2 300	2 311	2 322
0.3	2 333	2 344	2 356	2 367	2 378	2 389	2 400*	2 410	2 420	2 430
0.4	2 440	2 450	2 460	2 470	2 480	2 490	2 500	2 510	2 520	2 530
0.5	2 540	2 550	2 560	2 570	2 580	2 590	2 600*			

举例说明变形量表的使用方法。设使用 $\phi 4 \times 6.5$ mm 柱形铜柱,选定预压值为 2 200 kgf/cm²,测得预压后铜柱高度为 $h_1=5.16$ mm。查一次预压铜柱压力表 7-4,选用预压值和编表起始预压值间的变形量 $\varepsilon_0=0.18$ mm,实验后测铜柱高度为 $h_2=4.95$ mm,有 $\varepsilon_1=h_1-h_2=0.21$ mm。因此,对编表起始值来说,有 $\varepsilon=\varepsilon_0+\varepsilon_1=0.39$ mm。再次查对表 7-4,得 $p_m=2\ 430$ kgf/cm²。

3. 铜柱压力的换算方法

根据测压铜柱压后高或变形量换算成火药燃气压力的方法有 3 种。

(1) 直接查表法

利用直接查表法获得测量压力时,首先用估计的所测膛压值,选择适当的测压铜柱和测压器,并测量铜柱的起始高度 h_0,经过射击试验后,再测量出铜柱的压后高 h_x,即可根据铜柱的压后高度 h_x(或变形量 $\varepsilon=h_0-h_x$),直接从该批铜柱压力核对表中查出所测膛压 p。

该方法的缺点有:不能消除测压铜柱软硬性的偏差;在实验过程中压缩量由 h_0 直接变形到 h_x,变形量大需要较长的变形时间,而火药燃气作用时间很短,这样就有可能将铜柱压缩不到对应的高度,从而造成压后高度的偏差,影响压力测量的精度。

(2) 一次预压法

在测压前,在铜柱压力机上对铜柱进行一次预压,预压值略小于待测的最大膛压值。一般来说,当 $p_m > 1\ 000$ kgf/cm² 时,取预压值比待测值小 200~300 kgf/cm²。采用预压的好处在于:减小了实际使用时测压铜柱的塑性变形量,可减小动态误差;可对测压铜柱的硬度偏差进行调整。尽管要求同一批次铜柱的机械性能要一致,但各个铜柱的性能不可能完全一致。经过一次预压后,硬的铜柱预压量小,软的铜柱预压量大,这就使它们的机械性能得到调整,变形规律更趋一致。

(3) 二次预压系数法

二次预压系数法(以下简称系数法),是根据测压铜柱塑性变形特性及上述两种方法的综合。在实验之前,将测压铜柱在压力机上用两种不同的压力值 p_1 和 p_2 进行预压。对预压值的要求为:第一次预压压力值 p_1 与第二次预压压力值 p_2 之间相差 200 kgf/cm²;第二次预压压力值 p_2 比欲测膛压(大于 1 000 kgf/cm²)值低 200~300 kgf/cm²。每次预压后测量铜柱的压后高度为 h_1 和 h_2。根据铜柱的变形规律,当 p_1 和 p_2 在不大的范围内时,可以认为铜柱的压缩量与压力差成正比,即

$$\alpha = \frac{p_2 - p_1}{h_1 - h_2} \quad (7-1)$$

式中,α 为铜柱的压力系数(硬度系数)。

把经过两次预压的铜柱装入测压器进行射击试验,然后测量铜柱的压后高度 h_x。根据直线外推法插值得到

$$P = P_2 + \alpha(h_2 - h_x) \quad (7-2)$$

式中,p 为所求火药燃气压力。

这种方法与前两种方法比较,系数法是根据系数 α 和铜柱变形量直接计算被测压力值。

铜柱经过两次预压后,使铜柱本身的机械性能得到进一步改善,因而在承受第三次压力时,变形量的一致性高于前两种方法,而且也能减少个别跳动现象,这是系数法的优点之一。

但由于这种方法不论 h_1 和 h_2 是多少,一律是按两次预压之间的压缩量来求系数 α 的,且直接用 α 来计算所测压力的大小,对铜柱软硬的机械性能的偏差没有作任何修正,因此造成使用同批铜柱,α 系数大的测出膛压偏高,系数小的测出膛压偏低,即存在一些人为的误差。为了发挥二次预压法的优点,应当采用适当的换算方法和修正方法。

7.2.3 温度修正方法

编制铜柱压力表时,为控制温度对铜柱机械性能的影响,一般规定编表工作应在 (20 ± 4) ℃ 的温度下进行,进行过程中温度变化不超过 ± 1 ℃。由于铜柱或铜球的固体力学特性与温度有关,若测量时的环境温度不符合上述条件,则铜柱压力要进行温度修正,修正量 Δp_t 的计算公式为

$$\Delta p_t = -K(t_1 - t)p_m \tag{7-3}$$

式中:p_m 为测量最大膛压值;t_1 为测量时的温度;t 为编表温度;K 为铜柱温度修正系数,其取值和铜柱规格及使用的温度范围有关。如 $\phi 4\times 6.5$ mm 柱形铜柱,在 $+15\sim 50$ ℃ 的温度范围内 $K = 0.0016$/℃,在 $-40\sim +15$ ℃ 的温度范围内 $K = 0.0014$/℃。

7.2.4 静标体制铜柱测压的技术要点归纳

① 铜柱是测量系统的核心元件。由于它是一次性使用的,因此同批次铜柱的力学性能必须一致,才能有稳定的测量结果。不同批次铜柱的力学性能也不能相差过大。铜柱材料的纯度、铜柱的加工工艺,都有严格的要求;每批铜柱都要抽样检验,保证性能指标在允许的公差范围内。

② 为使测量系统的一次变换——力-压力变换符合预定要求,测压器的活塞与活塞孔的配合公差很有讲究,既要保证活塞能沿轴向自如运动,不发生卡滞,又不应有火药燃气从配合间隙渗入测压器。

③ 测压器活塞的直径、铜柱的直径、铜柱的高度是调节系统灵敏度和分辨力的三个几何要素。不同类别、型号的火炮的最大的膛压差异很大,为了在待测压力范围内有理想的灵敏度和分辨力,出现了不同规格的铜柱和测压器。各个型号的枪、炮都有各自特定的铜柱测压系统,不能随意乱用。

④ 铜柱压力表体现的是某批铜柱总体的平均特性。为了减小铜柱个体特性与平均特性间的差异引起的测量误差,可根据铜柱个体在预压时的表现作修正,或者采用二次预压法。应当特别提醒注意,各批铜柱的压力表都是专用的,不能在批与批之间换用。

⑤ 铜柱受压时,两端与测压器接触部位,应力状态复杂,对铜柱变形有约束作用,应努力使每次测量时接触状况和标定时相同。

⑥ 温度对铜柱变形特性有显著影响,因此对测量时的环境温度有明确规定。如果环境温度不符合规定,或是测量特殊环境温度下的膛压,则需要对测得的铜柱压力作温度修正,各种规格的铜柱都有各自的修正系数。修正量与温度不一定是线性关系,往往需要分段线性化,不同的温度区段有不同的温度修正系数。

⑦ 对于相同的激励,铜柱测压系统的响应相当稳定,它的抗干扰能力比电测系统好得多。用静标体制的测压铜柱测量的枪、炮的膛压,是持续时间只有几毫秒到几十毫秒的压力脉冲,测量载荷与标定载荷的动态特性大相径庭,这是静态标定体制铜柱测压法的重大缺陷,它使得

铜柱压力测得值与最大膛压的真值有显著的差异，铜柱压力含有严重的动态测量误差。为了遏制铜柱压力的动态误差，采用测量前对铜柱加预压的补救措施，以尽量减小测量时的塑性变形量。即便如此，铜柱压力依然含有相当大的动态误差，因此，铜柱测压多用于实用弹道学试验，在产品检验中作相对比较，而不适于推演内弹道规律的研究弹道学实验。

7.2.5 铜柱测压法静动差分析

1. 静标铜柱产生静动差的原因

铜柱测压基本方法为：测量时，将测压器放入弹膛内某位置，火药燃气压力通过活塞作用于铜柱使其产生塑性永久变形，为获得膛压峰值，需要对铜柱变形量或铜球压后高进行定度，即获得变形量或压后高与压力之间的对应关系，该关系通常表示成数表的形式，称为压力对照表。在铜柱发明后的 100 多年里，铜柱测压法采用的静态标定体制，在压力标定机上，用砝码加静载（保压 30 s），得出压力和塑性变形量之间的关系，这种方法获得的是静态压力对照表。然而所测枪、炮膛压是持续时间仅有几毫秒到几十毫秒的压力脉冲，不足标定保压时间的千分之一！标定和测量的载荷大相径庭。早在 20 世纪 40 年代，人们已经发现采用静态标定的铜柱用于动态测量，含有相当严重的动态误差，即静动差。静标铜柱用于动态压力测量含有严重的动态误差的事实，是静态标定体制下塑性变形测压法的严重缺点，研究动态误差的成因和修正方法一直倍受关注。

图 7-5 给出铜柱测压的工作原理图。从产生动态误差的原因看，可认为有以下两个：

其一，缘于铜柱的本构关系。材料的应力-应变关系与应变速率有关，称为应变率效应，即塑性变形的抗力不仅是变形量的函数，还是变形速率的函数，随着应变率的增大，材料的屈服

图 7-5 铜柱测压器工作原理

极限将提高，即静态加载时屈服极限最低，这就导致在相同压力情况下，塑性敏感元件的变形量小于静标时的变形量，从而产生负误差，即用静态标定的塑性测压器件来测定动态的膛压，按静态压力对照表换算的压力要比实际压力偏低。

其二，测压器活塞惯性的影响。火药燃气压力通过测压器活塞压缩铜柱的同时，由于铜柱产生了变形，因而活塞获得运动加速度，压力脉冲消失后，由于活塞的惯性，要继续压缩铜柱，产生过冲，从而产生静动差，该误差的趋势可认为是正误差，即测量值大于真实的压力值。一般情况下，在火炮膛压测量中铜柱的本构关系起主导作用，即静态标定的塑性测压器件在测量动态的膛压时测量值要偏低。

为了减少动态测量误差，在静标体制的铜柱测压规程中规定，测量前要对铜柱进行预压，使其在预压阶段完成大部分塑性变形，以减少动态误差，又为使这种措施的效果相对稳定，具有可比性，规程中还具体且严格规定了待测压力对预压值的超压量。这是一种不惜增加操作复杂性以换取测量准确性的不得已的措施。但是即使采取了这些弥补措施，测得的铜柱压力依然可能含有 10% 以上的动态测量误差。

在实验弹道学领域内，测量最大膛压的主要目的是检验武器的性能，只要测量结果稳定，随机误差小，不必强求测量结果准确，允许存在已定的系统误差。静态标定的铜柱压力虽然不准，但常用不衰，原因就在这里。但是在研究弹道学的领域内，研制新型武器，探索弹道现象的

定量规律,都必须有准确的膛压数据,对此,静标铜柱压力已无法胜任,需要用电测压系统测量膛压曲线。两个领域使用不同测压方法的后果是,出现了一种武器、一个压力状态,却有两种压力测得值的混乱局面。因此,研究铜柱测压动态误差的形成机理,研究减少或修正动态误差的方法,十分必要,它将统一膛压的测得值,给百年老技术注入新的生命力,从而拓展铜柱测压的应用领域。

长期以来测试界一直在探讨减少静动差的方法,目前工作主要有以下三个方面:

① 经验修正法。早在 20 世纪 40 年代,英国的内弹道学权威 J. Corner 就指出铜柱测得的压力比真实最大压力低 20%;20 世纪 50 年代,前苏联的内弹道专家升克瓦尔尼可夫等进一步指出,根据火药的种类及装填密度不同,铜柱压力值较真实压力低 12%～21%。前苏联在 20 世纪 50 年代的炮身设计规范中则明确规定由铜柱测得的压力应增大 12% 作为真实的最大膛压。

② 分析法。通过建立塑性测压系统的数学模型,在静态标定的基础上修正动态误差。早在二次大战中,前苏联就提出了一种测压器活塞的惯性是动态误差的主要因素,而未考虑铜柱材料特性影响的模型;1967 年法国科学家提出只考虑材料特性,完全忽略活塞惯性影响的铜柱测压器的理论解。国内在 20 世纪 80 年代开始着手这方面的研究,并取得了一定成果,明确指出了产生静动差的双重作用。

③ 准动态标定。20 世纪 70 年代末,美国对膛压测量体制进行了改革,连续三次修订膛压测量规程,全面推行准动态标定体制。这种体制以后又推广到北约组织各成员国。

2. 静动差修正方法实践

$\phi 3.53 \times 8.75$ 铜柱是我国自行研制的新型铜柱测压系列,测量范围为 240～800 MPa,根据现行的我国铜柱测压体制——静标体制标定的铜柱进行动测时,按上文显然存在动静误差。图 7-6 为静标铜柱变形量与压力及准动态标定变形量与压力的关系图,图 7-7 为变形量与静动差的关系曲线。由图 7-6 可看到静标铜柱与动标铜柱测得的压力最大相对误差为 16%,因此用静标体制的铜柱测压数据必须进行适当的修正,以使动测误差减小。

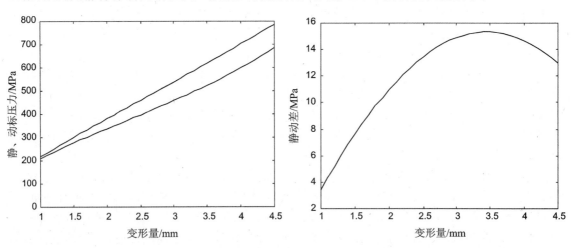

图 7-6 静标及准动态标定压力与变形量关系　　图 7-7 变形量与静动差的关系曲线

(1) 实验方案的制定

在膛压作用下,铜柱由弹性变形转入塑性变形时的应变率与膛压峰值 p_m、预压值 p_0、膛

压上升时间 τ_m 三个因素有关,分析静动差需找出 p_m、p_0、τ_m 对铜柱压力静动差的影响。要在实际射击条件变更 p_m 和 τ_m,找出它们对铜柱压力的静动差的影响,必须改变弹药的装药结构,实施起来十分困难。这里利用落锤液压动标装置进行模拟实验。利用落锤液压动标装置进行模拟实验的优点是:易于纯化实验条件,不会受到实际射击过程中众多难以控制的随机干扰的影响。由于该设备可产生与膛压上升沿波形较为接近的半正弦脉冲,而且可以方便地改变压力峰值 p_m 和压力上升时间 τ_m,分析半正弦压力脉冲与膛压脉冲对铜柱压缩效应的异同表明:在 $\frac{\tau_m}{T_n} \gg 1$ 的条件下,可以用半正弦压力脉冲代替膛压脉冲来研究铜柱压力的静动差,其中 T_n 是铜柱塑性变形段的无阻尼固有周期。

由于 $\phi 3.53 \times 8.75$ 铜柱采用了统一预压,因此制定了以峰值压力 p_m、压力上升时间 τ_m 的控制变量的试验方案。采用 $L_{18}(6 \times 3^6)$ 正交表进行实验设计,其中压力 p_m 范围为 250~750 MPa,压力上升时间 τ_m 为 2.6~3.4 ms。实验方案及结果如表 7-5 所列。

表 7-5 实验方案及相应的实验结果

序号	p_m/MPa	τ_m/ms	变形量/mm	静标压力 p_c/MPa	$\frac{\|p_{cc}-p_m\|}{p_m} \times 100\%$	按式(7-10)修正后 p_{cc}/MPa	$\frac{\|p_{cc}-p_m\|}{p_m} \times 100\%$	按式(7-11)修正后 p_{cc}/MPa	$\frac{\|p_{cc}-p_m\|}{p_m} \times 100\%$
1	249.32	2.6	1.159	232.44	6.77	253.82	1.81	253.27	1.58
2	249.92	3.0	1.163	232.99	6.77	254.48	1.82	253.93	1.60
3	250.42	3.4	1.166	233.40	6.80	254.97	1.82	254.42	1.60
4	348.04	2.6	1.766	310.43	10.81	348.53	0.14	347.74	0.09
5	350.27	3.0	1.779	310.02	10.92	350.47	0.06	349.68	0.17
6	352.33	3.4	1.792	313.59	11.00	352.42	0.03	351.62	0.20
7	445.50	2.6	2.380	383.48	13.92	439.36	1.38	438.35	1.61
8	450.35	3.0	2.411	387.13	14.04	443.95	1.42	442.92	1.65
9	454.73	3.4	2.439	390.44	14.14	448.11	1.46	447.07	1.68
10	540.79	2.6	2.986	456.13	15.65	531.37	1.74	530.12	1.97
11	549.49	3.0	3.038	462.88	15.76	540.00	1.73	538.72	1.96
12	557.04	3.4	3.086	468.93	15.82	547.74	1.67	546.44	1.90
13	637.49	2.6	3.586	535.72	15.96	633.80	0.58	632.27	0.82
14	650.36	3.0	3.664	546.89	15.91	648.29	0.32	646.73	0.56
15	660.76	3.4	3.728	556.23	15.82	660.44	0.05	658.85	0.29
16	736.73	2.6	4.181	627.66	14.80	753.94	2.34	752.10	2.09
17	751.49	3.0	4.267	642.41	14.52	773.38	2.91	771.48	2.66
18	762.35	3.4	4.330	653.47	14.28	787.95	3.36	786.05	3.11

(2) 数据分析与处理

铜柱测压器的动态力学模型涉及大变形弹塑性力学问题,要建立完善的力学-数学模型具有一定难度。在铜柱测压过程中,涉及以下物理量:测压器结构参量有活塞及铜柱等效质量 m_h、活塞直径 d_h;铜柱的几何参量有铜柱直径 d_c、铜柱高度 H_0;铜柱的力学参量有弹性模量

E、反映铜柱变形时的内耗阻尼系数 C、压力系数 B_c(铜柱单位变形量所需的静压)、铜柱预压 p_0;压力脉冲参数有峰压 p_m、压力上升时间 τ_m;由变形量从静态压力表中查得的铜柱压力 p_c。上述相关物理量中,E 是表征铜柱弹性变形的特征量,由铜柱测压的原理可知,在此实质上研究的铜柱塑性变形可不考虑;内耗阻尼系数 C 是一常值可不考虑。因此,描述铜柱测压的关系方程式中就应当含有 p_m、τ_m、H_0、d_c、d_h、m_h、p_0、p_c、B_c 九个物理量,即有

$$f(p_m, \tau_m, H_0, d_c, d_h, m_h, p_0, p_c, B_c) = 0 \tag{7-4}$$

若选择质量[M]、长度[L]、时间[T]为基本物理量,根据相似理论中的 π 定理,可以将描述铜柱测压过程的关系方程式变换成无量纲组合量(π 数)构成的关系式,该关系式中应含有 $9-3=6$ 个独立的无量纲变量。无量纲组合量的一般形式可写成:

$$\pi = p_m^{x_1} \tau_m^{x_2} H_0^{x_3} d_c^{x_4} d_h^{x_5} m_h^{x_6} p_0^{x_7} p_c^{x_8} B^{x_9} \tag{7-5}$$

其中 $x_1 \sim x_9$ 是各物理量的指数。由量纲齐次性原则,用量纲分析法可得出 6 个独立的无量纲组合量构成完整的集合:

$$\frac{d_c}{H_0}, \frac{d_h}{H_0}, \frac{m_h \cdot H_0}{p_c d_h^2 \tau_m^2}, \frac{p_m}{p_c}, \frac{B_c H_0}{p_c}, \frac{p_0}{p_c} \tag{7-6}$$

在实验中,使用同种规格的铜柱及测压器有 $\frac{d_c}{H_0}$, $\frac{d_h}{H_0}$ 为常量,因此描述铜柱测压静动差的函数关系式可写成:

$$\frac{p_m}{p_c} = f\left(\frac{m_h H_0}{p_c d_h^2 \tau_m^2}, \frac{p_0}{p_c}, \frac{B_c H_0}{p_c}\right) \tag{7-7}$$

由式(7-7)可看到,$\frac{m_h H_0}{p_c d_h^2 \tau_m^2}$ 表示惯性力和火药燃气作用力之比,反映了惯性效应对铜柱测压静动差的影响;$\frac{p_0}{p_c}$ 是铜柱预压和铜柱压力之比,反映了铜柱测压过程中塑性变形量和铜柱变形的应变率;$\frac{B_c H_0}{p_c}$ 是铜柱的极限量程,反映了铜柱的压扁程度;$\frac{p_m}{p_c}$ 是实际最大膛压和铜柱压力之比,可作为铜柱压力的静动差的量度。

选择幂函数积的经验公式形式,即有

$$\frac{p_m}{p_c} = a_0 \left(\frac{m_h H_0}{p_c d_h^2 \tau_m^2}\right)^{a_1} \left(\frac{p_0}{p_c}\right)^{a_2} \left(\frac{B_c H_0}{p_c}\right)^{a_3} \tag{7-8}$$

式中 a_0、a_1、a_2、a_3 是需根据表 7-5 实验数据确定的常数,可用表 7-5 给出的实验数据采取非线性回归的方法获得。在式(7-8)中,m_h、d_h 对于同一批号的铜柱而言,可以认为是常数,因此式(7-8)可简化为

$$\frac{p_m}{p_c} = b_0 (p_c \tau_m^2)^{b_1} (p_0/p_c)^{b_2} (B_c H_0/p_c)^{b_3} \tag{7-9}$$

式中,b_0、b_1、b_2、b_3 是待定常数。

由表 7-5 数据进行非线性回归可求得:

$$\frac{p_m}{p_c} = 0.91594 (p_c \tau_m^2)^{0.1011431} (p_0/p_c)^{0.358405} (B_c H_0/p_c)^{-0.352935} \tag{7-10}$$

式中,B_c 为铜柱静压时压力与铜柱压缩量间线性回归直线的斜率,取值为 134.70 MPa/mm。在铜柱测压中,实际测出的是铜柱压力 p_c,希望由静动差的修正得到实际的峰压值 p_m,按上式进行修正,计算结果见表 7-5,其中最大相对误差优于 3.5%,由于 $p_c \tau_m^2$ 及 p_0/p_c 在回归分析

中显著性较差,为使修正公式使用更加方便,取修正公式如下:

$$\frac{p_m}{p_c} = 1.2727 \left(\frac{B_c H_0}{p_c}\right)^{-0.095668} \quad (7-11)$$

用上式进行修正,计算结果见表 7-5,其最大相对误差优于 3.5%。

(3) 修正公式的有效性评估

上文研究工作是在落锤液压动标装置上完成的。显然,求得的经验公式能否有效地应用于实际火炮膛压测量时的静动差修正是一个需要考虑的问题。对某滑膛炮的靶场铜柱数据进行修正:实验时用两个铜柱测压器,其中一个用动标铜柱,一个用静标铜柱,以动标铜柱数据为压力基准,用式(7-11)对静标铜柱测量数据进行修正,测量数据及修正值如表 7-6 所列。

表 7-6 动标与静标铜柱测量数据比较

序 号	动标铜柱压力值 p_d/MPa	静标铜柱压力值 p_c/MPa	$\left\|\frac{p_d - p_c}{p_d}\right\| \times 100\%$	修正后静标铜柱压力 p_{cc}/MPa	$\left\|\frac{p_{cc} - p_d}{p_d}\right\| \times 100\%$
1	576.0	482.37	16.89	563.62	2.15
2	577.1	483.27	16.26	564.70	2.14
3	575.0	481.59	16.25	562.63	2.15
4	566.4	474.79	16.17	553.93	2.20
5	594.0	497.01	16.33	582.39	1.95

由表 7-6 可看出修正公式是可行的,说明其有效性较好。应该指出的是,本经验公式只适用于常温及膛压上升时间在 2.6~3.4 ms 范围内的 $\phi 3.5 \times 8.75$ 静标铜柱。由上述处理分析过程可以看到,在求取经验修正公式的计算中,没有用到铜柱本构方程中的材料常数,其影响实际上已随着实验数据自动地进入了待定常数中,绕过了知之不详的材料常数。

7.3 铜球测压法

7.3.1 铜球测压系统组成及工作原理

铜球测压系统由铜球测压器和铜球组成。铜球测压的工作过程和铜柱测压相似:在火药燃气的推动下,活塞压缩铜球,使之产生塑性变形。铜球测压器亦分为旋入式和放入式两种,其结构如图 7-8 所示。目前我国使用的铜球直径为 4.763 mm,为仿研的铜球。

铜球测压法和铜柱测压法的主要差别有以下两点:

① 测压元件不同。铜球测压法的测压元件是一定直径的铜球,使用前不进行预压,直接用压后高作为膛压的量度;铜柱测压法的测压元件是一定直径及长度的铜柱,使用前一般要进行预压,用其变形量作为膛压的量度。

② 标定方法不同。铜球压力表的编制是在能产生模拟膛压曲线的半正弦压力波形的动态压力发生器(如落锤液压动标装置)上进行的。

由于这种半正弦压力脉冲和枪炮膛压曲线的形状有一定的相似性,适当地调节半正弦压力脉冲的峰值和脉宽,就可在一定程度上模拟膛压对铜球的作用,得出压力幅值和铜球压后高间的关系。而铜柱测压系统,目前我国广泛采用的是静态标定体制。

图 7-8 铜球测压器

7.3.2 准动态校准技术

1. 准动态标定的含义

准动态校准技术可有效地减小静动差，是塑性测压器件校准体制改革的方向。所谓准动态校准，就是用已知峰值且波形与膛压曲线接近的压力脉冲作用于塑性敏感元件上，得出峰压和敏感元件的输出（铜柱是变形量，铜球是压后高）间的对应关系，再据此编出相应的压力对照表，该表称为压力动态对照表。由于校准压力源和待测压力有相似的动态特征，得到的响应自然也比较接近。因此，准动态校准可以有效地减小塑性测压器件的静动差。

2. 准动态标定系统的组成

准动态校准一般在落锤液压动标装置上进行。国内外许多研究单位已对该装置进行了充分试验研究，并取得了丰硕的成果。早在 20 世纪 60 年代，美国阿伯丁靶场就拥有落锤压力标定装置，1980 年瑞士 Kistler 公司和奥地利 AVL 公司弹道部都研制了类似的动态压力标定装置。对膛压测量用塑性敏感元件进行准动态标定的目的是要消除静动差，这是基于用于标定的压力激励源波形的上升段与膛压曲线上升段相似，具有类似的频率特性，因此可有效地消除或减少静态标定动态使用所形成的静动差，统计大多数武器系统的膛压曲线，取半正弦压力曲线的脉宽为 6 ms，能较好地模拟火炮膛压曲线的上升段，如图 7-9 所示。

基于落锤液压动标装置的准动态校准系统组成如图 7-10 所示。采用 4 个高压石英传感器，配高阻抗电荷放大器及数据采集卡组成 4 路标准压力监测系统，校准时取 4 路数据的平均值作为压力标准值，其总不确定度≤0.7%。其中各部分的作用及工作原理分别如下：

图 7-9 半正弦压力脉宽与膛压曲线

半正弦压力源是落锤式的（以下简称"落锤装置"）其工作原理如图 7-11 所示，重锤由一定高度 h 自由下落而获得一定的动能 $W=mgh$（m 是重锤质量，g 是重力加速度，h 是落高），重锤接触活塞后依靠其动能推动活塞压缩油缸内的液体，从而将重锤动能逐渐转变为缸内液

Δh —塑性敏感元件的变形量；p_m—压力峰值；
→—信号及数据传送方向；⇢—控制指令传送方向

图 7-10　落锤液压动标系统组成

体的压力势能,当动能减为零时活塞停止动作,压力也就达到峰值,然后被压缩的液体膨胀推动活塞及重锤向上运动,压力也逐渐降低,直到活塞恢复到起始位置,压力也恢复到零。这样,重锤下落打击活塞一次,即可在油缸内产生一个半正弦形的压力脉冲。压力峰值及压力脉宽可以通过调节 m、h、v_0 和 s 等参数来加以改变(v_0 是油缸初始容积,s 是活塞工作面积)。完整的半正弦压力源由油缸组件、重锤组件、挂锤系统、托锤系统、气动操作系统、步进电机系统、可编程逻辑控制器等部件组成。

标准压力监测系统用于确定半正弦压力脉冲的压力峰值,作为准动态校准的标准压力。考虑到校准精度要求,标准压力监测系统由 4 个相同的测压通道组成,最后取 4 个测试数据的平均值作为压力标准值。为了消除电荷放大器增益漂移的影响,设置了电荷校正器,通过对电荷放大器及时的校正而达到消除漂移影响的目的。仪器系统由 4 个电荷放大器、4 通道数字化仪(波形存储器)、电荷校正器、工控计算机、显示器。

图 7-11　落锤液压动标装置工作原理

高低温试验箱用于对准动态校准的油缸及其上安装的测压器等装置进行保温,从而实现高低温校准的目的。高低温试验箱、温控仪和作为冷源的液氮储存瓶及其控制装置等形成了一个相对独立的高低温试验设备。

实施准动态校准时,在落锤液压动标装置上的油缸四周径向安装四只标准电测压力传感器及四只铜球(柱)测压器,可同时测出四只电测压力传感器的压力峰值及相应测压器材的输出值,从而得到表示峰压与铜柱变形量(铜球压后高)间关系的数据对。在铜柱(球)测量范围内大致均匀地设定 7~9 个点进行标定,运用多项式回归技术可求出峰压与铜柱变形量(铜球压后高)的回归方程,据此可编出塑性测压器材的动态压力对照表。

7.4 动态压力电测法

弹性测压法是利用弹性敏感元件感受压力而产生的弹性变形量转换为电量进行测量的。弹性测压法按转换原理可分为以下几种:

① 利用弹性敏感元件的应力应变特性的压力测量系统,是基于弹性敏感元件在被测压力作用下产生应力、应变,利用应力、应变来测量压力的,如应变式压力传感器等;

② 利用弹性敏感元件的压力集中力特性的压力测量系统,主要基于弹性敏感元件将被测压力转换成集中力,利用测量集中力来测量压力的,如压电式压力传感器;

③ 利用弹性敏感元件的压力位移特性的压力测量系统,主要将被测压力转换为弹性敏感元件的位移来进行测量的,如电容式压力传感器;

④ 利用弹性元件的压力谐振频率特性的压力测量系统,主要是弹性元件在被测压力作用下其谐振频率发生变化,利用测量谐振频率来测量压力的,如振动筒式压力测量系统。

本书仅介绍在兵器压力测量中用得较多的应变式及压电式压力测量传感器。

7.4.1 应变式压力传感器

应变式测压传感器以弹性变形为基础,被测压力作用在传感器的弹性元件上,使弹性元件产生弹性变形,并用弹性变形的大小来量度压力的大小。由于去载时弹性变形可恢复,所以应变式测压传感器不仅能测量压力的上升段,也能测量压力的下降段,能反映出压力变化的全过程。

常用的应变测压传感器有以下几种。

1. 筒式应变测压传感器

图 7-12 是筒式应变测压传感器的结构示意图。筒式应变测压传感器的弹性元件是一只钻了盲孔的圆筒,称之为应变筒。使用时空腔中注满油脂,所注油脂的种类与测量的压力的大小有关。测量时把传感器安装到测量位置的测量孔中,压力作用在油脂上,油脂受压后,把压力传送到应变筒的内壁,使应变筒外壁膨胀,发生弹性变形。在应变筒外壁的中部,沿圆周方向贴有一片或两片工作片,以感受应变筒受压力作用时所产生的应变。应变筒的应变可按照厚壁圆筒公式计算,应变筒外表面的切向应变 ε_t 和压力 p 之间的关系为

$$\varepsilon_t = \frac{p}{E} \cdot \frac{d_1^2}{d_2^2 - d_1^2}(2-\mu) \qquad (7-12)$$

式中:E 为应变筒材料的弹性模量;d_2 为应变筒外径;d_1 为应变筒内径;μ 为应变筒材料的泊桑比。

对于测量小压力用的薄壁应变筒,由于 $d_2^2 - d_1^2 = (d_2+d_1)(d_2-d_1) \approx 2d_1 b (b$ 为应筒壁厚),故有

$$\varepsilon_t = \frac{p}{E} \cdot \frac{d_1}{b}(1-0.5\mu) \tag{7-13}$$

2. 平膜片式压力传感器

平膜片式压力传感器结构如图 7-13(a)所示,该传感器的弹性敏感元件是周边固定的平圆膜片,在上面粘贴一个组合应变片,膜片在被测压力作用下发生弹性变形时,应变片的阻值发生变化。

图 7-12 筒式应变测压传感器示意图

图 7-13 平膜片式压力传感器的结构

周边固定的平圆膜片,当其一面承受压力时,膜片发生弯曲变形,在另一面(应变片粘贴面)半径方向的应变 ε_r 和切线方向的应变 ε_t 可按以下公式计算。

$$\varepsilon_r = \frac{3pr_0^2}{8Eh^2}(1-\mu^2)\left(1-3\frac{r^2}{r_0^2}\right) \tag{7-14}$$

$$\varepsilon_t = \frac{3pr_0^2}{8Eh^2}(1-\mu^2)\left(1-\frac{r^2}{r_0^2}\right) \tag{7-15}$$

式中:p 为作用于膜片的压力;r_0 为膜片有效半径;r 为膜片任意点半径;h 为膜片厚度;E 为膜片材料弹性模量;μ 为膜片材料泊松系数。

由式(7-14)和式(7-15)可知,当 $r=0$(膜片中心处)时,径向应变 ε_r 和切向应变 ε_t 都达到最大值,即

$$\varepsilon_t = \varepsilon_r = \frac{3pr_0^2}{8Eh^2}(1-\mu^2) \tag{7-16}$$

当 $r=r_0$(膜片边缘处)时,$\varepsilon_t=0$,ε_r 达到负的最大值(压缩应变),即

$$\varepsilon_r = -\frac{3pr_0^2}{4Eh^2}(1-\mu^2) \tag{7-17}$$

当 $r=\frac{1}{\sqrt{3}}r_0$ 时,径向应变 $\varepsilon_r=0$;$r<\frac{1}{\sqrt{3}}r_0$ 时,ε_r 为正应变(拉伸应变);当 $r>\frac{1}{\sqrt{3}}r_0$ 时,ε_r 为负应变(压缩应变)。

膜片的应变分布曲线如图 7-14 所示。根据膜片应变分布来设计箔式组合应变片,其图形如图 7-15 所示。结合图 7-14 可看到,位于膜片中心部分的两个电阻 R_1 和 R_3 感受正的切向应变 ε_t(拉伸应变),则应变片丝栅按圆周方向排列,丝栅拉伸电阻增大;而位于边缘部分的两个电阻 R_2 和 R_4 感受负的径向应变 ε_r(压缩应变),则应变片丝栅按半径方向排列,丝栅被压缩电阻减小。这种结构所组成的全桥电路的灵敏度较大,并具有温度自补偿作用。

根据膜片所允许的最大应变量 ε_r(即应变片所允许的应变)和传感器的额定量程 p,选定膜片半径 r_0 后即可求得膜片的厚度。

$$h = \sqrt{\frac{3pr_0^2}{4E\varepsilon_r}(1-\mu^2)} \qquad (7-18)$$

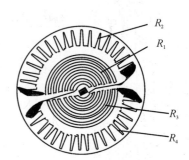

图 7-14 膜片应变分布曲线   图 7-15 箔式组合应变花

周边固定圆膜片自振频率由下式计算

$$f_0 = \frac{2.56h}{\pi r_0^2}\sqrt{\frac{Eg}{3\gamma(1-\mu^2)}} \qquad (7-19a)$$

式中:h 为膜片的厚度;γ 为膜片材料比重;g 为重力加速度。

这种结构形式的压力传感器在膜片前面有一个进压管道和容腔,可简化为如图 7-13(b)所示的形式。由于管道容腔的存在,在测量动态压力时必须考虑它的动态响应问题,该管道容腔系统的固有频率可用下式估算:

$$f_0 = \frac{c}{2\pi}\sqrt{\frac{\pi r^2}{V(l_1+1.7r)}} \qquad (7-19b)$$

式中:c 为容腔中介质的音速;r 为进口孔道半径;l_1 为进口孔道长度;V 为容腔容积($V = \pi a^2 l_2$,l_2 为容腔长度)。

由式(7-19b)可知,要提高该传感器的频率响应,应减小容腔的容积,适当增大进口孔道的直径,减小进口孔道的长度。这种形式的传感器,膜片的固有频率比管道容腔系统的固有频率要高得多,因此,传感器的频响主要受容腔效应的影响。

3. 活塞式应变测压传感器

图 7-16 是活塞式应变测压传感器的结构示意图。活塞式应变测压传感器的弹性元件是应变管。使用时传感器安装在测压孔内,压力 p 作用在活塞的一端,活塞把压力转化为集中力 $F(F = p \cdot S$,S 为活塞杆的面积)作用在应变管上,使应变管产生轴向压缩弹性变形。工作

应变片(一片或两片)沿轴向贴在应变管的中部。轴向压缩应变 ε 和压力 p 之间的关系为

$$\varepsilon = \frac{4p \cdot s}{\pi E(d_2^2 - d_1^2)} \quad (7-20)$$

式中：E 为应变管材料的弹性模量；d_2 为应变管的外径；d_1 为应变管的内径。

在应变管上部较粗的部位，沿周向粘贴一片或两片与工作应变片同一阻值、同一批号的温度补偿片。为了消除间隙的影响，装配时应给应变管一定的预应力，此预应力使应变管产生 50～80 微应变的预应变。活塞式应变测压传感器主要是通过活塞杆，而不是通过油脂传递压力的，所以它的固有频率比较高，一般可达 10～15 kHz。活塞的质量越轻，活塞杆的刚度越大，固有频率越高。

图 7-16 活塞式应变测压传感器结构示意图

4. 筒式应变测压传感器测量例

水下测量装置和空气中的测量装置有很大区别，它必须不受水介质的影响，且要求绝缘良好。导气式水下枪械是为水下人员使用而研制的新枪种，它利用枪管侧孔导出的膛内火药燃气推动自动机后坐，气室内的火药燃气压力是自动机工作的原动力。测量时，传感器通过外壳螺纹安装于水下枪械上，由弹性管上的密封球头来保证对流体的密封。试验采用的膛压及导气式压力测试系统由水下枪械发射装置、应变筒式压力传感器、动态电阻应变放大器及基于虚拟仪器的数据采集系统组成。测压系统框图如图 7-17 所示，图 7-18 是测得的典型膛压及气室压力信号曲线。

图 7-17 测压系统框图

图 7-18 膛压及气室压力信号曲线

7.4.2 压电式压力传感器

1. 活塞式压电压力传感器

图 7-19 是活塞式压电压力传感器的结构示意图。该传感器主要由传感器本体、活塞、砧盘、压电晶体、导电片、引出导线等组成。传感器在装配时用顶螺丝给晶片组件一定的预紧力，以保证活塞、砧盘、晶片、导电片之间压紧，避免受冲击时因有间隙而使晶片损坏，并可提高传感器的固有频率。测量时，传感器通过螺纹安装到测压孔上，锥面起密封作用。被测压力作用在活塞的端面上，并通过活塞的另一头把压力传送到压电晶体上。

2. 膜片式压电测压传感器

图 7-20 是膜片式压电测压传感器结构示意图。它用金属膜片代替活塞,膜片起着传递压力、实现预压和密封三个作用。膜片用微束等离子焊和本体焊接,整个结构是密封的。因此,在性能稳定性和勤务性上都大大优于活塞式结构。由于膜片质量小,与压电元件相比,刚度也很小,如果提供合适的预紧力,传感器的固有频率可达 100 kHz 以上。

图 7-19　活塞式压电测压传感器结构示意图　　图 7-20　膜片式压电测压传感器结构示意图

为了提高压电传感器的特性,目前生产的压电传感器都采取一些补偿措施,主要有温度补偿和加速度补偿。

压电传感器的温度特性主要表现在两方面:一是温度引起传感器灵敏度变化;二是温度引起传感器零点漂移。对物理特性良好的石英制成的压电传感器,温度引起的灵敏度变化是很小的,尤其是采取水冷措施后,传感器体内的实际温度并不高,灵敏度变化可忽略。但温度的变化会引起传感器各零件产生不同程度的线膨胀。由于石英晶体的膨胀系数远小于金属零件的线膨胀系数,当温度变化时,金属体的线膨胀大于石英晶体的线膨胀,从而引起预紧力的变化,导致传感器零点漂移,严重的还会影响线性和灵敏度。对这种影响,目前采取的补偿办法是在晶片的前面安装一块金属片,如图 7-21(a)所示,材料选用线膨胀系数的金属,如纯铝。当温度变化时,补偿片的线膨胀可弥补石英晶体与金属线膨胀之间的差值,以保证预紧力的稳定性。

石英晶体压力传感器在伴有振动的工况工作时,由于晶片本身及膜片、弹性罩体、温度补偿片等零件都具有一定的质量,在加速度作用下就会产生惯性力。这个惯性力对中、高量程的传感器来说,比起直接作用在膜片上的被测压力对晶体的负荷是很小的,可忽略不计。但对低量程压力传感器,尤其是高精度压力传感器,振动加速度所引起的附加输出信号就必须加以考虑。

对加速度的影响,常采用主动式振动补偿法,如图7-21(b)所示。在电极的上部有一块补偿晶体片,放置这块晶体片时,应使它对于电极的电荷极性与晶体片组产生的电荷极性相反。这样,当有加速度存在时,设计适当的质量块,确保晶体片组因加速度所产生的附加电荷与补偿晶体片因质量块产生的附加电荷大小相等极性相反而互相抵消,达到加速度补偿的目的。由于采用一块晶体片极性反向安装,这与晶体片数目相同而没有加速度补偿的传感器相比,其输出灵敏度要低。

图7-21 补偿原理示意图

3. 压电式传感器在冲击波自由场压力测试中的应用

常见的自由场冲击波传感器有两种:一种为配备恒流源的将电荷放大器与敏感元件一起集成在笔形传感器内,如PCB公司的138A系列水下冲击波压力传感器;另一种是将电荷放大器与传感器分开,中间以低噪声同轴电缆相连,如HZP-2型水下爆炸冲击波传感器。该次试验采用的测试系统由HZP-2冲击波压力传感器、PEG02电压放大器、智能式瞬态信号记录仪及工控机组成,系统框图如图7-22所示。测量时,将冲击波压力传感器固定在支架上并按指定的要求架设。测量时,传感器的笔尖正对水下枪械的口部。

图7-22 水下冲击波压力测试系统组成框图

水下枪械发射时产生高温、高压、高速的火药燃气,火药燃气压缩水,形成水下冲击波,冲击波压力作用于传感器顶端两侧的敏感面上,传感器将冲击波压力信号转换成电荷信号,经放大器调理放大后进入虚拟式数据采集系统。

图7-23为试验获得的冲击波压力信号,从信号波形图可以了解到:
- 水下冲击波压力波形上升沿陡峭,下降沿略为平稳;
- 波形中出现多次衰减的压力波形,这是由于水的密度大、惯性大及不可压缩性,压力波脉动次数较空气中多;
- 波形中,出现负压区。

图 7-23 冲击波测量实验曲线

7.5 测压系统的标定技术

测压系统的标定常分为静态标定和动态标定两种。静态标定的目的是确定测压系统静态特性指标,如线性度、灵敏度、滞后和重复性等;动态标定的目的是确定测压系统的动态特性参数,如频率响应函数、时间常数、固有频率及阻尼比等。

7.5.1 测压系统的静态标定

常用的静压发生装置有活塞式压力发生器、杠杆式压力发生器及弹簧测力计式压力发生器,限于篇幅本节仅介绍活塞式压力发生器。

活塞式压力计的结构如图 7-24 所示。被标定的压力传感器或压力仪表安装在压力计的接头上。当转动手轮时,加压油缸的活塞往前移动使油缸增压,并把压力传至各部分。当压力达到一定值时,将精密活塞连同上面所加的标准砝码顶起,轻轻转动砝码盘,使精密活塞与砝码旋转,以减小活塞与缸体之间的摩擦力。此时油压与砝码(连同活塞)的重力相平衡。传感器或压力仪表受到的压力等于砝码(连同活塞)的重力与活塞的有效面积之比,可表示为

$$p = \frac{4g(m_1 + m_2)}{\pi D^2} \tag{7-21}$$

式中:p 为油缸的压力(Pa);m_1 为标准砝码的质量(kg);m_2 为活塞的质量(kg);D 为活塞的直径(m);G 为当地的重力加速度(m/s²)。

增加或减少标准砝码的数量,可达到给传感器或压力仪表逐级加压或降压的目的,这种压力静态标定方法又称为静重比较法。由于精密活塞的直径在工艺上可达到很高的精度,且砝码的质量可做得非常准确,再加上必要的温度、磨擦、重力加速度和空气浮力等修正,因此活塞式压力计的精度是很高的,被广泛应用于压力基准及压力传感器的校验与标定中。这种标定方法在加压和卸压时都要放上或卸下一块砝码,特别是在连续多次标定时,操作非常繁重。通常,在不降低标定精度的前提下,为了操作方便,可不用砝码加载,而直接用标准压力表(一般精度为 0.4%)直接读取所加的压力。

7.5.2 测压系统的动态标定

压力系统动态标定要解决两个问题:一是要获得一个令人满意的周期或阶跃的压力源;

图 7-24　活塞式压力计结构

二是要可靠地确定上述压力源所产生的真实的压力-时间关系。

产生动态标定压力源的方法有很多，动态压力源的分类如下：稳态周期性压力源，如活塞与缸筒、凸轮控制喷嘴、声谐振器、验音盘等；非稳态压力源，如快速卸荷阀、脉冲膜片、闭式爆炸器、激波管及落锤液压动标装置等。受到篇幅限制，本书仅介绍激波管。

1. 激波管组成及工作原理

用激波管标定压力(或力)传感器是目前最常用的方法。激波管能产生非常接近阶跃信号的"标准"压力，压力幅度范围宽，频率范围广(2 kHz～2.5 MHz)。激波管的结构十分简单，它是一根两端封闭的长管，用膜片分成两个独立空腔。

激波管标定装置系统如图 7-25 所示。它由激波管、入射激波测速系统、标定测试系统及气源等四部分组成。

1—激波管的高压室；2—激波管的低压室；
3—激波管高低压间的膜片；4—侧面被标定的传感器；
5—底面被标定的传感器；6、7—各为测速压力传感器；
8—测速前置级；9—数字式频率计；10—测压前置级；
11—记录记忆装置；12—气源；13—气压表；14—泄气门

图 7-25　激波管标定装置系统原理框图

激波管是产生激波的核心部分，由高压室 1 和低压室 2 组成。1、2 之间由铝或塑料膜片 3 隔开，激波压力的大小由膜片的厚度来决定。标定时根据要求对高、低压室充以压力不同的压缩气体(通常采用压缩空气)，低压室一般为一个大气压，仅给高压室充以高压气体。当高、低压室的压力差达到一定程度时膜片破裂，高压气体迅速膨胀进入低压室，形成激波。该激波的波阵面压力保持恒定，接近理想的阶跃波，并以超音速施加于被标定的传感器上。传感器在激波的激励下按固有频率产生一个衰减振荡,如图 7-26 所示。

激波管中压力波动情况如图 7-27 所示。图(a)为膜片爆破前的情况,P_4 为高压室的压力,P_1 为低压室的压力。图(b)为膜片爆破后稀疏波反射前的情况,P_2 为膜片爆破后产生的激波压力,P_3 为高压室爆破后形成的压力,P_2 与 P_3 的接触面称为温度分界面。虽然 P_3 与 P_2 所在区域的温度不同,但其压力值相等即 $P_3 = P_2$。稀疏波是在高压室内膜片破碎时形成的波。图(c)为稀疏波反射后的情况,当稀疏波波头达到高压室端面时便产生稀疏波的反射,称作反射稀疏波,其压力减小为 P_6。图(d)为反射激波的波动情况,当 P_2 达到低压室端面时也产生反射,压力增大如 P_5 所示,称为反射流波。

图 7-26 被标定传感器输出波形

(a) 膜片爆破前的情况

(b) 膜片爆破后稀疏波反射前的情况

(c) 稀疏波反射后的情况

(d) 反射激波波动的情况

图 7-27 激波管中压力与波动情况

P_2 和 P_3 都是在标定传感器时要用到的激波,视传感器安装的位置而定,当被标定的传感器安装在侧面时要用 P_2,当装在端面时要用 P_3,二者不同之处在于 $P_3 > P_2$,但维持恒压时间 τ_3 略小于 τ_2。

压力计算的基本关系式为

$$P_{41} = \frac{P_4}{P_1} = \frac{1}{6}(7Ma_s - 1)\left[1 - \frac{1}{6}\left(Ma_s - \frac{1}{Ma_s}\right)\right]^{-7} \tag{7-22}$$

$$P_{21} = \frac{P_2}{P_1} = \frac{1}{6}(7Ma_s^2 - 1) \tag{7-23}$$

$$P_{51} = \frac{P_5}{P_1} = \frac{1}{3}(7Ma_s^2 - 1)\frac{4Ma_s^2 - 1}{Ma_s^2 + 5} \tag{7-24}$$

$$P_{52} = \frac{P_5}{P_2} = 2\frac{4Ma_s^2 - 1}{Ma_s^2 + 5} \tag{7-25}$$

入射激波的阶跃压力为

$$\Delta P_2 = P_2 - P_1 = \frac{7}{6}(Ma_s^2 - 1)P_1 \tag{7-26}$$

反射激波的阶跃压力为

$$\Delta P_5 = P_5 - P_1 = \frac{7}{3}P_1(Ma_s^2 - 1)\frac{2 + 4Ma_s^2}{5 + Ma_s^2} \quad (7-27)$$

式中，Ma_s 为激波的马赫数，由测速系统决定。

这些基本关系式可参考有关文献，这里不作详细推导。P_1 可事先给定，一般采用当地的大气压，根据公式准确地计算出来。因此，上列各式只要 P_1 及 Ma_s 给定，各压力值易于计算出来。

入射激波的测速系统（见图 7-25）由压电式压力传感器 6 和 7，前置放大器 8 以及频率计 9 组成。对测速用的压力传感器 6 和 7 的要求是它们的一致性要好，尽量小型化，传感器的受压面应与管的内壁面一致，以免影响激波管内表面的形状。测速前置级 8 通常采用电荷放大器及限幅器以给出幅值基本恒定的脉冲信号，数字式频率计能给出 $0.1\ \mu s$ 的时标就可满足要求了。由两个脉冲信号去控制频率计 9 的开、关门时间。入射激波的速度为

$$v = \frac{l}{t} \quad (7-28)$$

式中：l 为两个测速传感器之间的距离；t 为激波通过两个传感器间距所需的时间（$t = \Delta t \cdot n$，Δt 为计数器的时标，n 为频率计显示的脉冲数）。

激波通常以马赫数表示，其定义为

$$Ma_s = \frac{v}{\alpha_T} \quad (7-29)$$

式中：v 为激波速度；α_T 为低压室的音速，可表示为

$$\alpha_T = \alpha_0 + 0.54T \quad (7-30)$$

式中：α_T 为 T 时的音速；α_0 为 0 ℃的音速（331.36 m/s）；T 为试验时低压室的温度。

标定测试系统由被标定传感器 4、5，电荷放大器 10 及记忆示波器 11 等组成。被标定传感器既可放在侧面位置上，也可放在底端面位置上。从被标定传感器来的信号通过电荷放大器加到记忆示波器上记录下来，以备分析计算，或通过计算机进行数据处理，直接求得幅频特性及动态灵敏度等。

气源系统由气源（包括控制台）12、气压表 13 及泄气门 14 等组成，是高压气体的产生源，通常采用压缩空气（也可用氮气）。压力大小通过控制台控制，由气压表 13 监视。完成测量后开启泄气门 14，以便管内气体泄掉，然后对管内进行清理。更换膜片，以备下次再用。

2. 激波管阶跃压力波的性质

理想的阶跃波如图 7-28(a)所示，阶跃压力波的数学表达式为

$$\left.\begin{array}{l} P(t) = \Delta P, \quad 0 \leqslant t \leqslant T_n \\ P(t) = 0, \quad T_n < t < 0 \end{array}\right\} \quad (7-31)$$

通过傅里叶变换，可得到它的频谱，如图 7-28(b)所示。其数学表达式为

$$|P(f)| = PT_n \left|\frac{\sin \pi f T_n}{\pi f T_n}\right| \quad (7-32)$$

式中：P 为阶跃压力；T_n 为阶跃压力的持续时间；f 为频率。

由式(7-32)可知，阶跃波的频谱是极其丰富的，频率范围为 $0 \sim \infty$。

激波管是不可能得到如图 7-28 那样理想的阶跃压力波的，通常它的典型波形如

(a) 理想阶跃压力波　　　　(b) 阶跃压力波频谱

图 7-28　理想的阶跃压力波

图 7-29 所示。可用 4 个参量来描述，即初始压力 P_1、阶跃压力 ΔP、上升时间 t_R 及持续时间 τ，由图可知，当时间 $t>(t_R+\tau)$ 以后，因为在实际标定中不予考虑，故不去研究它。下面将讨论 t_R、τ、ΔP 及 P_1 的作用及影响。

① 上升时间 t_R 将决定能标定的上限频率。若 t_R 大，则阶跃波中所含高频分量必然相应减少。为扩大标定频率范围，应尽量减小 t_R，使之接近理想方波。通常用下式来估算阶跃波形的上限频率（见图 7-30）。

$$t_R \leqslant \frac{T_{\min}}{4} = \frac{1}{4f_{\max}} \tag{7-33}$$

式中，$f_{\max}$、$T_{\min}$ 分别为阶跃波频谱中的上限频率及其周期。

从图 7-30 中可看出式（7-33）的物理意义，t_R 可近似理解为正弦波四分之一周期的时间。这样可用 t_R 来决定上限频率，当 $t_R>T_{\min}/4$ 时，传感器已跟不上反应了。实验证明，激波管产生的阶跃波 t_R 约为 10^{-9} s，但实际上因各种因素影响，要大 1~2 个数量级，通常取 $t_{R\min} \leqslant 10^{-7}$ s，上限频率可达 2.5 MHz。目前动压传感器的固有频率 f_0 都低于 1 MHz，所以可完全满足要求。

图 7-29　激波管实际阶跃压力波

图 7-30　估算 t_R 的方法

② 持续时间 τ 将决定可能标定的最低频率，标定时在阶跃波激励下传感器将产生过渡过程。为了得到传感器的频率特性至少要观察到 10 个完整周期，若要求数据准确可靠，甚至需要观察到 40 个左右。根据要求，τ 可用下式表示

$$\tau \geqslant 10T_{\max} = \frac{10}{f_{\min}} \tag{7-34}$$

或

$$f_{\min} \geqslant \frac{10}{\tau} \tag{7-35}$$

从精度和可靠性出发，τ 尽可能地大些为好。一般激波管 $\tau=5\sim10$ ms，因此可标定的下

限频率 $f_{\min} > 2$ kHz。

3. 误差分析

在前面的分析中做了一定的假设,一旦这些假设不成立,就会产生误差,如测速系统的误差、破膜及激波在端部的反射引起的振动产生的影响等。这些原因都会给标定造成误差,下面就这几方面因素做简单的分析讨论。

(1) 测速系统的误差

根据传感器校准的要求,除了要保证系统工作稳定、可靠外,还要尽可能准确。实际上影响测速精度的因素很多,由式(7-28)可知,测速误差为

$$\varepsilon_v = \varepsilon_l + \varepsilon_t \tag{7-36}$$

式中,ε_l、ε_t 分别为 l、t 的相对误差。

从式(7-36)知,影响测速精度的因素有测速传感器的安装孔距加工误差,有测速系统各组成部分引起的测时误差,它包括各测速传感器的上升时间、灵敏度和触发位置的不一致性,各电荷放大器输出信号的上升时间、灵敏度的不一致性,频率计的测量误差(包括时标误差和触发误差)。

(2) 激波速度在传播过程中的衰减误差

根据实验测定,激波实际传播速度与理论值有出入,前者小于后者,显然这是激波的衰减造成的;非理想的阶跃压力引起的误差通常小于 $\pm 0.5\%$,这两项误差只要选取 $P_{21} < 3$,可忽略不计。

(3) 破膜和激波在端部的反射引起振动造成的误差

各种压力传感器对冲击振动都有不同程度的敏感,所以传感器的使用和标定都要考虑到振动的影响。激波管在标定中主要有两种振动:一是膜片在破膜瞬间产生的强烈振动,因为这种振动在钢中的传播速度约 5 000 m/s,比激波速度大得多,所以当激波到达端部传感器时这种振动的影响几乎衰减为零,可不予考虑;二是激波在端部的反射引起的振动,由于激波压力作用于压力传感器上的同时必然冲击安装法兰盘使之产生振动,这直接影响安装在其上的传感器,由于它的振动与传感器感受的激波压力几乎是同时产生的,未经很大的衰减,而其振动频率较高,恰在所欲标定的频段内,所以影响很大,产生的误差约 $\pm 0.5\%$。

参照美国标准局(NBS)评定激波管装置系统的精度指标的规定,激波管的误差主要指的是阶跃压力的幅值误差。根据式(7-26)和式(7-27)可推导出

$$\varepsilon_{\Delta P_2} = \varepsilon_{Ma_s}\left(\frac{2Ma_s^2}{Ma_s^2-1}\right) + \varepsilon_{P_1} \tag{7-37}$$

$$\varepsilon_{\Delta P_5} = \varepsilon_{Ma_s}\left(\frac{8Ma_s^2}{2+4Ma_s^2}\right) + \frac{2Ma_s^2}{5-Ma_s^2} + \frac{2Ma_s^2}{Ma_s^2-1} + \varepsilon_{P_1} \tag{7-38}$$

式中,$\varepsilon_{\Delta P_2}$、$\varepsilon_{\Delta P_5}$、ε_{Ma_s}、ε_{P_1} 分别为 ΔP_2、ΔP_5、Ma_s、P_1 的相对误差。

由上式可知,激波阶跃压力的误差完全取决于 P_1 及 Ma_s 的测量精度。由式(7-29)和式(7-30)可求得

$$\varepsilon_{Ma_s} = \varepsilon_v + \varepsilon_{a_T} \tag{7-39}$$

$$\varepsilon_{a_T} = \varepsilon_T \left(\frac{T}{546 + 2T} \right) + \varepsilon_{a_0} \qquad (7-40)$$

式中，ε_{a_T}、ε_{a_0}、ε_{Ma_s}、ε_T 分别为 a_T、a_0、Ma_s、T 的相对误差。

将 ε_v 及 ε_{a_T} 代入式(7-39)中便得

$$\varepsilon_{Ma_s} = \varepsilon_T \left(\frac{T}{546 + 2T} \right) + \varepsilon_{a_0} + \varepsilon_t + \varepsilon_l \qquad (7-41)$$

由上式可知，Ma_s 的误差完全取决于 T、l、t 及 a_0 的测量精度。

7.5.3 传感器准静态校准

按照压力量值传递的规程，压力传感器均采用静态校准的方法来获取测压系统的灵敏度等工作参数。众所周知，静态校准过程是一个十分繁琐且费时的过程，对传感器来说都存在着许多不利因素。例如压电式测压传感器，由于该类传感器的低频特性较差，使得在校准中不可避免地产生漂移等现象；另一方面静态校准严重影响了传感器的使用寿命。准静态校准方法可大大地提高测压传感器的工作寿命，同时给出的系统灵敏度较静标时更适用，可大大减少测试系统的动态误差。

所谓准静态校准，就是利用类似于被测膛压波形，已知峰值及脉宽的半正弦压力脉冲对膛压测试系统进行校准。用这种校准方法获得的测压系统的灵敏度有时亦称之为动态灵敏度。目前大多数压电式压力传感器的固有频率都可以做到 100 kHz 以上，其工作带宽可达数十 kHz，而用于校准用的压力有效带宽小于 1 kHz，其只占传感器工作带宽的几十分之一，因此称之为准静态校准。目前能实施准静态校准装置有落锤液压标定装置等。

目前常用的准静态校准方法是，在落锤液压标定装置的造压油缸上安装被校传感器及 4 只标准压力传感器，其校准过程类似于准动态校准过程，通过准静态校准可以获得被校压力传感系统的工作灵敏度、线性度、重复性等技术指标。

7.6 动态压力测量的管道效应

一般来说，传感器测量动压信号时往往接有引压管。引压管道的尺寸、传感器的安装位置对传感器的动态压力测量精度影响很大。

7.6.1 传感器的安装

为能准确地测量待测压力，传感器安装时希望能使其压力敏感面直接与被测压力接触，但一方面由于被测装置及传感器结构形状的限制，另一方面由于火药燃气具有较强的氧化及腐蚀性能及高温的特点，为保护传感器，很难实现理论上的"齐平"安装方式，如图 7-31(a)所示。这时需要借助于引压管道传递压力，使被测压力通过引压管道中的介质与压力传感器的敏感面相连通，为了使压力能作用在传感器的敏感面上，敏感面前常留有一定尺寸的空腔，称为"容腔"，形成了所谓的管道-容腔安装方式，如图 7-31(b)所示。

7.6.2 测试系统动态特性分析

图 7-32(a)所示为管道-容腔压力传输系统等效图。它由引压管道(直径 d，长度 L)和容

(a) 齐平安装方式　　　　　　　　(b) 附加引压管道安装方式

图 7-31　传感器的安装方式

腔(容积 V)构成。被测压力 P(t)作用于管口,而容腔(此容腔被压力传感器的敏感面封闭)压力为 $P_V(t)$,$P_V(t)$作用于传感器的敏感面上。假设管内流体是不可压缩的,在进行动态压力测量时,由于容腔内流体的流速很小,其加速度也很小,故可忽略不计其惯性质量,其容腔就可以简化为一个没有质量的弹簧,如果把传感器敏感面简化成支撑弹簧上具有集中质量的活塞,于是传感器与测压管道的等效图如图 7-32(b)所示。如果把引压管道内流体简化为一个质量为 m 的刚性柱体,再考虑到运动中不可避免的摩擦阻尼,测压系统就可以简化成一个典型的单自由度二阶系统,等效模型如图 7-32(c)所示。由此模型可建立以 P(t)为输入、$P_V(t)$为输出的运动微分方程。

(a) 压力管道等效图　　　(b) 传感器与压力管道等效图　　　(c) 等效二阶系统

图 7-32　压力测量的简化图

根据腔内流体弹性模量 E_q 的定义

$$E_q = \frac{dP_V(t)}{dV} \cdot V \tag{7-42}$$

可以得到容腔内流体体积变化率与容腔内压力变化率的关系为

$$\frac{dV}{dt} = \frac{V}{E_q} \cdot \frac{dP_V(t)}{dt} \tag{7-43}$$

由于流体的连续性,容腔内体积的变化必然要有管道内同体积的流体补充,所以有

$$\frac{dV}{dt} = S\bar{v} \tag{7-44}$$

式中：S 为引压管的横截面积;$\bar{v}$ 为管道内流体的平均速度。

由式(7-42)、式(7-43)、式(7-44)可得

$$\bar{v} = \frac{V}{SE_q} \cdot \frac{dP_V(t)}{dt} \tag{7-45}$$

根据泊肃叶定律可知层流情况下,作用在管道流体上的摩擦力为

$$E_\mu = 8\pi\mu L \bar{v} \tag{7-46}$$

式中:μ 为管道内流体的黏度;L 为管道长度。

于是作用在管道流体上的惯性力为

$$F_m = SL\rho \frac{d\bar{v}}{dt} \tag{7-47}$$

式中:ρ 为传输管道内流体的密度。

作用在管道流体上的弹性力为

$$F_k = S \cdot p(t) \tag{7-48}$$

根据牛顿第二定律建立力平衡方程为

$$F_m = F_k - P_V(t) \cdot S - E_\mu \tag{7-49}$$

将式(7-46)、式(7-47)、式(7-48)代入式(7-49),并转换为二阶系统微分方程,得

$$\frac{d^2 P_V(t)}{dt^2} + \frac{8\pi\mu}{S\rho} \cdot \frac{dP_V(t)}{dt} + \frac{SE_q}{LV\rho} P_V(t) = \frac{SE_q}{LV\rho} P(t) \tag{7-50}$$

其固有频率和阻尼比为

$$\omega_n = \sqrt{\frac{SE_q}{LV\rho}} = \frac{c}{L}\sqrt{\frac{V_g}{V}} \tag{7-51}$$

$$\xi = \frac{4\pi}{S\omega_n} \cdot \frac{\mu}{\rho} \tag{7-52}$$

式中:V_g 为管道容积;c 为声速,$c = \sqrt{E_q/\rho}$。

为了减少管道效应对测量精度的影响,从以上分析可以看出:ω_n 与声速成正比,在工作介质为液体中混有气体时,声的传播速度将会降低,则传输管道的固有频率也会降低,从而带来测量误差,因此应尽量排除混在工作介质中的气体;ω_n 与管道长度 L 成反比,因而尽量减少传输管道的长度 L,以提高系统的固有频率;另外,在 L 一定的条件下,应设法增大管道容积 V_g,减小容腔容积 V。

为了适当增大阻尼比,应选用黏度大的流体,选择合适的管道面积,以综合考虑阻尼比与系统的固有频率。

第8章 温度及热通量测量技术

8.1 概　述

温度分布特征是描述燃气流场的重要参数之一,是火箭武器系统相容性设计所需研究的重要参数。它是认识实际火箭推进剂的高温、高压燃烧机理及提高火箭发动机性能和效率的关键,也是评估计算流体力学计算程序所需要的重要依据。弹药爆炸威力评估也离不开温度的准确测量,声管武器常用身管表面温度的变化监测身管的寿命。

温度测量系统所用仪表统称温度仪表,分为温度传感器、温度变送器、温度显示控制仪三部分。随着技术的进步,现在的温度传感器已发展成能够具备测量、变送远传、现场显示于一体的新型温度仪表。根据温度传感器的使用方式,温度测量分为接触法与非接触法两类。

1. 接触测温法

根据热平衡原理,两个不同温度的物体相接触并经过足够长的时间后,它们的温度必然相等,达到热平衡。如果其中之一为温度计,就可以用它对另一个物体实现温度测量,这种测温方法称为接触法。接触法测温要求温度计与被测物体有良好的热接触,使两者以最快的速度达到热平衡。由于温度计直接插入被测物体,因此测温准确度较高;但这往往要破坏被测物体的热平衡状态并受被测介质的腐蚀作用,因此对感温元件的结构、性能要求苛刻。热电偶、热电阻是使用最广泛的用接触法测量温度的温度传感器。

2. 非接触测温法

利用物体的热辐射能随温度变化而变化的原理测定物体温度,这种测温方法称为非接触法。非接触法测温,温度计不与被测物体接触,不改变被测物体的温度分布,热惯性小,因此可测温范围宽,使用寿命长,但测量精度低,造价高。从原理上看,用这种方法测温无上限,通常用来测定1 000 ℃以上的移动、旋转或反应迅速的高温物体的温度或表面温度。

3. 接触式与非接触式比较

表8-1为接触法与非接触法测温特性比较。综上所述,接触式测温仪表比较简单、可靠,测量精度较高;但因测温元件与被测介质需要进行充分的热交换,需要一定的时间才能达到热平衡,所以存在测温的延迟现象,同时受耐高温材料的限制,不能应用于很高的温度测量。非接触式仪表测温(如红外测温方法)是通过热辐射原理来测量温度的,测温元件不需与被测介质接触,测温范围广,不受测温上限的限制,也不会破坏被测物体的温度场,反应速度一般也比较快;但受到物体的发射率、测量距离、烟尘和水气等外界因素的影响,其测量误差较大。由于非接触式仪表测温时受外界的影响比较大,加上不能测量内部温度。在 CSA 和 UL 标准中,只是规定了接触式测温方法(热电偶和电阻法)进行温升测试。表8-2给出常用温度计的种类及特性。

但是非接触式仪表测温可快速提供温度测量,在用热电偶读取一个渗漏连接点的时间内,用红外测温仪几乎可以读取所有连接点的温度。另外,由于红外测温仪坚实、轻巧、安全,它能够安全地读取难以接近的或不可到达的目标温度。非接触温度测量还可在不安全或接触测温较困难的区域进行,既达到测试的目的,又保护了人身安全。

表8-1 接触法与非接触法测温特性比较

分类\特性	接触法	非接触法
特点	可测量任何部位的温度,便于多点集中测量和自动控制;不适宜测量热容量小的物体和移动物体	不改变被测介质温场,可测量移动物体温度,通常只是测量表面温度
测量条件	测温元件要与被测介质很好地接触且需要足够长的时间;被测介质温度不因接触测温元件而发生变化	由被测对象发出的辐射要充分照射到检测元件上;被测对象的发射率要准确知道
测量范围	容易测量1 100 ℃以下的温度,测量1 100 ℃以上的温度使用寿命较短	测量1 000 ℃以上的温度较准确,测量1 000 ℃以下的温度误差大
准确度	测温误差通常为0.4%~1%,依据测量条件可达0.1%	测温误差通常为±20 ℃左右,条件好的可达5~10 ℃
响应速度	测温响应速度通常较慢,为1~3 min	测温响应速度较快,2~3 s

表8-2 常用温度计的种类及特性

类别	温度计名称		使用温度/℃	准确度/℃	线性	响应速度	变送远传
膨胀	水银玻璃温度计		-50~650	0.1~2	一般	一般	无
	双金属温度计		-50~600	0.5~5	一般	慢	无
压力	液体压力温度计		-30~600	0.5~5	一般	一般	无
	气体压力温度计		-20~350	0.5~5	无	一般	无
电阻	热敏电阻温度计		-50~350	0.3~5	无	快	无
	铂电阻温度计		-260~630	0.01~5	好	快	有
	铜电阻温度计		-200~150	0.5~5	好	快	有
电动势	热电偶分度号	K	-200~1 200	2~10	好	快	有
		N	-200~1 250	2~10	好		
		E	-200~800	3~5	好		
		J	-200~800	3~10	好		
		T	-200~350	2~5	好		
		S、R	0~1 600	1.5~5	好		
		B	0~1 800	4.0~8	好		
		W5/26,W3/25	0~2 300	5~20	好		
热辐射	光学高温计		700~3 000	3~10	无	一般	无
	光电高温计		200~3 000	1~10	无	快	有
	辐射温度计		100~3 000	5~20	无	一般	
	比色温度计		180~3 500	5~20	无	快	
	远红外温度计		-25~3 300	5~20	无	快	

8.2 热电偶测温

8.2.1 热电偶测温原理

热电偶测温是基于 1821 年西贝克（T. J. Seebeck）发现的热电效应，1826 年贝克雷尔（A. C. Becquerel）第一个根据热电效应进行了温度测量。将两种不同的均质导体（热电极或偶丝）焊接在一起，另一端连接电流计构成闭合回路，当焊接端（测量端）与电流计端（参比端）温度不一致时，回路中就会有电流通过，这种现象称为西贝克效应，又称热电效应。热电特性是物质具有的一种普遍特性，热电偶是应用最广泛的测温仪表。热电偶回路中的热电动势由温差电势和接触电势两部分组成。

对于由导体 A、B 组成的热电偶闭合回路，产生热电势可用图 8-1 表示。

当温度 $t>t_0$，导体 A 的自由电子密度 n_A 大于导体 B 的自由电子密度 n_B 时，闭合回路的总的热电势为

$$E_{AB}(t,t_0) = [e_{AB}(t) - e_{AB}(t_0)] + [-e_A(t,t_0) + e_B(t,t_0)] \tag{8-1}$$

实际上，在同一种金属体内，温差电势极小，可以忽略，因此该回路中总的热电势可表示为

$$E_{AB}(t,t_0) = e_{AB}(t) + e_{BA}(t_0)$$

或

$$E_{AB}(t,t_0) = e_{AB}(t) - e_{BA}(t_0) \tag{8-2}$$

图 8-1 西贝克效应示意图

式（8-2）表明，热电偶回路中总的热电势为两接点热电势的代数和。当热电极材料确定后，热电偶的总的热电势 $E_{AB}(t,t_0)$ 成为温度 t 和 t_0 的函数。如果使冷端温度固定不变，则热电势就只是温度 t 的单值函数了，这样只要测出热电势的大小，就能判断测温点温度 t 的高低，这就是热电偶测温的基本原理。

同时由式（8-2）可得出以下结论：

① 如果热电偶两电极材料相同，则虽两端温度不同，但总输出电势仍为零，因此，必须由两种不同的金属材料才能构成热电偶。

② 如果热电偶两结点温度相同，则回路中的总电势必然等于零。

③ 热电势的大小只与材料和结点温度有关，与热电偶的尺寸、形状及沿电极温度分布无关。应注意，如果热电极本身性质为非均匀的，由于温度梯度存在，将会有附加电势产生。

8.2.2 热电偶的基本实验定律

1. 均质导体定律

由一种均质导体组成的闭合回路，不论导体的截面和长度如何，都不能产生热电势。

2. 中间温度定律

一支热电偶的测量端和参考端的温度分别为 t 和 t_1 时，其热电势为 $E_{AB}(t,t_1)$；温度分别为 t_1 和 t_0 时，其热电势为 $E_{AB}(t_1,t_0)$；温度分别为 t 和 t_0 时，该热电偶的热电势 $E_{AB}(t,t_0)$ 为前二者之和，这就是中间温度定律，其中 t_1 称为中间温度，即有

$$E_{AB}(t,t_0) = E_{AB}(t,t_1) + E_{AB}(t_1,t_0) \tag{8-3}$$

上式证明如下：

由式(8-2)可写出

$$E_{AB}(t,t_1) = e_{AB}(t) - e_{AB}(t_1)$$

$$E_{AB}(t_1,t_0) = e_{AB}(t_1) - e_{AB}(t_0)$$

二式相加并与式(8-2)比较即可得

$$E_{AB}(t,t_0) = E_{AB}(t,t_1) + E_{AB}(t_1,t_0)$$

为了便于理解，还可以直观地从分度表或分度曲线上了解中间温度定律所确定的内容，如图8-2所示。

3. 中间导体定律

该定律也称第三导体定律，所谓中间导体或第三导体，是指图8-3中的导体C。在这种情况下共有三个接点，所以回路中的热电势为

$$E_{ABC}(t,t_0) = e_{AB}(t) + e_{BC}(t_0) + e_{CA}(t_0) \tag{8-4}$$

根据能量守恒原理可知，多种金属导体组成的闭合回路，只要各接点的温度相同，则回路的总热电势为零。对于图8-3中的回路，当$t=t_0$时，有

$$e_{AB}(t_0) + e_{BC}(t_0) + e_{CA}(t_0) = 0$$

即

$$-e_{AB}(t_0) = e_{BC}(t_0) + e_{CA}(t_0) \tag{8-5}$$

将式(8-5)代入式(8-4)并与式(8-2)比较得

$$E_{ABC}(t,t_0) = e_{AB}(t) - e_{AB}(t_0) = E_{AB}(t,t_0)$$

图8-2 中间温度定律图示

图8-3 中间导体连接的测温系统

结果表明，在热电回路内接入第三种材料的导线，只要第三种材料导线的两端温度相同，它的引入不会影响热电偶的热电势。这一性质称为中间导体定律。从实用观点看，这条性质很重要，正是由于这一性质的存在，才可在回路中引入各种仪表、连接导线等，而不必担心会对热电势有影响，且也允许采用任意办法来焊制热电偶。同时应用这一性质还可采用开路热电偶对液态金属和金属壁面进行温度测量。

同理可证，对于材料成分均匀的导线，还可以接入第四、第五、…第n个中间导体，条件是必须保证每一导体的两端温度相同。

4. 参考电极定律

如图8-4所示，已知热电极A、B分别与参考电极C组成的热电偶在接点温度为t、t_0时的热电势，则在相同接点温度(t、t_0)下，由A、B两种热电极配对后的热电势可按下面公式计算：

$$E_{AB}(t,t_0) = E_{AC}(t,t_0) - E_{BC}(t,t_0)$$
$$(8-6)$$

式中：$E_{AB}(t,t_0)$为由 A、B 两电极组成的热电偶在接点温度为 t、t_0 时的热电势；$E_{AC}(t,t_0)$、$E_{BC}(t,t_0)$为接点温度(t,t_0)时，热电极 A、B 分别与参考电极 C 配对时的热电势。

参考电极定律大大简化了热电偶的选配工作。只要获得热电极与标准铂电极配对的

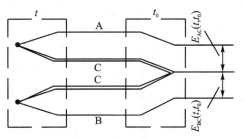

图 8-4 参考电极定律的热电偶连接图

热电势，那么任何两个热电极配对时的热电势便可按式(8-6)求得，而不需逐个进行测定。

8.2.3 热电偶的结构、分类及特点

热电偶将感应到的温度信号根据热电效应转变成电压信号，再经补偿导线传送到温度显示(控制)仪表，经过显示仪表的转换电路将热电偶感应到的温度电压信号以摄氏度的形式直观地显示出来，而不是显示毫伏值，所以热电偶又叫温度传感器或一次测温仪表。为了将温度信号引入高一级的控制系统，有时在使用过程中还需将电压信号转变成标准的电流信号(即温度变送器)。

1. 热电偶的结构

热电偶的结构可以用"两端五部"来概括。从热电偶的测温原理可知，构成最基本的热电偶除了两根热电极材料外，还必须在热电极的两端按照要求做成测量端和参考端，俗称"热端"和"冷端"，这就是所谓的"两端"。根据热电偶的不同用途和附加结构，热端有绝缘型、多支分离绝缘型、接壳型、露头型四种形式，冷端有密封和非密封两种形式。

热电偶一般由五部分构成：两根热电极(偶丝)是构成热电偶的核心部分(第一部分测温元件)，其他部分都是围绕它展开；为了保证回路中热电动势不损失以准确传递被测温度信号，必须用绝缘材料使两热电极除两端点之外的其余部分之间，及其与外界之间有可靠的绝缘(第二部分绝缘材料)；为了保护绝缘材料和偶丝，延长热电偶的使用寿命，一般还设计有保护套管(第三部分保护管)；为了安装接线使用方便，同时适应各种使用场合，一般还设计有第四部分接线装置和第五部分安装固定装置。这些就是所谓的"五部"。

在武器系统实验研究中应根据被测对象的具体情况设计专用热电偶。如图 8-5 所示是基于热电偶设计的总温传感器。这种传感器有体积小、结构简单、成本低、测量局部温度准确度高等优点。

传感器安装在可调梳状测试架上。为了保证气流滞止及减小结点辐射损失，热电偶外均采用耐热合金屏蔽罩。热电偶采用环境冷端，冷端结点用相应的补偿导线引出燃气射流作用区，并用绝热材料包覆。而在测量火箭导弹实际飞行中燃气流场对定向器或发射架热冲击则可将热电偶传感器安装在定向器或所需测量温度的位置。

常用热电偶结构可分成两种类型：铠装热电偶与装配热电偶。

装配热电偶，顾名思义，指构成热电偶的最基本的三个部分(简称"基体部分"，包括测温元件、绝缘材料、保护管)是通过组装而成，可以通过拆卸而分的。将铠装热电偶材料下料成需要的长度，再制作冷热两端并附加需要的安装固定装置就形成了铠装热电偶。铠装热电偶的基

图 8-5　总温热电偶传感器的结构

体部分(称为铠装热电偶材料或"偶材"或"铠材"或"铠装热电偶电缆")是不可拆卸的,它是由热电偶丝穿入绝缘氧化镁型材中,再一同穿入金属保护管中,经过多次拉拔缩径退火而形成的一个坚实整体。

铠装热电偶是在装配热电偶的基础上采用新的工艺技术制造而发展起来的第二代通用型热电偶,相对于装配热电偶,它具有直径小、密封性好、易弯曲、热响应时间快、可靠性高、成本低、适合批量生产及安装使用方便等特点。

铠装热电偶在绝大多数的场合都可以代替装配热电偶使用,只是由于人们的使用习惯和接受观念不同,一些场合还在继续使用装配热电偶。近年来越来越多的厂家采用铠装热电偶作为装配热电偶的芯子来改造传统的装配热电偶。

铠装热电偶与装配热电偶是两种最基本的结构类型,在此基础上根据具体的使用环境发展了很多特殊的专用热电偶。复合铠装热电偶和单芯铠装热电偶是在铠装热电偶的基础上,根据不同用途以及综合装配偶和铠装偶的优点,开创了第三代通用型热电偶,性价比远远大于普通装配或铠装热电偶。

2. 热电偶的分类

热电偶按照制造方法和结构类型可分为装配热电偶、铠装热电偶两个基本大类。随着工艺技术的不断发展,综合了装配热电偶和铠装热电偶的优点的复合铠装热电偶具有很好的性价比,有很大的市场推广潜力。按照热电偶的热电特性分类,有 10 个已经标准化的分度号和其他很多具有专门用途的非标准化热电偶;按照每支产品中所含热电偶的对数分类,有单支、双支、三支、多支热电偶;按照热电偶电极的资源状况分类,有贵金属热电偶和廉金属热电偶两种;根据用途来分类的就比较多了,如真空专用热电偶、高温耐蚀热电偶,还有将正负极偶丝分别铠装加工自由配对的"单芯铠装热电偶",等等。在热电偶产品的名称中,一般同时含有结构特征、分度号、数量等多种分类含义,如双支式铠装 K 型热电偶、单支变径式 E 型热电偶等。

3. 热电偶的特点

热电偶是使用最广泛、使用量最大的测温仪表,它以其测温范围宽、准确度高、使用方便、使用寿命长、技术成熟等优点,已广泛应用于化工、冶金、电力、机械、建材等各行各业中,在一定的温度范围内对气体(如烘箱)、液体(如油槽)、固体(如金属模具)等的温度进行自动检测。其使用特点如下:

- 结构简单,制造容易,安装使用方便,价格低廉;
- 将温度信号转换成电势信号进行检测,能满足远距离测量和控制的要求;
- 测温范围宽($-200\sim 2\,300\ ℃$);
- 直接测温准确度高(测量准确度可达 $0.2\ ℃$);

- 惰性小,测量响应时间快;
- 能适应各种测量对象的要求,如点温和面温的测量;
- 要求保持参比端温度恒定;
- 要求用补偿导线连接热电偶与显示控制仪表;
- 容易受介质的影响或腐蚀,使用寿命有限。

4. 热电偶的测温精度

(1) 允许偏差

允许偏差又称"允差"或"测温精度",指具体一支热电偶的热电特性与该类热电偶的标准分度表的符合程度。从理论上讲没有材质、组织结构、加工状态完全相同的两支热电偶,所以任何一支热电偶都与标准分度表有偏差,任何一支热电偶的两次测试结果也不一致,都只能在一定程度上符合标准分度表。根据符合程度或偏差的大小把热电偶分为三级,表 8-3 给出的两种计算方法,取计算结果较大的一种作为允许偏差的标准值。例如 K 型 Ⅱ 级精度 300 ℃ 的允差为 ±2.5 ℃ 而不是 ±2.25 ℃(300×0.75%=2.25)。

(2) 稳定性

稳定性指热电偶随着使用时间的延长其热电特性的变化程度,是反映热电偶使用寿命的重要指标。具体规定为:在热电偶长期使用的上限温度维持 250 h 后,热电动势的变化量不超过测量精度全部偏差量的 50%。例如 N 型 Ⅱ 级精度的稳定性要求指标为:在 1 200 ℃ 维持 250 h 后,该热电偶试验前后热电势的变化量应小于 9 ℃(1 200×0.75%=9)。表 8-3 所列为各类热电偶稳定性指标。

表 8-3 热电偶稳定性指标　　　　　　　　　　℃

性能 分度号	允许偏差			稳定性	
	Ⅰ	Ⅱ	Ⅲ	Ⅰ	Ⅱ
K	±1.5 或 0.4% t	±2.5 或 0.75% t	±2.5 或 1.5% t (−200~−40)	在长期使用的上限温度 维持 250 h 后的变化量 ≤0.4% t	在长期使用的上限温 度维持 250 h 后的变 化量≤0.75% t
N					
E					
J					
T	±0.5 或 0.4% t	±1.0 或 0.75% t	±1.0 或 1.5% t	≤1.4 350 ℃/250 h	≤2.6 350 ℃/250 h
S	±1 或 ±[1+(t−1 100) ×0.3%]	±1.5 或 0.25% t	无	≤1.9 1 400 ℃/250 h	≤3.5 1 400 ℃/250 h
R					
B	无	±0.25% t	±4 或 0.5% t	≤4.25 1 700 ℃/250 h	≤8.5 1 700 ℃/250 h
W3/25	无	±4 或 1.0% t	无	无	≤21 2 100 ℃/250 h
W5/26					

5. 热电偶的标定

热电偶定标的方法有两种。

① 比较法。该方法是用被校热电偶与一标准热电偶去测同一温度,测得一组数据,其中被校热电偶测得的热电势即由标准热电偶所测的热电势所校准,在被校热电偶的使用范围内改变不同的温度、进行逐点校准,即可得到被校热电偶的一条校准曲线。

② 固定点法。该方法是利用几种合适的纯物质在一定气压下(一般是标准大气压),将这些纯物质的沸点和熔点温度作为已知温度,测出热电偶在这些温度下对应的电动势,从而得到热电势—温度关系曲线,这就是所求的校准曲线。

8.2.4 热电偶的响应方程及典型工况的测温模型

1. 热电偶的响应方程

在辐射和对流热传输达到平衡时,高温气体的温度 T_g 和热电偶接点温度 T 的差值可近似表示为

$$T_g - T = \frac{\sigma \varepsilon}{h}(T^4 - T_s^4) \tag{8-7}$$

式(8-7)中:h 为对流换热系数;ε 为偶点的辐射发射率;σ 为斯蒂芬-玻尔兹曼常数,T_s 为接点处有效环境温度,且有

$$h = \frac{kNu}{d} \tag{8-8}$$

式(8-8)中:k 为气体的导热率;d 为导线的直径,Nu 为 Nusselt 数。Collis 和 Williamson(1959)曾对细导线有如下描述:

$$A + BRe^n = A + B\left(\frac{Ud}{\gamma}\right)^n \tag{8-9}$$

式(8-9)中:Re 为 Reynolds 数;U 为气流速度,γ 为气体的粘度系数。将式(8-9)代入式(8-7),并假设 U 足够大,以致 A 可以忽略,则有

$$T_g - T \propto \frac{d^{0.55}}{U^{0.45}}(T^4 - T_s^4) \tag{8-10}$$

由式(8-10)不难看出,当 d 增大时,测量误差将增大;U 越大,误差越小。

前面讲的是稳态条件下的情况,然而在大多数情况下,气体的局部温度是随时间不断变化的,且气体与热电偶接点之间的热传输速率是有限的,因而使得测量更为复杂。这时需要考虑热电偶的时间响应常数 τ,其可描述为

$$\tau = \frac{\rho c d}{4h} \tag{8-11}$$

式(8-11)中,ρ 和 c 分别为热电偶金属材料的密度和热导率。因此,时刻 t 时热电偶的瞬时响应方程可写为

$$T_g - T = \tau \frac{dT}{dt} \tag{8-12}$$

2. 裸露热电偶的测温模型

热电偶作为一种接触式感温元件,其测量气流温度时的误差主要有导热误差、辐射误差、速度误差以及动态响应误差等。在很多情况下,仅是某一类误差比较突出,而其他误差相对可以忽略,此时只需采取某一单一措施即可。但在有些时候,上述几项误差都需要考虑。图8-6给出了裸露热电偶的测温模型示意图。在此情况下,热传输主要有辐射和对流,裸露

接点和环境之间的辐射热交换可表示为

$$q_{\text{rad}_{j \to k}} = \varepsilon_j A_j (\sigma T_j^4 - \sigma T_k^4) \quad (8-13)$$

这里的下标 j 和 k 分别代表辐射体和接收辐射的物体，A_j 为热电偶裸露接点的有效辐射表面积。热电偶接点的能量平衡方程为

$$h(T_g - T_b) = \varepsilon_b (\sigma T_b^4 - \sigma T_\infty^4) \quad (8-14)$$

由上式可知，只要气体的温度和环境温度已知，则可得热电偶的温度。

3. 单/双屏蔽抽吸式热电偶测温模型

如图 8-7 所示，在裸露热电偶外面加一个屏蔽套，即构成了单屏蔽抽吸式热电偶测温模型。其目的主要是减小环境辐射以及对流的影响。在该模型下，热电偶接点和屏蔽罩的热平衡可表示为

$$h_{bu}(T_g - T_b) = \varepsilon_b (\sigma T_b^4 - \sigma T_0^4) \quad (8-15)$$

式中，h_{bu} 为气流与热电偶之间的对流换热系数。

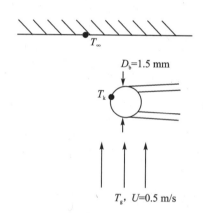

图 8-6 裸露热电偶的测温示意图　　图 8-7 单屏蔽抽吸式热电偶示意图

双屏蔽抽吸式热电偶模型是指在热电偶裸露接点外加了两层同心的屏蔽罩，如图 8-8 所示。内屏蔽罩只有几个排气孔，具有良好的滞止效应。内屏蔽罩与外屏蔽罩之间的环道面积相对较小，气流有较高的速度。因为气流以低速通过热电偶测量端，高速通过环道，所以传热误差较小，复温系数高。但是由于屏蔽罩的热惯性比较大，致使其响应速度较慢。对此模型来说，热电偶接点和内外屏蔽罩的能量平衡分别为

$$h_{bu}(T_g - T_b) = \varepsilon_b \sigma (T_b^4 - T_i^4) \quad (8-16)$$

$$h_{iu}(T_g - T_i) + h_{iw}(T_g - T_i) = -\varepsilon_i \sigma \left(\frac{A_b}{A_i}\right)(T_b^4 - T_i^4) + C_{i \to 0} \sigma (T_i^4 - T_0^4) \quad (8-17)$$

$$h_{0w}(T_g - T_i) + h_{0U}(T_g - T_0) = -C_{i \to 0} \sigma \left(\frac{A_i}{A_0}\right)(T_i^4 - T_0^4) + \varepsilon_0 \sigma (T_0^4 - T_\infty^4) \quad (8-18)$$

其中 $C_{i \to 0}$ 为一常数，其定义为

$$C_{i \to 0} = \frac{1}{1/\varepsilon_i + (A_i/A_0)(1-\varepsilon_0)/\varepsilon_0}$$

图 8-8 双屏蔽抽吸式热电偶示意图

8.2.5 热电偶测量高速气流温度的技术措施

热电偶测量气体温度时,若气流速度比较低(一般指马赫数 Ma 小于 $0.2\sim0.3$),通常忽略气流速度对温度测量的影响。当气流速度超过这个界限时,由于热电偶对高速气流的制动作用,气体分子的动能转化为热能,热电偶将获得附加的热量而温度升高,此时必须考虑气流速度对温度测量的影响。

热电偶在高速气体中所感受的温度称为气流的有效温度,用符号 T_a 表示。有效温度可表示为

$$T_a = T_0 + rT_D \qquad (8-19)$$

式中:r 为恢复系数或复温系数,$0 \leqslant r \leqslant 1$;$T_0$ 为气流的静温,是指气流在静止状态或低速自由流动状态下本身所具有的温度;T_D 为气流的动温,是由于气流中的测温热电偶对气流产生制动作用,被滞止的气体分子的动能转化为热能,使气体分子温度升高,相应的温度称为动温。

由式(8-19)可得

$$r = \frac{T_a - T_0}{T_\Sigma - T_0} \qquad (8-20)$$

式中:T_Σ 为气流的总温,即静温与动温之和,用符号表示,即 $T_\Sigma = T_0 + T_D$。

式(8-20)中分子项表示气体动能转化(恢复)为热能的实际值,分母项表示气体动能全部

转化为热能的理论值,二者之比值为实际恢复值相对于理论恢复值的百分数,故称恢复系数,表示气体分子受到滞止时动能转化为热能的百分数。当 $r=1$ 时,$T_a=T_\Sigma$,动能全部转化为热能;当 $r=0$ 时,$T_a=T_0$,表明没有发生能量转换。由能量方程有

$$T_D = \frac{v^2}{2c_p} = \frac{k-1}{2}Ma^2 T_0 \tag{8-21}$$

式中:v 为气体流速;c_p 为气体定压比热;k 为气体等熵绝热指数;Ma 为马赫数。

将式(8-21)代入式(8-19)得

$$T_a = T_0 + r\frac{k-1}{2}Ma^2 T_0 \tag{8-22}$$

因有

$$T_\Sigma = T_0 + T_D = T_0 + \frac{k-1}{2}Ma^2 T_0 \tag{8-23}$$

将式(8-23)减式(8-22)得

$$T_\Sigma - T_a = (1-r)\frac{k-1}{2}Ma^2 T_0 \tag{8-24}$$

则有

$$T_0 = \frac{T_\Sigma}{1+\frac{k-1}{2}Ma^2} \tag{8-25}$$

将式(8-25)代入式(8-24)得

$$T_\Sigma - T_a = (1-r)T_\Sigma \frac{\frac{k-1}{2}Ma^2}{1+\frac{k-1}{2}Ma^2} \tag{8-26}$$

式(8-26)表明,用热电偶测得的气流有效温度 T_a 与气流 T_Σ 的差值($T_\Sigma - T_a$)是恢复系数 r 和马赫数 Ma 的函数。恢复系数越低,马赫数越高,差值就越大。该差值($T_\Sigma - T_a$)称为速度误差,减小速度误差最有效的办法是提高恢复系数,所以在实际测量中,常采用带滞止罩的热电偶来测量高速气流温度。用热电偶测得的高速气流温度实际是有效温度。要想知道气流的静温或总温,需准确地知道热电偶的恢复系数,然后通过换算公式求得。恢复系数不仅随着热电偶探头结构形式、几何形状及尺寸大小有所变化,而且在安装热电偶时,与气流方向的相对位置有关。因此,用热电偶测量高速气流温度以前,均需通过实验(在校准风洞内)准确地测定它的恢复系数。在已知恢复系数 r 和有效温度 T_a 后,可计算出静温 T_0 为

$$T_0 = T_a \frac{1}{1+r\frac{k-1}{2}Ma^2} \tag{8-27}$$

总温 T_Σ 为

$$T_\Sigma = T_a \frac{1+\frac{k-1}{2}Ma^2}{1+r\frac{k-1}{2}Ma^2} \tag{8-28}$$

8.2.6 热电偶动态补偿方法

时间常数小的热电偶的制作工艺较困难,因此,在测量瞬变温度时,研究热电偶动态误差

修正的方法具有实际意义。

热电偶可等效为一阶线性测量器件，它的工作状态可用微分方程

$$\tau \frac{dT}{dt} + T = T_i \tag{8-29}$$

来描述，上式中 τ 是热电偶的时间常数，可由实验测定，T_i 是随时间变化的待测温度，T 为热电偶输出响应。如 τ 过大，显然，$T \neq T_i$，存在动态误差。如用数值微分法求出 $\frac{dT}{dt}$，代入式(8-29)计算就得到修正后的待测温度变化规律。

此外，也可在热电偶测量电路中接入补偿电路对输出作动态误差补偿。热电偶的幅频特性如图 8-9 中的虚线所示，显然它对高频分量的衰减要比对低频分量的衰减严重得多；如在热电偶的测量电路中接入补偿网络的幅频特性恰好和热电偶的幅频特性相反，就能起到动态补偿作用，在较宽的频域内得到平坦的幅频特性。图 8-10 是一种典型的热电偶动态补偿电路，它的频率响应函数为

图 8-9 热电偶的幅频特性

$$H_2(j\omega) = \alpha \frac{1 + j\omega \tau_c}{1 + j\alpha\omega \tau_c} \tag{8-30}$$

式(8-30)中：$\alpha = \frac{R}{R + R_c}$；$\tau_c = R_c C$。其幅频特性为

$$|H_2(j\omega)| = \alpha \sqrt{\frac{1 + \omega^2 \tau_c^2}{1 + \alpha^2 \omega^2 \tau_c^2}} \tag{8-31}$$

幅频特性曲线如图 8-11 所示。实际应用时，常取补偿电路的时间常数 τ_c 和热电偶的时间常数 τ 相等，即 $\tau_c = \tau$。热电偶的频率响应函数为

$$H_1(j\omega) = \frac{1}{1 + j\omega\tau} \tag{8-32}$$

故有热电偶接补偿电路后的频率响应函数为

$$H(j\omega) = H_1(j\omega) \cdot H_2(j\omega) = \alpha \frac{1}{1 + j\alpha\omega\tau} \tag{8-33}$$

取 $\tau' = \alpha\tau$（τ' 为接补偿电路后的时间常数），其幅频特性曲线如图 8-9 中实线所示。显然，α 越小，τ' 越小，补偿的效果越好。但电路的输出也越小，这可用增加测量电路的放大倍数来弥补。热电偶的时间常数往往随使用条件而变化，为取得良好的补偿效果，R_c 可采用可变电阻，以便随环境条件改变补偿作用。

图 8-10 补偿电路

图 8-11 补偿电路的幅频特性

8.2.7 火箭燃气射流温度分布

火箭燃气射流定义为发动机内部火药燃烧而产生的高温气体经由拉瓦尔喷管以超音速射入静止介质或流动介质的空间中,使气流脱离原来限制它流动的喷管壁面而在大气中复燃的扩散流动。温度分布特征是描述燃气流场的重要参数之一,是火箭武器系统相容性设计所需研究的重要课题。它是认识实际火箭推进剂的高温、高压燃烧机理及提高火箭发动机性能和效率的关键,也是评估计算流体力学计算程序所需要的重要依据。

近年来,在对火箭燃气射流温度场的研究中逐步引入了现代光学技术。利用瑞利散射可以获得小尺寸液体推进剂火箭羽流速度、温度和总数值密度信息。由于被运动分子散射的窄带激光具有多普勒频移,可根据散射光的热展宽测量温度。还可以利用自然拉曼散射测量温度,采用拉曼光谱测量的结果中包含瞬时和平均温度。Williams D R 等人利用激光诱导荧光和相干反斯托克斯-拉曼光谱测量液体推进剂火箭的羽流温度,并与数值预估的结果进行比较。Christou C T 等人对添加铝粉的固体火箭羽流温度的空间分布进行了测量,采用的方法是差色吸收激光雷达,并对其可行性进行了评估,该方法对实验环境提出较苛刻的要求。朱德忠等人利用热电偶和热像仪相结合的方法测量热气流的温度分布,热像仪测量热电偶的辐射热,对热电偶所获得的温度值进行修正。

这些基于光学技术的方法在测试对象上有很大的局限性。固体火箭燃气流场中成分相对于液体火箭要复杂得多,由此形成的多相流动更为复杂。特别是采用含有铝粉的复合推进剂时,气流中生成的 Al_2O_3 颗粒严重散射,此时对激光的衍射、散射剧增。这是光学方法测量含添加剂固体推进剂火箭燃气流场的局限性。

本节介绍的实验研究是利用基于细丝热电偶设计出的总温传感器。这种传感器有体积小、结构简单、测量局部温度准确度高等优点。但是在使用中,特别是数据处理时必须注意根据被测流场的特征参数进行必要的修正。

1. 实验方法

实验中燃气流总温的测量采用细丝热电偶传感器。热电偶丝有两种规格:一种是钨铼5-钨铼20;另一种是镍铬-镍硅。前者测量温度范围较高,用于测量射流中心区域的温度,后者测量离射流轴线较远的区域。试验发动机固定在静止试验台上,传感器则安装在可调梳状测试架上。为了保证气流滞止及减小结点辐射损失,热电偶外均采用耐热合金屏蔽罩。热电偶采用环境冷端,冷端结点用相应的补偿导线引出燃气射流作用区,并用绝热材料包覆。

热电偶输出毫伏信号的记录采用瞬态波形存储器,分辨率14位,采样频率10 000点/秒,总采样时间8秒。实验中对燃气羽流的影像采用高速CCD摄像机进行记录,记录速度为200帧/秒。

实验中测量燃气流场轴向的六个断面,断面距发动机喷口截面的距离见表8-4。表中 x 和 y 分别为测点距喷口的径向和轴向距离,D_e 为喷口直径。

表8-4 测点位置

测点序号	1	2	3	4	5	6
径向位置(x/D_e)	0	5.9	11.4	23.6	32.3	40.3
轴向位置(y/D_e)	27.8	41.6	76.4	111.1	145.8	180.6

2. 实验数据与分析

图 8-12 给出试验发动机工作过程中几种参数的变化和燃气射流的影像。发动机燃烧室压力-时间历程曲线如图 8-12(a)中所示,图 8-12(b)给出三条典型温度-时间历程曲线,图 8-12(c)是高速 CCD 记录的燃气射流影像中抽取的三张反映不同燃烧室压力下燃气射流状态的照片。

由图 8-12(a)可知,发动机的工作过程由三个基本阶段组成,即初始峰值段和两个相对稳定段。不同阶段射流的核心区域的长度不同,因此测点温度应随之发生变化。

对照燃烧室压力-时间历程曲线的变化过程,观察温度-时间历程曲线的变化,可以看到热电偶得到的测点温度的变化与发动机的工作过程是相符合的。虽然所使用温度传感器的时间常数较小,仍不能反映出气流中的温度脉动情况,却能够反映测点位置的温度平均值和最大值。但是由于实验时室内空气流速接近于零,被燃气流加热的细丝热电偶结点向周围空气散热非常缓慢。这造成发动机结束工作后热电偶仍然保持一定温度值,直到采样过程结束也未还原到环境温度。

(a) 发动机燃烧室内压力

(b) 典型温度时间历程

(c) 发动机工作各阶段燃气羽流图像

图 8-12 实验记录典型曲线

对热电偶测量值进行处理时必须考虑以下几种误差:

仪器误差包括热电偶分度误差、测量线路误差及采集系统误差,本实验中仪器误差小于 1%。

辐射误差,即热电偶结点与周围环境的辐射换热,两种传感器在典型气流条件下的辐射误差分别小于 3% 和 2%。

速度误差,在气流中的热电偶测出的温度是介于气流静温和总温之间的一个值,即气流的有效温度。随着气流速度的增加,总温与有效温度之间的差值也增大,这就是速度误差。一般在马赫数 $Ma>0.2$ 时必须考虑速度误差。速度误差为

$$\Delta t_V = T^* - T_g = (1-r)\frac{\dfrac{k-1}{2}M^2}{1+\dfrac{k-1}{2}M^2}T^* \tag{8-34}$$

式中:T^* 为气流总温;T_g 为有效温度;k 为气体的绝热系数;Ma 为马赫数;r 为恢复系数。当热电偶结点迎向来流方向时,裸丝钨铼 5-钨铼 20 的恢复系数约为 0.79,裸丝镍铬-镍硅的恢复系数约为 0.86。外加滞止罩后恢复系数可分别达到 0.95 和 0.98。通过数值计算确定不同

测点的马赫数,利用式(8-34)就可以进行修正。

动态误差,由于热电偶的热惯性,使所测得的温度曲线在幅频和相位上都有滞后现象,致使测量值偏离瞬时的真实温度,即存在动态误差。本实验中动态误差约为3%。

8.3 热电阻测温

上节讨论的热电偶温度计,适用于测量500 ℃以上的较高温度,对于在500 ℃以下的中、低温,使用热电偶测温有时就不一定恰当。第一,在中、低温区热电偶输出的热电势很小,这样小的热电势,对于测量电路的抗干扰措施要求高,否则难以测准。第二,在较低的温度区域,由于一般方法不易得到全补偿,因此冷端温度的变化和环境温度的变化所引起的相对误差就显得特别突出。所以在中、低温区,一般是使用另一种测温元件——热电阻来进行温度测量的。电阻温度计的工作原理是利用了导体或半导体电阻值随温度变化的性质。构成电阻温度计的测温元件,有金属丝热电阻及热敏电阻。

8.3.1 金属丝热电阻测温

由物理学可知,一般金属导体具有正的电阻温度系数,电阻率随着温度的上升而增加,在一定的温度范围内电阻与温度的关系为

$$R_t = R_0 + \Delta R_t$$

对于线性较好的铜电阻或一定温度范围内的铂电阻可表示为

$$R_t = R_0[1 + \alpha(t - t_0)] = R_0(1 + \alpha t) \tag{8-35}$$

式中:R_t 为温度为 t 时的电阻值;R_0 为温度为 0 ℃时的电阻值;α 为电阻温度系数(因材料不同而异)。

常用的标准化测温电阻有铂热电阻(Pt_{100})、铜热电阻(Cu_{50})等。图8-13给出了铂、铜电阻值随温度升高而变化的情况。从图8-13中可知,铜电阻的线性很好,但测量范围不宽,一般为0~150 ℃。铂电阻的线性稍差,但其物理化学性能稳定,复现性好,测量精度高,测温范围宽,因而应用广泛。在0~961.78 ℃范围内还被用作复现国际温标的基准器。

图 8-13 电阻值与温度的关系

1. 铂电阻

铂的特点有以下几点:

(1) 在氧化性介质中,甚至在高温下,铂的物理、化学性质都很稳定。

(2) 在还原性介质中,特别是在高温下,很容易被氧化物中还原成金属的金属蒸气所玷污,以致使铂丝变脆,并改变电阻与温度关系特性。

(3) 铂是贵金属,价格较高。

对于(2)可以用保护套管设法避免或减轻。因此,从对热电阻的要求来衡量,铂在极大程度上满足了上述要求,所以它是制造基准热电阻、标准热电阻和工业用热电阻的最好材料。

铂电阻与温度的关系可以用下式表示:

$$R_t = R_0(1 + At + Bt^2 + Ct^3), \qquad 0 \sim 630.74\ ℃ \qquad (8-36)$$

$$R_t = R_0(1 + At + Bt^2 + C(t-100)t^3), \qquad -190 \sim 0\ ℃ \qquad (8-37)$$

式中：R_t 是温度为 t 时铂电阻的电阻值；R_0 是温度为 0 ℃ 时铂电阻的电阻值；A 为常数，$A = 3.96847 \times 10^{-3}\ ℃^{-1}$；$B$ 为常数，$B = -5.847 \times 10^{-7}\ ℃^{-2}$；$C$ 为常数，$C = -4.22 \times 10^{-12}\ ℃^{-3}$。

铂电阻的分度号如表 8-5 所列。表中 R_{100}/R_0 代表温度范围为 0~100 ℃ 内阻值变化的倍数。

表 8-5 铂电阻分度号

材 质	分度号	0 ℃时电阻值 R_0/Ω		电阻比 R_{100}/R_0		温度范围/℃
		名义值	允许误差	名义值	允许误差	
铂	Pt_{10}	10 (0~850 ℃)	A 级±0.006 B 级±0.012	1.385	0.001	-200~850
	Pt_{100}	100 (-200-850 ℃)	A 级±0.06 B 级±0.12			

2. 铜电阻

铜电阻与温度近似呈线性关系特性，铜电阻温度系数大，容易加工和提纯，价格低廉，但当温度超过 100 ℃ 时容易被氧化，电阻率较小。

铜电阻的测量范围一般为 -50~150 ℃，其电阻与温度的关系可用下式表示：

$$R_t = R_0(1 + \alpha t) \qquad (8-38)$$

式中：R_t 为铜电阻在温度 t 时的电阻值；R_0 为铜电阻在温度 0 ℃ 时的电阻值；α 为铜电阻的电阻温度系数，$\alpha = 4.28899 \times 10^{-3}\ ℃^{-1}$。

铜电阻分度号如表 8-6 所列。

表 8-6 铜电阻分度号

材 质	分度号	0 ℃时电阻值 R_0/Ω		电阻比 R_{100}/R_0		温度范围/℃
		名义值	允许误差	名义值	允许误差	
铜	Cu_{50}	50	±0.05	1.428	±0.002	-50~150
	Cu_{100}	100	±0.1			

采用热电阻作为测温元件时，温度的变化转化为电阻的变化，因此对温度的测量就转化为对电阻的测量。要测量电阻的变化，一般是以热电阻作为电桥的一臂，通过电桥把测电阻的变化转变为测电压的变化。图 8-14 所示为一种热电阻测温传感器的结构形式。铂丝绕于玻璃轴上，置于陶瓷或金属制成的保护管内，引出导线有二线式和三线式。

图 8-15 所示为电桥线路接法。当采用二线式接法时，引出导线 r_1、r_2 被接于电桥的一臂上，当由于环境温度或通过电流引起温度变化时，将产生附加电阻，引起测量误差。当采用三线式接法时，具有相同温度特性的导线 r_1、r_2 接于相邻两桥臂上，此时由于附加电阻引起的电桥输出将自行补偿，另外 r_3 与放大器相连，由于放大器的输入阻抗远远大于 r_3，则 r_3 因温度变化形成的阻值变化可以忽略不计。

1—保护管；2—氢化铝粉；3—玻璃轴；4—铂丝；5—引出线

图 8-14　铂电阻测温传感器

(a) 二线式接法　　(b) 三线式接法

图 8-15　铂电阻电桥线路接法

8.3.2　热敏电阻测温

热敏电阻是金属氧化物（NiO、MnO、CuO、TiO 等）的粉末按一定比例混合烧结而成的半导体。与金属丝电阻一样，其电阻值随温度发生变化。热敏电阻一般具有负的电阻温度系数，即温度上升阻值下降。根据半导体理论，热敏电阻在温度 T 时的电阻为

$$R_T = R_0 e^{B\left(\frac{1}{T} - \frac{1}{T_0}\right)} \tag{8-39}$$

式中：R_0 为温度 T_0 时的电阻值；B 为常数（由材质而定，一般在 2 000～4 500 K 范围内，通常取 B 值约为 3 400 K）。

由式（8-39）可求得电阻温度系数为

$$\alpha = \frac{dR/dT}{R} = -\frac{B}{T^2} \tag{8-40}$$

若 $B = 3\,400$ K，$T = 273.15 + 20 = 293.15$ K，则 $\alpha = -3.96 \times 10^{-2}$，其绝对值相当于铂电阻的 10 倍。

热敏电阻与金属电阻比较有下述优点：

① 由于有较大的电阻温度系数，所以灵敏度很高，目前可测到 0.001～0.000 5 ℃ 微小温度的变化。

② 热敏电阻元件可作成片状、柱状、珠状等，直径可达 0.5 mm，由于体积小，热惯性小，响应速度快，时间常数可小到毫秒级；

③ 热敏电阻的电阻值可达 1 Ω～700 kΩ，当远距离测量时，导线电阻的影响可不考虑。

④ 在 −50～350 ℃ 温度范围内，具有较好的稳定性。热敏电阻的主要缺点是阻值分散性大，复现性差，其次是非线性大，老化较快。

热敏电阻制成的电路元件广泛用于测量仪器、自动控制、自动检测等装置中。图 8-16 所示为由热敏电阻构成的半导体点温计的工作原理图。热敏电阻 R_t 和三个固定电阻 R_1、R_2、R_3 组成电桥。R_4 为校准电桥输出的固定电阻，电位器 R_6 是用来调节电桥的输入电压。当开关 S 处于位置 1 时，电阻 R_4 被 R_t 所代替，其阻值 $R_4 \neq R_t$，两者差值为温度的函数，此时电桥输出发生了变化，电表指示出相应读数，该值表示电阻 R_t 的温度，即所要测量的温度。

图 8-16　半导体点温计工作原理

8.4 热辐射测温

8.4.1 热辐射原理

辐射是物体通过电磁波来传递能量的过程,而热辐射则是物体由于热的原因以电磁波的形式向外发射能量的过程。电磁波的波长范围极广,从理论上说,固体可同时发射波长从 0 到 ∞ 的各种电磁波。但能被物体吸收而转变为热能的辐射能主要为可见光($0.38\sim0.76~\mu m$)和红外线($0.76\sim100~\mu m$)两部分。

任何物体,只要其绝对温度大于零度,都会不停地以电磁波的形式向外辐射能量;同时,又不断吸收来自外界其他物体的辐射能。当物体向外界辐射的能量与其从外界吸收的辐射能不等时,该物体与外界就产生热量的传递,这种传热方式成为热辐射。此外,辐射能可以在真空中传播,不需要任何物质作为媒介,这是区别于热传导、对流的主要不同点。因此,辐射传热的规律也不同于对流传热和导热。

热辐射和可见光的光辐射一样,当来自外界的辐射能投射到物体表面上,也会发生吸收、反射和穿透现象,服从光的反射和折射定律,在均一介质中作直线传播,在真空和大多数气体中可以完全透过,但热射线不能透过工业上常见的大多数固体和液体。

如图 8-17 所示,假设外界投射到物体表面上的总能量 Q,其中一部分进入表面后被物体吸收 Q_a,一部分被物体反射 Q_r,其余部分穿透物体 Q_d。按能量守恒定律有

$$Q = Q_a + Q_r + Q_d \quad \text{或} \quad \frac{Q_a}{Q} + \frac{Q_r}{Q} + \frac{Q_d}{Q} = 1$$

式中:$\frac{Q_a}{Q}$ 为吸收率,用 a 表示;$\frac{Q_r}{Q}$ 为反射率,用 r 表示;$\frac{Q_d}{Q}$ 为穿透率,用 d 表示。

$$a + r + d = 1$$

图 8-17 能量在物体表面的传递

吸收率、反射率和透过率的大小取决于物体的性质、温度、表面状况和辐射线的波长等,一般来说,表面粗糙的物体吸收率大。

对于固体和液体不允许热辐射透过,即 $d=0$;而气体对热辐射几乎无反射能力,即 $r=0$。

黑体:能全部吸收辐射能的物体,即 $a=0$。黑体是一种理想化物体,实际物体只能或多或少地接近黑体,但没有绝对的黑体,如没有光泽的黑漆表面,其吸收率为 $a=0.96\sim0.98$。引入黑体的概念是理论研究的需要。

白体:能全部反射辐射能的物体,即 $r=1$。实际上白体也是不存在的,实际物体也只能或多或少地接近白体,如表面磨光的铜,其反射率为 $r=0.97$。

透热体:能透过全部辐射能的物体,即 $d=1$。一般来说,单原子和由对称双原子构成的气体,如 He、O_2、N_2 和 H_2 等,可视为透热体。而多原子气体和不对称的双原子气体则只能有选择地吸收和发射某些波段范围的辐射能。

灰体:能够以相同的吸收率吸收所有波长的辐射能的物体。

工业上遇到的多数物体,能部分吸收所有波长的辐射能,但吸收率相差不多,可近似视为

灰体。

热辐射的本质决定了热辐射过程有如下三个特点：

① 射换热与导热、对流换热不同,它不依赖物体的接触而进行热量传递,而导热和对流换热都必须由冷、热物体直接接触或通过中间介质相接触才能进行。

② 辐射换热过程伴随着能量形式的两次转化,即物体的部分内能转化为电磁波能发射出去,当此波能射及另一物体表面而被吸收时,电磁波能又转化为内能。

③ 一切物体只要其温度 $T>0$ K,都会不断地发射热射线。当物体间有温差时,高温物体辐射给低温物体的能量大于低温物体辐射给高温物体的能量,因此总的结果是高温物体把能量传给低温物体。即使各个物体的温度相同,辐射换热仍在不断进行,只是每一物体辐射出去的能量,等于吸收的能量,从而处于动平衡的状态。

8.4.2 热辐射测温的基础理论

1. 比辐射率和基尔霍夫定律

19 世纪后半期,物理学家一直在试图解释热辐射体的光谱能量分布。1860 年,基尔霍夫在研究辐射传输的过程中发现:在任一给定的温度下,辐射通量密度和吸收系数之比,对任何材料都是常数。用一句精炼的话表达,即"好的吸收体也是好的辐射体"。

基尔霍夫还提出用"黑体"这个词来说明能吸收全部入射辐射能量的物体,按照他的定律,黑体必然是最有效的辐射体。因而,黑体是一个比较标准,它是任何其他辐射源可以与之进行比较的最有效的辐射体。一个辐射源的比辐射率即是指它的辐射能力与黑体发射能力之比。

如果将物体 A1、A2 放在恒温容器内,令容器内部为真空,则物体与容器之间及物体与物体之间只能通过辐射和吸收来交换能量。当系统达到热平衡时,所有物体与容器的温度相等,均为同一温度 T。但是,物体 A1 和 A2 的表面情况不一样,它们所辐射出去的能量也不一样。显然,只有当辐射能量多的物体吸收能量也多时,才能和其他物体一样保持温度 T 不变。这就说明:物体的辐射出射度和吸收率之间存在一定的比例关系,如图 8 - 18 所示。

基尔霍夫定律可用数学公式表达为

$$\frac{W_{A1}}{\alpha_{A1}} = \frac{W_{A2}}{\alpha_{A2}} = \cdots = W_B = f(T) \quad (8-41)$$

这里 W_B 为黑体($\alpha_B = 1$)在温度 T 时的辐射出射度。

比辐射率定义为辐射源的辐射出射度与具有同一温度的黑体的辐射出射度之比,即

$$\varepsilon = \frac{W}{W_B} \quad (8-42)$$

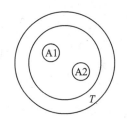

图 8 - 18　从能量守恒角度看基尔霍夫定律

比辐射率是一个比值,其值介于非辐射源的 0 和黑体的 1 之间,可用来度量辐射源接近黑体的程度。代入式(8-41),可得到比辐射率和吸收率的关系为

$$\varepsilon = \frac{W}{W_B} = \frac{\alpha W_B}{W_B} = \alpha \quad (8-43)$$

结论:在给定温度下,任何材料的比辐射率在数值上等于该温度时的吸收率。基尔霍夫定律对所有波长的全辐射是正确的,对波长为 λ 单色辐射也成立。

$$\frac{W_{A1\lambda}}{\alpha_{A1\lambda}} = \frac{W_{A2\lambda}}{\alpha_{A2\lambda}} = \cdots = W_{B\lambda} = f(\lambda, T) \tag{8-44}$$

对波长为 λ 单色辐射,同样可定义光谱比辐射率,并得到:

$$\varepsilon_\lambda = \frac{W_\lambda}{W_{B\lambda}} = \frac{\alpha_\lambda W_{B\lambda}}{W_{B\lambda}} = \alpha_\lambda \tag{8-45}$$

例如:地球大气中有一层稳定的二氧化碳气体,它在 14~16 μm 有一很强的吸收带,也是 14~16 μm 很稳定的强辐射源。卫星红外地平仪的探测波段就选择在 14~16 μm,实际探测的是稳定的二氧化碳大气层的辐射,而不是地球大地的辐射。这样可消除地球大地的辐射不均匀对姿态控制精度的影响。

2. 普朗克热辐射定律

1879 年,斯蒂芬从他的实验测量中得出结论:黑体辐射的总能量与它的绝对温度的四次方成正比。1884 年,玻耳兹曼应用热力学的关系也得到同样的结论;这个结果就是熟知的斯蒂芬-玻耳兹曼定律。1894 年,维恩发表位移定律,给出了黑体辐射光谱分布的一般形式,遗憾的是,它仅与低温时短波段的实验数据相符。然而,他的位移定律,即温度与辐射能量峰值波长关系的距离仍然有效。1900 年,瑞利基于经典物理的概念,推导出与高温时长波段实验数据相吻合的表达式,可是表达式预言能量随波长减小会无限制增加,被称为"紫外灾难"。

1900 年,普朗克发表的辐射定理,用量子物理的新概念补充了经典物理理论,完整叙述了黑体辐射的光谱分布。普朗克定理可表示为

$$W_\lambda = \frac{2\pi hc^2}{\lambda^5} \cdot \frac{1}{e^{ch/\lambda kT} - 1} \tag{8-46}$$

通常也可写成

$$W_\lambda = \frac{c_1}{\lambda^5} \cdot \frac{1}{e^{c_2/\lambda T} - 1} \tag{8-47}$$

式中:W_λ 为光谱辐射通量密度,$W \cdot cm^{-2} \cdot \mu m^{-1}$;

λ 为波长,μm;

h 为普朗克常数,6.6256×10^{-34} W·s^2;

T 为绝对温度,K;

c 为光速,2.997925×10^{10} cm·s^{-1};

c_1 为 $2\pi hc^2$,第一辐射常数,3.7415×10^4 W·cm^{-2};

c_2 为 ch/k,第二辐射常数,1.43879×10^4 μm·K;

k 为玻耳兹曼常数,1.38054×10^{-23} W·s·K;

黑体辐射强度曲线如图 8-19 所示。

全光谱的辐射通量密度与光谱分布曲线下的面积相对应,可积分求解:

$$W(T) = \int_0^\infty W_\lambda(\lambda, T) d\lambda \tag{8-48}$$

由图 8-19 可见:随黑体温度增加,总辐射通量密度迅速增加,光谱辐射的峰值波长随后向短波方向移动。另外,不同温度的光谱分布曲线彼此不相交,说明任何波长的光谱通量密度都随温度的升高而增加。

波段的辐射通量密度也可用同样的方法求得,只是积分限不同:

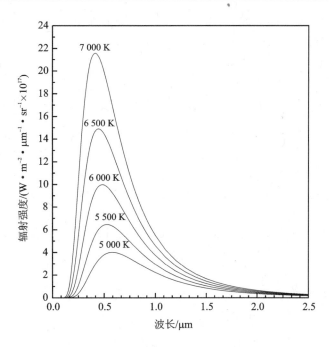

图 8-19 不同辐射温度时单位波长的黑体辐射强度

$$W(T) = \int_{\lambda_1}^{\lambda_2} W_\lambda(\lambda, T) d\lambda \tag{8-49}$$

可借助黑体辐射表计算波段辐射通量密度，由于黑体辐射表给出的是 0～λ 的辐射通量密度，可作变换求得结果：

$$\int_{\lambda_1}^{\lambda_2} W_\lambda d\lambda = \int_0^{\lambda_2} W_\lambda d\lambda - \int_0^{\lambda_1} W_\lambda d\lambda \tag{8-50}$$

例如：热成像系统经常要用到常温（300 K）的黑体在 8～14 μm 的辐射功率密度，则有

$$\int_8^{14} W_\lambda d\lambda = \int_0^{14} W_\lambda d\lambda - \int_0^8 W_\lambda d\lambda =$$

$$2.3695 \times 10^{-2} - 6.4403 \times 10^{-3} = 1.7255 \times 10^{-2} \text{ W} \cdot \text{cm}^{-2}$$

3. 斯蒂芬-玻耳兹曼定律

在从零到无穷大的波长范围内，对普朗克光谱分布函数积分，可得黑体辐射到半球空间的辐射通量密度为

$$W = \int_0^\infty W_\lambda d\lambda = \frac{2\pi^5 k^4}{15 c^2 h^3} T^4 = \sigma T^4 \tag{8-51}$$

式中，σ 为斯蒂芬-玻耳兹曼常数，5.6697×10^{-8} W·m^{-2}·K^{-4}。辐射通量密度与绝对温度的四次方成正比。因此，相当小的温度变化，就会引起辐射功率密度很大的变化。

4. 维恩位移定律

普朗克光谱分布函数对波长的偏微分，并令其为零，可得出黑体的光谱辐射通量密度的峰值波长 λ_m 和黑体绝对温度 T 之间满足：

$$\lambda_m T = 2897.8 \text{ μm} \cdot \text{K} \tag{8-52}$$

在实际可以达到的温度范围内，光谱辐射的峰值波长均位于红外区域。如在 300 K 室温

条件下,峰值波长为 9.66 μm,因此,8～14 μm 红外波段有时也称为热红外波段。峰值波长的光谱辐射通量密度与绝对温度的五次方成正比,即

$$W_{\lambda m} = bT^5 \tag{8-53}$$

式中,b 为 1.2862×10^{-15} W·cm^{-2}·sr^{-1}·μm^{-1}·K^{-5}。

5. 微分辐射亮度

单位温差产生的黑体辐射亮度差称为微分辐射亮度,或称辐射对比度。微分辐射亮度与红外系统的温度灵敏度关系十分密切。根据一幅红外热图像中目标和背景辐射亮度的差别,可以区分船只与水面、车辆与道路、庄稼与草地、建筑物与地面等。实际上,目标和背景之间温度差和比辐射率差都能产生两者的辐射对比度。红外热成像系统的探测灵敏度可用温度灵敏度的形式表达,如用等效噪声温差(NEDT)、最小可分辨温差(MRDT)等。

微分辐射亮度同样有光谱值和波段值之分,根据普朗克定律,黑体的光谱微分辐射亮度为

$$N_\lambda(T) = \frac{W_\lambda(T)}{\pi} = \frac{c_1}{\pi \lambda^5} \cdot \frac{1}{e^{c_2/\lambda T} - 1} \tag{8-54}$$

则光谱微分辐射亮度(单位为 W·cm^{-2}·sr^{-1}·μm^{-1}·K^{-1})为

$$\frac{\partial N_\lambda(T)}{\partial T} = \frac{c_1 c_2}{\pi T^2 \lambda^6} \cdot \frac{e^{c_2/\lambda T}}{(e^{c_2/\lambda T} - 1)^2} \tag{8-55}$$

光谱微分辐射亮度是温度、波长的函数,在峰值波长 λ_c 处取得最大。对单位温差变化,波长为 λ_c 辐射的亮度差最大,对探测最为有利。光谱微分辐射亮度的峰值波长与温度之积也是常数,可表示为

$$\lambda_c T = 2411 \ \mu m \cdot K \tag{8-56}$$

对照维恩位移定律,光谱微分辐射亮度达到最大的峰值波长 λ_c,不再是光谱辐射出射度达到最大的 λ_m,λ_c 小于 λ_m。

对于 300 K 的温度,λ_c 等于 8 μm,峰值波长 λ_m 为 9.66 μm。例如,地球大气层不是对所有波长都透过的,主要的大气窗口位于 2～2.5 μm、3～5 μm 和 8～13 μm。8～13 μm 是热像仪观察地面目标最理想的工作波段。无论是光谱辐射量还是光谱辐射量,随温度的变化率均较其他两个窗口高得多。

光谱微分辐射亮度在工作波段的积分值叫做微分辐射亮度,即

$$\frac{\partial N(T)}{\partial T} = \int_{\lambda 1}^{\lambda 2} \frac{\partial N_\lambda(T)}{\partial T} d\lambda \tag{8-57}$$

例如,一个 8～14 μm 波段的热像仪在室温 300 K 时的温度灵敏度为 0.1 K,试估算若用来探测浮冰或高压电缆接头,温度灵敏度将是多少?

可分别计算 300 K 室温、273 K 浮冰及 350 K(设温升 50 K)的微分辐射亮度为

$$\frac{\partial N(300 \ K)}{\partial T} = \int_8^{14} \frac{\partial N_\lambda(300 \ K)}{\partial T} d\lambda = 8.42 \times 10^{-5} \text{ W·cm}^{-2} \cdot \text{sr}^{-1} \cdot \text{K}^{-1}$$

$$\frac{\partial N(273 \ K)}{\partial T} = \int_8^{14} \frac{\partial N_\lambda(273 \ K)}{\partial T} d\lambda = 6.35 \times 10^{-5} \text{ W·cm}^{-2} \cdot \text{sr}^{-1} \cdot \text{K}^{-1}$$

$$\frac{\partial N(350 \ K)}{\partial T} = \int_8^{14} \frac{\partial N_\lambda(350 \ K)}{\partial T} d\lambda = 1.22 \times 10^{-4} \text{ W·cm}^{-2} \cdot \text{sr}^{-1} \cdot \text{K}^{-1}$$

室温时的温度灵敏度为 0.1 K 的热像仪,如探测浮冰,温度灵敏度为 0.13 K,若用来检测电缆接头是否过热,温度灵敏度可达 0.07 K。红外系统的温度灵敏度与被测物温度有关。

8.4.3 常用热辐射测温仪表

1. 全辐射温度计

全辐射温度计由辐射感温器、显示仪表及辅助装置构成,其工作原理如图 8-20 所示。被测物体的热辐射能量,经物镜聚集在热电堆(由一组微细的热电偶串联而成)上并转换成热电势输出,其值与被测物体的表面温度成正比,用显示仪表进行指示记录。图中补偿光栏由双金属片控制,当环境温度变化时,光栏相应调节照射在热电堆上的热辐射能量,以补偿因温度变化影响热电势数值而引起的误差。

1—被测物体;2—物镜;3—辐射感温器;4—补偿光栏;5—电热堆;6—显示仪表
图 8-20 全辐射温度计工作原理

绝对黑体的热辐射能量与温度之间的关系为 $E_0 = \sigma T^4$。但所有物体的全发射率 ε_T 均小于 1,则其辐射能量与温度之间的关系表示为 $E_0 = \varepsilon_T \sigma T^4$。一般全辐射温度计选择黑体作为标准体来分度仪表,此时所测的是物体的辐射温度,即相当于黑体的某一温度 T_P。在辐射感温器的工作谱段内,当表面温度为 T_P 的黑体之积分辐射能量和表面温度为 T 的物体之积分辐射能量相等时,即 $\sigma T_P^4 = \varepsilon_T \sigma T^4$,则物体的真实温度为

$$T = T_P \sqrt[4]{1/\varepsilon_T} \tag{8-58}$$

因此,当已知物体的全发射率 ε_T 和辐射温度计指示的辐射温度 T_P 时,就可算出被测物体的真实表面温度。

2. 红外测温

红外温测也是基于辐射原理来测温的。

(1) 红外探测器

红外探测器是红外探测系统的关键元件,大体可分为两类。

① 热探测器。它基于热电效应,即入射辐射与探测器相互作用时引起探测元件的温度变化,进而引起探测器中与温度有关的电学性质变化。常用的热探测器有热电堆型、热释电型及热敏电阻型。

② 光探测器(量子型)。它的工作原理基于光电效应,即入射辐射与探测器相互作用时,激发电子。光探测器的响应时间比热探测器短得多。常用的光探测器有光导型(即光敏电阻型,常用的光敏电阻有 PbS、PbTe 及 HgCdTe 等)及光生伏特型(即光电池)。

目前用于辐射测温的探测器已有长足进展。我国许多单位可生产硅光电池、钽酸钾热释电元件、薄膜热电堆热敏电阻及光敏电阻等。

(2) 红外测温仪

红外测温仪的工作原理如图 8-21 所示。被测物体的热辐射线由光学系统聚焦,经光栅盘调制为一定频率的光能,落在热敏电阻探测器上,经电桥转换为交流电压信号,放大后输出显示或记录。光栅盘由两片扇型光栅板组成,一块固定,一块可动,可动板受光栅调制电路控制,并按一定频率正、反向转动,实现开(透光)、关(不透光),使入射线变为一定频率的能量作用在探测器上。表面温度测量范围为 0~600 ℃,时间常数为 4~10 ms。

图 8-21 红外测温仪工作原理

(3) 红外热像仪

红外热像仪是基于被测物体的红外热辐射来进行测温的,能在一定宽温域做不接触、无害、实时、连续的温度测量。被测物体的温度分布形成肉眼看不见的红外热能辐射,经红外热像仪转化为电视图像或照片,工作原理如图 8-22 所示。光学系统收集辐射线,经滤波处理后将景物图形聚集在探测器上,光学机械扫描包括两个扫描镜组:垂直扫描和水平扫描。扫描器位于光学系统和探测器之间,当镜子摆动时,从物体到达探测器的光束也随之移动,形成物点与物象互相对应。然后探测器将光学系统逐点扫描所依次搜集的景物温度空间分布信息,变为按时序排列的电信号,经过信号处理后,由显示器显示出可见图像-物体温度的空间分布情况。

图 8-22 红外热像仪工作原理

JTG-JA 型热像仪(日本产),其测温范围为 0~1 500 ℃,并分为三个测量段:0~180 ℃,适于测量机床温度场;100~500 ℃ 和 300~1 500 ℃,适于测量工件或刀具的温度场。温度分辨率为 0.2 ℃,视场为 20°×25°。

3. 比色测温法

比色测温即指以普朗克定律为理论依据,通过测量两个不同波长上目标的辐射强度,并对其求比值来确定目标的温度。其通常假定在 $\lambda_1 \sim \lambda_1 + \Delta\lambda_1$ 和 $\lambda_2 \sim \lambda_2 + \Delta\lambda_2$ 两个波长范围内,目标的辐射发射率相等,则在这两个波长上接收到的辐射能比值就只是温度的函数,而与目标的辐射发射率无关。两个波长上辐射能之比可表示为

$$\frac{W_{\lambda_1}}{W_{\lambda_2}} = \frac{\lambda_2^5}{\lambda_1^5} \cdot \frac{e^{C_2/\lambda_2 T} - 1}{e^{C_2/\lambda_1 T} - 1} \tag{8-59}$$

考虑普朗克短波极限($hv \gg kT$),指数项远大于1,故可忽略分子、分母中的"1"项,从而上式可写为

$$\frac{W_{\lambda_1}}{W_{\lambda_2}} = \frac{\lambda_2^5}{\lambda_1^5} \cdot e^{\frac{C_2}{T}\left(\frac{1}{\lambda_2} - \frac{1}{\lambda_1}\right)} \tag{8-60}$$

对式(8-60)两边取对数,则有

$$\ln \frac{W_{\lambda_1}}{W_{\lambda_2}} = 5\ln \frac{\lambda_2}{\lambda_1} + \frac{C_2}{T}\left(\frac{1}{\lambda_2} - \frac{1}{\lambda_1}\right)$$

当 λ_1 与 λ_2 一定时,上式可简化为

$$\ln \frac{W_{\lambda_1}}{W_{\lambda_2}} = A + BT^{-1}$$

式中,A、B 均为常数,分别为

$$A = 5\ln \frac{\lambda_2}{\lambda_1}, \quad B = C_2\left(\frac{1}{\lambda_2} - \frac{1}{\lambda_1}\right)$$

可见,当黑体温度不同时,两个波长的光谱发射亮度比 $\frac{W_{\lambda_1}}{W_{\lambda_2}}$ 也不同,并且是线性关系变化。一旦波长确定后,即可求出黑体的温度为

$$T = \frac{C_2\left(\frac{1}{\lambda_2} - \frac{1}{\lambda_1}\right)}{\ln \frac{W_{\lambda_1}}{W_{\lambda_2}} - 5\ln \frac{\lambda_2}{\lambda_1}} \tag{8-61}$$

式(8-61)中 λ_2、λ_1 为预先规定的值,只要测得两波长下的亮度比 $\frac{W_{\lambda_1}}{W_{\lambda_2}}$,即可求出黑体温度。对于实际物体,必须引入比色温度的概念。所谓比色温度,是指热辐射体与黑体在两个波长的光谱辐射亮度之比相等时,称黑体的温度 T_R 为热辐射体的比色温度。应用维恩公式,可导出物体的实际温度与比色温度的关系

$$\frac{1}{T} - \frac{1}{T_R} = \frac{\ln \frac{\varepsilon(\lambda_1, T)}{\varepsilon(\lambda_2, T)}}{B}$$

式中,$\varepsilon(\lambda_1, T)$、$\varepsilon(\lambda_2, T)$ 分别为物体在 λ_1 和 λ_2 时光谱发射率。已知 λ_1、λ_2、$\varepsilon(\lambda_1, T)$、$\varepsilon(\lambda_2, T)$,并测得 T_R,即可求物体的真实温度 T。

根据热辐射体的光谱发射率与波长的关系特性,比色温度可以小于、等于或大于真实温度。对于灰体,电子 $\varepsilon(\lambda_1, T) = \varepsilon(\lambda_2, T)$,所以 $T = T_R$,这是比色温度计最大的优点。由此可见,波长的选择是决定测温准确度的重要因素。图8-23给出了某典型比色温度计的基本组成。

1—物镜;2—调制盘;3—检测元件;D—马达

图 8-23 单光路比色温度计工作原理框图

被测物体的辐射,由调制盘进行光调制,由于调制盘上镶嵌着两种不同的滤光片,旋转时形成两个不同波长的辐射,交替投射到同一检测元件上,转换成电信号,经过电子线路处理后,实现比值测定。

8.5 光纤测温

8.5.1 光纤原理

光纤实际是指由透明材料做成的纤芯和在它周围采用比纤芯的折射率稍低的材料做成的包层,并将射入纤芯的光信号,经包层界面反射,使光信号在纤芯中传播前进的媒体。一般是由纤芯、包层和涂敷层构成的多层介质结构的对称圆柱体。光纤有两项主要特性,即损耗和色散。

光纤每单位长度的损耗或者衰减(dB/km),关系到光纤通信系统传输距离的长短和中继站间隔的距离的选择。

光纤的色散反应时延畸变或脉冲展宽,对于数字信号传输尤为重要。每单位长度的脉冲展宽(ns/km),影响到一定传输距离和信息传输容量。

1. 光纤的结构

光纤的结构很简单,由纤芯和包层组成,如图 8-24 所示。纤芯位于光纤的中心部位。它是由玻璃或塑料制成的圆柱体。直径为 5~100 μm,光主要在这纤芯中传输。围绕着纤芯的那一部分称为包层,材料也是玻璃或塑料,但两者材料的折射率不同。纤芯的折射率 n_1 稍大于包层的折射率 n_2。

图 8-24 光纤的基本结构

2. 光纤的种类

光纤按纤层和包层材料性质分类,有玻璃及塑料光纤两大类;按折射率分布分类,有阶跃折射率型和梯度折射率型两种。

阶跃型光纤,如图 8-25(a)所示,纤芯的折射率 n_1 分布均匀,不随半径变化。包层内的折射率 n_2 分布也大体均匀。可是纤芯与包层之间折射率的变化呈阶梯状。在纤芯内,中心光线沿光纤轴线传播。通过轴线平面的不同方向入射的光线(子午光线)呈锯齿形轨迹传播。

梯度形光纤纤芯内的折射率不是常值,从中心轴线开始沿径向大致按抛物线规律逐渐减小,因此光在传播中会自动地从折射率小的界面处向中心会聚光纤。图 8-25(b)所示为经过轴线的子午光线传播的轨迹。

光纤还可按光纤的传播模式分类,分为多模光纤和单模光纤两类。这里简单介绍一下模的概念。

在纤芯内传播的光波,可以分解为沿轴向传播的平面波和沿垂直方向(剖面方向)传播的平面波。沿剖面方向传播的平面波在纤芯与包层的界面上将产生反射。如果次波在一个往复(入射和反射)中相位变化为 2π 的整数倍,就会形成驻波。只有能形成驻波的那些以特定角度射入光纤的光才能在光纤内传播,这些波就称为模。在光纤内只能传输一定数量的模。通常,纤芯直径较粗(几十 μm 以上)时,能传播几百个以上的模,而纤芯很细(5~10 μm)时,只能传播一个模。前者称为多模光纤,后者称为单模光纤。

图 8-25 光纤的种类和光传播形式

8.5.2 光纤测温原理

分布式光纤温度传感器系统(DTS)是近年来发展起来用于实时测量空间温度场的系统。DTS 同时利用光纤感测信号和传输信号,采用光时域反射(OTDR)技术和 Raman 散射光对温度敏感的特性,探测出沿着光纤不同位置的温度的变化,实现真正分布式的测量。

系统中光纤既是传输媒体又是传感媒体,利用光纤背向拉曼散射的温度效应,光纤所处的空间温度场调制了光纤背向拉曼散射的强度(反斯托克斯背向拉曼散射光的强度),经波分复用器和光电检测器采集带有温度信息的背向拉曼散射光信号,经信号处理可以解调出实时的温度信息。在时域中,利用 OTDR 技术,根据光在光纤中的传输速率和背向拉曼散射光的回波时间,可以对温度点进行定位。

图 8-26 分布式光纤测温原理图

DTS 系统由激光光源、感测光缆和检测单元组成,系统示意图见图 8-26。激光器发出脉冲光通过波分复用器进入探测光纤,光纤内分子及不均匀的杂质对入射的激光脉冲有散射作用,入射光脉冲沿着光纤向前传输,散射光向四周传输。只有沿光纤后向传输的散射光会传输到波分复用器,再到达探测器。后向散射光中有瑞利散射、布里渊散射和拉曼散射等。拉曼散射光包含有两种成分:斯托克斯光和反斯托克斯光。斯托克斯光的频率比入射光频率低,反斯托克斯光频率比入射光频率高,斯托克斯光只与光纤的损耗、应力、拉力、弯曲、挤压等因素有关,受温度影响很小,可以忽略不计;反斯托克斯光除受光纤的损耗、应力、拉力、弯曲、挤压等因素影响外,还与温度有很大关系,光纤的温度越高,反斯托克斯光越强。通过波分复用器和带通滤光片可以分离出后向散射光中斯托克斯光和反斯托克斯光,分别采集两路光信号的强度,用反斯托克斯光强与斯托克斯光强相比,就可以得到只与温度高低有关的信号。

经波分复用器分离出的两路光信号,分别由雪崩光电二极管将光信号转换为电信号,再经放大器对电信号放大,送到数据采集卡进行累加平均,便得到精确的光强度量化值。

反斯托克斯光强与斯托克斯光强之比和温度之间的定量关系可用下式表示:

$$T = \frac{h\Delta f}{k}\left\{\ln\left(\frac{I_S}{I_{AS}}\right) + 4\ln\left(\frac{f_0+\Delta f}{f_0-\Delta f}\right)^{-1}\right\} \tag{8-62}$$

式中:h 为普朗克系数(J·s);k 为玻耳兹曼常数(J/K);I_S 为斯托克斯光强度;I_{AS} 为反斯托克斯光强度;f_0 为入射光的频率(1/s);Δf 为拉曼光频率增量(1/s)。斯托克斯光频率为 $f_0 - \Delta f$,反斯托克斯光频率为 $f_0 + \Delta f$。

光在光纤中以一定的速度传播,通过测量入射光和后向散射光之间的时间差 Δt,以及光纤内的光传播速度 C_k,可以计算不同散射点的位置距入射端的距离 X_i,从而可以得到光纤沿程几乎连续的温度分布,X_i 可按下式计算:$X_i = C_k \dfrac{\Delta t_i}{2}$。式中:$C_k$ 为光纤中的光传播速度(m/s);Δt_i 为后向散射延迟时间(s)。只要通过探测器测得 I_S、I_{AS} 及光在光纤中的传播时间 Δt_i,便可求得某一点的温度值。

分布式光纤温度传感器获取空间温度分布信息的原理是利用光在光纤中传输能够产生后向散射,在光纤中注入一定能量和宽度的激光脉冲,它在光纤中传输的同时不断产生后向散射光波,这些后向散射光波的状态受到所在光纤散射点的温度影响而有所改变,将散射回来的光波经波分复用、检测解调后,送入信号处理系统便可将温度信号实时显示出来,并且由光纤中光波的传输速度和背向光回波的时间对这些信息定位。

8.6 热通量测量

8.6.1 简 介

热通量(Heat Flux)是指由于温度差异而产生的传热沿着热量流动的方向通过单位截面的能量,通常用符号 q 表示,单位为 W/m^2。热通量在传热学和流体动力学研究中占有十分重要的地位,而热通量的测量却相对来说非常落后,而且对其意义和重要性认识的形成也较晚。其原因主要有:一方面是对基本的传热概念理解得不够;另一方面是热通量测量的方法与手段没有普及,因此人们也就比较生疏。然而,热通量这个参量在热平衡方程及相关的模拟研究中占有重要的地位,且近年来被确定为热灾害研究中必须通过实验测量获取的主要特性参数之一。因此,为了在实验中能准确、有效地获取这一参量,对其测量方法及其标定方法进行进一步研究是十分必要的。

由于传热现象的复杂性以及测量上的困难,在过去相当长的一段时间内没有研制出能直接测量热通量的简便仪器。传热测量与温度测量有密切的关系,从 20 世纪 50 年代开始,尤其是近些年来,测温的手段大大发展了,研制出了许多小型、快速的温度测量元件,可以测出微小部分的温度,或者在短时间内测出两点的温度差或一点的温度变化,由此可得到通过介质的热通量,为研制热通量传感器创造了条件。

在19世纪初Biot及Fourier等人根据大量实验结果,经过科学抽象,把物体内部温度场与热流场的联系用数学形式表达出来。实验是对均匀的各向同性材料在热稳定条件下进行的,从一定意义上说,这就是热通量测量的开始,不过这些测量都是在实验室中特定的条件下进行的。应用于现场直接测试热通量的热通量计,最早出现在1914年的德国慕尼黑。后来日本的拔山四郎也用过类似的方法测量热通量。但都是比较简单的装置,测量的准确性和实验的重复性不高。1924年,Schmidt设计制造了由绕在橡胶带上的热电堆组成的带状热通量传感器用来测量带有保温层的管道的热通量。一般认为这是第一种实用的热通量传感器。

Schmidt设计的热通量传感器上的热电堆是用焊接的方式制成的,工艺比较复杂。为了克服制作多接点热电堆的困难,Wilos和Epps在1919年就研究用电镀的方法制作热电堆,Gier和Boelter在1939年用在康铜丝上电镀银的方法制作了辐射热流计用的热电堆。以后这种方法就逐步推广到制作各种热通量传感器,现在实用的热阻式热通量传感器大多数是用电镀的方法制成的。

除了稳态方法之外,从20世纪50年代以来也发展了一些非稳定测量方法,有块状、片状和薄膜状等几种形式,都是利用热量通过时产生的温度变化来计算热通量的,可以用接触方式或非接触方式(辐射)进行测量。

随着半导体技术的发展,提出了利用半导体材料制作热通量传感器,这类传感器具有较高的灵敏度。也有采用薄膜热电阻接成桥路测量温差制成的热阻式探头。还有利用融化潜热以及利用加热金属在磁场中产生电位差的Nernst效应的热流探头。此外,还发展了利用补偿原理测量热通量的热通量传感器。近些年来,红外技术迅速地发展,利用红外热像分析和检测热流状况的新技术也得到了很快的发展。与此同时,热通量计的检测仪表也从电位差计发展到直读式或数字式仪表。

在兵器设计与应用研究中不可避免地涉及热传递问题。飞行器,特别是载人飞行器进入大气层时受到气动加热效应的影响,战斗部明显升温。在对战斗部热防护措施的研究中,由于气动加热进入战斗部的热通量是必须获得的关键参数。战斗部内部的温度测量只能反映热传递的作用结果,对传递方向、耗散状况等不能直接反映。在弹药运载、储藏过程中也会遇到人为或自然因素造成的热灾害,弹药的自身热防护特性也是通过在不同模拟热态环境中测量温度、热通量等参数被研究人员所认识的。在大型武器装备(如舰艇、飞机及装甲车辆等)的研制中所需考虑的热安全问题也十分重要,例如舰艇动力机舱内防火问题、弹舱内弹药的热防护问题以及超音速飞机的气动加热防护问题,等等。

8.6.2　热通量测量技术

热通量的实验测量方法很多,对其分类也有多种方法。例如Diller(1993)将热通量的实验测量方法分为空间分辨差温方法、时间分辨差温方法和主动加热方法;Childs(1999)等人在总结Diller以及其他文献的研究工作的基础上,又将热通量实验测量方法分为差温法、量热法、能量补给或移除法以及传质类比法等。

1. 差温热通量测量技术

通过测量空间上不同位置两点的温度,利用传导传热的分析来确定热通量。

(1) 分层传感器(Layered Gage)

在基于温差原理的热通量测量方法中,分层热通量传感器是最简单的一种,其测量原理如图 8-27 所示。该方法通过测量热电阻上下两层的温度差,再根据一维傅里叶传导方程

$$q = -k\frac{\partial T}{\partial n} = -k\frac{T_1 - T_2}{x_1 - x_2} \tag{8-63}$$

得到温度与热通量之间的比例关系,由此获取热通量。温度差的测量则主要是利用热度计、热敏电阻器、热电偶等。具体采用哪一种温度测量方法,则应根据对测量灵敏度和信号输出范围的具体要求来定。所选用传感器会因其测温方法、物理尺寸以及材料的不同而不同。关于材料的选择,原则上来说,凡电导率和电阻随温度的变化而改变的材料均可使用。这种方法明显的局限在于穿过所关心的区域中的热通量必须是一维的。

图 8-27 分层热通量传感器示意图

(2) 绕线式传感器(Wire-Wound Gage)

绕线式传感器是由 E. Schmidt 在 1924 年研制并应用于热通量的测量,后经 L. M. K. Boelter 进行了改进,因此该传感器常被称为 Schmidt-Boelter 传感器。

此类传感器的测量原理类似于前面的分层传感器,不同之处在于其热电偶接点处是采用环绕热电阻层的方法,而且其绕线通常用铜进行电镀(在电阻层的上下表面),以形成 N 个热电偶接点。这种传感器的瞬态响应时间约为 1 s。

2. 量热热通量测量技术

通过测量表面或靠近表面处的温度随时间变化速率得到传热速率,利用适当形式的传导方程或热平衡方程以及材料的特性,对这个结果进行分析,可得到所求的热通量。基于这种原理的热通量测量方法很多,主要有能量平衡法、一维瞬态传导分析法和逆传导法。

(1) 块状量热计

典型的块状量热传感器如图 8-28 所示。通常情况下,只测量被绝热块某一点的温度,并假定这个温度可代表整块的温度。这一假定在毕奥特数($Bi = hL/k$,L 为被绝热块的深度)小于 0.1 时是合理的。该被绝热块通常采用高电导率的金属材料。根据能量平衡:传入的热量 = 存储的热量 + 传出的热量,由此列出热平衡方程

$$q_{in} = \frac{1}{A}\left(mc_p\frac{\partial T}{\partial t} + mT\frac{\partial c_p}{\partial t}\right) + q_{loss} + q_{out} \tag{8-64}$$

式中:m 为金属块的质量;A 为金属块暴露部分的面积。根据前面的假定,认为金属块上温度均一,并通过测量瞬时温度来得到热通量:

$$q = \frac{mc_p}{A} \cdot \frac{T_f - T_0}{t_f - t_0} + q_{loss} \qquad (8-65)$$

块状量热计通常应用于能量输入比较稳定的情况，而且只有在较短的时间内进行测量，才能得到有用的数据。在每次使用之前，都必须对量热计进行调节，使之恢复到初始状态。

(2) 逆传导法

逆传导法对组分温度进行测量，利用传导分析确定局部热通量和传热系数。类似于在燃气涡轮的内部流动系统中测量传热系数，利用流动状态下明显的阶段性变化来测量，如由于加速度或外部流场温度迅速变化而引

图 8-28　块状量热计示意图

起的变化。研究人员面对的挑战是使这些测出的温度能符合用传导情况下的有限元分析计算出的结果。选择一定的对流边界层情况和计算温度的方法，然后与实验测量的温度比较，如果整个周期内的温度不是很好的接近测量值，那就修正一些或全部的对流边界层情况再重复这个过程。这是一个迭代过程。一个组分的一个边界层情况的处理影响着整个方案，偏离实验条件的差别很有可能就是预测的温度值和实际测量的温度值之间的差别。为了降低问题分析的复杂性，通常采用两维假定。不过随着传导的有限元分析技术的迅速进步，三维方法将会更多地被采用。这种方法在大尺度系统的热通量测量中已经得到成功的应用，例如研究压气鼓内部传热问题的燃气涡轮研究装置。

(3) 能量补给或移除测量技术

利用主动加热或冷却使物体得到热量或失去能量，以实现热平衡。采用的加热技术有电加热和利用激光脉冲的热耗散等；冷却方法可以通过在设备内部设计对流通道或利用 Peltier 效应实现。这种方法由于其传感器响应时间的限制，一般不能用于高热通量或高温环境。

在实际测量中，该方法常采用条状加热器，这种加热器的探测面暴露于对流环境中，而背面和侧面均进行了绝热处理。典型的条状加热器的结构为层状，包括绝热层、加热层、黑体层和液晶层。加热层包括热敏电阻、镀金膜、镍铬合金线和碳纤维。根据热平衡原理，传热系数可由下式确定：

$$h = \frac{(I^2 R/A) - \varepsilon\sigma(T_s^4 - T_\infty^4) - q_{loss}}{T_s - T_\infty}, \qquad 单位为 W \cdot m^{-2} \cdot K \qquad (8-66)$$

(4) 传质类比法

传质类比法 (Mass Transfer Techniques) 是从能量传输方程和质量传输方程之间的相似性出发，通过传质实验来对传热特性进行实验测量。之所以采用这类方法，是因为传质实验和传热实验比较起来，具有更容易实现、误差更小以及模型参量更易确定等优点。在这种技术中，比较常用的是"萘升华技术"。不过传质类比法还是存在不少缺点的，如实验时间长，存在粘滞性，实验结果仅为时间平均值等。

总之，前面介绍的几种基本类型的热通量测量方法，都有其各自的应用范围或适用对象。在实际测量中具体选择哪一种测量方法，应考虑各种方法的物理基础和测量原理，并结合测试对象的有关性质而定。

8.6.3 Gardon 热通量传感器

1. Gardon 传感器结构

对热通量传感器的分类,也可以从传热方式上来分。辐射热通量传感器就是用来测量辐射热通量的热通量传感器。辐射传热是物体表面与不直接接触的周围物体间的热量传递,因此这类传感器不与被测物体接触,使用时对准物体,从而对热流场的破坏很小。

圆箔辐射热通量传感器是目前我国使用最为广泛的一种。圆箔辐射热通量传感器是 Robert Gardon 在 1953 年为了测量辐射传热而首先提出的。1960 年他将这种传感器推广到对热通量的测量,现在热通量测量领域已经得到了广泛的应用。因此,圆箔传感器也被称为 Gardon 传感器。

Gardon 传感器的平面结构示意图如图 8-29 所示。传感器的受热面是一块圆箔盘片,通常由康铜制成,其四周用一个较大质量的物体(通常是铜)支撑着,组成一个热通量检测器。康铜圆箔接收辐射热通量 q,传热给支撑体。支撑体同时又起到了散热器的作用,将这些热量带走。如果冷却水量很充分,则周边温度基本稳定。当整个检测器处于热稳定状态时,康铜板的温度沿直径的分布是不均匀的,中心温度高于周边温度。把康铜板看成是热电偶的一极,把支撑体铜看成为热电偶的另一极,则从康铜板中心和铜块处分别引出一根导线就组成铜-康铜热电偶了。

为了使这种热通量传感器能在不受对流影响下测纯辐射热通量,广泛采用在康铜圆箔前安装单晶硅片做保护,单晶硅片具有很好的热透射性。同时,单晶硅片还起到了防止积灰的作用。

要使传感器保持在热稳定状态,以及满足传感器连续使用的需求,有必要采用水冷系统来提供冷却水,如图 8-30 所示。这样,冷却水的施加可以实现连续散热,从而保证了传感器在测量高温时各个部件热电特性的稳定。

图 8-29 Gardon 传感器结构示意图

1—热通量计敏感面;2、6—冷却水;
3—壳体;4—密封盖;5—引出线

图 8-30 实际使用的 Gardon 传感器

2. Gardon 传感器工作原理

为了得到圆箔的温度分布控制方程,做以下几个假设:

① 圆箔厚度很小(一般小于 0.1 mm),而且康铜具有比较高的热传导率,因此忽略通过圆箔厚度的温度梯度。

② 背面的对流和辐射热损失相对来说是非常小的,所以忽略背面的热损失。

③ 忽略中心金属线的热损失。这个热损失比起上面提到的热损失,引起的误差有可能会比较大,但由于传感器在使用之前经过了实验标定的,这样中心线的热损失产生的误差在实际测量中大多数可以抵消。

④ 认为圆箔上的对流传热系数 h 是常数。圆箔的直径仅有几厘米,因此从中心到周界 h 都不会有显著的改变。因此在近似处理中,可认为传感器上方的 h 值是个常数。

根据以上假设,并忽略对流传热,圆箔的热扩散方程可表示为

$$\frac{d^2 T}{dr^2} + \frac{1}{r} \cdot \frac{dT}{dr} + \frac{q}{\delta k} = 0 \tag{8-67}$$

边界条件为

① $r=R$ 时,$T(R)=T_B$,这里 T_B 是边缘温度;

② $r=0$ 时,$dT/dr=0$。

假设热传导率 k 随温度的变化为一常数,上式是一个关于 r 的二次微分方程,结合边界条件,解之可得

$$T(r) = \frac{q}{4\delta k}(R^2 - r^2) + T_B \tag{8-68}$$

这样,圆箔中心和边缘的温度差可以给出:

$$\Delta T = T_0 - T_B = \frac{qR^2}{4\delta k} \tag{8-69}$$

这里 q 是探测面每单位面积吸收的辐射传热量。可见,这一温度差和热通量成正比关系。如果上述假设不成立,则温度差与热通量之间的关系是非线性的。Gardon 在设计传感器时做的一个重大贡献就在于选择铜-康铜作为热电偶,并将其接点焊接在康铜圆箔的中心,从而较好地消除了热电偶响应信号与系统热平衡的非线性关系。认为康铜的热传导率为一常数,为 $k=21.8$ W/(m·K),再根据铜-康铜热电偶的热电特性,忽略高阶项,有

$$E = 0.038\,1\Delta T + 0.444 \times 10^{-4} \Delta T^2, \quad \text{单位为 mV} \tag{8-70}$$

代入 ΔT 的表达式中,近似可以得出传感器的灵敏度:

$$\frac{E}{q} = 4.37 \times 10^{-7} \frac{R^2}{\delta}, \quad \text{单位为 V/(W·m}^{-2}) \tag{8-71}$$

由此可以得出热电偶的输出电压与热通量也是成正比例关系的。

3. 使用注意事项

(1) 表面积灰

热通量传感器在比较理想的环境中工作,其固有误差都可以通过校准而得到补偿,测量结果比较满意。但在有固体燃料燃烧情况下工作时,热通量传感器的表面不可避免地被玷污。这就使热通量传感器的表面温度和发射率都将发生变化,由此会引起测量误差。

一般来说,燃料的灰分,从低温到高温的过程中,发射率都是下降的。一旦灰分温度升高到变成熔点时,发射率便骤然升高。然后温度降低,灰度又发生变化,但却回不到原来的状态了,这是由于灰的颗粒度和化学成分发生了变化。另外,灰的颗粒度与发射率的关系仍与温度有关。一般来说,颗粒度大的发射率高,颗粒度小的发射率低。

根据大量的实践证明,覆盖在热通量传感器表面上的灰的厚度 $\delta \geqslant 0.7$ mm 时,灰层对于热辐射来说就是"完全不透明"的了。这种情况对于一般的火场情况来说没有问题,因为通常积灰不会达到这么厚,而这时灰粒之间存在着间隙,热辐射线会透过间隙,所以这时的发射率就与灰的性质和热通量传感器的材质有关系了。另外,在使用中积灰只盖住热通量传感器探测器的一部分时,这将使测量结果出现紊乱。因此灰层问题必须引起使用者的严重关切。

(2) 关于单晶硅片的几个问题

对于带有单晶硅片的纯辐射热通量传感器,由于它的探测器前面安装了一块能透过热射线的透镜——单晶硅片,所以对单晶片提出如下要求:

① 必须有足够高的机械强度,特别要有能承受高温和交变的热应力的能力。同时应具有良好的机械性能。

② 要求能通过频带较宽的热射线(红外线),这对测量精度很有影响。单晶硅的透射率的起始波长为 1.1 μm,在 0～1.1 μm 之间时,透过率为 0,因而探测器头部不可能吸收到热量。但是事实上,根据普朗克公式,随着温度的升高,单色辐射能的最高值向波长较短的一方移动。此时,0～1.1 μm 范围内的辐射热就不应该被忽视。试验表明,在 1 150～1 500 ℃ 的温度范围内,0～1.1 μm 范围内的辐射能占 2%～6%;1.1～15 μm 波长范围内辐射能占有炉膛火焰辐射能的 90% 以上。

③ 常用的单晶硅片,表面被精细地磨成镜面。例如美国 Vatell 公司的 Gardon 辐射热通量计表面覆盖的单晶硅片在波长 1～7 μm 之间的透射率可以达到 82%,而且很稳定。

4. 水冷系统

由于辐射式热通量传感器使用在燃烧情况下,热通量传感器探测器的头部直接与火焰和高温燃气接触,承受着极高的热负荷,为此需要有十分完善的冷却系统。这就使热通量传感器的结构大为复杂。

第 9 章　兵器噪声测量技术

9.1　噪声测试的物理学基本知识

噪声是声波的一种，具有声波的一切特性。从物理学的观点看，称不协调音为噪声，协调音为乐音。从这个意义上讲，噪声是由许多不同频率和声强的声波无规律杂乱组合成的声音，它给人以烦躁的感觉。与乐音相比，其波形是无规则的，如图 9-1 所示。从生理学观点讲，凡是使人烦躁的、讨厌的、不需要的声音都叫噪声。噪声和乐音是很难区分的。如一个钢琴声，理应属于乐音，但对正在睡觉或看书的人来说，就成了噪声。因此，对同一声音，判断是不是噪声，要因人、因时、因环境、目的等来确定。由于这些因素出入很大，即使经过大量调查研究也难得到统一的、可靠的结果。随着工业噪声日益被重视，逐渐形成以引起噪

(a) 噪声波形

(b) 乐音波形

图 9-1　噪音与乐音波形

声性耳聋的概率为基础的听力保护标准和根据噪声影响所制定的环境噪声标准，这就摆脱了单纯主观评价的不便。因此，噪声不能完全根据声音的客观物理性质来定义，应根据人们的主观感觉和心理、生理等因素来确定。

声音依频率高低可划分为次声、可听声、超声、特超声。次声是低于人们听觉范围的声波，即频率低于 20 Hz；可听声是人耳可听到的声音，频率为 20～20 000 Hz；当声波的频率高到超过人耳听觉范围的频率极限时，人们就觉察不出声波的存在，称这种高频率的声波为超声；特超声指高于超声频率上限的超高频声波。对超声频率的上限，曾有不同的划分意见，如 300 MHz、500 MHz、1 000 MHz 等。由噪声定义可知，一切可听声都有可能被判断为噪声。

9.1.1　声　波

从物理本质上看，噪声具有声波的一切特性，因此，在对噪声的描述、分析、测试等方面与一般的声音相比并无特别之处。

声波是机械振动在弹性媒质中传播的波。声波的特征常用频率、波长和声速等物理参量来描述。波长是声波在一个周期内传播的距离；声速是声波在媒质中传播的速度。声速、波长和频率之间的关系为

$$\lambda = \frac{C}{f} \tag{9-1}$$

式中：λ 为波长(m)；C 为声速(m/s)；f 为频率(Hz)。

9.1.2　声源、声场和波阵面

(1) 声　源

辐射声波的振动物体称为声源。

(2) 声　场

有声波存在的空间称为声场。均匀的、各向同性的、无边界影响的媒质中的声场称为自由

场。实际上，只要边界的影响小到可忽略不计，便可认为是自由场。自由场中声源附近声压和质点速度不同相的场称为近场；离声源远处，瞬时声压与瞬时质点速度同相的声场称为远场。在远场中的声波离声源呈球面发散波，即声源在某点产生的声压与该点至声源中心的距离成反比。把能量密度均匀的、在各个传播方向作无规则分布的声场称为扩散声场。

(3) 波阵面

声波从声源发出，在媒质中向各方向传播，在某一瞬间，相位相同各点的轨迹曲面，称为波阵面。波的传播方向称为波线或射线，在各向同性的均匀媒质中，波线与波阵面垂直。

波阵面的形状取决于波的类型。波阵面平行于与传播方向垂直的平面的波，称为平面声波(平面波)，即在给定时刻，垂直于平面声波传播方向的任一平面上，波的扰动情况处处相同。平面波的波阵面是平面，其波线是垂直于波阵面的平行线。波阵面为同心球面的波，称为球面声波(球面波)。从点声源向各方向传播的声波就是球面波，球面波是无方向性的。波阵面是同轴柱面的波称为柱面波，正在行驶的列车所发出的噪声可近似为柱面波。

(4) 声的反射和散射

当声在传播途中遇到障碍物时，就会发生绕射、透射、反射和散射。对声测试影响较大的是反射和散射。产生反射和散射的大小，主要取决于障碍物的物理尺寸与声波波长的关系。当声波波长大于障碍物的物理尺寸时，声波在所有方向上散射，散射波的幅度正比于障碍物的体积，反比于声的波长；当声波波长可以和障碍物的物理尺寸相比较时，声扩张到障碍物的周围而产生绕射；当障碍物的物理尺寸比声波波长大许多时，反射、散射现象就会同时产生，并在障碍物后造成"声影区"。由于障碍物的反射与散射作用改变了声场特性，因此在进行声学测量和研究时应予注意。

9.1.3 声压、声强和声功率

声音和噪声均用声压、声强和声功率来表示其强弱。

(1) 声 压

声压是指有声波时，媒质的压力对静压(没有声波时媒质的压力)的变化量，通常以其均方根值来表示。声压记为 P，单位为牛/米^2（N/m^2），即帕（Pa）。正常人双耳刚能听到的 1 000 Hz 纯音的声压为 2×10^{-5} Pa，称之为听阈声压，此值作为基准声压。

(2) 声 强

声场中某一点的声强定义为与指定方向(声波在该点的传播方向)相垂直的单位面积上、每单位时间内传过的声能，以 I 表示，单位为瓦/米^2（W/m^2）。听阈声压的声强为 10^{-12} W/m^2，以此值作为基准声强。

(3) 声功率

声功率是声源在单位时间内发射出的总能量，通常用 W 表示，单位为瓦（W）。取 10^{-12} W 作为基准声功率。声功率与声波传播的距离、环境无关，它是表示声源特性的主要物理参量。

声压、声强和声功率都是客观表示声音强弱的物理参量，而声强、声功率都是以能量大小表示声音强弱的。

9.1.4 声级和分贝

正常人双耳刚能听到的 1 000 Hz 纯音的声压为 2×10^{-5} Pa，而震耳欲聋的声音的声压是

20 Pa,两者之间相差约 100 万倍。但人的听觉并不与此成比例,大概只觉得相差百余倍。所以直接用声压或声功率来描述声音的强弱,与感觉不符。因此,度量声压的大小,采用对数关系表达比较方便,由此引出声学的另一个概念声压级。

通常声压级、声强级和声功率级以分贝表示,而分贝表示的量是与选定的基准量有关的对数量级。它是相对量,无量纲,以分贝(dB)为单位。

(1) 声压级(L_p)

$$L_p = 10\lg\left(\frac{p}{p_0}\right)^2 = 20\lg\frac{p}{p_0} \tag{9-2}$$

式中,p_0 为基准声压($p_0 = 2\times 10^{-5}$ Pa)。

由于人体听觉系统对声音强弱刺激的反应不是按线性规律变化的,而是成对数比例关系变化的,所以采用对数的分贝值可以适应听觉本身的特点。其次,日常生活中遇到的声音,若以声压值表示,变动范围是很宽的,当用对数换算后,就可以大为缩小声压的变化范围,因此用分贝来表示声学的量值是科学的。

日常生活中,普通办公室的环境噪声的声压级为 50~60 dB,普通对话声的声压级为 65~70 dB,纺织厂织布车间噪声的声压级为 110~120 dB,小口径炮产生的噪声的声压级为 130~140 dB,大型喷气飞机噪声的声压级为 150~160 dB。

(2) 声强级(L_I)

$$L_I = 10\lg\frac{I}{I_0} \tag{9-3}$$

式中:I_0 为基准声强,$I_0 = 10^{-12}$ W/m²。

(3) 声功率级(L_W)

$$L_W = 10\lg\frac{W}{W_0} \tag{9-4}$$

式中:W_0 为基准声功率,$W_0 = 10^{-12}$ W。

(4) 分贝的加法、减法和平均值

① 分贝的加法

通常情况下,声源不是单一的,而总是有多个声源同时存在的,因此,就有声级的合成问题,声级的合成用分贝加法来进行。在各声源发生的声波互不相干的情况下,若相加的声压级分别为 $L_{p1}, L_{p2}, \cdots, L_{pn}$,由式(9-2)可得总声压级 L_{pt} 公式为

$$L_{pt} = 10\lg\left(\sum_{i=1}^{n} 10^{L_{pi}/10}\right) \tag{9-5}$$

式中:L_{pi} 为第 i 个声源的声压级(dB)。同理,可得总声强级 L_{It} 公式为

$$L_{It} = 10\lg\left(\sum_{i=1}^{n} 10^{L_{Ii}/10}\right) \tag{9-6}$$

式中:L_{Ii} 为第 i 个声源的声强级(dB)。

总声功率级 L_{Wt} 公式为

$$L_{Wt} = 10\lg\left(\sum_{i=1}^{n} 10^{L_{Wi}/10}\right) \tag{9-7}$$

式中:L_{Wi} 为第 i 个声源的声功率级(dB)。

在声学工程和声的测量中,对于小数分贝值一般都予以忽略,除需要精确的计算外,一般

都不用公式计算,而是用图9-2、表9-1进行简便计算。利用这些图表所得到的结果,其误差小于 1 dB,而这些图表便于使用和记忆。

【例 9-1】 已知 $L_{p1}=76$ dB,$L_{p2}=70$ dB,求总声压级 L_{pt}。

解: $L_{p1}-L_{p2}=6$ dB,由图9-2查得相应增值 $\Delta L=1$ dB,则

$$L_{pt} = L_{p1} + \Delta L = 77 \text{ dB}$$

图 9-2 分贝加法图

表 9-1 分贝差值到总声压级的转换

差值/dB	加到大值的数值/dB	差值/dB	加到大值的数值/dB
0	3.0	7	0.8
1	2.6	8	0.6
2	2.1	9	0.5
3	1.8	10	0.4
4	1.4	11	0.3
5	1.2	12	0.2

② 分贝的减法

在某些情况下,需要从总的测量结果中减去被测声源以外的声音,如本底噪声的影响,以确定单独由被测声源产生的声级,这就要进行分贝减法的计算。设总声压级为 L_{pt},本底噪声的声压级为 L_{pe},由式(9-2)可得声源的声压级 L_{ps} 为

$$L_{ps} = 10\lg(10^{L_{pt}/10} - 10^{L_{pe}/10}) \tag{9-8}$$

同分贝加法一样,分贝减法也可用图表进行,图9-3为减去本底噪声影响的修正曲线。

③ 分贝的平均值

分贝平均值的求法由分贝求和法而来,即

$$\bar{L}_p = 10\lg\left(\frac{1}{n}\sum_{i=1}^{n}10^{L_{pi}/10}\right) \tag{9-9}$$

式中:n 为测点数目;L_{pi} 为第 i 点测得的声压级 dB;$\bar{L}_p$ 为测点数目为 n 的平均声压级。

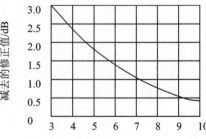

图 9-3 分贝减法图

9.2 人对噪声的主观量度

声压是噪声的基本物理参数,但人耳对声音的感受不仅和声压有关,而且和频率有关,声压级相同而频率不同的声音听起来可能是不一样响的。例如空气压缩机的噪声和小汽车车内的噪声,声压级都是 90 dB,可是前者是高频,后者是特低频,听起来前者就比后者响得多,这里就有一个客观存在的物理量和人耳感觉主观量的统一问题。这种主客观的差异主要是由声波频率的不同引起的,与波形也有一定的关系。

9.2.1 响度与响度级

根据人耳的特性,人们仿照声压级的概念,引出一个与频率有关的响度级,其单位是"方"。即选取 1 000 Hz 的纯音作为基准音,某噪声听起来与该纯音一样响,则噪声的响度级就等于这个纯音的声压级。例如某噪声听起来与频率 1 000 Hz 声压级 85 dB 的基准音一样响,则该噪声的响度级就是 85 方。

响度级是表示噪声响度的主观量,它将声压级和频率用一个单位统一起来了。它与音调不同,音调是人耳区分声音高低的一种属性,主要取决于频率。

用与基准音比较的方法可得到可听范围的纯音的响度级,这就是等响曲线,它是由大量典型听者认为响度相同的纯音的声压级与频率关系而得出来的。如图 9 - 4 所示,图中纵坐标是声压级(或声强、声压),横坐标是频率。图中同一条曲线上的各点,虽然代表着不同频率和声压级,但其响度是相同的,故称等响曲线。最下面的曲线是听阈曲线,最上面的曲线是痛阈曲线,在听阈和痛阈之间,是正常人耳可听到的全部声音。

图 9 - 4 等响曲线

由等响曲线可看出,人耳对高频声,特别是 2 000~5 000 Hz 的声音敏感,而对低频声不敏感,如同样的响度级 60 方,对于 1 000 Hz 的声音,声压级是 60 dB;对于 3 000~4 000 Hz 的声音,声压级是 52 dB;对于 100 Hz 的声音,声压级是 67 dB。它们都在响度级为 60 方的曲线上。可见,对于同样声压级不同频率下的噪声,响度级差别很大。

此外,从曲线还可发现,当噪声声压级到达 100 dB 左右时,等响曲线呈水平线,此时频率变化对响度级的影响不明显。只有当声压级小和频率较低时,对某一声音来说,声压级和响度级的差别很大。

响度级是个相对量,有时需要用绝对量来表示,需引出响度单位"宋"的概念。1 宋的响度选定为相当于 40 方的响度级,即 40 方为 1 宋。但响度级每增加 10 方,响度即增加一倍,如 50 方为 2 宋,60 方为 4 宋,70 方为 8 宋等。其换算关系可由下式决定:

$$N = 2^{(L_N-40)/10} \quad \text{或} \quad L_N = 40 + 10\log_2 N \tag{9-10}$$

式中：N 为响度（宋）；L_N 为响度级（方）。

用响度表示噪声的大小比较直观，可直接算出声音增加或减少的百分比。若噪声源经消声处理后，响度级从 120 方（响度为 250 宋）降低到 90 方（响度为 32 宋），则总响度降低。降低百分比为 $[(250-32)/250]\times 100\% = 87\%$。

一般噪声总响度的计算是，先测出噪声的频带声压级，然后从相应的表中查出各频带的响度指数，再按下式计算总响度：

$$N_t = N_m + F\left(\sum N_i - N_m\right) \tag{9-11}$$

式中：N_t 是总响度（宋）；N_m 是频带中最大的响度指数；$\sum N_i$ 为所有频带的响度指数之和；F 为常数。（对于倍频带、1/2 倍频带和 1/3 倍频带分析仪分别为 0.3、0.2 和 0.15）。

在噪声的主观评价中，对于飞机噪声，人们引了新的参数——"感觉噪声级"和"噪度"。感觉噪声级（L_{PN}）的单位是 dB，与响度级相对应；噪度（N_n）的单位是"呐"，与响度相对应，与响度级、响度不同之处在于它们是以复合声音为基础的，而后者是以纯音为基础的。

9.2.2 声级计的计权网络、A 声级

在声学测量仪器中，声级计的"输入"信号是噪声客观的物理量声压，而"输出"信号，不仅是对数关系的声压级，而且最好是符合人耳特性的主观量响度级。为使声级计的"输出"符合人耳特性，应采用一套滤波器网络对某些频率成分进行衰减，将声压级的水平线修正为相对应的等响曲线，故一般声级计中，参考等响曲线，设置计权网络 A、B、C 三种，对人耳敏感的频域加以强调，对人耳不敏感的频域加以衰减，就可直接读出反映人耳对噪声感觉的数值，使主客观量趋于一致。常用的是 A 计权和 C 计权，B 计权已逐渐淘汰，某些声级计上的 D 计权主要用于测量航空噪声。

A 计权网络是效仿倍频等响曲线中的 40 方曲线设计的，它较好地模仿了人耳对低频段（500 Hz 以下）不敏感，而对 1 000～5 000 Hz 声敏感的特点。用 A 计权测量的声级叫做 A 声级，记作分贝（A），或 dBA。由于 A 声级是单一的数值，容易直接测量，且是噪声的所有频率分量的综合反映，故目前在噪声测量中得到广泛的应用，并用来作为评价噪声的标准。

B 计权网络是效仿 70 方等响曲线，低频有衰减。C 计权网络是效仿 100 方等响曲线，在可听频率范围内，有近乎平直的特点，让所有频率的声音近乎均同地通过，基本上不衰减，因此 C 计权网络代表总声压级。

声级计的读数均为分贝值。显然，选用 C 挡计权网络测量时，声压级未经任何修正（衰减），读数仍为声压级的分贝值。而 A 挡和 B 挡的计权网络，对声压级已有修正，故它们的读数不应是声压级，但也不是响度级，其读数应称声级的分贝值。图 9-5 所示为 A、B、C 计权网络的衰减

图 9-5 A、B、C 计权网络的衰减曲线

曲线。

9.2.3 等效连续声级

我国工业企业噪声检测规范规定,稳态噪声,测量 A 声级。非稳态噪声,测量等效连续声级,或测量不同 A 声级下的暴露时间,计算等效连续声级,即用等效连续声级作为评定间断的、脉冲的或随时间变化的非稳态噪声的大小。

在声场中一定点的位置上,采用求某一段时间的平均声强的办法,将间歇暴露的几个不同 A 声级噪声,以一个 A 声级来表示该段时间内的噪声大小,这个声级即为等效连续声级,或称等效声级,可用下式表示:

$$L_\infty = 10\lg\left[\frac{1}{T}\int_0^T I(t)\mathrm{d}t/I_0\right] = 10\lg\left(\frac{1}{T}\int_0^T 10^{0.1L}\mathrm{d}t\right) \quad (9-12)$$

式中:$I(t)$ 为瞬时声强;I_0 为基准声强;T 为某段时间的时间总和($T=T_1+T_2+\cdots+T_i$);L 为某一间歇时间内的 A 声级(dB)。

由式(9-12)可知,某一段时间内的稳态噪声,就是等效连续声级。以每个工作日 8 h 为例,低于 78 dB 的不予考虑,则一天的等效连续声级可按下式近似计算:

$$L_\infty = 80 + 10\lg\frac{\sum_n 10^{\frac{n-1}{2}}T_{n日}}{480}(\mathrm{dB}) \quad (9-13)$$

式中,$T_{n日}$ 为第 n 段声级 L_n 一个工作日的总暴露时间(min)。

如果一周工作 5 天,每周的等效连续声级可按下式近似计算:

$$L_\infty = 80 + 10\lg\frac{\sum_n 10^{\frac{n-1}{2}}T_{n周}}{480\times 5}(\mathrm{dB}) \quad (9-14)$$

式中,$T_{n周}$ 为第 n 段声级 L_n 一周的总暴露时间(min)。

等效连续声级的测量方法,应根据声场噪声的变化情况,决定测一天、一周或一个月的等效连续声级。根据测量数据,按声级的大小及持续时间进行整理。将 80~120 dB 声级从小到大分成 8 段排列,每段相差 5 dB,每段用中心声级表示。把一个工作日内,测得的各段声级的总暴露时间统计出来,并填入表 9-2 中,然后将已知数据代入式(9-14),即可求出一天的等效连续声级。

表 9-2 噪声暴露时间统计表

N	1	2	3	4	5	6	7	8
中心声级 L_n/dBA	80 (78~82)	85 (83~87)	90 (88~92)	95 (93~97)	100 (98~102)	105 (103~107)	110 (108~112)	115 (115~133)
暴露时间 T_n/min	T_1	T_2	T_3	T_4	T_5	T_6	T_7	T_8

9.2.4 噪声允许限值

为保护操作人员的听觉器官,对噪声暴露的允许限值有所规定。我国在军事噪声方面已经制订了《军事作业噪声允许限值》(GJB50A—2011)、《常规兵器发射或爆炸时脉冲噪声和冲击波对人员听觉器官的安全限值》(GJB2A—96)等规范,以保护作业人员的健康和安全。在国军标《军事作业噪声允许限值》中作了如下规定:

① 每日连续暴露 8 h,稳态噪声允许限值为 85 dB(A)。

② 每日连续暴露不同时间,噪声允许限值计算公式如下:

$$L_A = 85 - \frac{3}{\lg 2}\lg(T_{min}/480) \qquad (9-15)$$

式中:L_A 表示暴露时间为 T_{min} 时的允许限值,单位为 dB(A);T_{min} 为暴露时间,单位为 min。

③ 每日连续暴露不到 8 h,噪声允许限值见表 9-3。

表 9-3 噪声暴露不同时间允许限值

每日连续暴露时间/h	允许声级 /dB(A)	每日连续暴露时间/h	允许声级 /dB(A)
8	85	1/2	97
4	88	1/4	100
2	91	1/8	103
1	94	1/16	106

注:最高不超过 115 dB(A)。

④ 每日暴露于多类噪声(如起伏噪声、间歇噪声及准稳态脉冲噪声),8 h 等效连续声级允许限值为 85dB(A)。

⑤ 每日暴露于含有窄带噪声或纯音成分的噪声,等效连续声级允许限值在原理值基础上相应降低 5 dB(A)。

⑥ 非开放空间内的脉冲噪声峰值声压级允许限值为 140 dB。

9.2.5 噪声评价曲线

为了确定噪声的允许标准,国际标准化组织(ISO)于 1971 年推荐了噪声评价曲线,如图 9-6 所示。图中每一条曲线均以一定的噪声评价数 NR 来表征,在这一曲线族上,1 000 Hz 声音的声压级即为噪声评价数 NR。噪声评价数在数值上与 A 声级的关系可近似为

$$NR = L_A - 5 \text{ dB} \qquad (9-16)$$

根据允许标准规定的 A 声级即可确定允许的噪声评价数[NR]。声压级超过该允许评价数对应的评价曲线,则认为不符合噪声标准的规定。

图 9-6 噪声评价曲线

9.3 噪声测量仪器

9.3.1 传声器

传声器是将声信号转换成相应的电信号的一种声电换能器。在噪声测试仪中,传声器处于首环的位置,担负着感受与传送"第一手信息"的重任,其性能的好坏将直接影响到测试的结果。因此,在整个噪声测试系统中传声器所起的作用是举足轻重的。

1. 传声器的种类和结构

传声器按其变换原理,可分成电容式、压电式和电动式等类型,其中电容式传声器在噪声测试中的应用最为广泛。

(1) 电容式传声器

电容式传声器的结构如图 9-7 所示。张紧的膜片与其靠得很近的后极板组成一电容器。在声压的作用下,膜片产生与声波信号相对应的振动,使膜片与不动的后极板之间的极距改变,导致该电容器电容量的相应变化。因此,电容式传声器是一极距变化型的电容传感器。运用直流极化电路输出一交变电压,此输出电压的大小和波形由作用膜片上的声压所决定。

图 9-7 电容式传声器结构简图

(2) 压电式传声器

压电式传声器主要由膜片和与其相联的压电晶体弯曲梁所组成,结构如图 9-8 所示,在声压的作用下,膜片产生位移,同时压电晶体弯曲梁产生弯曲变形,由于压电材料的压电效应,使其两表面生成相应的电荷,得到一交变的电压输出。

(3) 电动式传声器

电动式传声器又称动圈式传声器,结构如图9-9所示。在膜片的中间附有一线圈(动圈),此线圈处于永久磁场的气隙中,在声压的作用下,线圈随膜片一起移动,使线圈切割磁力线而产生一相应的感应电动势。

1—壳体;2—压电片;3—膜片;4—后极板;
5—均压孔;6—输出端;7—绝缘体

图9-8 压电式传声器结构简图

1—线圈;2—膜片;3—导磁体;
4—壳体;5—磁铁

图9-9 电动式传声器结构简图

2. 传声器的参数

(1) 灵敏度

传声器的灵敏度 S 由下式表示:

$$S = 电量输出/机械量输入$$

习惯上常把传声器的灵敏度声级 L_S 简称为"灵敏度",L_S 由下式确定:

$$L_S = 20\lg\left(\frac{u/p}{u_0/p_0}\right) \quad (dB) \qquad (9-17)$$

式中:u 为传声器的输出电压(V);P 为作用在传声器上的有效声压(Pa);u_0、p_0 为分别为基准电压和基准声压(常取 $u_0/p_0 = 1$ V/Pa)。

灵敏度又分声场灵敏度和声压灵敏度两种。声压灵敏度是输出电压与传声器放入声场后实际作用于膜片上的声压之比;声场灵敏度是指输出电压与传声器放入声场前所在位置的声压之比。当传声器的直径 D 远远小于声波波长(低频)时,两者基本相同,但当 $D \gg \lambda$(高频)时,声场灵敏度值将大于声压灵敏度值。

(2) 频率响应特性

传声器的频率响应特性是指传声器灵敏度对被测噪声的频率响应。传声器的理想频响特性是在 20 Hz~20 kHz 声频范围内保持恒定。

(3) 动态范围

传声器的过载声压级与等效噪声声压级之间的范围称为动态范围。

(4) 指向性

传声器的响应随声波入射方向变化的特性称为传声器的指向性。

(5) 非线性失真

当被测声压超出传声器正常使用的动态范围时,输出特性将呈非线性,产生非线性失真。

(6) 输出阻抗

传声器种类不同,其输出阻抗也不同,这就要求后接电路有相应的处理方式。例如:电容式传声器输出阻抗很高,应经阻抗变换或用高输入阻抗的前置放大电路来匹配;电动式传声器的输出阻抗较低,可直接与一般电压放大器连用。

9.3.2 声级计

声级计(Sound Level Meter,简称 SLM)是噪声测量中最常用、最简便的测试仪器。它体积小、质量轻,一般用干电池供电。它不仅可进行声级测量,而且还可与相应的仪器配套进行频谱分析、振动测量等。

声级计是一种按照一定的频率计权和时间计权测量声音声压级和声级的仪器。世界上第一台声级计是 1925 年由美国贝尔电话公司发明的,用于城市交通噪声的普查。声级计广泛用于环境噪声、机器噪声、车辆噪声以及其他各种噪声的测量,也可用于电声学、建筑声学等领域的测量。

为了使世界各国生产的声级计的测量结果可以相互比较,IEC 制定了声级计的有关标准,并推荐各国采用。1979 年 5 月在斯德哥尔摩通过了 IEC 651《声级计》标准,我国有关声级计的国家标准是 GB3785—83《声级计电、声性能及测试方法》。1984 年 IEC 又通过了 IEC804《积分平均声级计》标准,我国于 1997 年颁布了 GB/T17181—1997《积分平均声级计》。它们与 IEC 标准的主要要求是一致的。2002 年 IEC 发布 IEC61672—2002《声级计》新的国际标准。该标准代替原 IEC651—1979《声级计》和 IEC804—1983《积分平均声级计》。我国根据该标准制定了 JJG188—2002《声级计》检定规程。新的声级计国际标准和国家检定规程与老标准相比作了较大的修改。

声级计的种类有多种。按用途可以分为一般声级计、积分声级计、脉冲声级计、噪声暴露计(或噪声剂量计)、统计声级计、频谱声级计等;按电路组成方式可以分为模拟声级计和数字声级计两种;按体积大小可以分为台式声级计、便携式声级计和袖珍声级计;按其指示方式可分为模拟指示(电表、声级灯)声级计和数字指示声级计。

在 1980 年之前,声级计一般只分精密及普通两种等级,分别根据 IEC123、IEC179 及 IEC179A 标准设计。1979 年起国际电工委员会公布了 IEC651 标准,把声级计分为 4 种类型: 0 型、1 型、2 型和 3 型声级计。0 型声级计作为标准声级计,1 型声级计作为实验室用精密声级计,2 型声级计作为一般用途的普通声级计,3 型声级计作为噪声监测的普查型声级计。4 种类型的声级计的各种性能指标具有相同的中心值,仅仅是允许误差不同。随着类型数字的增大,允许误差逐渐放宽。

1. 声级计的工作原理

声级计主要由传声器、输入级、放大器、衰减器、计权网络、检波电路和电源等部分组成,其方框图如图 9-10 所示。声信号通过传声器转换成交变的电压信号,经输入衰减器、输入放大器的适当处理进入计权网络,以模拟人耳对声音的响应,而后进入输出衰减器和输出放大器,最后通过均方根值检波器,检波输出一直流信号驱动指示表头,由此显示出声级的分贝值。输入级是一阻抗变换器,用来使高内阻抗的电容传声器与后级放大器匹配。要求输入级的输入电容小和输入电阻高。电容传声器把声音变成电压,此电压一般是很微弱的,不足以使电表得到指示。为了测量微弱信号,需将信号进行放大。但当输入信号较大时,又需要对信号进行衰减,使电表指针得到适当的偏转。为了插入滤波器和计权网络,故衰减器和放大器分成两级,即输入衰减器、输入放大器和输出衰减器、输出放大器等。

声级计的指示表头一般有"快"、"慢"两挡,根据测试声压随时间波动的幅度大小来作相应选择。此外,为保证测试结果的精度和可靠性,声级计必须经常进行校准。

图 9-10 声级计方框图

计权网络是模拟人耳对不同声音的反应而设计的滤波线路。早期设 A、B、C 三个计权网络,后来根据飞机噪声的特点,又提供了 D 计权网络。D 网络是模拟等响曲线族中 40 方曲线的反应而设计的,它反映了航空发动机中较为突出的 2～5 kHz 噪声对人耳的作用。用 D 网络评价航空噪声与人的主观反应有较好的相关性。

国际电工委员会 651 号文件规定,声级计最少带有 A、B、C 三个计权网络中的一个,并对 A、B、C 网络的频率特性和允许误差做了明确规定。当计权网络开关放在"线性"时,声级计是线性频率响应,测得的是声压级。当放在 A、B 或 C 位置时,计权网络插入在输入放大器与输出放大器之间,测得相应的计数声级。当计权网络开关置于"滤波器"时,在输入放大器和输出放大器之间插入倍频程滤波器,转动倍频程滤波器的选择开关,即可进行声信号的频谱分析。如需外接滤波器,只要将二芯插头插入"外接滤波器输入"和"外接滤波器输出"插孔,这时内置倍频程滤波器自动断开。外接滤波器插入到输入放大器和输出放大器之间。

检波器将来自放大器的交变信号变成与信号幅值保持一定关系的直流信号,以推动电表指针偏转。若整流输出信号相应于交变输入信号的有效值,则检波器称为有效值检波器;若整流输出信号相应于输入信号的平均值或峰值,则检波器为平均值或峰值检波器。精密声级计和普通声级均具备有效值检波器。

2. 数字式声级计

数字式声级计(简称数字声级计)是数字式声学测量仪器的一种。数字测量仪器的出现是电子测量技术的一项重大突破。它的出现,一方面是由于计算机的应用逐渐推广到系统的自动控制及实验研究的领域,提出了将各种被测量或被控制量转换成数码的要求;另一方面,也正是由于计算机的发展,带动了数字技术的进步,为数字化仪器的出现提供了条件。因此,数字测量仪器的产生和发展是与计算机的发展密切相关的。

近年来,由于集成电路、固体显示器及薄膜技术的飞速发展,数字仪表的性能日趋完善,体积和造价大幅度降低。加之数字仪表读数直观方便,测量精度高,因此在许多方面,它已代替了传统的指针式仪表。与模拟式仪器相比,数字仪器具有以下特点:

① 可以进行复杂运算。随着微处理器和数字信号处理器(DSP)运算速度的不断提高,现代的数字测量仪器越来越像一台专用的计算机。它可以完成传统模拟式仪器无法完成的大量计算任务,如 FFT、相关分析、频谱分析等。

② 读数清晰直观。数字仪器不仅能用数字的形式直接显示被测量的数值,而且相应的符号、单位、极性、小数点等也能显示出来,它能消除指针式仪器存在的视差,可以几个人同时进行现场观测。随着发光二极管和液晶显示器的应用,功耗进一步下降,读数视角也更宽阔,色彩更为柔和,减少了测量者因长时间观察而引起的疲劳。

③ 测量速度快。数字仪器很容易与其他仪器组成一个完整的测试网络,其测量速度可通过采样时间灵活控制,可由每秒 0.1 次到每秒几万次,还可进行人工控制、单次采样和手工操作,这样就给自动化测量提供了条件。

④ 测量准确度高。数字仪器比模拟仪器的测量准确度提高很多倍,有的甚至提高几个数量级。这是因为数字显示器件对测量准确度没有限制,频率或时间的数字测量准确度高,以及数字信号不容易受噪声和外界干扰的影响。

⑤ 测量范围宽,灵敏度高。目前灵敏度高的数字电压表的测量下限可达到 0.1 μV 或 10 nV,一般的数字电压表也均能达到 10 μV 或 1 μV,而测量上限可高达 1 500 V,几乎覆盖了直流电位计、分压箱和电表的所有量限范围。

⑥ 使用方便,自动化程度高。使用数字仪器只需将仪器开机预热、预调之后即可使用,操作十分简便。由于数字仪器具有编码信息输出功能,所以其测量结果可以送入存储器长期保存,可以配接打印机、记录仪等进行自动计数,也可带自动化设备进行自动控制和遥控测量。配上相应的转换器后还可以进行各种电参量和非电量的数字化测量。更重要的是,数字仪器更容易与电子计算机结合组成测试系统,进行程控、数据采集、数据处理、逻辑运算等。

由于数字仪器的种种优点,在声学测量领域,声学仪器的数字化潮流不可抵挡。目前,声级计已逐渐向数字式过渡,而声强测量系统只能依靠数字式分析仪器。

数字声级计与模拟式声级计的关键区别在于:数字声级计将测量传声器输出的模拟电信号转换为数字信号,其核心功能(如平方、时间计权、频率计权、对数运算等)通过数值运算得到。数字声级计的核心器件是单片机或数字信号处理器(DSP),有些商业宣传中将测量结果是数字显示的声级计宣称为数字声级计,本质上这类声级计仍然是模拟式的。

数字声级计具有一般数字测量仪器的基本功能,在传声器之后,是测量放大器、抗混叠滤波器、采样/保持器、A/D 转换器,A/D 转换之后的数字信号按设定功能完成运算后,其结果可直接显示,同时亦可将某些变量经过 D/A 转换和重建滤波器作为模拟量输出,扩展声级计的功能。需要指出的是,为了降低成本,数字声级计中的某些功能(如时间计权、频率计权等)可采用模拟器件完成,这取决于厂家的策略。

与模拟式声级计相比,数字声级计的准确度大大提高,测量范围更宽,灵敏度更高,读数清晰直观。更重要的是,由于数字声级计具有强大的运算功能,同时与计算机接口,最新型的数字声级计集声学测量、分析与声信号处理为一体,已经演变为多功能声学信号处理系统。

几年来,世界知名声学仪器知名制造厂家纷纷推出各种功能的数字声级计。以 B&K 公司为例,它的模拟式声级计已停止销售,数字声级计按功能区分已成系列。从功能上分,B&K 系列数字声级计有 B&K2240、B&K 2238、B&K 2239A、B&K 2250、B&K 2260。

B&K2240 为基本型数字声级计,其他型号声级计功能增多,侧重点有所不同。B&K 2260 又有基本型的 2260 Observer 和增强型的 2260 Investigator。2260 Investigator 是一种手持式的、基于标准 PC 机结构和文件系统的双通道可编程声学分析仪,通过简单地更换应用软件卡,即可改变功能。B&K 2260 Investigator 还可以连接数字记录仪,通过调制解调器实现远程操作。

3. 声级计的使用

(1) 声级计的校准

声级计自身一般能产生一个标准的电信号,用于校准放大器等电路的增益。仅进行电校准往往达不到要求,因为声级计的关键部件——传声器有时性能不稳定,或受环境条件的影响使声级计读数产生偏差(少则为 1～2 dB,多则可达 3～5 dB)。为减少这种偏差,在测量前,需对传声器或声级计整机进行校准,必要时,在测量完成后再校准一次。电容传声器常用的校准器有活塞发声器、落球发声器等。例如国产的 NX6 型活塞发声器,其校准不确定度在 ±0.2 dB 以内。

(2) 声级计的读数

用声级计测量噪声,测量值应取输入衰减器、输出衰减器的衰减值与电表读数之和。一般情况下,为获得较大的信噪比,应尽量减小输入衰减器的衰减,使输出衰减器处于尽可能大的衰减位置,并使电表指针在 0～10 dB 的指示范围内。有的声级计具有输入与输出过载指示器,指示器一亮就表示信号过强,此信号进入相应的放大器后将产生削波而失真。为避免失真,必须适当调节相应的衰减器,有时为避免输出过载,电表指针不得不在负数范围内指示读数。为了获得较小的测量误差,避免失真放大,有时可采取牺牲信噪比的权宜措施。

(3) 传声器的取向

通常将传声器直接连到声级计上,声级计的取向也决定传声器的取向。一般噪声测量中常用场型传声器。这种传声器在高频端的方向性较强,在 0° 入射时具有最佳频率响应。

若使用压力型传声器进行测量,在室外,应使传声器侧向声源,即传声器膜片与入射声波平行,以减小由于膜片反射声波而产生的压力增量。在混响场,使用压力型传声器则没有任何约束,它最适于测量这种无规入射的噪声。场型与压力型传声器在自由场中测量噪声时的取向如图 9-11 所示。

1—场型传声器;2—压力型传声器

图 9-11 场型与压力型传声器在自由场中测量时的取向

9.3.3 噪声分析仪

噪声分析仪主要用作噪声频谱分析,而噪声的频谱分析是识别噪声产生的原因、有效地控制噪声的必要手段。

(1) 频率分析仪器

频率分析仪器主要由放大器、滤波器及指示器所组成。

噪声频谱的分析,视具体情况可选用不同带宽的滤波器。常用的有恒百分比带宽的倍频程滤波器和 1/3 倍频程滤波器。例如 ND2 型声级计内部设有倍频程滤波器,当选择"滤波器"

挡时,声级计便成为倍频程频率分析仪,采用的带宽为 3.15 Hz、10 Hz、31.5 Hz、100 Hz、315 Hz 和 1 000 Hz。一般来说,滤波器的带宽越窄,对噪声信号的分析越详细,但所需的分析时间也越长,且仪器的价格也越高。因此,应根据分析需要合理地选择带宽。

(2) 实时频谱分析仪器

上述的频率分析仪器是扫频式的,它是逐个频率、逐点进行分析的,因此分析一个信号要花费很长的时间。为了加速分析过程,满足瞬时频率谱的分析要求,发展了实时频谱分析仪器。

最早出现的实时频谱分析仪器是平行滤波型的,相当于恒百分比带宽的分析仪,由于分析信号同时进入所有的滤波器,并同时被依次快速地扫描输出,因此整个频谱几乎是同时显示出来的。随着采用时间压缩原理的实时频谱分析仪的发展,它可获得窄带实时分析。时间压缩原理的实时分析仪采用的是模拟滤波和数字采样相结合的方法,时间压缩是由数字化信号在存入和读出存储器时的速度差异来实现的。随着电子技术的不断发展,采用数字采样和数字滤波的全数字式频谱分析仪得到了日益广泛的应用。例如丹麦 B&K 公司的 2131 型是一种数字式实时频谱分析仪,能进行倍频程、1/3 倍频程的实时频谱分析;2031 型为数字式窄带实时频谱分析仪,它是利用快速傅里叶变换(FFT)直接求功率谱来进行分析的。

9.4 噪声测量方法

9.4.1 测试环境对噪声的影响

由于测试环境能改变被测噪声源的声场情况,因此它对噪声测试必定会产生一定的影响。为使测试结果准确、可靠,必须考虑各测试环境因素对噪声测试的影响。

(1) 本底噪声的影响

实际测量中,与被测声源无关的环境噪声称为本底噪声。本底噪声的存在,影响了噪声测试的准确性,因此须从声级计上的读数值中扣除本底噪声的影响。扣除方法按式(9-8)进行分贝减法或按图 9-3 来扣除。

(2) 反射声的影响

声源附近或传声器周围有较大的反射体时,会使测试产生误差。实验表明,当反射表面与声源的距离小于 3 m 时,必须考虑反射带来的影响,其结果会使测试值增大;而当反射表面与声源的距离超出 3 m 时,反射的影响可忽略不计。

(3) 其他环境因素的影响

风、气流、磁场、振动、温度、湿度等环境因素对噪声测试都会产生影响。尤其要注意风和气流的影响,当风力过大时,测量就不便进行。

9.4.2 噪声级的测量

测量噪声级只需用声级计。早先曾设想在声级计中设置 A、B、C 计权网络,以联系人耳的响度特性,因而规定,声级小于 55 dB 的噪声用 A 计权网络测量,在 55～85 dB 之间的噪声用 B 计权网络测量,大于 85 dB 的噪声用 C 计权网络测量。近年来进行的研究并没有证实这种设想;但发现,A 声级可以用来评价噪声所引起的烦恼程度,评价噪声对听力的危害程度,因此在噪声测量中越来越多地使用 A 声级。

准确使用声级计的时间响应很重要。使用快挡时,表针指示大约在 0.2 s 达到稳定读数,故它不适合测量短脉冲。慢挡用于对起伏很大的信号取平均。对于持续时间为 0.20～0.25 s,频率为 1 000 Hz 的脉冲声,快挡指示的准确度用 1 级声级计测量大约在 2 dB 以内;用 2、3 级声级计测量大约在 4 dB 范围内。对于持续时间为 0.5 s、频率为 1 000 Hz 的脉冲信号,用慢挡测量用 1 级声级计读数比最大值低 3～5 dB;用 2、3 级声级计读数比最大值低 2～6 dB,对于稳态声,两种速度响应的读数是一样的。

为了准确地测量噪声,应选择合适的测量设备并进行校准;正确地选择测量点的位置和数量;正确地选择放置传声器的位置和方向。当传声器电缆较长时,要对电缆引起的衰减进行校正。在环境噪声较高的条件下进行测量,则应修正背景噪声的影响。在室外进行测量时,要考虑气候,即风噪声、温度和湿度的影响。在室内进行测量时,要考虑驻波的影响。对稳态噪声则要测量平均声压级,对起伏较大的噪声,除了测量平均声压级外,还应给出标准误差,平均不仅仅对时间而言,还应该对空间平均。对于噪声频谱分析,通常用倍频带和 1/3 倍频带声压级谱。常用的 8 个倍频带的中心频率为 63 Hz、125 Hz、250 Hz、500 Hz、1 000 Hz、2 000 Hz、4 000 Hz、8 000 Hz,有时还分别测量 L_A 与 L_C,以大致了解噪声频谱的情况。如果 $L_C>L_A$,则表示低频声分量较多,如果 $L_C<L_A$,表示高频声分量较多。下面简单讨论各类噪声的测量方法。

1. 稳态噪声的测量

稳态噪声的声压级用声级计测量。如果用快挡来读数,当输入频率为 1 000 Hz 的纯音时,在 200～250 ms 以后就可指出真实的声压级。如果用慢挡读数,则需要更长的时间才能给出平均声压级。对于稳态噪声,快挡读数的起伏小于 6 dB。如果某个倍频带声压级比邻近的倍频带声压级大 5 dB,就说明噪声中有纯音或窄带噪声,必须进一步分析其频率成分。对于起伏小于 3 dB 的噪声,可以测量 10 s 时间内的声压级;如果起伏大于 3 dB 但小于 10 dB,则每 5 s 读一次声压级并求出其平均值。

测量时,背景噪声的影响可用表 9-4 给出的数值作修正。例如噪声在某点的声压级为 100 dB,背景噪声为 93 dB,则实际声压级应为 99 dB。测得 n 个声压的平均值为

$$\bar{p} = \frac{1}{N} \sum_{i=1}^{n} p_i \tag{9-18}$$

其标准误差为

$$\delta = \frac{1}{\sqrt{N-1}} \left[\sum_{i=1}^{n} (p_i - \bar{p})^2 \right]^{1/2} \tag{9-19}$$

表 9-4 环境噪声的修正值

测量噪声级与环境噪声级之差/dB	3	4	5	6	7	8	9	10
应由测得噪声级修正的数值/dB	-3.0	-2.3	-1.7	-1.25	-0.95	-0.75	-0.6	0

注:修正值可应用于倍频带声压级。

若用声压级表示,则为

$$L_p = 20\lg \frac{1}{N}\sum_{i=1}^{n} 10^{L_i/20}, \quad \delta = \frac{1}{\sqrt{N-1}}\Big[\sum_{i=1}^{n}10^{L_i/10} - N10^{(\bar{L}_p/10)}\Big]^{1/2} \quad (9-20)$$

式中：p_i 和 L_i 分别为第 i 次测得的声压和声压级。

对于 n 个分贝数非常接近的声压级求平均时，可用下列的近似公式：

$$\bar{L}_p = \frac{1}{N}\sum_{i=1}^{n}L_i, \quad \delta = \frac{1}{\sqrt{N-1}}\Big[\sum_{i=1}^{n}L_i - N(\bar{L}_p)\Big]^{1/2} \quad (9-21)$$

对于上述近似平均计算，若 n 个 L_i 的数值相差小于 2 dB，则计算误差小于 0.1 dB；若 n 个 L_i 的数值相差 10 dB，则计算误差可达 1.4 dB。

2. A 声级测量

噪声测量中广泛使用 A 声级。可用 A 计权网络直接测量，也可由测得的倍频带或 1/3 倍频带声压级转换为 A 声级，其转换公式如下：

$$L_A = 10\lg \sum_{i=1}^{n} 10^{-0.1(R_i+\Delta_i)} \quad (9-22)$$

式中：R_i 为测得的倍频带声压级；Δ_i 为修正值，如表 9-5 所列。

表 9-5 倍频带和 1/3 倍频带声压级换算为 A 声级的修正值

中心频率/Hz	修正值/dB	中心频率/Hz	修正值/dB
100	−19.1	1 250	0.6
125	−16.1	1 600	1.0
160	−13.4	2 000	1.2
200	−10.9	2 500	1.3
250	−8.6	3 150	1.2
315	−6.6	4 000	1.0
400	−4.8	5 000	0.5
500	−3.2	6 300	−0.1
630	−1.9	8 000	−1.1
800	−0.8	10 000	−2.5
1 000	0		

3. 脉冲噪声测量

脉冲噪声指最大超压峰值低于 6.9 kPa(170.7 dB) 由一个或多个持续时间小于 1 s 的猝发声所组成的噪声。脉冲噪声对人产生的影响通常是其能量而不是峰值声压、持续时间和脉冲数量。因此，对连续的猝发声序列应测量声压级和功率，对于有限数目的猝发声则测量暴露声级。

脉冲峰值声压和持续时间常用记忆示波器测量或用脉冲声级计测量。若只需测声压级，则可用峰值指示仪表。图 9-12 所示为超声速飞机飞行时产生的冲击波传到地面的 N 形波，其中 ΔP 是峰压，ΔT 是持续时间，这是描述 N 形波的两个参量。

图 9-12 N 波形的描述

9.4.3 声功率级的测试

机械噪声的声功率级能客观地表征机械噪声源的特性。国际标准化组织(ISO)根据不同的试验环境,测试要求颁布了一系列关于测定机械声功率级之不同方法的国际标准。表 9-6 列出了国际标准规定的测试机械声功率级的各种方法。

表 9-6 国际标准规定的机械声功率级测试的各种方法

国际标准系列号	方法的分类	测试环境	声源体积	噪声的性质	能获得的声功率级	可选用资料
3741	精密级	满足规定的混响室	最好小于测试体积的 1%	稳态、宽带	1/3 倍频程或倍频程	A 计权声功率级
3742				稳态、离散频率或窄带		
3743	工程级	特殊的混响测试室	最好小于测试体积的 1%	稳态、宽带离散频率	A 计权和倍频程	其他计权声功率级
3744	工程级	室外或大房间	最大尺寸小于 15 m	任意	A 计权以及 1/3 倍频程或倍频程	作为时间函数的指向性资料和声压级,其他计权声功率级
3745	精密级	消声室或半消声室	最好小于测试室体积的 0.5%	任意		
3746	简易级	无需特殊的测试环境	没有限制,仅受现有的测试环境限制	任意	A 计权	作为时间函数的声压级,其他计权声功率级

在工程应用中,较多采用近似半自由声场条件工程法。该方法与其他方法一样,都是在特定的测试条件下由测得的声压级参量经计算而得到声功率级的。用近似半自由声场条件进行声功率级测试的具体方法为:将待测机器放在硬反射地面上,测量以此机器为中心的测量表面上若干个(至少 9 个)均匀分布的点上的 A 声级或频带声压级,所取测量表面为半球面、矩形体面或与机器形状相应的结构表面,在条件许可的情况下,选用半球面为佳,其次为矩形体面。然后根据下列公式确定机器噪声的声功率级 L_W

$$L_W = \bar{L}_P + 10 \lg\left(\frac{S}{S_0}\right) \qquad (9-23)$$

式中:L_W 为噪声的 A 计权或频带功率级 A(dB);$\bar{L}_P$ 为测量表面的平均 A 声级或频带的平均声压级(dB);S 为测量表面面积(m^2);S_0 为基准面积,取 1 m^2。

$\bar{L}_P$ 由下式确定

$$\bar{L}_P = 10 \lg \frac{1}{W}\left[\sum_{i=1}^{n} 10^{(L_{Pi}-\Delta L_{Pi})/10}\right] - K \qquad (9-24)$$

式中:L_{Pi} 为第 i 点上测得的 A 声级(dBA)或频带声压级(dB);ΔL_{Pi} 为第 i 测点上本底噪声的扣除值;n 为测点数;K 为环境修正系数(dB)。

K 值可按下式计算确定

$$K = 10\lg\left(1 + \frac{4}{A/S}\right) \tag{9-25}$$

式中：S 为测量表面面积(m^2)；A 为房间的吸声面积(m^2)。

房间的吸声面积可由下式得到

$$A = 0.16 V/T \tag{9-26}$$

式中：V 为房间体积(m^3)；T 为房间的混响时间(s)，由实验测定。按国际标准化组织(ISO) 3744 规定，要求 $A/S > 6$，$K < 2.2$ dB。

9.4.4 声强的测试

根据声强的定义及其量纲可知，声强具有单位面积的声功率的概念，即等于某一点的瞬时声压和相应的瞬时质点速度的乘积的平均值，用矢量表示则有

$$I = \overline{p \cdot u} \tag{9-27}$$

它的指向就是声的传播方向，而在某给定方向上的分量 I_r 为

$$I_r = \overline{p \cdot u_r} \tag{9-28}$$

根据牛顿第二定律，可得

$$\rho \frac{\partial u_r}{\partial t} = -\frac{\partial p}{\partial r} \tag{9-29}$$

式中，ρ 为媒质密度。式(9-29)中，r 方向的压力梯度可近似为

$$\frac{\partial p}{\partial r} \approx \frac{\Delta p}{\Delta r} = \frac{P_2 - P_1}{\Delta r}, \quad \text{当 } \Delta r \leqslant \lambda \text{ 时} \tag{9-30}$$

式中：Δr 为测点 1、2 间的距离；p_1、p_2 为测点 1、2 处的瞬时声压；λ 为测试声波的波长。

由式(9-29)、式(9-30)可得

$$U_r = -\frac{1}{\rho \Delta r} \int (p_2 - p_1) dt \tag{9-31}$$

取

$$p = (p_1 + p_2)/2 \tag{9-32}$$

将式(9-31)、式(9-32)代入式(9-28)，得出

$$I_r = -\frac{1}{2\rho \Delta r}(p_1 + p_2)\int (p_2 - p_1) dt \tag{9-33}$$

式(9-33)为设计声强测试仪器提供了依据，如丹麦 B&K 公司提供的 3360 型声强测试仪就是根据此设计的，其原理框图如图 9-13 所示。两传声器获得的声信号(p_1、p_2)经过前置放大、A/D 转换和滤波后，一路使之相加得到声压，另一路使之相减后积分得到质点速度，然后两路相乘再经时间平均而得到声强。

由声强测试原理可知，测试某点声强需安置两个传声器组成声强探头。声强探头中两传声器的距离应满足式(9-30)的近似条件，还应注意它们的排列方向。声强测试具有许多优点，如用它来判别噪声源的位置，能在不需特殊声学环境条件下测试声源声功率等。

图 9-13　B&K 公司 3360 型声强测试仪器框图

9.5　噪声测量实例

9.5.1　常规兵器发射和爆炸时的噪声特点

在军事活动中产生的噪声,按其来源可分为空气动力性噪声(如爆炸、火炮发射等)、机械性噪声(如坦克行驶时车轮、履带发出的噪声)、电磁性噪声(如发电机、变压器发出的声音)。军事噪声的主要特点是以脉冲噪声为主,其空气动力性噪声常伴有冲击波。以枪口脉冲噪声为例,主要有以下特点:

① 枪口脉冲噪声具有非重复性。由于枪口脉冲噪声信号的不可重复性,应特别注意测试系统捕捉信号的能力。此外,还要求测试系统对记录到的持续时间很短的信号有事后分析的能力。

② 枪口脉冲噪声信号的持续时间短。

③ 枪口脉冲噪声的低频带包含有较高的谱值。

大口径火炮发射时所产生的噪声也有类似的特点。火炮射击时产生的高强度噪声极易被敌方的声目标被动探测系统定位而暴露己方炮阵地位置。同时,火炮发射时脉冲噪声峰值声压可造成炮兵听力下降,甚至鼓膜破裂等急性损伤。美国普林斯顿大学、美国陆军弹道研究所进行的大量实验研究,认为火炮噪声主要来自于膛口噪声。而膛口噪声与膛口气流流场结构及其性质密切相关,在膛口处的火炮噪声主要是由于弹头飞出膛口后,高温高压高速火药气体喷出膛口形成的火药气体射流急速膨胀形成一球形冲击波。

经过大量的轻、重武器对比试验,发现两大类型武器的脉冲噪声和冲击波的持续时间不同,对听觉器官的损伤也存在较大差异。根据野外火炮阵地上采集的火炮噪声信号进行分析,在射手区域,其峰值声压级可达 150～190 dB 甚至更大,且其主要能量集中在低频部分,而轻武器则含有容易使人耳致伤的高频成分比重武器多。

9.5.2　兵器噪声测试的功能需求

1. 脉冲噪声测试对传声器的要求

噪声的物理特性可用多个不同的参数来描述,但在实际工作中,特别是在现场条件下,要测量的主要物理量是声压级。对于兵器脉冲噪声测试时所选用的传声器，一般要满足以下三个条件。首先，所选用的传声器必须能在一定环境条件下（如湿度、温度、空气污染的刮风等）正常工作；其次，必须满足精确和重复测量时所需的频率响应、动态范围、指向性和稳定性等技术指标；第三，必须具有较高的频响范围和动态范围，高频至少不低于 70 kHz，动态范围中的极大值至少要达到 171 dB。

电容传声器被广泛应用于兵器脉冲噪声的测量中，主要原因有：灵敏度高（灵敏度可达 50 mV/Pa）；频响范围极限较高；频响曲线平滑；动态范围大，可以测量高达 171 dB 以上的噪声；稳定性好。同时，电容传声器已经通过国际标准系列化，在不同的使用条件下，可以选用不同规格的电容传声器。

2. 几种常见的电容传声器

常见的电容传声器从直径的大小来分，有 4 种基本尺寸：1 inch、1/2 inch、1/4 inch 和 1/8 inch。电容传声器的直径尺寸越大，其灵敏度越高，但频响极限和动态范围的极限越低；反之，直径越小的电容传声器，其频率极限和动态范围的极限越高，但灵敏度越低。因此，根据不同的测试要求选择不同的传声器是至关重要的。

① 1 inch 电容传声器：频响范围一般小于 20 kHz，主要应用于低声级的测量、精密标准、实验室标准等。

② 1/2 inch 电容传声器：频响范围一般小于 40 kHz，主要应用于一般声级测量、电声测量、长期户外测量等。

③ 1/4 inch 电容传声器：频响范围一般小于 100 kHz，主要应用于高频、高声级测量、无规入射和脉冲噪声测量等。

④ 1/8 inch 电容传声器：频响范围一般小于 140 kHz，主要应用于甚高频和甚高声级测量及尖脉冲噪声测量等。

3. 兵器噪声测试系统

由于兵器噪声测试技术的特殊性，其动态测试范围广，在传感器信号放大、滤波以及输出处理等方面不同于普通的常用仪器。当测试噪声范围低于 130 dB 时，传感器与数据后端处理设计成一体，便于手持使用；但测试噪声范围大于 130 dB 时，则采用传感器与数据后端处理分体设计技术，通过数据采集系统将模拟噪声信号采集到计算机中，不仅可以得到武器的峰值噪声，同时还可对噪声信号进行计数分析、频谱分析、功率谱分析以及时域分析等。常规兵器噪声测试系统的组成如图 9-14 所示。

图 9-14 常规兵器噪声测试系统组成框图

4. 国军标有关枪口脉冲噪声的测试要求

按照国军标《枪械动态参数测试规程》中规程 400 系列《枪口脉冲噪声测试》中的要求，枪口脉冲噪声测试用传感器、仪器的主要技术指标如下：

(1) 传声器
- 频响范围为 4~70 kHz；
- 动态范围≥171 dB。

(2) 电容传声器用前置放大器
- 输入阻抗为 4 GΩ/0.8 pF；
- 输出阻抗≤25 Ω；
- 脉冲上升时间为 20 μs。

(3) 测量放大器
- 频响范围为 2 Hz~200 kHz。

9.5.3 枪口噪声测试实例

为分析某型枪口噪声的特性，采用两路系统同时对枪口信号进行采集：一路为 LD824 精密级噪声计；一路采用由传声器、信号调理电路、数据采集模块及计算机组成的数据采集系统进行信号的采集。数据采集模块的技术指标为：分辨率 14 位，最高采样频率 100 MHz，量程 4 V。

在测试前对 LD824 精密级噪声计和传声器进行标定。将 CAL250 校准器安装到 LD824 声级计上，然后将声级计的模拟输出端连接到数据采集卡。调出噪声测试程序，切换到标定的状态。标定信号是 250 Hz 的正弦信号，其有效声压级是 114 dB。标定信号的曲线如图 9-15 所示。经计算可获得传声器的灵敏度。

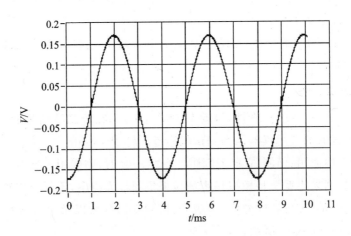

图 9-15 标定信号曲线

标定结束后，对枪口噪声进行测试、数据处理。采用线性计权网络，测试获得的枪口噪声声压曲线、声压级曲线、声压幅值谱密度曲线如图 9-16~图 9-18 所示。

图 9-16 枪口噪声声压曲线

图 9-17 枪口噪声声压级曲线

枪口噪声的最大分贝值为 164.21 dB。

图 9-18 声压信号幅值谱密度曲线

由图 9-18 可见,枪口噪声信号频谱分布有如下规律:噪声信号频率成分比较丰富,且有从低频段到高频段逐渐衰减的趋势;低频段的谱密度高于高频段,声压信号的频谱分布有明显的峰值频率,且在中、低频率段上。

第 10 章 运动参量测量技术

10.1 位移测量的常用方法

位移是向量,对位移的度量,除了确定其大小之外,还应确定其方向。测量位移的方法很多,按测量原理,位移测量方法可分为以下几种:

① 机械式位移测量法,如浮子式油量表、水箱液位计等都是利用浮子来感受液面的位移。

② 电气式位移测量法,将机械位移量通过位移传感器转换为电量,再经相应的测试电路处理后,传递到显示或记录装置把被测的位移量显示或记录下来。

③ 光电式位移测量法,将机械位移量通过光电式位移传感器转换为电量再进行测量的方法。该方法广泛应用于需进行非接触测量的场合。

本节仅介绍几种兵器常用的运动体位移测量方法。

10.1.1 电感式位移测量系统

电感式位移测量系统是变磁阻类测量装置。电感线圈中输入的是交流电流,当被测位移量引起铁芯与衔铁之间的磁阻变化时,线圈中的自感系数 L 或互感系数 M 产生变化,引起后续电桥的桥臂中阻抗 Z 变化,当电桥失去平衡时,输出电压与被测的机械位移量成比例。电感式传感器分为自感式(单磁路、差动式)与互感式(常用的是差动变压器型)两类。

1. 单磁路电感式传感器

单磁路电感式传感器是由铁芯、线圈和衔铁组成,如图 10-1 所示。当被测位移带动衔铁上下移动时,空气隙长度 x 的变化,引起磁路中气隙磁阻发生变化,使得线圈电感发生变化。根据电感的定义,线圈中的电感量为

$$L = \frac{\psi}{I} = \frac{W\Phi}{I} = \frac{W}{I} \times \frac{IW}{R_m} = \frac{W^2}{R_{m0} + R_{m1} + R_{m2}}$$

$$= \frac{W^2}{\frac{2x}{\mu_0 A_1} + \frac{l_1}{\mu_1 A_1} + \frac{l_2}{\mu_2 A_2}} \approx \frac{W^2 \mu_0 A_1}{2x} \quad (10-1)$$

图 10-1 单磁路电感传感器

式中:ψ 为穿过线圈的总磁链;Φ 为通过线圈的磁通量;W 为线圈匝数;IW 为磁路中的磁动势;R_m 为磁路中的磁阻;R_{m0} 为空气隙的磁阻;R_{m1} 为铁芯的磁阻;R_{m2} 为衔铁的磁阻;l_1、l_2、x 为铁芯、衔铁、空气隙的磁路长度;A_1、A_2 为铁芯、衔铁的导磁截面积;μ_0、μ_1、μ_2 为空气、铁芯、衔铁的导磁系数,$\mu_0 = 4\pi \times 10^{-7}$ H/m。

由于铁芯和衔铁的导磁系数 μ_1、μ_2 远大于空气隙的导磁系数 μ_0,所以铁芯和衔铁的磁阻 R_{m1}、R_{m2} 可略去不计,所以磁路中的总磁阻只考虑空气隙的磁阻这一项。由此,得到电感线圈中的电感量如式(10-1)所示。当传感器设计制造完成后,W、μ_0、A_1 都是常数,则式(10-1)可

改写为

$$L = K \cdot \frac{1}{x} \quad (10-2)$$

式中，$K=W^2\mu_0 A_1/2$。可见，当衔铁感受被测位移量产生位移时，则传感器必有 $\Delta L = L - L_0$ 的电感量输出，从而达到位移量到电感变化量的转换。式(10-2)表明：电感量与线圈匝数平方 W^2 成正比；与空气隙有效截面积 A_1 成正比；与空气隙磁路长度 x 成反比。因此，改变气隙长度或改变气隙截面积都能使电感量变化。对于变气隙型电感传感器，其电感量与气隙长度之间的关系如图 10-2 所示，$L=f(x)$ 不呈线性关系。当气隙从初始 x_0 增加 Δx 或减少 Δx 时，电感量变化是不等的。因此，为使该类传感器具有较好的线性，需限制衔铁的位移量在较小范围内，一般取 $\Delta x = (0.1 \sim 0.2)x_0$，常适用于测量 $0.001 \sim 1$ mm 的位移值。当衔铁向上移动使气隙减小 Δx 时，电感量增加了

$$\Delta L = L - L_0 = \frac{W^2\mu_0 A_1}{2(x-\Delta x)} - \frac{W^2\mu_0 A_1}{2x} = \frac{W^2\mu_0 A_1 \Delta x}{2x(x-\Delta x)}$$

$$= L\frac{\Delta x}{x}\left(1 - \frac{\Delta x}{x}\right)^{-1} \approx L\frac{\Delta x}{x} \quad (10-3)$$

图 10-2 特征曲线

上式中当 $\Delta x \ll x$ 时，可略 $\Delta x/x$ 高阶项。

单磁路电感传感器的灵敏度可从式(10-2)得到，即

$$S = \frac{dL}{dx} = -K\frac{1}{x^2} \quad (10-4)$$

可见，灵敏度 S 与气隙平方 x^2 成反比，当 x 越小时，灵敏度 S 越高。

2. 差动式电感传感器

在实际应用中，常把两个完全对称的单磁路自感传感器组合在一起，用一个衔铁构成差动式电感传感器。图 10-3 是其工作原理和输出特性。当忽略铁磁材料的磁滞和涡流损耗，工作开始时，衔铁处于中间位置，气隙长度 $x_1 = x_2 = x_0$，两个线圈的电感相等 $L_1 = L_2 = L_0$，流经两线圈中的电流也相等 $I_1 = I_2 = I_0$，因此，$\Delta I = 0$，则负载 Z_L 上没有电流流过，输出电压 $U_{sc} = 0$。当衔铁由被测位移量带动作上下移动时，铁芯与衔铁之间的气隙长度一个增大，另一个减小，则 $L_1 \neq L_2$。$I_1 \neq I_2$。负载 Z_L 上有电流 ΔI 流过，所以电桥失去平衡，有电压 U_{sc} 输出。电流 ΔI 和输出电压 U_{sc} 的值，代表衔铁的位移量之大小，如将 U_{sc} 经过相敏检波电路转换为直流电压，根据输出直流电压的极性，还可判断衔铁移动的方向。

(a) 工作原理　　(b) 输出特性

图 10-3　差动电感传感器

当衔铁向上移动 Δx 时,上下电感线圈的电感量由原始的 L_0 值分别变为 $L+\Delta L_1$ 和 $L-\Delta L_2$(设 $\Delta L_1 = \Delta L_2$),此时上下线圈总电感量为

$$\Delta L = (L+\Delta L_1) - (L-\Delta L_2) = \frac{W^2 \mu_0 A_1}{2(x-\Delta x)} - \frac{W^2 \mu_0 A_1}{2(x+\Delta x)} =$$

$$\frac{W^2 \mu_0 A_1 \Delta x}{x^2 - \Delta x^2} = 2L \frac{\Delta x}{x} \left[1 - \left(\frac{\Delta x}{x}\right)^2\right]^{-1} \tag{10-5}$$

当 $\Delta x \ll x$ 时,可略 $\Delta x/x$ 的高阶项,则

$$\Delta L = 2L \frac{\Delta x}{x} = \frac{W^2 \mu_0 A_1 \Delta x}{x^2} \tag{10-6}$$

灵敏度可表示为

$$S = \frac{\Delta L}{\Delta x} = 2 \frac{L}{x} = \frac{W^2 \mu_0 A_1}{x^2} = 2K \frac{1}{x^2} \tag{10-7}$$

可见,差动式电感传感器比单磁路电感传感器的总电感量和灵敏度都提高了一倍。

图 10-4(a)、(b)是差动电感传感器的两种电桥电路。两个线圈的阻抗 Z_1 和 Z_2 分别为对称电桥的两个相邻桥臂,电桥的另两个平衡臂一般用阻值相同的直流电阻 R 组成,如图 10-4(a)所示。但由于供桥交流电压 $\dot{U}_{sr}$ 流经电阻桥臂时,会消耗较多功率,为降低功耗,常采用图 10-4(b)所示的变压器电桥供电,其特点是将变压器的两个次级线圈作电桥的平衡臂,此时,电桥对角线上 A、B 两点的电位差即为输出电压 $\dot{U}_{sc}$,其中 A 点的电位为

(a) 电阻平衡臂电桥　　(b) 变压器电桥

图 10-4　差动电感传感器的两种电桥

$$\dot{U}_A = \frac{Z_1}{Z_1 + Z_2} \dot{U}_{sr} \tag{10-8}$$

B 点的电位为

$$\dot{U}_B = \frac{1}{2} \dot{U}_{sr} \tag{10-9}$$

则 A、B 两点的电位差即为输出电压 $\dot{U}_{sc}$

$$\dot{U}_{sc} = \dot{U}_A - \dot{U}_B = \left(\frac{Z_1}{Z_1 + Z_2} - \frac{1}{2}\right) \dot{U}_{sr} \tag{10-10}$$

当衔铁处于中间位置时,两线圈的阻抗相等,即 $Z_1 = Z_2 = Z$。电桥处于平衡状态,没有电压输出,即 $\dot{U}_{sc} = 0$。当衔铁向左移动时,左边线圈的阻抗增加,$Z_1 = Z + \Delta Z$,而右边线圈的阻抗减少,$Z_2 = Z - \Delta Z$。将 Z_1、Z_2 代入式(10-10),得到

$$\dot{U}_{sc} \left(\frac{Z+\Delta Z}{2Z} - \frac{1}{2}\right) \dot{U}_{sr} = \frac{\Delta Z}{2Z} \dot{U}_{sr} \tag{10-11}$$

输出电压的有效值为

$$\dot{U}_{sc} = \frac{\omega \Delta L}{2\sqrt{R^2 + (\omega L)^2}} U_{sr} \tag{10-12}$$

式中，ω 为电源角频率。反之，当衔铁向右移动相同的距离时，右边线圈阻抗增加，$Z_2 = Z + \Delta Z$；左边线圈阻抗减小，$Z_1 = Z - \Delta Z$ 有

$$\dot{U}_{sc} = \left(\frac{Z - \Delta Z}{2Z} - \frac{1}{2}\right)\dot{U}_{sr} = -\frac{\Delta Z}{2Z}\dot{U}_{sr} \tag{10-13}$$

输出电压的有效值为

$$U_{sc} = \frac{-\omega \Delta L}{2\sqrt{R^2 + (\omega L)^2}} U_{sr} \tag{10-14}$$

比较式(10-14)与式(10-12)后可知，两者输出电压大小相等，但方向相反。因电源电压是交流电压，则无法判别电源的极性和输入机械位移的方向。若输出电压先经相敏检波器整流后，再接入指示器显示，则可确立位移方向与电压极性的关系。

3. 差动变压器式传感器

差动变压器式传感器是互感式电感传感器中常见的一种。它由衔铁 1、初级线圈 L_1、次级线圈 L_{21} 与 L_{22} 和线圈架 2 所组成，如图 10-5 所示。初级线圈作为差动变压器激励电源之用，相当于变压器的原边，而次级线圈是由两个结构、尺寸和参数等都相同的线圈反相串接而成，形成变压器的副边。其工作原理与变压器相似，不同之处：变压器是闭合磁路，而差动变压器是开磁路；前者原、副边间的互感系数是常数，而后者的互感系数随衔铁移动有相应变化，在忽略线圈寄生电容、衔铁损耗和漏磁的理想情况下，差动变压器式电感传感器的等效电路如图 10-6(a)、(b)所示。图中：e_1 为初级线圈的激励电压；R、L_1 分别为初级线圈的电阻和电感；L_{21}、L_{22} 分别为两个次级线圈的电感；M_1、M_2 分别为初级线圈与次级线圈 1 和 2 间的互感系数；R_{21}、R_{22} 分别为两个次级线圈的电阻。

图 10-5　差动变压器式位移传感器

图 10-6　差动变压器式电感传感器的等效电路图

根据变压器原理及克希荷夫第二定律，初级线圈回路方程为

$$\dot{I}_1 R_1 + \dot{I}_1 j\omega L_1 - \dot{E}_1 = 0 \quad \text{或} \quad \dot{I}_1 = \frac{\dot{E}_1}{R_1 + j\omega L_1} \tag{10-15}$$

次级线圈中的感应电势分别为

$$\dot{E}_{21} = -j\omega M_1 \dot{I}_1, \qquad \dot{E}_{22} = -j\omega M_2 \dot{I}_1 \tag{10-16}$$

当负载开路时，输出电势为

$$\dot{E}_2 = \dot{E}_{21} - \dot{E}_{22} = -j\omega(M_1 - M_2)\dot{I}_1 \tag{10-17}$$

将式(10-15)代入式(10-17)中,得到

$$\dot{E}_2 = -j\omega(M_1 - M_2)\frac{\dot{E}_1}{R_1 + j\omega L_1} \tag{10-18}$$

输出电势有效值为

$$E_2 = \frac{\omega(M_1 - M_2)}{\sqrt{R_1^2 + (\omega L_1)^2}} E_1 \tag{10-19}$$

当衔铁在两线圈中间位置时,由于 $M_1 = M_2 = M$,所以 $E_2 = 0$。若衔铁偏离中间位置时,$M_1 \neq M_2$,如衔铁向上移动,所以 $M_1 = M + \Delta M, M_2 = M - \Delta M$。此时,式(10-19)变为

$$E_2 = \frac{\omega \cdot E_1}{\sqrt{R_1^2 + (\omega L_1)^2}} 2\Delta M = 2KE_1 \tag{10-20}$$

式中,ω 为初级线圈激励电压的角频率。由式(10-20)可见,输出电势 E_2 的大小与互感系数差值 ΔM 成正比。由于设计时次级线圈各参数对称,衔铁向上与向下移动量相等,线圈 L_{21} 与 L_{22} 的输出电势 $|\dot{E}_{21}| = |\dot{E}_{22}|$,但极性相反,故差动变压器式传感器的总输出电势 E_2 是激励电势 E_1 的两倍。E_2 与衔铁输入位移 x 之间的关系如图 10-7 所示,由于交流电压输出存在一定的零点残余电压,这是由于两个次级线圈不对称、初级线圈铜耗电

图 10-7 差动变压器的输出特性

阻的存在、铁磁材质不均匀、线圈间分布电容存在等原因所形成的。因此,即使衔铁处于中间位置时,输出电压也不等于零。

由于差动变压器的输出电压是交流量,其幅值大小与衔铁位移成正比,其输出电压如用交流电压表来指示,只能反映衔铁位移的大小,但不能显示移动的方向。为此,其后接电路首先应既能反映衔铁位移的方向,又能显示位移的大小;其次在电路上还应设有调零电阻 R_0。在工作之前,使零点残余电压 e_0 调至最小。这样,当有输入信号时,传感器输出的交流电压经交流放大、相敏检波、滤波后得到直流电压输出,由直流电压表指示出与输入位移量相应的大小和方向。

差动变压器式电感传感器具有线性范围大、测量精度高、稳定性好和使用方便等优点,广泛应用于直线位移测量中。

10.1.2 电涡流式位移测量系统

电涡流式传感器属电感式传感器系列,是基于电涡流效应工作的。当金属板置于变化着的磁场中或者在固定磁场中运动时,金属体内就要产生感应电流,这种电流的流线在金属体内是自身闭合的,所以叫做涡流。

涡流式传感器的最大特点是能对位移、厚度、表面温度、速度、压力、材料损伤等进行非接触式连续测量,另外还具有体积小、灵敏度高、测量线性范围大、频率响应宽、结构简单、抗干扰能力强、不受油污等介质的影响等特点。

涡流式传感器在金属体内产生的涡流存在趋肤效应,即涡流渗透的深度与传感器线圈激磁电流的频率有关。涡流式传感器可分为高频反射式涡流传感器和低频透射式涡流传感器两

类,其中高频反射式涡流传感器在兵器运动测量中的应用较为广泛。

1. 基本结构和工作原理

如图 10-8 所示,一电感线圈靠近一块金属板,两者相距 δ,当线圈中通以一高频激磁电流 i 时,会引起一交变磁通 Φ。该交变磁通作用于靠近线圈一侧的金属板表面,由于趋肤效应,Φ 不能透过具有一定厚度的金属板,而仅作用于表面的薄层内,在金属表面薄层内产生一感应电流 i_1,该电流即为涡流,在金属板内部是闭合的。根据楞次定律,由该涡流产生的交变磁通 Φ_1 将与线圈产生的磁场方向相反,即 Φ_1 将抵抗 Φ 的变化。由于该涡流磁场的作用,线圈的电感量、阻抗和品质因数等都将发生改变,其变化程度取决于线圈的外型尺寸、线圈至金属板之间的距离 δ、金属板材料的电阻率 ρ 和磁导率 μ (ρ 及 μ 均与材质及温度有关) 以及激磁电流 i 的幅值与角频率 ω 等。因此,传感器线圈受电涡流影响时的等效阻抗 Z 的函数关系式为

$$Z = f(\mu, \rho, r, \omega, \delta) \tag{10-21}$$

式中,r 为线圈与被测体的尺寸因子。

如果保持式 (10-21) 中其他参数不变,而只改变其中一个参数,传感器线圈阻抗 Z 就仅仅是这个参数的单值函数。例如改变 δ 来测量位移和振动,改变 ρ 或 μ 可用来测量材质或用于无损探伤。

2. 电涡流传感器的等效电路

将涡流式传感器与被测金属导体用图 10-9 所示的等效电路表示,图中金属导体被抽象为一短路线圈,它与传感器线圈磁性耦合,两者之间定义一互感系数 M,表示耦合程度,它随间距 δ 的增大而减小。R_1、L_1 分别为传感器线圈的电阻和电感,R_2、L_2 分别为金属导体的电阻和电感,$\dot{E}$ 为激磁电压,根据基尔霍夫定律,可列出方程

$$\left.\begin{array}{l} R_1 \dot{I}_1 + j\omega L_1 \dot{I}_1 - j\omega M \dot{I}_2 = \dot{E} \\ -j\omega M \dot{I}_1 + R_2 \dot{I}_2 + j\omega L_2 \dot{I}_2 = 0 \end{array}\right\} \tag{10-22}$$

图 10-8 高频反射式涡流传感器

图 10-9 涡流式传感器等效电路

解此方程组,得线圈的等效阻抗为

$$Z = \frac{\dot{E}}{\dot{I}} = R_1 + \frac{\omega^2 M^2}{R_2^2 + (\omega L_2)^2} R_2 + j\left[\omega L_1 - \frac{\omega^2 M^2}{R_2^2 + (\omega L_2)^2} \omega L_2\right] \tag{10-23}$$

等效电阻为

$$R_e = R_1 + \frac{\omega^2 M^2}{R_2^2 + (\omega L_2)^2} R_2 \tag{10-24}$$

等效电感为

$$L_e = L_1 - \frac{\omega^2 M^2}{R_2^2 + (\omega L_2)^2} L_2 \tag{10-25}$$

线圈的品质因数为

$$Q = \frac{\omega L_1}{R_1} \cdot \frac{1 - \frac{L_2}{L_1} \cdot \frac{\omega^2 M^2}{R_2^2 + (\omega L_2)^2}}{1 + \frac{R_2}{R_1} \cdot \frac{\omega^2 M^2}{R_2^2 + (\omega L_2)^2}} \tag{10-26}$$

由式(10-24)~式(10-26)可知,线圈金属导体系统的阻抗、电感和品质因数都是此系统互感系数平方的函数,从麦克斯韦互感系数的基本公式出发,可以求得互感系数是两个磁性相连线圈距离的非线性函数。

由此可以看出,由于涡流效应的作用,线圈的阻抗由 $Z_0 = R_1 + j\omega L_1$ 变成了 Z。比较 Z_0 与 Z 可知:电涡流影响的结果使等效阻抗 Z 的实部增大,虚部减小,即等效的品质因数 Q 值减小了。

3. 电涡流传感器的结构

涡流式传感器的结构如图 10-10 所示。电感线圈绕成一个扁平圆线圈,粘贴于框架上(见图 10-10(a));也可以在框架上开一条槽,导线绕制在槽内而形成一个线圈(见图 10-10(b))。

(a) 粘贴式涡流传感器　　　　(b) 开槽式涡流传感器

1—保护套;2—填料;3—螺母;4—电缆;5—线圈;6—框架;7—壳体;
8—线圈;9—框架;10—框架衬套;11—支架;12—插头;13—电缆

图 10-10　涡流式传感器的结构

4. 电涡流传感器的测量电路

利用电涡流式变换元件进行测量,为了得到较强的电涡流效应,通常激励线圈工作在较高的频率下,所以信号转换电路主要有定频调幅电路和调频电路两种。

(1) 定频调幅电路

定频调幅电路原理如图 10-11 所示。用一只电容与传感器的线圈并联,组成一个并联振荡回路,并由一频率稳定的振动器提供一高频激励信号,激励这个由传感器的线圈 L 和电容 C 组成的并联谐振回路。

图 10-12 是其谐振曲线和输出特性曲线,图(a)中,R'、L'、C 构成一谐振回路,其谐振频率为

图 10-11　定频调幅电路原理图

$$f = \frac{1}{2\pi\sqrt{L'C}} \qquad (10-27)$$

当回路的谐振频率 f 等于振荡器供给的高频信号频率时,回路的阻抗最大,因而输出高频幅值电压 e 也为最大。测量位移时,线圈阻抗随被测体与传感器线圈端面的距离 δ 发生变化,此时 LC 回路失谐,输出信号 $e(t)$ 虽仍然为振荡器工作频率的信号,但其幅值发生了变化,它相当于一个调幅波。

(a) 谐振分压电路　　　　(b) 谐振曲线　　　　(c) 输出特性

图 10-12　定频调幅电路的谐振曲线及输出特性

图 10-12(b)示出不同的距离 δ 或谐振频率 f 与输出电压 e 之间的关系。图 10-12(c)表示距离 δ 与输出电压之间的关系,由图可见,该曲线是非线性的,图中直线段是有用的工作区段,图 10-12(a)中的可调电容 C' 用来调节谐振回路的参数,以取得更好的线性工作范围。

(2) 调频电路

调频电路是把传感器接在一个 LC 振荡器中,如图 10-13 所示为调频电路原理图,与调幅电路不同的是将回路的谐振频率作为输出量。当传感器线圈与被测物体间的距离 δ 变化时,引起传感器线圈的电感量 L 发生变化,从而使振荡器的频率改变,然后通过鉴频器将频率的变化变换成电压输出。

图 10-13　调频电路原理图

5. 影响电涡流传感器性能的因素

（1）电涡流强度与距离关系

实验证明，当传感器线圈与被测导体的距离 x 发生变化时，电涡流分布特性并不改变，但电涡流密度将发生相应的变化，即电涡流强度将随距离 x 的变化而变化，且呈非线性关系，且随距离 x 的增加而迅速减小，如图 10-14 所示。

（2）被测导体对传感器灵敏度的影响

被测导体的电阻率 ρ 和相对磁导率 μ 越小，传感器的灵敏度愈高。另外被测导体的形状和尺寸大小对传感器的灵敏度也有影响。由于电涡流式位移传感器是高频反射式涡流传感器，因此，被测导体必须达到一定的厚度，才不会产生电涡流的透射损耗，使传感器具有较高的灵敏度。一般要求被测导体的厚度大于两倍的涡流穿透深度。

图 10-15 所示是被测导体为圆柱形时，被测导体直径与传感器灵敏度的关系曲线，从曲线可知，只有在 D/d 大于 3.5 时，传感器灵敏度才有稳态值。

图 10-14 电涡流强度与距离的关系

图 10-15 被测导体直径与传感器灵敏度的关系曲线

10.1.3 光电位置敏感器件

半导体光电位置敏感器件（Position Sensitive Detector，简称 PSD）是一种对其感光面上入射光点位置敏感的光电器件，即当入射光点落在器件感光面的不同位置时，将对应输出不同的电信号，PSD 可分为一维和二维 PSD。一维 PSD 可测定光点的一维位置坐标，二维可检测出光点的平面位置坐标。用 PSD 构成的位移测量系统具有非接触、测量范围较大、响应速度快、精度高等优点，近年来广泛用于位移、物体表面振动、物体厚度等参数的检测。

1. 工作原理

PSD 的基本结构为 P-N 结结构，是基于横向光电效应工作的。

若有一轻掺杂的 N 型半导体和一重掺杂的 P^+ 型半导体成 P^+N 结，当内部载流子扩散和漂移达到平衡时，就建立了一个方向由 N 区指向 P 区的结电场。如入射光仅集中照射在 P-N 结光敏面上的某一点 A，如图 10-16 所示，由于 P^+ 区的掺杂浓度远大于 N 区，即 P^+ 区的电导率远大于 N 区，因此，进入 P^+ 区的空穴由 A 点迅速扩散到整个 P^+ 区。而由于 N 区的电导率较低，进入 N 区的电子将仍集中在 A 点，从而在 P-N 结的横向形成不平衡电势，该不平衡电势将空穴拉回了 N 区，从而在 P-N 结横向建立了一个横向

图 10-16 PSD 的横向光电效应

电场,这就是横向光电效应。

实用的 PSD 为 PIN 三层结构,其截面如图 10-17(a)所示。表面 P 层为感光面,两边各有一信号输出电极。底层的公共电极是用来加反偏电压的。当入射光点照射到 PSD 光敏面上某一点时,假设产生的总的光生电流为 I_0。由于在入射光点到信号电极间存在横向电势,若在两个信号电极上接上负载电阻,光电流将分别流向两个信号电极,在信号电极上分别得到光电流 I_1 和 I_2。显然 I_1 和 I_2 之和等于总的光生电流 I_0,而 I_1 和 I_2 的分流关系取决于入射光点位置到两个信号电极间的等效电阻 R_1 和 R_2。若 PSD 表面层的电阻是均匀的,则 PSD 的等效电路为图 10-17(b)所示的电路。由于 R_{sh} 很大,而 C_j 很小,故等效电路可简化成图 10-17(c)的形式,其中 R_1 和 R_2 的值取决于入射光点的位置。假设负载电阻 R_L 阻值相对于 R_1、R_2 可以忽略,则

$$\frac{I_1}{I_2} = \frac{R_2}{R_1} = \frac{L-x}{L+x} \tag{10-28}$$

式中:L 为 PSD 中点到信号电极间的距离;x 为入射光点距 PSD 中点的距离。

图 10-17 PSD 的结构及等效电路

式(10-28)表明,两电极的输出光电流之比为入射光点到该电极间距离之比的倒数。将 $I_0 = I_1 + I_2$ 与式(10-28)联立得

$$I_1 = I_0 \frac{L-x}{2L} \tag{10-29}$$

$$I_2 = I_0 \frac{L+x}{2L} \tag{10-30}$$

由此式可见,当入射光点位置固定时,PSD 的单个电极输出电流与入射光强度成正比。而当入射光强度不变时,单个电极的输出电流与入射光点距 PSD 中心的距离 x 呈线性关系。若将两个信号电极的输出电流检出后作如下处理

$$P_x = \frac{I_2 - I_1}{I_2 + I_1} = \frac{x}{L} \tag{10-31}$$

则得到的结果只与光点的位置坐标 x 有关,而与入射光强度无关,P_x 称为一维 PSD 的位置输出信号。

2. PSD 的特征

一维 PSD 的结构及等效电路如图 10-18 所示。其中 VD_j 为理想的二极管,C_j 为结电容,R_{sh} 为并联电阻,R_P 为感光层(P 层)的等效电阻。一维 PSD 的输出与入射光点位置之间的关系如图 10-19 所示,其中 X_1、X_2 分别表示信号电极的输出信号(光电流)。x 为入射光点的位置坐标。

图 10-18 一维 PSD 的结构及等效电路

图 10-19 一维 PSD 输出与入射光点之间的关系

二维 PSD 根据其电极结构的不同可分为表面分流型 PSD 和两面分流型 PSD。表面分流型二维 PSD 在感光层表面四周有两对相互垂直的电极，这两对电极在同一平面上，其结构及等效电路如图 10-20 所示。

图 10-20 表面分流型二维 PSD 的结构及等效电路

两面分流型 PSD 的两对互垂直的电极分布在 PSD 的上下两侧，光电流分别在两侧分流流向两对信号电极，其结构及等效电路如图 10-21 所示。

以上两种二维 PSD 的输出与入射光点位置之间的关系如图 10-22 所示，其中 X_1、X_2、Y_1、Y_2 为各信号电极的输出信号（光电流），x、y 为入射光点的位置坐标。

图 10-21 两面分流型二维 PSD 的结构及等效电路

图 10-22 二维 PSD 的输出与入射光点位置之间的关系

表面分流型 PSD 与两面分流型 PSD 比较，前者暗电流小，但位置输出非线性误差大，而后者线性好，但暗电流较大。另外，两面分流 PSD 无法引出公共电极而较难加上反偏电压。

表面分流型 PSD 和两面分流型 PSD 各有它们的缺陷。一种改进的表面分流型 PSD 的综合性能比前者有很大的提高。改进的表面分流型 PSD 采用弧形电极，信号在对角线上引出。这样不仅可减小位置输出非线性误差，同时保留了表面分流型 PSD 暗电流小、加反偏电压容易的优点。改进的表面分流型 PSD 的结构和等效电路如图 10-23 所示，其输出信号与光点位置之间的关系如图 10-24 所示。

图 10-23　改进的表面分流型二维 PSD 的结构及等效电路

$$P_x = \frac{(X_2 + Y_1) - (X_1 + Y_2)}{X_1 + X_2 + Y_1 + Y_2} = \frac{x}{L}$$

$$P_y = \frac{(X_2 + Y_2) - (X_1 + Y_1)}{X_1 + X_2 + Y_1 + Y_2} = \frac{y}{L}$$

图 10-24　改进的表面分流型二维 PSD 输出与入射光点位置之间的关系

3. PSD 信号处理电路

图 10-25 是一维 PSD 的实用信号处理电路。其中主要包括前置放大（光电流-电压转换）、加法器、减法器、除法器等几个部分。若采用脉冲调制光源，则在前置放大电路之后还需加入滤波、检波等电路。图 10-25 中，IC_1、IC_2 为低漂移高阻抗运放，$IC_3 \sim IC_5$ 为通用运放，IC_6 为除法器，如 AD533、8013 等 R_f 阻值根据入射光强度而定。

图 10-25　一维 PSD 信号处理电路

4. PSD 的应用

（1）基于 PSD 的光学三角测距

基于 PSD 的光学三角测距的原理如图 10-26 所示。光源发出的光经透镜 L_1 聚焦后投射待测体，反射光由透镜 L_2 聚焦到一维 PSD 上。若透镜 L_1 和 L_2 的中心距离为 b，透镜 L_2 到 PSD 表面之间的距离为 f（即透镜 L_2 的焦距），聚焦在 PSD 表面的光点距离透镜 L_2 中心的距离为 x，则根据相似三角形的性质，待测距离 D 为

$$D = \frac{bf}{x}$$

因此,只要由 PSD 测出光点位置坐标 x 值,即可测出待测体的距离。

(2) 基于 PSD 的光学杠杆测量法

在发射过程中,弹丸在火药燃气的推动下向前加速运动,并与膛壁发生剧烈、复杂的接触与碰撞,弹丸的摆动是一种非常复杂的随机、时变、非线性的瞬变过程。基于 PSD 的光学杠杆测量法是目前最有效的可用于引信膛内运动姿态测量的方法。对测得的信号进行深入分析,能够揭示弹丸在膛内运动的规律,为理论研究提供数据支撑。

图 10 - 26　PSD 测距原理图

① 光学杠杆系统的组成

由于弹丸膛内运动具有高温、高速、高压、时间短、变化剧烈的特点,加之身管的遮蔽,测试非常困难。许多用于测量弹丸自由飞行运动的方法均无法采用。光学杠杆利用 PSD 位置传感器频响快、位置分辨率高,与激光源也有较好的光谱匹配的特性,实现了光学杠杆测试装置的高采样速率、高精度、低试验成本、实时测量。

光学杠杆测试系统的组成如图 10 - 27 所示,由激光器、球面反射镜和 PSD 子系统组成。激光器固定在球面反射镜中心的小孔中,发射方向与反射镜轴线向上偏一个小角度,以避开位于焦平面的 PSD 子系统。PSD 子系统由毛玻璃、透镜、PSD 芯片及信号采集系统组成。毛玻璃位于球面反射镜的焦平面上,透镜将毛玻璃上的光斑成像至 PSD 芯片上,PSD 芯片输出入射光斑的能量中心的位置,信号采集系统采样获取光斑能量中心的坐标。

② 光学杠杆工作原理

光学杠杆用来测试弹丸的摆动,首先需调整光学杠杆和反射镜的角度,使得球面反射镜中心固定点 A 处发出的激光束照射至炮口前的平面反射镜上的 B 点,反射至弹头反射镜与弹轴

图 10 - 27　光学杠杆测试系统组成

的交点后光线沿原路返回至毛玻璃,最后经透镜在 PSD 靶面上成像。调整毛玻璃、透镜和 PSD 等组成的 PSD 子系统的位置使像点位于中心,如图 10-28 所示。

图 10-28 光学杠杆工作原理

当弹丸发射时,弹头反射镜在发生偏转,反射光线随之也偏转为 CD,光线经平面反射镜反射后沿 DE 射向球面反射镜后反射至毛玻璃形成点 F,光点 F 经透镜在 PSD 靶面上形成像点 P,P 点的位置可由 PSD 测出,并由计算机通过 A/D 采集,A/D 采样频率可达 500 kHz 以上。

弹头反射镜偏转角度为 (θ_x,θ_y),根据反射定律,CD 与入射光线 BC 的夹角为 $(2\theta_x,2\theta_y)$,同理有:DE 与 AB 的夹角为 $(-2\theta_x,-2\theta_y)$,点 F 的坐标为 $(-f\tan 2\theta_x,-f\tan 2\theta_y)$,其中 f 为球面反射镜的焦距。x、y 为 PSD 系统测出的坐标,有

$$x = \frac{v}{u} f \tan 2\theta_x \tag{10-32}$$

$$y = \frac{v}{u} f \tan 2\theta_y \tag{10-33}$$

由于弹丸的摆动角度很小,因此可得

$$\theta_x = \frac{u}{2vf} x = \alpha x \tag{10-34}$$

$$\theta_y = \frac{u}{2vf} y = \alpha y \tag{10-35}$$

其中,α 为常数,可用高精度经纬仪进行标定。这样根据 PSD 测出的光斑位置信号就可以得到被测目标的摆动规律。由式(10-34)、式(10-35)可知,PSD 测出的信号与光程无关,只与弹丸的偏角 (θ_x,θ_y) 有关,而且两者成比例关系,为系统调试、标定和测试数据处理带来了很大的便利。

10.1.4 火炮的自动机运动位移测试

自动机是火炮的心脏,自动机运动诸元的测定,在火炮实验研究中占有重要地位。根据测出的自动机运动曲线,可以校核理论分析的正确性、分析火炮的结构参数对其性能的影响等,也是判断火炮产生故障原因的重要依据之一。

某型火炮自动机线位移测试系统组成如图 10-29 所示。根据该型火炮自动机运动特点,自动机线位移测试选用 WY-2000Ⅳ型位移测试仪,配有前置振荡器、信号调理器以及标定杆、标定块等附件。

图 10-29 火炮自动机线位移测试分系统框图

WY-2000Ⅳ型位移测试仪是螺管式电感位移传感器,传感器量程选择 150 mm,响应速度 >20 m/s,测量误差 ≤1 mm,抗冲击振动 50 g。

WY-2000Ⅳ型位移测试仪由感应线圈与铜芯组成,线圈的电感与铜芯插入线圈的深度有关,它将位移的变化转换成线圈电感的变化,再由测量电路转换为电压或电流的变化量输出,但当传感器量程较大时其非线性较严重。使用时,将传感器专用电缆插头与传感器可靠连接,另一头接振荡器输入端,振荡器输出端由双端 BNC 电缆引入调理器。传感器配有专用调零铜芯,将调零铜芯插入传感器腔体中部,此时到达传感器线性中心,调节调理器使输出电压基本为 0。标定时,标定铜杆在传感器腔体内按照某个方向移动,每次移动固定的距离,用标准量块测量此距离,确保其精度,通过采集设备得到输出电压值,利用最小二乘法进行曲线拟合获得传感器的工作曲线。实际测试中应用测试铜杆,将传感器本体安装在火炮身管上,铜杆可靠安装在自动机上。

某型火炮自动机线位移曲线如图 10-30 所示。

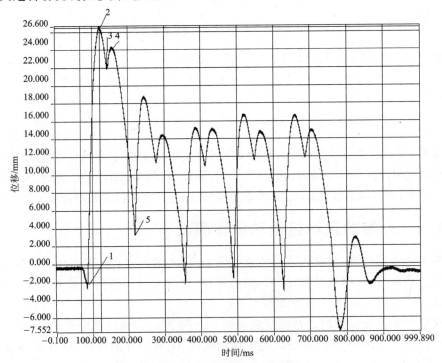

图 10-30 自动机线位移曲线

由自动机线位移曲线图可知，扣机解脱，炮闩开始复进，当炮闩复进到 1 点时第一发弹击发。在第一冲量（火药燃气作用冲量）作用下，炮箱开始一次后坐，后坐到 2 点时开始复进，复进到 3 点时第二冲量（炮闩撞击炮箱）作用，使炮箱二次后坐，后坐到 4 点时炮箱二次后坐结束再次复进，当炮箱复进到接近 5 点时炮闩复进到位第二发弹击发，如此循环发射 5 发炮弹。利用图中曲线可以获得射频平均为 450 发/分。

10.2 速度测量的方法

运动体的线速度是位移对时间的微分或加速度对时间的积分，通过对测得的运动体位移信号微分，或者加速度信号积分就可得到其速度信号。这种间接测量方法存在的主要问题是微分会增强信号中的低幅高频噪声成分，积分会受到零点漂移的影响等。因此，一般优先选用直接测量速度的方法。在兵器工程中运动体速度主要包括弹丸飞行速度及机械构件的运动速度，如自动武器中自动机运动的速度等。弹丸飞行速度常用定距测时法进行测量或平均速度法，机械构件的运动速度常用瞬时速度电测法。

10.2.1 定距测时法

定距测时法适用于测量运动较平稳的物体的速度。该方法是通过已知的位移 Δx 和相应的时间间隔 Δt 来测量平均速度 $\bar{v}$，即

$$\bar{v} = \frac{\Delta x}{\Delta t} \tag{10-36}$$

当 Δt 尽量减小而趋近于零时，平均速度所趋向的极限值可描述该点的瞬时速度，通常用来测量弹体的初速度或末速度。如果被测弹体作匀速运动，取较大的位移 Δx 和时间间隔 Δt 可获得较高的测量精度。如果被测弹体作变速运动，则间距 Δx 应当足够小，使弹体在该段距离上的速度没有明显的变化。这样，所测得的平均速度才能反映这段距离（时间）内的运动状态。

为在已知位移 Δx 上得到比较精确的时间间隔 Δt，可采用适当的区截装置，在位移始末两端产生可控制测时过程的电信号，将此电信号放大整形后获得两个脉冲信号，利用该脉冲控制计数器对已知的时钟脉冲进行计数，则可得

$$\Delta t = \frac{N}{f} \tag{10-37}$$

式中：f 为时钟信号频率；N 为两脉冲之间时钟的计数值。

产生控制测时过程电信号的装置称为区截装置，简称为靶。放置在测时间起点者称为Ⅰ靶，放置在测时间终点者称为Ⅱ靶。区截装置的结构常因具体测量对象不同而异。常用的区截装置有线圈靶、天幕靶、光电靶、声靶等。

1. 线圈靶

线圈靶是基于电磁感应原理制作的区截装置。因此，要求待测运动体必须是导磁体，线圈靶分感应式线圈靶和励磁式线圈靶两种。前者需将待测运动体事先磁化，当运动体穿过线圈

靶时，造成线圈的磁通量变化，在线圈内产生感应电势，形成区截信号。后者有两组线圈：一组为励磁线圈，工作时通入直流励磁电流，产生一个恒定磁场；另一组为感应线圈，被测运动体不需事先磁化，当运动体穿过线圈时，感应线圈的磁通量发生变化，产生感应电动势，形成区截信号。

以感应线圈靶为例来说明线圈靶产生感应电动势的原理。将磁化了的弹丸简化为一个磁矩为 p 的点磁偶极子，并设弹丸沿线圈靶轴线穿过。这样问题便归结为求磁矩为 p 的磁偶极子沿中心轴穿过半径为 a、匝数为 n 的线圈时所产生的感应电动势。建立如图10-31所示的坐标系，令 x 轴和线圈靶中心轴重合，穿过 n 匝线圈的总磁通量为

图 10-31　坐标系

$$\Phi = \frac{\mu_0 pna^2}{2(x^2+a^2)^{3/2}}$$

根据电磁感应定律，有

$$e = -\frac{\mathrm{d}\Phi}{\mathrm{d}t}$$

磁通量发生变化的原因是磁偶极子对线圈的接近和离开，故有

$$e = -\frac{\mathrm{d}\Phi}{\mathrm{d}x} \cdot \frac{\mathrm{d}x}{\mathrm{d}t} = \frac{\mathrm{d}\Phi}{\mathrm{d}x} \cdot v \tag{10-38}$$

式中，v 是弹丸速度，弹丸向线圈靶靠近时（相当于线圈靶逼近弹丸），坐标 x 减小，$\frac{\mathrm{d}x}{\mathrm{d}t}<0$，因而有 $\frac{\mathrm{d}x}{\mathrm{d}t}=-v$，而 v 取正值，因此有

$$e = -\frac{3\mu_0 pna^2 v}{2} \cdot \frac{x}{(x^2+a^2)^{5/2}} \tag{10-39}$$

若引入无量纲变量 $\Lambda = \frac{x}{a}$，并考虑到一般的测时仪常采用"南极启动"工作方式，即要求磁偶极子以 S 极向前飞向线圈靶，则有

$$e = \frac{3\mu_0 pnv}{2a^2} \cdot \frac{\Lambda}{(1+\Lambda^2)^{5/2}} \tag{10-40}$$

在配用线圈靶的测时仪中，使电子门动作的触发电压的大小和极性是一定的（不同型号的测时仪这种规定不一定相同）。由图10-32可看出，从长度测量定出的靶距是 Δx，而实际的触发靶距是 $\Delta x'$。实际使用的Ⅰ靶和Ⅱ靶的灵敏度及测时仪的两通道的触发灵敏度可能有所差异，因此 Δx 和 $\Delta x'$ 不一定相等。为使二者尽可能接近，一般都选择区截信号后半周的极性来设定测时仪的触发极性，因为曲线的这一段最陡，斜率大。若将线圈靶的励磁线圈或感应线圈接反，则感应电动势将反向，因此，线圈靶是有极性（即方向性）的。使用时，应当使线圈靶的极性和测时仪的触发极性相适应，为此，各测时仪都规定有一套线圈靶极性检查规则。采用南极启动工作方式，即按规定方向分别向感应线圈及励磁线圈通入直流电时，线圈产生的磁场应

使检查磁针的 S 极指向射击方向。若线圈靶的极性安排得不对,将使测量结果异常。安装线圈靶时,还应注意使弹道轴线和两靶连心线一致,否则,也将引入系统误差。

2. 天幕靶

天幕靶是一种光电靶,对弹丸的材料没有特殊要求,不干扰弹丸的运动,具有其他区截装置所没有的优点。

如图 10-33 所示,根据透镜成像原理,发光体 ab 所成的像为 $a'b'$。若在像前装一个光阑,则只有光阑上狭缝所允许通过的光才能成像于 $c'd'$。如对准 $c'd'$ 安装一个光敏元件,它所接收的只是垂直于纸面方向(与光阑狭缝平行),宽度为 cd 的一条光幕的光。当弹丸飞过该光幕时,弹丸的影像将使照射到光敏元件上的光通量发生变化,使光敏元件产生的电信号发生变化,形成区截信号。天幕靶以自然光形成的光幕为区截面,故而有此名称。光敏元件产生的区截信号仅几十微伏,需放大几万倍,才能使后续电路工作,因此,天幕靶需复杂的电学系统及光学系统。使用天幕靶时,应注意自然光的明暗变化对仪器灵敏度的影响以及周围影物进入光幕可能造成的误触发。天幕靶应用在室内时需使用直流供电的人工光源。

图 10-32 线圈靶所产生的区截信号

图 10-33 天幕靶的工作原理

3. 声 靶

当弹丸以超音速在大气中飞行时,形同超音速气流吹过弹丸而被弹丸头部分开,产生了空气动力学中的凹角转折和凸角转折现象,使弹丸周围的空气发生压缩和膨胀,便在弹丸的头尾部形成一个圆锥形的脱体激波。声靶是通过传声器将该激波信号转换为电信号的区截装置。声靶具有以下的特点:使用被动式工作原理,不需要在被测物体上安装其他设备;构造简单,体积小,不易被弹丸击中;产生的信号大,抗干扰能力强,可全天候工作。

其不足之处在于:首先该方法主要适用于超音速弹丸,对于亚音速弹丸则具有一定的局限性;其次,对于高射频多管武器,前一发弹与后一发弹的出炮口时间间隔很短,甚至会出现多发弹首尾相连的现象,导致声传感器信号难以判读,这就可能造成重弹、漏测等现象;最后,声波速度将受到传输介质温度的影响,声波速度的变化会间接导致弹丸激波沿靶平面传播的视速度的变化。

4. 光幕靶

光幕靶也是一种光电靶,对弹丸的材料没有特殊要求,不干扰弹丸的运动,光幕靶的工作原理如图 10-34 所示。光幕靶由产生光幕的光源与光电转换装置组成。光源产生正交于弹丸飞行方向的光幕，当弹丸穿过光幕测试区时，会遮住一部分光幕，光通量发生变化，光电转换装置将此变化转换成电信号并进行放大、滤波、整形，形成脉冲信号作为测时仪的触发信号。在弹丸先后穿过两靶面后，测试仪分别记录这两个时刻，以此计算出弹丸穿过两靶面间弹道的时间，即可计算出弹丸穿过两靶面的平均速度。它与天幕靶的区别是：自带光源，不仅使用方便，而且精度不受操作人员的影响；幕面具有均匀的厚度，有利于最大限度地减小靶距误差；适合于室内或水下靶道使用。

图 10-34 光电测量系统原理框图

以上区截装置产生弹丸过靶信号均可通过相应的放大器放大，经整形后控制测时仪器的计数器。若不用测时仪器，亦可用数据采集系统记录弹丸过Ⅰ、Ⅱ靶信号，采用相关法计算弹丸过两靶的时间。

假设弹丸过Ⅰ、Ⅱ靶信号分别为 $x(t)$ 和 $y(t)$，$y(t)$ 比 $x(t)$ 滞后 t_0，理想情况下应有

$$y(t) = x(t - t_0) \tag{10-41}$$

因此，可利用互相关函数计算滞后时间 t_0，已知靶距 Δx，就可以求得弹丸速度。

10.2.2 多普勒雷达测速

1. 基本原理

雷达测速是利用多普勒效应对运动物体的飞行速度进行测量的。设有一个波源，以频率 f_0 发射电磁波，而接受体以速度 v 相对于此波源运动，那么这一接收体所感受到的波的频率将不是 f_0，而是 f_r，并有如下之关系：

$$f_0 - f_r = \frac{v}{\lambda_0} \tag{10-42}$$

式中，λ_0 为波源发送的波的波长。$f_d = \frac{v}{\lambda_0}$，称为多普勒频率。

如果用一个雷达天线作为波源，它所发射的电磁波遇到以速度 v 飞行的运动体后反射回来，运动体的飞行是沿波束方向远离雷达天线，在这种情况下的多普勒频率为

$$f_d = \frac{2v}{\lambda_0} \tag{10-43}$$

此式给出了多普勒频率与运动体飞行速度的关系。当雷达的发送频率已知时，即可求出运动体的飞行速度。

$$v = \frac{\lambda_0 f_d}{2} = \frac{c f_d}{2 f_0} \tag{10-44}$$

式中，c 为当地电磁波的传播速度。

这种基于多普勒效应测量运动体飞行速度的专用雷达称为多普勒测速雷达。图 10-35 所示为多普勒测速雷达的工作原理图。

2. 典型测速雷达

图 10-36 所示为 640-1 型测速雷达的组成方框图。它由发射机、接收机、天线系统、终

图 10-35　多普勒测速雷达工作原理图

端设备及跟踪滤波器和红外启动器等部分组成。

图 10-36　640-1 型测速雷达的组成方框图

发射机的振荡源是一个磁控管振荡器,可以产生稳定的振荡频率。大部分能量经过隔离器送至发射天线,少量送到接收机的混频器。

接收机由混频器、前置放大器、滤波器与限幅放大器等组成。接收天线接收到从运动体反射的回波信号,在混频器混频,获得多普勒频率,经过放大和滤波以后,送至跟踪滤波器。

信号在跟踪滤波器内滤波,以提高信噪比,从而提高系统的灵敏度,并把该信号进行 6 次倍频后送给终端设备。

10.2.3　弹丸运动速度测试

1. 线圈靶法

采用感应式线圈靶测量某水下枪弹的速度,测量系统由一对感应式线圈靶及相应的记录仪器组成。图 10-37 为使用直径为 300 mm 的感应式线圈靶对某水下磁化弹丸进行测试获取的曲线。靶距为 1.6 m,以过零点作为特征点获得过靶时间为 6.632 ms,所测得的速度为 241.3 m/s。

2. 多普勒雷达测量多头弹的速度

大口径机枪双头弹是现有制式大口径机枪弹的新型辅用弹种,主要用于打击轻型装甲车、超低空飞行的武装直升机等。由于一发弹同时射出两个弹头,较之于一般枪弹而言,成倍地提高了武器火力密集度;同时,凭借其两个弹头有一定规则的散布,其命中概率也有较大幅度的提高;且在

图 10-37 某型磁化弹丸穿过单线圈靶时的测试曲线

1 000 m 距离上其穿甲威力比现有的普通弹并没有明显的降低,因此该弹种具有其他单弹头弹所不具有的战术性能。可以采用多普勒雷达测速法来测出双弹头的速度-时间关系曲线,并据此计算出双弹头在此弹道段的阻力系数。

系统组成示意图如图 10-38 所示,由高频头、红外启动器、预处理系统和终端采集与处理系统所组成。

图 10-38 测试装置示意图

弹头出枪口时,红外启动器利用弹头出枪口瞬间的火光产生的电信号作为起点脉冲启动雷达,开始计时。当双头弹弹头在雷达辐射的电磁波束中飞行时,高频头发射机发出的一部分信号被弹头反射回来并被高频头接收机接收,由于弹头的运动,发射信号频率和接收信号频率之间就产生了多普勒频移。利用终端处理系统对连续多普勒信号进行采样,获得数字多普勒信号,对其按时间分段进行 32 次 1 024 点 FFT 运算,计算其功率谱分析函数(PSD),对信号的 PSD 进行处理识别出多普勒频率,就可确定弹头在各个时刻的速度 v_i,如果同一时间内天线波束内有两个不同径向速度的目标时,则它们的输出会反映在同一 FFT 运算结果的不同频率位置上。根据多普勒测速测得的结果,计算的速度-时间曲线如图 10-39 所示。

图 10-39 速度-时间曲线

10.2.4 永磁感应测速传感器及应用

1. 永磁感应测速传感器

(1) 工作原理和结构

永磁型感应测速传感器的结构原理如图 10-40 所示。在两根互相平行的铁芯 2 和 5 上分别均匀地密绕一层漆包线 3 和 6，称为速度线圈。在铁芯 5 上开有等间距的窄凹槽，相邻两槽的间距为 Δs，称为节距，在凹槽内嵌绕着位移线圈 7，它的绕法是相邻两个位移槽内绕组的绕向相反。两根平行的铁芯线圈之间是一块永久磁铁 1，使用时和被测件固接，永久磁铁在铁芯中形成的磁路如图 10-40 中的虚线所示。在永久磁铁 1 和铁芯 2、5 之间的间隙内，将形成一个磁场，其方向垂直向上(下)，设产生的磁感应强度为 B。

图 10-40 永磁感应测速传感器结构示意图

当被测件运动时，带动永久磁铁在两铁芯中间运动，速度线圈切割磁力线，在线圈内产生感应电动势 e。设 n 为单位长度内速度线圈的匝数，v 为永久磁铁的速度，根据电磁感应定律，有 $e \propto nBv$。对于一定匝数的均匀密绕的速度线圈来讲，n 是一个常数；在永久磁铁和铁芯线圈之间的间隙中磁感应强度 B 也近似恒定，因此，速度线圈中的感应电动势 e 和被测运动体的速度 v 成正比。

两个速度线圈绕组采用串联连接方式，一方面可提高传感器的灵敏度；另一方面，当被测件除在水平运动之外，在垂直方向也有微小跳动，当永久磁铁和上铁芯线圈之间的间隙减小时，永久磁铁和下铁芯线圈之间的间隙就将增大，上、下间隙之和保持不变，两个速度线圈的电动势是串联相加的，则上下跳动对感应电动势的影响就能相互补偿，使总的输出电动势基本上不受上下跳动的影响，而与运动体速度成正比。

当永久磁铁运动时，在位移线圈中也要产生感应电动势。由于位移线圈中两个相邻绕组的绕向相反，对外电路来说，相邻绕组中产生的感应电动势的方向是相反的，所以，位移线圈输出的电动势是锯齿形的。产生锯齿波的峰尖的时刻，正是永久磁铁经过某个位移绕组的时刻；而相邻的峰尖和峰谷对应的时间间隔相当于永久磁铁通过一个节距所用的时间。

永磁型感应测速传感器的铁芯应采用软磁材料，即它们的剩磁强度和矫顽力应尽可能的小。如剩磁强度较大，铁芯上的剩磁沿铁芯长度的分布必然是不均匀的，将破坏永久磁铁运动时磁感应强度 B 随位置不变的条件，从而使传感器的感应电动势不仅与磁铁的速度有关，还与磁铁的位置有关，这样就破坏了感应电动势和磁铁速度之间的线性关系。此外，当磁铁运动时，除了速度线圈和位移线圈中产生感应电动势之外，如果铁芯是用良导体制成的，并具备形成回路的条件，那么，铁芯的表面也将产生感应电动势，并形成感应电流，这就是涡电流，涡流也要在传感器线圈中产生感应电动势。由于涡流的磁场总是力图阻止外磁场的变化，所以，涡流引起的感应电动势将阻止速度线圈中的总感应电动势追随磁铁速度的变化。当涡流严重时，传感器的灵敏度和动态特性将严重下降。因此，选择铁芯材料和结构形式时应尽可能地阻止铁芯中产生涡流。自然,铁芯材料应当是高导磁率的,以提高传感器的灵敏度。可以选择坡莫合金作为铁芯材料。

为提高传感器的灵敏度,传感器的永久磁铁应选用剩磁强度和矫顽力尽可能大的硬磁材料,并使磁铁具有抗工作过程中的振动和撞击而保持磁性不变的能力,如铝镍钴粉末永磁合金就是一种较理想的材料。永久磁铁的宽度应小于位移线圈的节距。

(2) 系统组成及对测量电路的要求

永磁测速系统由永磁测速传感器、测量放大器及记录仪器组成。其系统组成框图如图 10-41 所示。

感应测速传感器的基本结构是由导磁材料制成的铁芯上用漆包线绕制的线圈,因此,传感器具有一定的电感 L 和电阻 R_L。假设把传感器连接到适当的测量仪器上构成闭合回路,并设测量仪器的输入电阻 R_g。当永久磁铁随待测部件运动时,速度线圈中产生感应电动势 e,并在回路产生电流 i,可用图 10-42 的等效电路来表示感应测速传感器的测量电路。

图 10-41 测量系统组成　　图 10-42 感应测速传感器的等效电路

记 $R = R_L + R_g$,根据基尔霍夫定律,任一回路内各段电压的代数和为零,故有

$$L \frac{di}{dt} + Ri = e \tag{10-45}$$

该模型是一阶线性系统的数学模型,由此,测量电路的动态特性取决于时间常数 τ,且有

$$\tau = \frac{L}{R} \tag{10-46}$$

τ 越小,则测量电路的动态特性越好;反之,τ 越大,则测量电路的动态特性越差。为改善测量电路的动态特性,要求电路中的 L 应当小些,R 应当大些。对于一定的感应传感器,L 和 R_L 是一定的,要改善测量电路的动态特性,就需要测量仪器的输入电阻 R_g 大一些。

对于自动机运动速度的测定,自动机由静止上升到最大速度所需的时间约 1~2 ms。为了尽可能地减小由于测量电路的动态特性不足而产生的误差,测量电路的时间常数 τ 应当为该时间的 1/10 左右,也就是 τ 为 0.1 ms 左右。

(3) 运动速度求取(积分标定法)

分析研究自动机的运动过程,需从波形图上判读自动机在某些特征点的速度,如自动机自由行程末的速度、开锁结束时的速度、抛壳时的速度,等等。根据传感器结构可知,位移曲线上相邻的两个峰谷相当于运动部件通过了位移线圈的一个节距,而节距 Δs 是一个恒定的长度,所以,可把位移曲线的峰谷看作位移坐标的分度点,分度值就是位移线圈的节距。运动体的速度测量在测试中占有十分重要的地位,由于到目前为止还没有一个公认的速度信号标准源,因此,在运动测量中,如何判读速度曲线一直是人们关注的问题。速度曲线的标定常采用积分标定法。积分标定通常有图解积分法及数值积分法。图解积分法适用于系统输出为模拟信号的系统,如光线示波器;数值积分法适用于输出为数字信号的测量系统。图解积分法的基本思想

是:从速度曲线上找一段可以认为是匀变速运动的曲线段,在对应的位移上找到相应的点,求出该段运动的时间 Δt 及其实际运动位移 Δx,$\Delta x = n \Delta S$,n 为运动体在 Δt 时间内运行的结距数。由此可算出在该段运动的平均速度,即该段中点的瞬时速度,量取该中点速度曲线的高 $h_{\bar{v}}$,则速度标定系数 $k_v = \Delta x / \Delta t \cdot h_{\bar{v}}$。

数值积分标定的基本思想是:物体在运动全程或已知运动位移的局部段内速度对时间的积分等于该段位移值。由此可求出速度曲线的标定系数 k_v。

(4) 传感器和运动部件的连接

对于永磁型感应测速传感器,通常是把永久磁铁镶嵌在一根由非铁磁材料做成的连接杆的端部,再把连接杆固定到待测的运动部件上,连接杆的要求是:质量轻,刚度大,连接紧。连接杆的质量要轻,因为把连接杆固接到运动部件上,将使运动部件增加了一个附加质量,从而改变了运动部件的运动规律,引入测量误差。因此,制作连接杆的材料的比重应小些,尺寸应尽可能的紧凑。连接杆的刚度要大,因为把连接杆固接在运动部件上,相当于从运动部件上伸出一根悬臂梁,在运动部件的激励下,悬臂梁的运动状态可用二阶线性系统的模型来描述。这就要求运动部件-连接杆的固有频率尽可能高。设连接杆是均质等截面的,则其固有频率 f_n 可用下式计算:

$$f_n \approx \frac{1}{2\pi} \sqrt{\frac{k}{0.24\, m}} \qquad (10-47)$$

式中:m 为连接杆的质量;k 为悬臂梁的刚度。且有

$$k = \frac{3EJ}{l^3} \qquad (10-48)$$

式中:E 为连接杆材料的弹性模量;J 为连接杆的截面惯性距;l 为连接杆的长度。

由此可见,为使 f_n 尽可能的大,就需使 m 和 l 尽可能的小,而 E 和 J 尽可能的大些。此外,连接杆和运动部件的连接要牢固;否则将使连接杆-运动部件的固有频率降低,使连接杆不能很好地跟随运动部件的运动。

2. 永磁感应测速传感器的应用

(1) 枪械后坐能量测试

武器的后坐参数是武器论证、研制、改进和使用过程中的重要参数,参数的大小直接关系到武器的射击精度及射击可靠性等,因此,准确测量武器后坐过程中诸参数极为重要。以前国内多采用机械摆式后坐台测试后坐参数,其实验原理是建立在理想的力学模型上,这种测试方法安装麻烦,测试效率较低,精度也不高,一般要求测试时摆角小于 6°。当摆角超过 6°时,要人为地增加配重。传统的还有采用卧式、立式后坐台来测量后坐参数的,目前广泛使用的是卧式后坐台。

武器后坐参数主要包括后坐速度、后坐能量、后效系数、制退器效率、最大后坐力等。直接测量枪械的后坐能量比较困难,一般采用间接测量法,即通过测定枪械系统后坐的最大后坐速度及后坐体相关部件的质量,确定枪械系统后坐体的后坐能量。

枪械后坐能量测试系统由卧式后坐装置、磁电式测速传感器、测量放大器、瞬态波形记录仪及计算机组成,其系统框图如图 10-43 所示。

后坐能量测试平台设计为卧式导轨滑车结构形式,如图 10-44 所示。导轨滑车可在导轨上无阻尼滑行,滑车上具有安装被试枪械的夹持部件,导轨平行排列,固定在测试装置的固定

图 10-43　后坐能量测试系统组成框图

图 10-44　后坐速度测试结构示意图

支架上。被试枪械通过夹持部件安装在滑车上。

枪械击发后，小车和枪械系统组成的后坐体在火药燃气作用下向后作水平运动，在后效期结束时达到最大速度，由于摩擦阻力小，可认为后坐体的作匀速（匀减速）运动，由磁电法测出该速度，再通过换算可以得到该枪械系统的后坐能量为

$$E = \frac{1}{2} \cdot \frac{m_2^2}{m_1} v_{\max}^2 \tag{10-49}$$

式中：$v_{\max}$ 为后坐体的最大运动速度；m_1 为枪械的质量；m_2 为后坐体的质量。

利用本系统在 0.75 m 水下测得的某水下枪械的后坐运动速度曲线如图 10-45 所示。

图 10-45　某型枪械后坐体运动速度曲线

（2）枪械的自动机运动测试

人们根据自动机的运动曲线来了解和分析自动机的工作特性，判断自动机的运动是否平稳，能量的分配是否恰当，各构件之间的撞击所引起的速度变化是否合理（自动机的开锁、后坐到位、闭锁、复进到位等机构运动都有撞击存在，都能引起速度的突变，尤以复进到位的碰撞为甚，其变化时间大约为 1 ms，这就要求测量系统具有较高的频率响应。自动机运动的全过程大约几十毫秒，为有效地记录下运动全过程，需要设置合适的采集参数，如采样时间、触发方式

及触发电平等。

根据枪械自动机运动的特点，测量系统组成如图 10-46 所示，由传感器、放大器、数据采集卡、PC 机组成。传感器为永磁感应式测速传感器，放大器选择 YSW3810A 直流放大器。在此有 2 路测试通道，即时间-速度曲线测量通道及时间-位移标识信号测量通道。

图 10-46　枪械自动化测试系统的硬件连接框图

应用该系统对 56 式 7.62 mm 冲锋枪的自动机运动参数进行测试，图 10-47 是采集到的该冲锋枪的自动机速度时间曲线，图 10-48 是对速度曲线进行数值积分得到的自动机位移时间曲线。从这两条曲线上来看，该系统能够实时地采集到自动机的运动曲线，准确地反映自动机的开锁、后坐到位、闭锁、复进到位等机构的全部运动过程。

图 10-47　自动机运动的速度-时间曲线

图 10-48　由积分获得自动机位移-时间曲线

10.2.5　光纤干涉仪测速

从 20 世纪 60 年代以来，随着激光技术的发展，人们设计了各种激光速度干涉仪，例如 Sandia 速度干涉仪和对任意反射面的速度干涉仪（VISAR）。所有速度干涉仪的一个共同特点是利用多谱勒效应来实现速度测量，由于能够得到速度-时间的剖面曲线，通过对该曲线的微分和积分可得加速度、位移剖面曲线，所以速度干涉仪又可称为加速度计和位移计。这些速度测量仪的光路都由分立光学元件所构成，对光源的相干长度要求高，系统构造复杂，光功率利用较低，调试难度大的缺点。

80 年代以来，随着光纤技术、光无源器件及相关光电子器件的发展和完善，以光导纤维或集成光路代替空间光路；以半导体探测器代替真空光电倍增管的理论分析和实验研究方案被提出。显然，光导纤维的可绕性为摒弃复杂的离散光学系统提供了可能，单模光纤及其无源器件的传输特性能充分保证系统光路的空间相干，光纤的极低损耗大大降低了对光源的功率要求。这些都为大幅度简化测量系统，降低测量成本，提高系统的可操作性展示了诱人的前景。光纤速度干涉仪作为一种新型速度干涉仪，其研究始于 20 世纪 80 年代后期，在 90 年代中后期取得了较大的进展。从最早的光纤迈克尔逊干涉仪、广角迈克尔逊干涉仪到长相干长度、大动态范围的光纤速度干涉仪和对任意反射面的全光纤速度干涉仪，经历了一系列的发展阶段。

1. 光纤干涉仪测速原理

当光线入射在高速运动的物体上时，运动物体将改变入射光波的频率，当不同时刻反射的光波同时到达探测器时，将产生干涉现象，通过对干涉条纹的分析，即可获得运动物体的运动特征。图 10-49 为光纤干涉仪测速原理示意图。

1—激光器；2—反射镜；3—反射镜；4—光电探测器；5—弹丸；6—接收物镜；7—光纤准直镜；
8—2×2 单模光纤耦合器；9—延迟支路；10—直接支路；11—2×2 单模光纤耦合器

图 10-49　光纤干涉仪测速原理示意图

设入射光波振幅为 $E_i(t)$，直接支路 10 和延迟支路 9 光在传播顺序上存在先后关系，所以对应于不同时刻的多普勒频移，假定延迟支路的延迟时间为 τ，令通过延迟支路的光波对应的频率为 f_1，通过直达支路的光波对应的频率为 f_2，对于同一时刻到达耦合器 11 中两路光的频率可表示为

$$f_1 = f_0 + \frac{2V(t-\tau)}{\lambda}, \qquad f_2 = f_0 + \frac{2V(t)}{\lambda} \tag{10-50}$$

由于两路光波在 2×2 单模光纤耦合器内发生干涉，则从耦合器 11 出射的两路输出信号之间将存在相位差 π，因此探测端 4 的光信号可表示为

$$I(t) = 2E_0^2 \left\{ 1 + \cos\left[\frac{2\pi}{F_V} V\left(t - \frac{\tau}{2}\right) + \varphi\right] \right\} \tag{10-51}$$

其中 $F_V = \frac{\lambda c}{2n\Delta L}$，$\Delta L$ 为延迟支路的延迟光纤长度，n 为光纤媒质的折射率。两路输出端的光信号形式相同，只在相位 φ 上相差 π。

通过光电探测器接收到的任意两路信号为

$$D_1(t) = \cos[2\pi F(t) + \varphi_1] \tag{10-52}$$

$$D_2(t) = \cos[2\pi F(t) + \chi_0 + \varphi_2] \tag{10-53}$$

其中 $F(t) = \frac{2\tau V\left(t - \frac{\tau}{2}\right)}{\lambda}$，$\tau = \frac{n\Delta L}{c}$，$\chi_0$ 为最小二乘法拟合的输出相位差。令 $2\pi F(t) + \varphi_1 = \theta$，$\varphi = \varphi_2 - \varphi_1$，则式(10-52)、式(10-53)可转化为

$$D_1(t) = \cos\theta \tag{10-54}$$

$$D_2(t) = \cos(\theta + \chi_0 + \varphi) \tag{10-55}$$

式(10-55)除以式(10-54)得

$$y = \frac{\cos(\theta + \varphi + \chi_0)}{\cos\theta} \tag{10-56}$$

所以

$$\theta = \arctan\left[\frac{y - \cos\chi_0}{\sin\chi_0}\right] - \varphi \tag{10-57}$$

由于每一组测试数据计算得出的相位范围为 $-\frac{\pi}{2} \sim \frac{\pi}{2}$,当 θ 由 $\frac{\pi}{2}$ 变为 $-\frac{\pi}{2}$ 时,干涉条纹数 N 增加半个条纹,当 θ 由 $-\frac{\pi}{2}$ 变为 $\frac{\pi}{2}$ 时,干涉条纹数 N 减少半个条纹,因此干涉条纹数为 $F(t) = \frac{\theta - \theta_0}{2\pi} + N$。最终得到速度计算公式为

$$V(t) = \frac{\lambda}{2\tau} F(t) \tag{10-58}$$

2. 光纤干涉仪测量弹丸膛内运动速度

全光纤激光弹丸膛内运动速度测量系统如图 10-50 所示,由光源发射接收系统、光纤干涉系统、光电接收系统、数据处理系统四个部分组成。

1—光纤激光器;2—反射镜;3—分光镜;4—准直系统;5—弹丸;6—角锥反射镜;7—自聚焦透镜;8—2×2 单模光纤耦合器;9—延迟支路;10—直接支路;11—光强监测支路;12—光电探测器;13—信号放大处理电路;14—示波器;15—计算机及软件处理;17—辅助激光器;18—2×2 单模光纤耦合器;23—1×2 光纤耦合器环形器

图 10-50 全光纤激光弹丸膛内运动速度测量系统框图

激光器发出的激光准直后,经折反射后入射在安装在测高速运动弹丸的 5 上的角锥反射镜 6,返回的信号光经分离系统传输至自聚焦透镜 7,经准直后至第二部分光纤干涉系统。耦合器 8 将信号光分成两路:一路经直接支路 10 到达耦合器 11,另一路经延迟支路 9 延迟后到达耦合器 18。直接支路与延迟支路的信号光在 2×2 耦合器内完成干涉过程,最后由光电探测器 12 探测干涉信号。由图 10-50 可知,返回耦合器 18 上的光可以分为 2 种情况:

L1:高速运动目标反射回的信号光波经 7 准直后传输至耦合器 8,最后经延迟支路 9 到达耦合器 18。

L2:高速运动目标反射回的信号光波经 7 准直后传输至耦合器 8,最后经直接支路 10 到达耦合器 18。

由此可见,L1 和 L2 这两路经不同路径传输的光波满足干涉条件,另外由于它们携带有不同时刻的高速运动目标的运动信息,在耦合器中发生相干后,可利用它们的干涉场信息解调出被测高速运动目标速度,通过显示器显示速度时间曲线。

辅助激光器 18 采用波长为 635 nm 可见光,用来调整第一部分的光对准第二部分的角锥反射镜。

共采用三个探测器(12),其中一个用于监测激光器的光强变化,能减少光源光强波动对测量精度的影响;另外两个接收干涉信号,且两者相位相差 π,实现速度计算和加减速的判断。

10.3 加速度测量

线加速度是指物体质心沿其运动轨迹方向的加速度,是描述物体在空间运动本质的一个基本量。因此,可通过测量加速度来测量物体的运动状态。通过测量加速度可判断机械系统所承受的加速度负荷的大小,以便正确设计其机械强度和按照设计指标正确控制其运动加速度,以免机件损坏。线加速度的单位是 m/s²,而习惯上常以重力加速度 g 作为计量单位。对于加速度,常用惯性测量法,即把惯性式加速度传感器安装在运动体上进行测量。

10.3.1 惯性式加速度传感器的工作模型

目前测量加速度的传感器基本上都是基于图 10 - 51 所示的由质量块 m、弹簧 k 和阻尼器 c 组成的典型二阶惯性测量系统。传感器的壳体固接在待测物体上,随物体一起运动,壳体内有一质量块 m,通过一根刚度 k 的弹簧连接到壳体上,当质量块相对壳体运动时,受到粘滞阻力的作用,阻尼力的大小与壳体间的相对速度成正比,比例系统 c 称为阻尼系数,用一个阻尼器来表示。由于质量块不与传感器基座相固连,因而在惯性作用

(a) 两个坐标系　(b) 受力状态

图 10 - 51　二阶惯性系统的物理模型

下将与基座之间产生相对位移 y。质量块感受加速度并产生与加速度成正比的惯性力,从而使弹簧产生与质量块相对位移相等的伸缩变形,弹簧变形又产生与变形量成比例的反作用力。当惯性力与弹簧反作用力相平衡时,质量块相对于基座的位移与加速度成正比,故可通过该位移或惯性力来测量加速度。

建立如图 10 - 51 所示的两个坐标系,以坐标 x 表示传感器基座的位置,以坐标 y 表示质量块相对于传感器基座的位置。以静止状态下的位置为坐标原点。

假设壳体和质量块都沿坐标轴正方向运动。对质量 m 取隔离体,受力状态如图 10 - 51(b)所示。质量体的绝对运动应当等于其牵连运动(伴随被体的运动)和相对运动(质量体 m 相对于被测体的运动)之和。由牛顿运动定律,有

$$m\left(\frac{d^2 x}{dt^2} + \frac{d^2 y}{dt^2}\right) = -c\frac{dy}{dt} - ky$$

经整理后得

$$m\frac{d^2 y}{dt^2} + c\frac{dy}{dt} + ky = -m\frac{d^2 x}{dt^2} \tag{10-59}$$

该式是描述质量块对壳体的相对运动的微分方程。显然,它是二阶线性测量系统,如果引入系统的运动特性参数,则上式可写成

$$\frac{d^2 y}{dt^2} + 2\xi\omega_n \frac{dy}{dt} + \omega_n^2 y = -\frac{d^2 x}{dt^2} \tag{10-60}$$

式中:ω_n 为二阶系统的固有角频率($\omega_n = \sqrt{\frac{k}{m}}$);$\xi$ 为系统的阻尼比 $\left(\xi = \frac{c}{2\sqrt{mk}}\right)$;$m$ 为质量块的质量;k 为弹簧刚度系数;c 为阻尼系数。

以待测物体的加速度 $\frac{d^2 x}{dt^2}$ 为激励,并记 $a = \frac{d^2 x}{dt^2}$,以质量块的相对位移 y 为响应,对上式取拉氏变换,则有

$$s^2 Y(s) + 2\xi\omega_n s Y(s) + \omega_n^2 Y(s) = -A(s) \tag{10-61}$$

传递函数为

$$H(s) = \frac{Y(s)}{A(s)} = -\frac{1}{s^2 + 2\xi\omega_n s + \omega_n^2} \tag{10-62}$$

频率响应函数为

$$H(j\omega) = -\frac{1}{(j\omega)^2 + 2\xi\omega_n j\omega + \omega_n^2} = \\ -\frac{1}{\omega_n^2} \frac{1}{[1 - (\omega/\omega_n)^2] + j2\xi\omega/\omega_n} \tag{10-63}$$

幅频特性为

$$A(\omega) = \frac{1}{\omega_n^2} \frac{1}{\sqrt{[1 - (\omega/\omega_n)^2]^2 + (2\xi\omega/\omega_n)^2}} \tag{10-64}$$

相频特性为

$$\varphi(\omega) = -\arctan \frac{2\xi\omega/\omega_n}{1 - (\omega/\omega_n)^2} \tag{10-65}$$

从式(10-64)可知,只有当 $\frac{\omega}{\omega_n} \ll 1$ 时,$A(\omega) = \frac{y_0}{a_0} \approx \frac{1}{\omega_n^2}$。这是用惯性式传感器测量加速度的理论基础,即惯性式加速度计必须工作在低于其固有频率的频域内。因此,为使惯性式加速度计有尽可能宽的工作频域,它的固有频率应尽可能高一些,也就是弹簧的刚度 k 应尽可能大一些,质量 m 应尽可能小。

10.3.2 常用惯性式加速度传感器

常用惯性式加速度传感器有应变式、压电式、压阻式、电容式、电感式、光纤式等。

1. 应变式加速度传感器

应变式加速度计是以应变片为机-电转换元件的测振传感器,工作原理如图 10-52 所示。等强度悬臂梁固定在传感器的基座上,梁的自由端固定一质量块 m,在梁的根部附近两面上各贴一个(或两个)性能相同的应变片,应变片接成对称差动电桥。应变式加速度计的测试信号流程如图 10-53 所示。

当质量块感受加速度 a 而产生惯性力 F_a 时,在力 $F_a = ma$ 的作用下,悬臂梁发生弯曲变形,其应变 ε 为

(a) 原理图　　　　　　　(b) 测量电路

图 10-52　应变式加速度传感器原理

图 10-53　应变加速度计的测试信号流程图

$$\varepsilon = \frac{6l}{Ebh^2}F_a = \frac{6l}{Ebh^2}ma \tag{10-66}$$

式中：$l、b、h$ 分别为梁的长度、根部宽度和厚度；E 为材料的弹性模量；m 为质量块的质量；a 为被测加速度。

粘贴在梁两面上的应变片分别感受正（拉）应变和负（压）应变电阻增加和减少，电桥输出与加速度成正比的电压 U_{sc}，即

$$U_{sc} = \frac{1}{2}U_{sr}\frac{\Delta R}{R} = \frac{1}{2}U_{sr}k\varepsilon = \frac{3lU_{sr}k}{Ebh^2}ma \tag{10-67}$$

式中：U_{sr} 为供桥电压；k 为应变片的灵敏度；k_a 为传感器的灵敏度。

$$k_a = \frac{3l}{Ebh^2}kU_{sr}m \tag{10-68}$$

由以上分析可见，为了提高传感器的灵敏度，需增大惯性块的质量或减小梁的刚度。所有这些措施，都将使弹簧-质量系统的固有频率降低，因此，悬臂梁式应变加速度计的固有频率不高。为尽量扩大工作频率范围，常采取调节阻尼的办法，使系统处于 $\beta=0.6\sim0.8$ 的最佳阻尼状态中。为此，将惯性系统放在充满阻尼油的壳体内，通过调整油的粘度达到阻尼要求。

应变式加速度传感器的突出优点是低频响应好，能在静态下工作，可测频率下限可延展到零赫兹，传感器输出阻抗不高，对测量电路没有特殊要求，可直接利用各种动态应变仪，但是，它的固有频率不高，不适宜于测量高频振动、冲击及宽带随机振动。

2. 电容式加速度传感器

图 10-54 所示为一零位平衡式（伺服式）硅电容式加速度传感器原理框图。传感器由玻璃-Si-玻璃结构构成。硅悬壁梁的自由端设置有敏感加速度的质量块，并在其上、下两侧淀积有金属电极，形成电容的活动极板，把它安装在固定电极板之间，组成一个差动式平板电容器，如图 10-54 所示。当有加速度（惯性力）施加在加速度传感器上时，活动极板（质量块）将产生微小的位移，引起电容变化，电容变化量 ΔC 由开关电容电路检测并放大。两路脉宽调制信号 V_E 和 $\overline{V}_E$ 由脉宽调制器产生，并分别加在两对电极上。通过这两路脉宽调制信号产生的静电力去控制活动极板的位置。对任何加速度值，只要检测出合成电容 ΔC 并用它控制脉冲

宽度，便能够实现将活动板准确地保持在两固定电极之间位置处（即保持在非常接近零位移的位置上）。因为这种脉宽调制产生的静电力总是阻止活动电极偏离零位，且与加速度 g 成正比，所以通过低通滤波器的脉宽信号，即为该加速度传感器输出的电压信号。

图 10-54　零位平衡式硅电容加速度传感器

3. 电感式加速度传感器

图 10-55(a)所示电感式加速度传感器是基于差动变压器式电感传感器原理工作的。传感器与被测物体固连后，当被测物体以某个加速度运动时，由于惯性力的作用，弹性支撑将带动传感器的铁芯运动，传感器的输出电压与被测加速度成比例。图 10-55(b)为该传感器测量加速度的测量电路方框图。

(a) 加速度传感器的结构示意图　　(b) 测量电路方框图

图 10-55　加速度传感器及测量电路的方框图

4. 压电加速度传感器

压电加速度计是一种惯性式传感器，它的输出电荷与被测的加速度成正比。压电传感器属于发电型传感器，使用时不需外加供电电源，能直接把振动的机械能转换成电能。它具有体积小、质量轻、输出大、固有频率高等突出的优点，最常用的压电加速计是压缩型压电加速度计。近年来，剪切型压电加速度计和三向加速度计也有很大发展。前者是利用压电元件在剪切状态下的压电效应工作的；后者可以同时测定三个互相垂直方向上的加速度。

（1）压电加速度计的工作原理

压缩型压电加速度计的结构原理如图 10-56 所示。其换能元件是上面压着质量块的压电晶片，连接螺纹通过硬弹簧给质量块预先加载，压紧在压电晶片上。整个组件连接在厚基底的壳体内。为提高灵敏度，一般都采用两片晶片重叠放置并按串联（对应于电压放大器）或并联（对应于电荷放大器）方式连接。

图 10-56 压缩型压电加速度计结构示意图

使用时，把加速度计壳体牢牢地固紧在被测对象的运动方向上，当传感器基座随被测物体一起运动时，由于弹簧刚度很大，相对而言质量块的质量 m 很小，即惯性很小，因而可认为质量块感受与被测物体相同的加速度，并产生与加速度成正比的惯性力 F_a，惯性力作用在压电晶片上，就产生与加速度成正比的电荷 q，这样就可通过电荷来测量加速度 a。压电加速度计的测试信号流程如图 10-57 所示。

图 10-57 压电加速度计的测试信号流程图

(2) 频率特性

如前所述，压电加速度计是由惯性质量和压电转换元件组成的二阶质量-弹簧系统。因质量块与振动物体间的相对位移 x 就是压电转换元件受力后产生的变形量，在压电材料的弹性范围内，变形量 x 与作用力 F_a 的关系为

$$F_a = ma = kx \tag{10-69}$$

式中，k 为压电晶片的弹性系数。受惯性力作用时，压电晶片产生的电荷为

$$q = d_{ij}F = d_{ij}ma$$

故可得到压电加速度计灵敏度与频率的关系式为

$$\frac{q}{a} = \frac{\dfrac{d_{ij}m}{\omega_n^2}}{\sqrt{\left[1-\left(\dfrac{\omega}{\omega_n}\right)^2\right]^2 + \left(2\xi\dfrac{\omega}{\omega_n}\right)^2}} \tag{10-70}$$

用压电加速度计测量振动加速度时，可测的振动频率有个上限，这个频率上限主要由压电加速度计的结构和元件的机械特性所确定。一般压电加速度计的阻尼很小，阻尼比 $\xi < 0.05$，为保证幅值失真和相位失真不致过大，应当有 $\dfrac{\omega}{\omega_n} < 0.2$，也就是加速度计的固有频率应当是被测振动加速度频率的 5 倍以上。

压电加速度计是一种机电转换器件，从电学观点来看，可把压电加速度计看成是一个具有电容 C_p 的电荷发生器，并可用图 10-58 所示的等效电路来表示。若振动加速度在压电晶片表面产生的电荷为 q，压电加速度计的开路输出电压 u_0 为

$$u_0 = \frac{q}{C_p} \tag{10-71}$$

使用压电加速度计时,总是要用电缆把加速度计和后续的测量仪器连接起来的,而任何电缆都具有一定的电容,后续的测量仪器也必定有一定的输入电容和输入电阻,如后续仪器是电压放大器,这种情况可以简化为图 10-58(b)所示的电路。由此,可得到以下两个结论:

图 10-58　压电加速度计的等效电路

① 压电加速度计输送到测量仪器输入端的电压和外电路的电容 C_s(包括电缆电容,测量仪器的输入电容及其他并联电容)有关:

$$u_s = \frac{q}{C_p + C_s} \tag{10-72}$$

即压电加速度计的电压灵敏度将随所用的连接电缆的型号、长度及所用的测量仪器而异。

② 压电加速度计是一种静电发生器件。由于存在输入电阻 R,压电晶片上产生的静电荷可能通过电阻 R 漏掉。简言之,如果 $R \to 0$,那么压电晶片上产生的电荷将全部通过 R 漏掉,无法在电容两端积存,就不能反映出振动的加速度。电荷的泄漏过程,相当于电容器通过电阻放电的过程。放电过程的快慢可用 RC 电路的时间常数 τ 来衡量,且 $\tau = R(C_p + C_s)$。时间常数 τ 越大,放电过程越慢,对准确测量越有利。因此,压电加速度计要求后续的仪器具有较高的输入阻抗。对于一定的压电加速计,被测振动的频率愈低,所要求的后续仪器的输入电阻愈高。即用压电加速度计测量振动时,可测的频率有一个下限,这个频率下限主要受测量电路的电器特性的限制。

(3) 压电加速度计的主要性能指标

① 灵敏度

压电加速度计灵敏度定义为单位加速度的电输出,加速度常以重力加速度 g 为单位。压电加速度计的灵敏度可用电荷灵敏度或电压灵敏度表示。电荷灵敏度的单位是 q/g;电压灵敏度的单位是 V/g,电压灵敏度常用开路电压灵敏度来表示,也就是当负载阻抗为无限大时,加速度计承受一个 g 加速度时的输出电压,当压电加速度计输出端并联有电容时,压电加速度计的电压灵敏度随并联电容增大而减小,但电荷灵敏度不变。设压电加速度计的电荷灵敏度为 $K_q = \frac{q}{a}$,则不带并联电容的开路电压灵敏度 K_{u_0} 为

$$K_{u_0} = \frac{u_0}{a} = \frac{q}{a} \cdot \frac{1}{C_q} = \frac{K_q}{C_p} \tag{10-73}$$

如果压电加速度计两端并联了电容 C_s,则开路电压灵敏度 K_u 为

$$K_u = \frac{u_s}{a} = \frac{q}{a} \cdot \frac{1}{C_p + C_s} = \frac{K_q}{C_p + C_s} \tag{10-74}$$

所以,并联电容的作用是使开路电压灵敏度减小 $\frac{C_p}{C_p + C_s}$。

$$K_u = \frac{C_p}{C_p + C_s} \cdot K_{u_0} \qquad (10-75)$$

加速度计的灵敏度取决于所用压电晶片的压电特性和质量块的质量。对于给定的压电材料，一般而言，加速度越小，灵敏度就越低；另一方面，随着机械尺寸的减小，加速度计的固有频率将增大，而使可用频率范围加宽。

② 可用频率范围

压电加速度计的可用频率范围指 $A(\omega) \approx 1$ 的那段频域。一般压电加速度计的固有频率可达 $10^5 \sim 10^6$ Hz，但它的阻尼很小，$\xi < 0.05$，所以其可用频率范围的上限取其固有频率的 1/5 左右。可测频率范围的下限由所连接的测量电路的电器特性，也就是压电加速度计输出电路的时间常数来确定。

③ 线性范围

在压电加速度计的加速度量程内，输出电压应当和输入加速度成正比。压电加速度计的加速度线性区在 $10^{-4}g$ 和 $10^4 g$ 的范围内。对于一定的设计，可测加速度的下限取决于所接测量仪器的输入电噪声的大小；可测加速度的上限决定于加速度计零件的强度和加工精度，加速度上限不能计算，需通过标定来确定。

④ 横向灵敏度

横向灵敏度是指压电加速度计对垂直于主轴的平面内的加速度的最大灵敏度。对于任何一个压电加速度计，都有一根对输入加速度有最大灵敏度的轴。理想的加速度计，主轴（安装轴）应当和最大灵敏度轴重合，它的横向灵敏度为零。但是，由于压电材料的不规则性，零件的加工精度等的限制，很难做到两根轴完全重合。这时加速度计就呈现出一个基本灵敏度（沿主轴的灵敏度）和一个最大横向灵敏度，横向灵敏度常用主轴灵敏度的百分数来表示。横向灵敏度愈小，表示压电加速度计的质量愈好。

10.3.3 使用加速度传感器的几点说明

1. 加速度传感器的结构说明

综合分析本书已介绍的数种原理的惯性式加速度传感器，可总结得到以下几点常识：

① 惯性式加速度传感器一般包括一个质量块、一个弹性环节及一个位移传感器。

② 加速度传感器的总体性能一般会受到两方面的限制。一是弹性环节的机械性能，如线性、动态范围、对其他轴向加速度的敏感特性等；二是位移传感器的灵敏度。

③ 加速度传感器的带宽越高，所需要的位移检测分辨率越高。

2. 加速度传感器的特性及使用说明

这里以压电式加速度传感器为例，阐述在正确使用加速度传感器时应当了解的几个问题。

(1) 灵敏度

压电式加速度传感器的灵敏度可以用电压灵敏度和电荷灵敏度表示。前者是加速度传感器输出电压与承受加速度之比 (mV/g)；后者是输出电荷与承受加速度之比 (pC/g)。一般以 g 作为加速度单位 ($1g = 9.807$ m/s²)。这是在振动测量中大家所接受的习惯表示。压电式加速度传感器的电压灵敏度在 $2 \sim 10^4$ mV/g，电荷灵敏度在 $1 \sim 10^4$ pC/g 之间。

对给定的压电材料而言，灵敏度随质量块的增加而增加，但质量块的增加会造成加速度传感器的尺寸加大,也使固有频率降低。

(2) 安装方法与上限频率

加速度传感器使用上限频率受它第一阶共振频率的限制,对于小阻尼($\xi=0.1$)的加速度传感器,上限频率取为第一阶共振频率的 1/3 便可保证幅值误差低于 1 dB(12%),若取为第一阶共振频率的 ξ 倍,则可保证幅值误差小于 0.5 dB(6%)。但在实际使用中,上限频率还与加速度传感器固定在试件上的刚度有关。常用的固定加速度传感器的方法及各种固定方法对加速度传感器的幅频特性的影响,如图 10-59 所示。

图 10-59 压电式加速度传感器的安装方法及其幅频特性曲线

应该综合考虑两者对上限频率的影响,当无法确认加速度传感器完全刚性固定于被测件的情况时,第一阶共振频率应取决于加速度传感器固定在被测件上的方法。

(3) 前置放大与下限频率

压电式加速度传感器作为一种压电式传感器,其前置放大器可以分成两类:电压放大器和电荷放大器。电压放大器是一种等输入阻抗的比例放大器。其电路比较简单,但输出受连接电缆对地电容的影响。适用于一般振动测量。电荷放大器,以电容作负反馈,使用中基本上不受电缆电容的影响。精度较高,但价格也比较高。

从压电式加速度传感器的力学模型看,它具有"低通"特性。应可测量频率极低的振动。但实际上,由于低频大振幅时,加速度非常小。传感器灵敏度有限,因而输出信号将很微弱,信噪比很差。另外,由于电荷的泄漏、积分电路的漂移(在测量速度与位移时),器件的噪声漂移不可避免,因此实际低频段的截止频率不小于 0.1~1 Hz。

(4) 加速度传感器的选用

选择加速度传感器时应考虑:加速度传感器的质量量应小于被测件质量的 1/10;被测加速度应当在加速度传感器线性区之内;考虑加速度传感器的灵敏度时,应注意到压电加速度计的电压灵敏度和所用的电缆有关;用压电加速度计测量机械振动时,高频响应主要取决于其固有频率;低频响应主要取决于输出电路的时间常数;用压电加速度传感器测量冲击脉冲时,将根据冲击脉冲的上升(或下降)时间和持续时间来决定对加速度传感器和测量电路的要求。一般应满足:压电加速度传感器的输出电路的时间常数为冲击脉冲持续时间的 10 倍;压电加速度传感器的固有周期(固有频率的倒数)小于冲击脉冲上升(或下降)的时间的 1/20。

10.3.4 加速度测量系统的校准(标定)

为了保证加速度测试与试验结果的可靠性与精确度,在加速度测试中对加速度传感器和测试系统的校准很重要,这是因为加速度传感器使用一段时间后灵敏度会有所改变,像压电材料的老化会使灵敏度每年降低 2%~5%;测试仪器修理后必须按它的技术指标进行全面严格的标定和校准;进行重大测试工作之前常需要做现场校准或某些特性校准,以保证获得满意的结果。

加速度传感器与系统要校准的项目很多,但绝大多数使用者最关心的是加速度传感器的灵敏度和频率响应特性的校准。

标定装置式样繁多,根据输入的激励不同,可分为正弦运动法和瞬态运动法两种。正弦运动法标定压电加速度传感器可在振动台上进行。振动台是一种专用的振动试验设备,它可产生不同频率和振幅稳定的正弦机械运动。它不仅可标定加速度传感器的灵敏度,也可确定加速度传感器的频率特性。用正弦运动法标定加速度计又可分为绝对标定法和相对标定法。

1. 绝对法

将被校准加速度传感器固定在校准振动台上,用激光干涉测振仪直接测量振动台的振幅,再和被校准加速度传感器的输出比较,以确定被校准传感器的灵敏度,这便是用激光干涉仪的绝对校准法,其校准误差是 0.5%~1%。此法同时也可测量传感器的频率响应,其原理图如图 10-60 所示。

图 10-60 激光干扰绝对校准法原理图

在进行频率响应测试时,使信号发生器做慢速的频率扫描,同时用反馈电路使振动台的振动速度或加速度幅值保持不变,并测量传感器的输出,便可给出被校准加速度传感器的频响曲线。在振动台功率受限制时,高频段台面的振幅相应较小,振幅测量的相对误差就会有所增加。

对加速度传感器的标定还可以利用离心转台或利用冲激落体等,也可以利用地球重力场在±1g 范围内进行标定。

为了降低成本、便于操作,常采用经过校准的已知精度等级和频率范围的小型激振器对加速度传感系统进行校准。这种激振器可以在现场方便地核查传感器在这给定频率点的灵敏度。但校准精度不是很高。

2. 相对法

相对校准法又叫做比较校准法,一般是利用被校准的传感器同一个经过国家计量等部门严格校准过的、具有更高精度的传感器做比较来确定被校准传感器的性能参数。其中作为参考基准的传感器称为参考传感器或标准传感器。

相对校准法校准加速度传感器的原理如图 10-61 所示,可以将标准传感器与被校准传感器背靠背地安装在振动台上,如图 10-61(a)所示。这种安装方式的好处在于能较好地保证两个传感器感受相同的振动激励。同样也可将两传感器并排安装在振动台上,如图 10-61(b)所示,但此时必须注意振动台振动的单向性和台面各点振动的均匀性。安装中要确保两传感器感受相同的振动激励,为此可采用两传感器位置互易的方法来加以检验,若经交换位置之后,两传感器的输出电压比不变,则表示它们感受到相同的振动。

图 10-61 传感器的相对校准安装

相对校准法的校准精度一般不如绝对校准法,供适用的振幅和频率范围也受到参考传感器的技术指标的限制。但相对校准法的最大优点是方法简单、操作方便,因此特别适合一般部门使用。

瞬态运动法是利用输入一个瞬态量来标定加速度传感器的。瞬态加速度由两个质量间的撞击产生,它可在弹道摆上或落锤仪上实现,如图 10-62 所示。

图 10-62 用瞬态运动法标定压电加速度传感器

瞬态运动标定压电加速度传感器的另一方法是,用一只标准测力传感器同时记录下撞击时质量块之间的相互作用力 F 和加速度传感器输出的变化曲线,若 m 为被标加速度传感器的质量,由牛顿运动定律 $F=ma$,对两条曲线进行比较,则可计算出待标定加速度传感器的灵敏度为

$$S_a = m \frac{h_u \cdot k_u}{h_f \cdot k_f} \tag{10-76}$$

式中:h_u 为加速度传感器输出示波曲线的高度;h_f 为相应的标准测力传感器输出的示波曲线的高度;k_u、k_f 分别为这两条曲线的比例尺。

用该方法标定加速度传感器时,无需假设加速度传感器是线性的,标定的不准确度可达 5%。

第11章 兵器振动测量技术

11.1 概 述

机械振动是工程技术和日常生活中常见的物理现象,几乎每种机器都会产生振动问题。除了少数机器振动可被利用来为人类服务之外,绝大多数振动现象被人们所厌恶。在工程技术史上曾发生过多次由于振动而形成的严重事故。机械振动是影响机器性能、寿命的主要因素,也是产生噪声的因素之一。到目前为止,振动问题在生产实践中仍然占据着相当突出的位置。随着机器的日益高速化、大功率化、结构轻型化及其精密程度的不断提高,对控制振动的要求也就更加迫切。

多年来,在长期生产实践和科学实验中已形成了一整套关于机械振动的基本理论,并指导和解决了许多实际问题。但是,在实践中所遇到的振动问题却远比理论上所设想和阐述的要复杂得多,尤其是对于复杂结构或者涉及复杂的非线性机理时,单靠现有的振动理论和数学方法来作分析判断,往往难于应付。所以在观察、分析、研究机械动力系统产生振动的原因及其规律时,除了理论分析之外,直接进行测试始终是一个重要的必不可少的手段。目前,解决复杂结构振动问题,常采用测试与理论计算相结合的办法,以了解机械结构的动力特性或抗振能力。因此,振动测试在机械工程试验中占有相当重要的地位。

一个振动系统,其输出(响应)取决于激励形式和系统的特征。研究振动问题就是在振动、激励响应和系统传递特性三者中已知其两个特性时求另一个的问题。已知激励条件与系统振动特性,求系统的响应是振动分析问题;已知系统的激励与响应,确定系统的特性,这是振动特性测试或系统识别的问题;已知系统的振动特性和系统的响应,确定系统的激励状态,这是振源预测问题。

振动测量内容一般可分为两类:一类是振动基本参数的测量,即测量振动物体上某点的位移、速度、加速度、频率和相位;另一类是结构或部件的动态特性测量,以某种激振力作用在被测件上,使它产生受迫振动,测量输入(激振力)和输出(被测件的振动响应),从而确定被测件的固有频率、阻尼、刚度和振型等动态参数。这一类试验又可称为"频率响应试验"或"机械阻抗试验。"

11.2 常用振动传感器

11.2.1 振动测量方法

振动测量的方法较多,按测量过程的物理性质可分为机械式测量方法、电测方法和光测方法三类。其中机械式测量方法由于响应慢、测量范围有限而很少使用。由于激光具有波长稳定、能量集中、准直性好的独特优点,因此光测方法中激光测振技术已得到开发和应用,目前主要用于某些特定情况下的测振。现代振动测量中,电测方法的使用最普遍,技术最成熟。振动量电测方法通常是先用测振传感器检测振动的位移或速度、加速度信号并转换为电量,然后利用分析电路或专用仪器来提取振动信号中的强度和频谱信息。采用电测法进行诊断测试时,测振传感器是测试系统的核心组成部分,因此合理地选择测振传感器是十分重要的。测振传感器的种类很多,例如:

① 按测振参数可分为位移传感器、速度传感器、加速度传感器。

② 按传感器与被测物位置关系可分为接触式传感器、非接触式传感器。接触式有电阻应变式、电感式、压电式、磁电式;非接触式有电容式、电涡流式和光学式。

③ 按测试参考坐标可分为相对式测振传感器、绝对式(惯性式)测振传感器。相对式测振传感器测振时,传感器设置在被测物体外的静止基准上,测量振动物体相对于基准点的相对振动。绝对式测振是指把振动传感器固定在被测物体上,以大地为参考基准,测量物体相对于大地的绝对振动,因此又称为惯性式测振传感器,如惯性式位移传感器、压电式加速传感器等。这类传感器在振动测量中普遍使用。

11.2.2 绝对式测振传感器原理

绝对式测振传感器的结构可简化为如图 11-1 所示的力学模型。它是由质量块、弹簧、阻尼器组成的二阶惯性系统。传感器壳体固定在被测物体上,当被测物体振动时,引起传感器惯性系统产生受迫振动。通过测量惯性质量块的运动参数,便可求出被测振动量的大小。

振测原理可由惯性系统产生受迫振动与被测振动之间的关系导出。图 11-1 中,$x(t)$ 为被测物体振动位移;$y(t)$ 为惯性质量块的振动位移;

图 11-1 绝对式测振传感器的力学模型

$z = y(t) - x(t)$ 为壳体相对惯性质量块的振动位移;m 为质量块质量;k 为支承质量块的弹簧刚度;c 为阻尼系数,则惯性质量块的动力方程式可写成

$$m \frac{d^2 z}{d t^2} + c \frac{d z}{d t} + k z = 0 \tag{11-1}$$

将 z 代入方程式(11-1)得

$$m \frac{d^2 z}{d t^2} + c \frac{d z}{d t} + k z = -m \frac{d^2 x}{d t^2} \tag{11-2}$$

令

$$\omega_n = \sqrt{\frac{k}{m}}, \qquad \frac{c}{m} = 2\xi \omega_n$$

所以式(11-2)化简为

$$\frac{d^2 z}{d t^2} + 2\xi \omega_n \frac{d z}{d t} + \omega_n^2 z = -\frac{d^2 x}{d t^2} \tag{11-3}$$

设被测物体的振动为简谐振动，即

$$x(t) = x_m \sin \omega t$$

则

$$\frac{dx}{dt} = \omega x_m \cos \omega t$$

$$\frac{d^2 x}{dt^2} = -\omega^2 x_m \sin \omega t$$

所以式(11-3)化简为

$$\frac{d^2 z}{dt^2} + 2\zeta \omega_n \frac{dz}{dt} + \omega^2 z = x_m \omega^2 \sin \omega t \quad (11-4)$$

求解以上方程，得质量块 m 的相对运动规律为

$$z = z(t) = \frac{(\omega/\omega_n)^2 x_m}{\sqrt{[1-(\omega/\omega_n)^2]^2 + (2\xi\omega/\omega_n)^2}} \sin(\omega t - \varphi) \quad (11-5)$$

其中，振幅为

$$z_m = \frac{(\omega/\omega_n)^2 x_m}{\sqrt{[1-(\omega/\omega_n)^2]^2 + (2\xi\omega/\omega_n)^2}} \quad (11-6)$$

相位差为

$$\varphi = \arctan \frac{2\xi(\omega/\omega_n)}{1-(\omega/\omega_n)^2} \quad (11-7)$$

式中：x_m 为被测物体的最大振幅或位移；ω 为被测振动的角频率；ξ 为惯性系统阻尼比；ω_n 为惯性系统的固有角频率。

由传感器检测质量块 m 相对于传感器壳体作相对运动的 $z(t)$ 来反映振动体的振动情况，如振幅、速度、加速度等。由式(11-6)、式(11-7)可知，传感器输出的幅值和相位角均与 ω/ω_n 和 ξ 有关，当测振传感器的结构参数 ω_n 和 ξ 不同时，对于同一个被测振动量，测振传感器测量的参数可能是振幅、速度和加速度三者之一，这取决于 ω/ω_n 和 ξ 值的大小。

1. 测振幅

当测振传感器的输出量 z 正确感受和反映的是被测体振动的振幅量 x_m 时，即用惯性式位移传感器测量振动体的振幅时，由式(11-6)、式(11-7)可知，此时传感器的幅频特性 $A_x(\omega)$ 和相频特性 $\varphi_x(\omega)$ 为

$$A_x(\omega) = \frac{z_m}{x_m} = \frac{(\omega/\omega_n)^2}{\sqrt{[1-(\omega/\omega_n)^2]^2 + (2\xi\omega/\omega_n)^2}} \quad (11-8)$$

$$\varphi_x(\omega) = \arctan \frac{2\xi\left(\dfrac{\omega}{\omega_n}\right)}{1-\left(\dfrac{\omega}{\omega_n}\right)^2} \quad (11-9)$$

以频率比 ω/ω_n 为横坐标，以振幅比 z_m/x_m 为纵坐标，画出不同阻尼比的幅频特性曲线和相频特性曲线分别如图11-2和图11-3所示。

图 11-2　惯性式位移传感器的幅频特性曲线

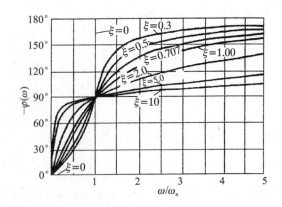

图 11-3　惯性式位移传感器的相频特性曲线

由图 11-2 可知,当 $\omega \gg \omega_n$,$\xi < 1$ 时,在测量范围内的幅频特性曲线近似为常数,即 $A(\omega)$ 接近于 1,此时 $z_m \approx x_m$,表明传感器的输出正比于被测物体振动的位移,一般 ω/ω_n 取 3~5;由图 11-3 可知,当 $\omega \gg \omega_n$,$\xi < 1$ 时,相位差接近 180°,相频特性也接近直线。所以,惯性式位移传感器的工作范围是 $\omega \gg \omega_n$,ξ 取 0.6~0.7。

2. 测振速度

当传感器的输出量 z 正确感受和反映的是被测振动速度 $v = \omega x$ 时,即用惯性式速度传感器测量振动体的速度时,由式(11-6)可知,此时传感器的幅频特性 $A_v(\omega)$ 应为

$$A_v(\omega) = \frac{1}{\omega} \cdot \frac{(\omega/\omega_n)^2}{\sqrt{[1-(\omega/\omega_n)^2]^2 + (2\xi\omega/\omega_n)^2}} =$$

$$\frac{\omega}{\omega_n^2} \cdot \frac{1}{\sqrt{\left(\frac{\omega_n^2-\omega^2}{\omega_n^2}\right)^2 + 4\xi^2 \frac{\omega^2}{\omega_n^2}}} = \frac{1}{\sqrt{\omega\left(\frac{\omega_n^2}{\omega} - \frac{\omega}{\omega_n}\right)^2 + 4\xi^2}} \quad (11-10)$$

惯性式速度传感器的幅频特性曲线如图 11-4 所示。从图中曲线可以看出:

① 当 $\omega/\omega_n \to 0$ 和 $\omega/\omega_n \to \infty$ 时,$A(\omega)_v \to 0$;

② 当 $\omega = \omega_n$ 时,$A(\omega)_v$ 具有最大值。

因此,速度传感器的工作区域是 $\omega/\omega_n = 1$ 附近,在此区域其幅频特性没有 $A(\omega)_v = 1$ 的平坦段。相频特性曲线也不接近直线,当被测频率有微小变化时,将造成较大的幅值误差,所以很少用这种方法来测量振动速度。

3. 测振动加速度

当测振传感器输出量 z 能正确感受和反映被测振动加速度 $a = \omega^2 x$ 时,即用惯性加速度传感器测量振动体的加速度时,由式(11-6)可得出此时传感器的幅频特性 $A_a(\omega)$ 为

$$A_a(\omega) = \frac{1}{\omega_n^2} \frac{1}{\sqrt{[1-(\omega/\omega_n)^2]^2 + (2\xi\omega/\omega_n)^2}}$$

$$= \frac{1}{\omega^2} \frac{(\omega/\omega_n)^2}{\sqrt{[1-(\omega/\omega_n)^2]^2 + (2\xi\omega/\omega_n)^2}} \quad (11-11)$$

惯性式加速度传感器的幅频特性曲线如图 11-5 所示。

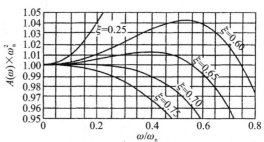

图 11-4 惯性式速度传感器的幅频特性曲线　　图 11-5 惯性式加速度传感器的幅频特性曲线

从幅频特性曲线上可看出,要使传感器输出量 z 能正确地反映被测振动的加速度,必须满足以下条件:

① 当 $\omega/\omega_n \ll 1$ 时,一般 ω/ω_n 取 $(1/3 \sim 1/5)$,即传感器的固有频率应高于被测频率的 3~5 倍,各幅频特性曲线趋于平坦,此时 $A(\omega)_a \approx 1/\omega_n^2 =$ 常数,随着 ω_n 的增大,测量上限频率得到提高,但灵敏度会降低,因此 ω_n 不宜选得太高。

② 当 $\omega = \omega_n$ 时,出现共振峰值,选择恰当的阻尼比可抑制它。一般取 $\xi = 0.6 \sim 0.7$,则保证值误差不超过 5%,此时相频特性曲线接近直线。

通过以上推导、分析可以看出,随着被测频率的变化和阻尼比的改变,测振传感器可以成为位移传感器、速度传感器和加速度传感器。位移传感器的工作区域为 $\omega/\omega_n \gg 1$,一般 ω/ω_n 取 3~5;速度传感器工作区域是 $\omega/\omega_n = 1$;加速度传感器工作区域为 $\omega/\omega_n \ll 1$。

应当指出,由于绝对式测振传感器工作时,固定在被测体上,因而它的质量将影响被测体振动的大小和固有频率。只有当测振传感器的质量 $m_1 \ll m$(被测体质量)时,其影响才可以忽略。

11.2.3　相对式测振传感器原理

相对式测振传感器分接触式和非接触式两种。常用接触式测振传感器有电感式位移传感器和磁电式速度传感器等;非接触式测振传感器有电涡流式、电容式等。这里仅介绍磁电式速度传感器。

图 11-6 所示为磁电式速度传感器,它可以直接检测振动速度。测量时,传感器安装在静止的基座上,活动顶杆压在被测物体上,使弹簧产生一定的变形 ΔL 和压力 F,在被测振动力和弹簧力的作用下,顶杆与被测物体接触,跟随被测物体一起运动。固定在顶杆上的线圈在磁场里运动,产生感应电势,其感应电势正比于物体振动速度。

由磁电式速度传感器测振原理可知,正确地反映被测物体振动的关键是活动顶杆要能正确地传递及跟随被测体的振动。下面讨论该传感器测量中振动传递跟随的条件。

设传感器活动部分的质量为 m,弹簧刚度为 k,弹簧变形后的恢复力为 F,根据牛顿定律,恢复力能产生的最大加速度为

$$a_{\max} = \frac{F}{m} \tag{11-12}$$

为保证被测振动良好地传递及顶杆与被测物体始终接触,恢复力产生的最大加速度必须

1—顶杆；2—弹簧；3—输出端；4—线圈；5—磁钢；6—限幅器

图 11-6 磁电式速度传感器

大于被测振动的最大加速度，即

$$a_{\max} > a \tag{11-13}$$

若被测振动是简谐振动，则有

$$x = x_{\mathrm{m}} \sin \omega t$$

式中：ω 为简谐振动角频率；x_{m} 为简谐振动的振幅。

运动物体的加速度为

$$a = \frac{\mathrm{d}^2 x}{\mathrm{d} t^2} = -\omega^2 x_{\mathrm{m}} \sin \omega t = a_{\mathrm{m}} \sin \omega t \tag{11-14}$$

其中

$$a_{\mathrm{m}} = -\omega^2 x_{\mathrm{m}}$$

因此有

$$\frac{F}{m} = \frac{k \cdot \Delta L}{m} > \omega^2 x_{\mathrm{m}}$$

即

$$\Delta L > \frac{m}{k} \omega^2 x_{\mathrm{m}} \tag{11-15}$$

式中，ΔL 可理解为弹簧的预压量，只有满足式(11-15)的条件，顶杆才能正确地传递振动。若把活动部分的质量和弹簧看成一个振动系统，其固有角频率 $\omega_{\mathrm{n}}^2 = k/m$，则式(11-15)可写为

$$\Delta L > \frac{\omega^2}{\omega_{\mathrm{n}}^2} x_{\mathrm{m}} \tag{11-16}$$

从式(11-16)可以看出，传递和跟随条件与被测振动频率、振幅和传感器活动部分的固有频率有关。如果弹簧的预压 ΔL 不够，或被测振动的频率较高，则顶杆便不能满足跟随条件。因此，传感器的使用范围与被测最大位移和频率有关。

11.3 测振系统的组成及合理选择

工程中的振动问题是非常复杂的。这是因为测试对象繁多，被测结构形式多样，尺寸大小不一，振动幅值变化范围很大，振动信号频带很宽，振动时间有长有短，振动信号的类别也很多，加上工程中要解决的问题不同，要求从测试信号中获取的信息不同的缘故。从振动测试系统来讲，测试系统一般都由传感器、放大器、记录仪器三部分组成，这三部分要求有合理的配合才能正确地进行测试工作。但由于各部分仪器种类繁多，性能又不一，因此使工程中的振动测试问题变得复杂化。为了根据测试对象、测试目的和要求，能测出如实反映结构振动规律的信

号,对测试系统的合理选择,以及正确地配套使用是非常重要的。

11.3.1 测振系统的组成

常用的工程振动测试系统可分为压电式振动测试系统、压阻式振动测试系统、伺服式振动测试系统、光电式振动测试系统、电涡流式振动测试系统。下面介绍最常用的几种振动测试系统。

1. 压电式振动测试系统

大多数压电式振动测试系统是用来测试振动冲击加速度或激励力的,在特定条件下,有时也可以通过积分网络在一定的范围内获得振动速度和位移。压电式振动测试系统的组成如图 11-7 所示。

图 11-7 压电式测振系统组成框图

压电型传感器的输出阻抗很高,因此要求电压和电荷放大器的输入阻抗要很高。由于连接导线或者接插件对阻抗的影响较大,因此要求其绝缘电阻很高。压电式测振系统使用频带宽,输出灵敏度高,传感器的无阻尼性能指标可做得很高,可做成标准型加速度传感器,传感器可微型化或集成化。但是压电测试系统的低频响应不好,系统的抗干扰能力较差,易受电磁场的干扰。压电测试系统常配备有滤波网络,可以根据测振信号的频带特性以及测试要求进行选择。

2. 应变式及压阻式振动测试系统

应变式振动测试系统的传感器有应变式加速度传感器、位移传感器和力传感器。与其配套使用的放大器一般用电阻应变仪。记录仪器可用各类记录设备,如数字式瞬态波形存储器等。应变式振动测试系统如图 11-8 所示。

图 11-8 应变式振动测试系统组成框图

应变式测振系统具有良好的低频特性,测试频率可从零赫兹开始。传感器的输出阻抗较低,整套测试系统使用较为方便。加速度传感器一般配有合适的阻尼,可有效地抑制高频和共振频率干扰。但该测试系统的频率上限受到限制,因此也容易受到外界的干扰。

对于压阻式测振系统,工程使用中有两种情况:一种是压阻传感器配接信号调理器即应变放大器,对信号进行放大后再进行记录;另一种是压阻传感器自成电桥,加上直流桥压电源就可输出具有足够灵敏度的加速度信号供记录用。这种测试系统,一般要求传感器桥臂阻值大,输出灵敏度高,测量的机械系统具有高加速度响应。

压阻式测振系统兼有应变和压电测振系统的优点,即低频响应好,测量信号可从零频率开始,而高频振动信号也可以用适当结构形式的传感器进行测量。压阻传感器亦可做成有阻尼的或者无阻尼的,可小型化、集成化,可制作成高性能指标的标准传感器。

工程振动测量中经常还使用滑线电阻位移传感器,这种传感器有桥式和分压式两种:一种是传感器配接电阻应变仪,将信号放大后给记录仪;另一种是直接加直流桥压电源,传感器输出信号不需放大直接进行记录。这种测振系统一般用于大位移信号的测量。分压式滑线电阻位移传感器一般直接加上电源,传感器输出信号直接进行记录。

3. 伺服式振动测试系统

伺服式振动测试系统具有测量精度高、稳定性好、分辨率高、传感器滞后小、重复性能好、漂移小、热稳定性高等优点。伺服式加速度传感器是测量超低频、微加速度的良好装置。它广泛用于石油开发、地质钻探、地震预报、大地测量、深井测量、高层建筑晃动和微小位移测量,其测量系统组成如图11-9所示。伺服放大器有时也内装在传感器中,称为内装式伺服加速度传感器。

图 11-9 伺服式测振系统组成框图

根据传感器的不同制作原理,可配套组成不同的测振系统。电感式、电容式、电涡流式传感器一般配用调频式放大器,再输出给记录仪器。光电式位移传感器经光电转换和电压放大器后再输给记录仪器。有些振动现场,需要对振幅和频率进行实时监测,常配用数字显示振动测试系统。

11.3.2 测振系统的合理选用

对于振动信号的准确测量,需要合理地选用测试系统,正确地操作和使用系统是非常重要的,它直接影响到测试结果的正确性以及测试的成败。选择传感器及配套仪器不能片面地追求高、精、尖、洋,不能片面地追求宽频带、高灵敏度、多功能等指标,而应根据测试对象的振动幅值、振动信号的频率范围、安装条件、振动环境、设备情况及待解决问题所需要的信号频带和幅值来选择合适的仪器及配套设备;否则,就会导致次要的频率成分淹没了最需要的、最关键的频率成分,从而得出错误的结果。实际上,在同一测点,因为使用了不同的测量仪器,或者用同一种测试系统而选择了不同的旋钮位置,测得的振动曲线就会极不相同,幅值和频率成分就会有很大的差别。其原因就在于测振系统没有能如实反映被测信号规律的能力。

选择测振系统的基本依据是待测振动信号的特征。信号特性最重要的有三条:一是振动幅值及其分布;二是频率范围;三是振动信号的分布规律。理论上要求,振动测试系统要能覆盖整个待测信号的幅值范围和频率范围。但在实际上,工程中的振动信号幅值范围是非常大的,频带范围是非常宽的。例如火炮的弹丸过载加速度,着靶时的撞击加速度高达$10^6 g$,而一般高层建筑的晃动加速度、环境振动加速度则在$10^{-2} g$以下。就是同一结构的不同部位,其振动幅值相差也是非常大的。例如火炮炮口振动加速度高达$400g\sim500g$,而架体部位则只有$2g\sim4g$。即使对同一部件,由于构件运动及功能的特殊性,振动幅值也相差很大。如火炮自动机在工作过程中,其碰撞加速度可达$300g\sim400g$,其运动加速度则很小,只有$1g\sim2g$。为了研究自动机的运动规律,要求对整个运动过程进行准确的测量,这就要求整个测试系统在高幅值时不过载,而在低幅值时又有足够的灵敏度,使这种低幅信号不被淹没,能够进行处理分析。从频率范围来讲,机械振动的频率范围也是非常宽的。例如火炮炮管的振动,前冲后坐的运动频率只有$1\sim2$ Hz,而炮管管壁的弹性振动,尤其是炮管应力波的频率可达40 kHz。这么大的变化幅值和这么宽的频率范围,要求测试系统的动态范围很大。当幅值相差 600～700 倍时,要求测试系统的动态范围高达 55 dB,这对一般测试系统就比较困难了。在测试系统中,不管是传感器、放大器还是记录仪器,动态范围和频响范围都是有限的,因此选择测振范围首先要满足所测信号特性的要求,即整套测试系统的动态范围要够,频率响应要够,测试灵敏度要够。对复杂冲击的准确测试,还要求传感器有比较好的相频特性。

在宽频带中,振动幅值因测试参数不同会有很大差异。例如,当位移量是 1 mm、频率 1 Hz 时加速度值为 0.004g,频率为 1 000 Hz 时加速度值为 4 000g。可见在位移相同,振动频率为 1 000 Hz 的加速度值,是振动频率为 1 Hz 时加速度值的 1×10^6 倍。当加速度值为 4g 时,1 Hz 频率的位移峰值为 1 000 mm,1 000 Hz 频率的位移峰值为 0.001 mm,两者相差 10^6。可见低频振动的位移值比高频时大得多,但它的加速度比高频时要小得多。振动参数间的这一特性对宽频带振动信号是非常重要的。实际上,任一信号波形都可看作是许多频率正弦波形合成的结果,所以测试中因采用的仪器和选择测试的振动参数不同,有时会得到不相同的幅值分布规律和结果。

一般地,选择测试系统时,要注意测试系统动态范围的上限应高于被测信号幅值上限的 20%,下限应低于被测信号幅值下限的 20%。这样测得的信号,其上限就不会出现过载、削波、平台等情况。其下限就不会出现被噪声和干扰淹没的情况。这种测试系统具有良好的信噪比。

在复合振动信号和冲击信号的测量中,要求加速度传感器的自振频率至少是被测信号频率上限至少 2.5～3 倍以上;而对惯性式位移传感器,测量位移参数时,或者对惯性式速度传感器测量速度参数时,要求传感器的自振频率低于被测信号最低频率的 1/2.5～1/3。二次仪表及记录仪器的平直频率响应段要覆盖被测信号的整个频带,这样才能保证整个测试系统有足够的频率响应。

测试系统的相频特性也很重要,相频特性主要取决于传感器。要使测得的信号波形不发生畸变,惯性式测振传感器最好接近于零阻尼,这样测得的信号对任何频率无相位滞后。或者传感器的阻尼比配置在 0.707 附近,这样的传感器具有线性相频特性。对整个测试系统,零相位区的频率,范围的宽度,要比幅值响应平坦部分对应的宽度窄得多。一般说来,工程振动测试中,作为一个经验法则,测试系统平直频率响应的频带应为待测信号所需带宽的 10 倍。这样选择测试系统,即使对复合振动信号,复杂冲击信号的测量和时域分析及多通道比较测量,都有良好的相位响应。

11.3.3 传感器的安装

传感器固定在结构或部件上面,会使振动情况发生小的变化。与没有安装传感器的实际振动相比,要产生一些误差。一般情况下,误差不会太大。只有在对轻型柔性结构或部件进行测量时才需要考虑。在这些场合进行测量,应选择质量轻的传感器。要求选择的加速度传感器的动态质量,必须大大小于固定点结构的动态质量。一个物体的动态质量定义为作用力和所产生的加速度之比。和机械阻抗相同,加速度传感器的动质量的大小就等于传感器的总质量,因为在传感器正常的工作频率范围内,加速度传感器可视为刚体。若加速度传感器固定在结构截面尺寸比传感器尺寸大的测点上,则结构的动态质量就很大,测量产生的误差就很小。结构动态质量较小的场合,如薄板、梁、仪器仪表的面板和印刷电路板等,特别是存在有共振的那些频率处，要选择很轻的传感器作精细的测量，以便尽量减少测试误差。

当加速度传感器的安装表面或结构存在很大的应变时，加速度传感器的外壳可能会有很大的变形，从而产生测量误差。在这种场合，应选择剪切型加速度传感器。这种结构形式的传感器其应变灵敏度很低。

结构测点的具体布置和传感器的安装位置都应该进行合理的选择。测点的布置和传感器的安装位置决定了测到的是什么样的信号。因为实际结构有主体和部件、部件与部件之分，不合理的安装布点，会产生所测非所需的信号。例如，火车的振动，车厢、车体振动及车轮、车轴和轴、箱、盖等几个地方的振动信号，其频率、幅值、振动波形是相差很大的。因此，必须找出能代表被测物体所需要研究的振动位置，合理布点，进行测量才能收到有用的信号。

安装在构件上的传感器应该与被测物体有良好的接触，必要时，传感器与被测物体之间应有牢固的或者刚性的连接。例如在水平方向产生滑动，或在垂直方向产生滑动，或在垂直方向上脱离接触，都会使测试结果严重畸变，造成测试结果无法使用。限于结构的具体情况，有些传感器不能和被测结构直接连接，需要在传感器和被测结构之间加一个转接件。这种固定传感器的转接件会产生寄生振动，这种寄生振动会使测试结果产生畸变和误差。良好的固接，要求固定件的自振频率大于被测振动频率的 5～10 倍以上，这样可使寄生振动大大减少。

振动测试系统中的导线连接和接地回路往往被人们所忽视，其实，它们会严重地影响测试的结果。传感器的输出与连接导线之间，导线与放大器之间的插头连接，要保证处于良好的工作状态。测试系统的每一个接插件和开关的连接状态及状况，也要保证完善和良好。有时会因为接触不良，产生寄生的振动波形，有时使得测试数据忽大忽小，在一次性测试中，这些误差很难被发现。不良的接地或不合适的接地点，会给测试系统带来极大的电气干扰，同样会使测试数据受到严重的影响。对于大型设备或结构的多点测量，尤其是野外振动测试，更应引起足够的重视。整个测试系统要保证有一个良好的接地点，接地点最好设置在放大器或记录仪器上。

对于压电型测振系统，还存在一个特殊问题，即连接电缆的噪声问题。这些噪声既可能由电缆的机械运动引起，也可能由接地回路效应的电感应和噪声引起。机械上引起的噪声是由于摩擦生电效应或称为"颤动噪声"的原因。它是由于连接电缆的拉伸、压缩和动态弯曲所引起的电缆电容变化和摩擦引起的电荷变化产生的，这种情况容易发生低频干扰。因此，传感器的输出电缆尽可能牢固地夹紧，不要使其摆动。

另外，在测量极低频率和极低振级的振动时，经常会产生温度的干扰效应。还有防潮问题，传感器本体到接头的绝缘电阻，会受潮气和进水作用而大大降低绝缘性能，从而会严重地影响测试。

在对各种火炮、火箭炮炮管，尤其是炮口的振动测试中，特别要注意对传感器的保护措施，保护措施包括冲击波的作用，防高温以及燃气流的直接作用，以确保传感器不受破坏。

11.4 机械系统振动特性测试及结构参数估计

测量机械系统结构动态参数，如测量结构的固有频率、阻尼、动刚度和振型等，首先应激励被测对象，使它按测试的要求作受迫振动或自由振动。即对系统输入一个激励信号，测定输入（激励）—系统的传输特性（频率响应函数）—输出（响应）三者的关系，为此必须有一激振系统。通常，机械系统结构参数测量系统如图 11-10 所示。

图 11-10 机械结构动态参数测量系统

常用的激励方式有稳态正弦激振、瞬态激振及随机激振三类。

11.4.1 激振方式及激振器

1. 稳态正弦激振和激振器

稳态正弦激振法是扫频信号发生器发出正弦信号,通过功率放大器和激振器对被测对象施加稳定的单一频率的正弦激振力的方法。其激振力幅值是可控制的。由于对被测对象施加了激振力,使它产生了振动,故可精确地测出激振力的大小、相位,获得各点的频率响应函数。图 11-11 为正弦激振的机械结构动态参数测试系统。由信号发生器发出正弦信号经过功率放大器推动激振器工作,使试件产生强迫振动。振动信号由加速度传感器拾取后,经电荷放大器放大,变成电压信号输出并送入记录分析设备。同时力信号亦经电荷放大器后输入记录分析设备。记录分析设备将接收到的两路信号进行快速傅里叶变换,并进行运算。最后输出传递函数的幅值、相位、实部、虚部。

图 11-11 正弦激振的机械结构动态参数测试系统框图

应该注意,为测得整个频率范围内的频率响应,必须无级或有级地改变正弦激振力的频率,这一过程称为频率扫描或扫描过程。在扫描过程中,须采用足够缓慢的扫描速度,以保证分析仪器有足够的响应时间和使被测对象处于稳定振动状态,对于小阻尼的系统尤为重要。

在稳态正弦激振方法中常用的激振器有电动式、电磁式和电液式三种。

(1) 电动式激振器

电动式激振器分为永磁式和励磁式两种。前者用于小型激振器;后者用于较大型的激振器,即激振台。图 11-12 是电动式激振器结构图,它由磁钢 3、铁芯 6、磁极 5、壳体 2、驱动线圈 7、顶杆 4 和支撑弹簧等元件组成。驱动线圈和顶杆固接并由弹簧支承在壳体上,使线圈正好处于磁极形成的高磁通密度的气隙中。根据通电导体在磁场中受力的原理,将电信号转变成激振力。

应该注意,由顶杆施加到试件上的激振力一般不等于线圈受到的电阻力。传力比(电动力与激振力之比)与激振器运动部分和试件本身的质量、刚度、阻尼等有关,是频率的函数。只有当激振器可动部分质量与被测试件相比可略去不计,且激振器与被测试件连接刚度好,顶杆系统刚性也很好的情况下,才可认为电动力等于激振力。一般最好使顶杆通过一只力传感器去激振被测试件,由它检测激振力的大小和相位。

电动激振器主要用来对被测试件作绝对激振,通常采用图 11-13 所示的安装方法。在进行较高频率的垂直激振,可用刚度小的弹簧(如橡皮绳)将激振器悬挂起来(见图 11-13(a))并在激振器上加上配重块,以便尽量降低悬挂系统的固有频率,其频率低于激振频率的1/3时,可认为激振运动部件的支承刚度和质量对被测试件的振动没有影响。在进行较低频率的垂直激振时,使悬挂系统的固有频率低于激振频率的1/3是有困难的,此时可以把激振器固定在刚性的基础上,如图 11-13(b)所示安装的固有频率高于激振频率的3倍。这样也可以忽略激振器运动部件的特性对被测试件振动的影响。作水平绝对激振时,为了产生一定的预加载荷,需要斜挂 θ 角,如图 11-13(c)所示形式。

1—弹簧;2—壳体;3—磁钢;4—顶杆;
5—磁极;6—铁芯;7—驱动线圈
图 11-12 电动式激励器

1—激振器;2—试件;3—弹簧
图 11-13 绝对激振时激振器的安装

(2) 电磁式激振器

电磁式激振器是直接利用电磁力作为激振力,常用非接触式激振器,其结构如图 11-14 所示。励磁线圈 3 包括一组直流线圈组和一组交流线圈,检测线圈 4 用于检测激振力,位移传感器 6 用于测量激振器与衔铁之间的相对位移。当电流通过励磁线圈时,便产生相应的磁通,从而在铁芯和衔铁之间产生电磁力,若铁芯和衔铁分别固定在被测对象的两个部位上,便可实现两者之间无接触的相对激振。

电磁激振器的特点是与试件不接触,因此可对旋转着的对象进行激振。它不会受附加质量和刚度的影响,其频率上限为 500~800 Hz。

(3) 电液式激振器

电液式激振器的结构原理如图 11-15 所示。信号发生器的信号经放大后,由电液伺服阀(它包括电动激振器、操纵阀和功率阀)控制油路活塞使之往复运动,并以顶杆去激振被测对象。

电液式激振器的最大特点是激振大,行程大而结构紧凑。但由于油液的可压缩性和高速流动的摩擦,激振器的高频特性较差,只适用于较低频率范围。另外,它结构复杂,制造精度要求高,需要一套液压系统,成本较高。

1—底座;2—铁芯;3—励磁线圈;
4—力检测线圈;5—衔铁;6—位移传感器

图 11-14 电磁激励器

1—顶杆;2—电-液伺服阀;3—活塞

图 11-15 电-液激振器原理

以上三种激振器常用正弦激振试验中。稳态正弦激振法的优点是激振功率大,信噪比高,频率分辨力高,测量精度好;不足之处是测试所花费的时间较长。

2. 瞬态激振和激振器

瞬态激振属于宽带激振法,所以可由激振力和响应的自谱密度函数和互谱密度函数求得系统的频率响应函数。目前常用的瞬态激振方法有快速正弦扫描、脉冲激振和阶跃松弛。

(1) 快速正弦扫描

快速正弦扫描所用激振器及测试仪器与正弦激振基本相同,但它要求信号发生器能在整个测试频段内作快速扫描,扫描时间为数秒至十几秒。目的是能得到一个"平谱",平谱的激振力保持为常数,如图 11-16 所示,激振信号函数式为

$$f(t) = F\sin 2\pi(at^2 + bt), \quad 0 < t < T \quad (11-17)$$

式中: $a = (f_{max} - f_{min})T$, T 为扫描周期; f_{max} 为上限频率; f_{min} 为下限频率; $b = f_{min}$。

(2) 脉冲激振

脉冲激振是以一个力脉冲作用在被测试对象上,同时测量激振力和响应。由于脉冲激振数具有宽带频谱(见图 11-17),故是一种宽带激振。采用的激振器是脉冲锤,其结构如图 11-18 所示。它的内部装有一个力传感器,用它对被测对象敲击以后,就输出一个力信号。其信号脉冲宽度与所用锤头材料有关。由图 11-19 可见,不同锤头材料所得到力信号的频谱曲线范围也不相同。

图 11-16 快速正弦扫描信号及其频谱

(a) 锤击激振力 (b) 锤击激振力频谱

图 11-17 锤击激振力及其频谱

1—锤头垫；2—锤头；3—压紧套；4—力信号引出线；
5—力传感器；6—预紧螺母；7—销；8—锤体；
9—螺母；10—锤柄；11—配重块；12—螺母

图 11-18 脉冲锤的结构

1—橡胶；2—尼龙；
3—有机玻璃；4—铜；5—钢

图 11-19 不同锤头材料的冲击力的频谱

脉冲激励方法如图 11-20 所示。用脉冲锤对被测对象进行敲击，脉冲力信号及各点响应信号经过电荷放大，输入传递函数分析仪，从而得到传递函数的幅值、相位等特性图。

图 11-20 脉冲激励法测振系统

脉冲激振方法具有激振频带宽、测试方便、迅速、所用设备少、成本低以及激振器对被测对象附加的约束小等优点，因此对轻小构件较合适。但由于激振能量分散在很宽频带内，故能量小，信噪比低，测试精度差，对大型结构的应用受到限制。

（3）阶跃松弛

阶跃松弛是在被测试件上突加或突卸一个常力以达到瞬态激振的目的。该常力可用激波管、火药筒来突加，也可用绳索先对试件加一常力，然后突然将绳索砍断，以达到突然卸载给试件瞬态激励的目的。阶跃激振属于宽带激振，在建筑结构的振动测试中被普遍应。

3. 随机激振

随机激振方法有纯随机、伪随机和周期随机三种。通常纯随机信号由外部的模拟发生器产生，或将随机信号记录在磁带上，然后重放，并通过功率放大器输给电磁激振器或电液激振器。伪随机及周期随机信号常用数字信号处理机产生。

① 纯随机信号的功率谱是平直的，样本函数总体平均后趋于零。由于其非周期性，在截

断信号后将产生能量泄漏,这虽可通过加窗解决,但又会导致频率分辨力降低。

② 伪随机信号具有一定的周期性,在一个周期内的信号是随机的,但各个周期内的信号又完全相同。若该周期长度与分析仪的采样周期长度相同,则在时间窗内激振信号与响应信号呈周期性,从而消除泄漏问题。由于每次测量采用同一信号,因此不能通过总体平均的方法消除噪声影响。

③ 周期随机信号是变化的伪随机信号,在某几个周期后出现另一个新的伪随机。因此它既具有纯随机和伪随机的优点,又避免了它们的缺点,即不仅消除泄漏,而且能用总体平均来消除噪声干扰和非线性畸变,应用较为广泛。

随机激振测试系统框图如图 11-21 所示,它分别由激振、测振和信号处理三部分组成。

图 11-21　随机激振测试系统框图

其测振部分与正弦激振测试相同,激振部分仅是信号发生器不同,信号分析部分主要是由数字信号分析仪或通用计算机组成的。

11.4.2　机械系统结构参数的估计

机械系统振动测量的目的是确定机械结构的动态参数,如固有频率、阻尼比、动刚度和振型。根据线性振动理论,对于 N 个自由度的机械系统可分解成 N 个互相独立的单自由度系统来处理,把其中每一个单自由度系统的振动形态称为模态。因此,机械结构的动力响应是由各阶模态的响应叠加得出的。若对系统进行激振,当激振频率等于系统的某一固有频率时,可获得某一阶模态,而每一阶模态都有自己的特性参数。对 M-K-C 单自由系统,实际上它的特性参数只有两个——固有频率 ω_n 及阻尼比 ξ。在多数情况下,机械系统的结构阻尼系数是比较小的,系统在某一个固有频率附近与其相应的该阶振动响应就非常突出。为此,下面着重讨论在小阻尼情况下,单自由度的特性——固有频率和阻尼比的估计。它不仅适用于单自由度,也同样适用于多自由度的参数估计。

对单自由度系统,固有频率和阻尼比的测定通常用瞬态激振(自由振动法)或在某固有频率附近的稳态正弦激振(共振法)。

1. 自由振动法

根据被测对象的大小和刚度,选用适当的冲击锤敲击被测对象,使之产生自由振动,并由传感器拾取振动信号,记录仪把这种自由振动信号记录下来,并与时标进行比较,就可以计算出阻尼比和固有频率。

如图 11-22(a)所示的单自由振动系统,若给系统以初始冲击(其初速度为 $\dfrac{\mathrm{d}y(0)}{\mathrm{d}t}$,设初始位移为 y_0),则系统将在阻尼作用下做衰减自由振动,衰减振动曲线如图 11-22(b)所示,其表达式为

$$\dfrac{\mathrm{d}^2 y(t)}{\mathrm{d}t^2} + 2\xi\omega_n \dfrac{\mathrm{d}y(t)}{\mathrm{d}t} + \omega_n^2 y(t) = 0$$

$$y(t) = y(0)\mathrm{e}^{-\xi\omega_n t}\cos \omega_d t + \dfrac{\mathrm{d}y(0)}{\mathrm{d}t} \cdot \dfrac{\mathrm{e}^{-\xi\omega_n t}}{\omega_d}\sin \omega_d t \quad (11-18)$$

式中:ω_d 为衰减振荡的圆频率,$\omega_d = \omega_n\sqrt{1-\xi^2}$。

根据衰减振动的曲线,周期 T_d 可通过曲线确定,$\omega_d = \dfrac{2\pi}{T_d}$ 在系统阻尼比较小时,可以认为 ω_d 和 ω_n 近似相等。采用下述方法确定阻尼比 ξ。

由图 11-22 可量出 y_i 以后的第 n 个波的振幅 y_{n+i},于是得到两个振幅的对数衰减率为 $\delta_n = \ln\dfrac{y_i}{y_{i+n}}$,并且用下式计算阻尼比

$$\xi = \dfrac{\delta_n}{\sqrt{\delta_n^2 + 4\pi^2 n^2}} \quad (11-19)$$

当 $\xi < 0.3$ 时,可以认为

$$\xi = \dfrac{\delta_n}{2\pi n} \quad (11-20)$$

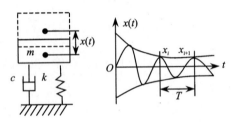

(a) 单自由振动系统   (b) 衰减振动曲线

图 11-22　阻尼自由振动曲线

2. 共振法

用稳态正弦激振方法,可得到被测试件的频率响应曲线,然后采用下述方法对单自由度系统的动态参数进行估计。

(1) 从幅频曲线进行估计

在幅频曲线中,幅值最大处的频率称共振频率 ω_r,它一般不等于系统的固有频率,其值 $\omega_r = \omega_n\sqrt{1-2\xi^2}$,在小阻尼情况下,可认为 $\omega_r = \omega_n$。

当系统阻尼很小时,可从位移幅频曲线上估计阻尼比,由于 $\omega = \omega_n$,$A(\omega_n) = \dfrac{1}{2\xi K}$,它非常接近共振峰值。如果以 $\omega_1 = (1-\xi)\omega_n$ 和 $\omega_2 = (1+\xi)\omega_n$ 代入单自由系统的幅频特性公式,则可得 $A(\omega_1) = \dfrac{1}{2\sqrt{2}\xi K} \approx A(\omega_2)$。所以在其共振幅的 $\dfrac{1}{\sqrt{2}}$ 处作一条水平线,与如图 11-23 所示的幅频曲线相交于 a、b 两点,所对应频率为 ω_1、ω_2,则阻尼比估计值为

$$\xi = \dfrac{\omega_2 - \omega_1}{2\omega_n} = \dfrac{\Delta\omega}{2\omega_n} \quad (11-21)$$

(2) 利用相频曲线进行估计

根据单自由度系统的相频特性表达式和相频曲线图 11-24,并利用相位共振条件确定其固有频率。当 $\omega = \omega_n$ 时,位移信号滞后于激振力信号为 $90°$,即激振频率等于固有频率时,$\varphi(\omega_n) = -\dfrac{\pi}{2}$。

图 11 - 23　半功率点法　　　　　　　图 11 - 24　相频曲线

从所测得的相频曲线也可以确定阻尼比,因为从表达式中

$$\varphi = -\arctan\frac{2\xi\left(\dfrac{\omega}{\omega_n}\right)}{1-\left(\dfrac{\omega}{\omega_n}\right)^2} \tag{11-22}$$

若令 $\eta=\dfrac{\omega}{\omega_n}$,则

$$\frac{\mathrm{d}\varphi}{\mathrm{d}\eta} = -\frac{2\xi(1-\eta^2)+4\xi\eta^2}{(1-\xi^2)+4\xi\eta^2} \tag{11-23}$$

当 $\omega=\omega_n,\eta=1$ 时,有

$$\left.\frac{\mathrm{d}\varphi}{\mathrm{d}\eta}\right|_{\eta=1} = -\frac{1}{\xi} \tag{11-24}$$

则

$$\xi = -\left.\frac{\Delta\eta}{\Delta\varphi}\right|_{\eta=1} \tag{11-25}$$

因此可从所测的相频曲线,求得 $\omega=\omega_n$ 处的斜率,从而即可直接估计阻尼比。

(3) 利用分量法进行估计

由单自由度系统的频率响应函数可得到其实部与虚部分量,其表达式为

$$\mathrm{Re}[H(\mathrm{j}\omega)] = \frac{1}{K}\cdot\frac{\left[1-\left(\dfrac{\omega}{\omega_n}\right)^2\right]}{\left[1-\left(\dfrac{\omega}{\omega_n}\right)^2\right]^2+\left(2\xi\dfrac{\omega}{\omega_n}\right)^2} \tag{11-26}$$

$$\mathrm{Im}[H(\mathrm{j}\omega)] = -\frac{1}{K}\cdot\frac{2\xi\left(\dfrac{\omega}{\omega_n}\right)}{\left[1-\left(\dfrac{\omega}{\omega_n}\right)^2\right]^2+\left(2\xi\dfrac{\omega}{\omega_n}\right)^2} \tag{11-27}$$

其波形如图 11 - 25 所示,根据图 11 - 25 和式(11 - 27)、式(11 - 28)可得出:

① 在 $\omega=\omega_n$ 处,实部为零,虚部为 $-\dfrac{1}{2\xi K}$,接近极小值。可以由它们确定系统的固有频率。

② 当 $\omega=\omega_1=\omega_2=\omega_n\sqrt{1\pm 2\xi}$ 时,$\mathrm{Re}[H(\mathrm{j}\omega)]$ 获得极大值和极小值:

$$\mathrm{Re}[H(\mathrm{j}\omega)]_{\max} = \frac{1}{4\xi(1-\xi)K} \tag{11-28}$$

$$\text{Re}[H(j\omega)]_{\min} = -\frac{1}{4\xi(1+\xi)K} \tag{11-29}$$

于是由测得实频曲线的极大值和极小值,确定 ω_1、ω_2 的数值,再由它们对系统的阻尼比进行估计,其估计值为

$$\xi = \frac{\omega_2 - \omega_1}{2\omega_n} \tag{11-30}$$

③ 同样,在虚部曲线的 $\frac{1}{2}\text{Im}[H(j\omega_n)]$ 处,确定 ω_1、ω_2 的值,然后根据式(11-30)计算阻尼比。

从上面分析结果说明,实、虚频曲线中的任何一条都包含着幅频、相频信息。同时,虚频曲线具有陡峭的特点。在分析多自由系统时,虚频曲线可提供较精确的结果。

图 11-25 虚、实频特性曲线

11.5 机械阻抗测试

11.5.1 机械阻抗的概念及测试方法

1. 机械阻抗的定义

机械阻抗(Mechanical Impedance)的概念来自于机械系统的电模拟,比较机械系统与电气系统的微分方程。

机械系统
$$m\frac{d^2x}{dt^2} + c\frac{dx}{dt} + kx = F\sin\omega t \tag{11-31}$$

电气系统
$$L\frac{d^2q}{dt^2} + R\frac{dq}{dt} + \frac{1}{c}q = E\sin\omega t \tag{11-32}$$

两个方程具有相同的结构形式,两者之间的参数有下列对应关系:
- 质量 m ⇔ 电感 L,刚度 k ⇔ 电容的倒数 $1/c$;
- 速度 $v = \frac{dx}{dt}$ ⇔ 电流 $i = \frac{d\varepsilon}{dt}$,阻尼系数 c ⇔ 电阻 R;
- 激励力 F ⇔ 电压 E。

因此机械系统可以用电路来模拟,电路中存在电路阻抗 $Z = \frac{E}{i}$;相应地,在机械振动系统中引入机械阻抗的概念,定义为简谐振动系统某一点的激励与同一点或不同点的响应的速度

输出量的复数之比,即

机械阻抗
$$E_v = \frac{激发力}{响应速度} = \frac{Fe^{j\omega t}}{Ve^{j\omega t}} = \frac{F}{V} \qquad (11-33)$$

机械阻抗反映了系统振动的难易程度,振动系统的响应可用位移、速度和加速度来表示,故机械阻抗可分为位移阻抗、速度阻抗和加速度阻抗。式(11-33)为速度阻抗的定义,记作 E_v 或者 $E_v(\omega)$,位移阻抗 E_x 或 $E_x(\omega)$ 和加速度阻抗 E_a 的定义分别如下:

位移阻抗
$$E_x = \frac{f(t)}{x(t)} = \frac{fe^{j\omega t}}{Xe^{j\omega t}} = \frac{F}{X} \qquad (11-34)$$

加速度阻抗
$$E_a = \frac{f(t)}{a(t)} = \frac{fe^{j\omega t}}{Ae^{j\omega t}} = \frac{F}{A} \qquad (11-35)$$

式中:F 为激振力的振幅;X、V、A 分别为响应的位移、速度和加速度的复振幅。

机械阻抗的倒数称为机械导纳(Mechanical Mobility),定义为简谐振动系统某点的速度与同一点或不同点的激发力之比,即

位移导纳
$$Y_x = \frac{x(t)}{f(t)} = \frac{X}{F} \qquad (11-36)$$

速度导纳
$$Y_v = \frac{v(t)}{f(t)} = \frac{V}{F} \qquad (11-37)$$

加速度导纳
$$Y_a = \frac{a(t)}{f(t)} = \frac{A}{F} \qquad (11-38)$$

如果响应点和激振点为同一点,则所得的阻抗或导纳称为原点阻抗或原点导纳(或驱动点阻抗、驱动点导纳),不同点的比值称为跨点阻抗或跨点导纳。

位移阻抗又称为动刚度,位移导纳又称为动柔度,速度导纳又称为导纳,加速度阻抗又称视在质量,加速度导纳又称为机械惯性。机械阻抗是复量,可写成幅角、相角,或实部、虚部的形式,也可用幅-相特性、奈奎斯特图表示。在评价结构抗振能力时常用动刚度,在共振区动刚度仅为静刚度的几分之一到十几分之一。在分析振动对人体感受影响时,常用速度阻抗;在分析振动引起的结构疲劳损伤时,常用机械惯性指标;在分析车厢振动、噪声时常用速度导纳。

2. 机械阻抗的测试方法

从机械导纳的定义可以看出,对于简谐振动系统,因其输入和输出均为频率的谐和函数,此时机械系统的导纳与传递函数 H(ω)是等同的。但传递函数强调的是系统输出与输入之间的数学关系,反映系统的动态特性,意义更为广泛。

结构系统的机械阻抗或导纳可以用理论计算,也可以实验测量。由于实际系统的复杂性,给理论计算带来了很多困难。所以近年来,机械阻抗多用实验方法获得。由于线性谐和系统的机械阻抗与传递函数是等同的,反映了振动系统的固有动态特性,与激振和响应的大小无关,无论激振力和响应是简谐的、复杂周期的、瞬态的还是随机的,所求得的机械阻抗都应该是一样的。因此,机械阻抗的测量方法很多,按照不同的激振方法有稳态正弦测试法、瞬态测试法和随机测试法等。

(1) 稳态正弦激振的机械导纳

采用稳态正弦激振时,机械导纳可定义为

$$机械导纳 = \frac{响应量的复幅值}{激励力的复幅值}$$

若输入激励力为
$$F = F_0\cos(\omega t + \alpha) \tag{11-39}$$
则输出位移为
$$X = X_0\cos(\omega t + \beta) \tag{11-40}$$
位移导纳为
$$Y_d = \frac{X_0}{F_0}e^{j(\beta-\alpha)} = \frac{\tilde{X}}{\tilde{F}} \tag{11-41}$$

式中:$\tilde{X}=X_0 e^{j\beta}$,为复振幅;$\tilde{F}=F_0 e^{j\alpha}$,为激振力的复幅值。

由此可见,位移导纳反映系统的柔度特性,故称为动柔度,位移阻抗则称为动刚度。

(2) 瞬态激励的机械导纳

采用瞬态激励时,机械导纳可定义为

$$机械导纳 = \frac{响应拉氏变换}{激励力的拉氏变换}$$

此时,机械导纳又称为传递函数,用 $H(s)$ 表示为

$$H(s) = \frac{X(s)}{F(s)} \tag{11-42}$$

对于起始条件为零的稳定线性系统,上式可写成

$$H(j\omega) = \frac{X(j\omega)}{F(j\omega)} \tag{11-43}$$

此时机械导纳又称为频率响应函数。通常对稳定的线性系统,机械导纳、传递函数及频率响应函数三者名称可相互替用,而不加严格区分。

(3) 随机激励的机械导纳

随机激振时激励力和响应的时间历程无法用一确定的函数来描述,只能用统计方法来处理。同时为减少随机噪声和其他干扰的影响,提高分析精度,其机械导纳可定义为

$$H(\omega) = \frac{S_{xf}(\omega)}{S_{ff}(\omega)} \tag{11-44}$$

式中:$S_{xf}(\omega)$ 为响应与激励力的互功率谱;$S_{ff}(\omega)$ 为激励力的自功率谱。

11.5.2 单自由度系统的机械导纳

对于单自由度质量、弹簧、阻尼系统,如前所述,其强迫振动方程为

$$m\ddot{x} + c\dot{x} + kx = f(t) \tag{11-45}$$

式中:m 为质量,kg;k 为弹簧刚度,N/m;c 为阻尼系数,N·s/m;$f(t)$ 为激振力,N。

对式(11-45)两边进行傅氏变换,得

$$(k - \omega^2 m + j\omega c)X(\omega) = F(\omega) \tag{11-46}$$

根据机械导纳的定义,可得位移导纳为

$$Y_x = H(\omega) = \frac{X(\omega)}{F(\omega)} = \frac{1}{k - \omega^2 m + j\omega c} \tag{11-47}$$

位移阻抗为
$$Z_x = k - \omega^2 m + j\omega c \tag{11-48}$$

简谐系统的位移导纳也就是它的传递函数。其中,k 称为弹簧的位移阻抗;$\omega^2 m$ 称为质量

的位移阻抗;jωc 称为阻尼的位移阻抗。式(11-47)常写成

$$H_x(\omega) = \frac{1}{k} \cdot \frac{1}{1-\left(\dfrac{\omega}{\omega_n}\right)^2 + jg}$$

这是一个复数,可写为

$$H_x(\omega) = |H_x(\omega)| e^{j\varphi(\omega)} \tag{11-49}$$

其实部和虚部分别为

$$H^R(\omega) = \frac{1}{R} \frac{1-\left(\dfrac{\omega}{\omega_n}\right)^2}{\left[1-\left(\dfrac{\omega}{\omega_n}\right)^2\right]^2 + g^2} \tag{11-50}$$

$$H^I(\omega) = -\frac{1}{k} \cdot \frac{g}{\left[1-\left(\dfrac{\omega}{\omega_n}\right)^2\right]^2 + g^2} \tag{11-51}$$

相频特性为

$$\phi(\omega) = \frac{H^I(\omega)}{H^R(\omega)} = \arctan\left[\frac{-g}{1-\left(\dfrac{\omega}{\omega_n}\right)^2}\right] \tag{11-52}$$

式中:ω_n 为系统的固有频率;g 为结构阻尼系数;ω 为谐波激发力的频率。

其幅频特性曲线和相频特性曲线分别如图(11-26)(a)、(b)所示。幅频曲线和相频曲线一般绘制在对数坐标上,称为伯德(Bode)图。采用对数坐标可以提高幅值分辨率,另一方面纯质量或纯弹簧元件在对数坐标上为一斜线,给图形分析带来了许多方便。除幅频曲线外,还常分别绘制幅频实部和虚部的曲线。由幅频实部绘制的特性曲线称为实频图,虚部绘制的特性曲线称为虚频图,分别如图(11-26)(c)、(d)所示。这些特性曲线在参数的图形识别中是很有用的。

(a) 幅频曲线　　　　　　　　(b) 相频曲线

(c) 实频曲线　　　　　　　　(d) 虚频曲线

图 11-26　单自由度系统的频率响应曲线

11.5.3 多自由度系统的机械导纳

多自由度系统的机械导纳由两部分组成,即原点导纳和跨点导纳。对于 N 个自由度的线性振动系统,若在 p 点进行单点激振,在 i 点检测响应位移,则其位移导纳为

$$Y_{xpi} = H_{pi}(\omega) = \sum_{i=1}^{n} \frac{\varphi_{li}\varphi_{pi}}{k_i - \left(\dfrac{\omega}{\omega_i}\right)^2 + j\omega C_i} \tag{11-53}$$

式(11-53)的实部和虚部分别为

$$H_{pi}^{R}(\omega) = \sum_{i=1}^{n} \frac{\phi_{li}\phi_{pi}\left(1 - \dfrac{\omega^2}{\omega_i^2}\right)}{k_i\left[\left(1 - \dfrac{\omega^2}{\omega_i^2}\right)^2 + g_i^2\right]} \tag{11-54}$$

$$H_{pi}^{I}(\omega) = \sum_{i=1}^{n} \frac{-\phi_{li}\phi_{pi}g_i}{k_i\left[\left(1 - \dfrac{\omega^2}{\omega_i^2}\right)^2 + g_i^2\right]} \tag{11-55}$$

式中:p 为激振点;l 为测试点;ϕ_{li} 为第 i 阶振动(模态)l 点的振幅;φ_{pi} 为第 i 阶振动(模态)p 点的振幅;ω_i 为第 i 阶振动的固有频率;ω 为激振力频率;k_i 为第 i 阶振动的刚度;c_i 为第 i 阶振动的阻尼系数;g_i 为第 i 阶结构的阻尼系数。多自由度系统的频响函数曲线比较复杂。当阻尼较小($g \ll 1$),各阶振动固有频率 ω_i 相隔较远时,各阶振动相互影响较小,则系统各阶频响函数 $H_i(\omega)$ 可以分别当作具有不同振动固有频率的单自由度系统来处理。如图 11-27 所示为一多自由度系统的实频和虚频图。当各阶固有频率相距较近时,各阶振动相互耦合,情况复杂得多,不能当作单自由度系统来分别处理,而需要进行更为复杂的计算。

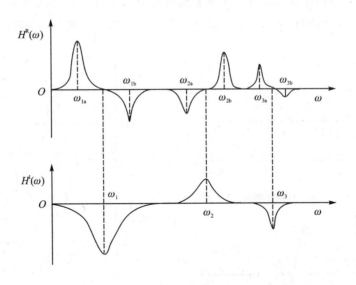

图 11-27 多自由度系统的实频、虚频曲线

11.6 振动分析仪器

从传感器检测到的振动信号和激振点检测到的力信号必须经过适当的处理，才能提取各种有用的信息。最简单的指示振动量的测振仪把传感器测得的振动信号以位移、速度或加速度的单位指示出它们的峰值、峰-峰值、平均值或有效值。这类仪器一般包括微积分电路、放大器、电压检波和表头，它只能获得振动强度（振级）的信息，而不能获得振动其他方面的信息。

为获得更多的信息，常对振动信号进行频谱分析。图 11-28(a)所示是某外圆磨床在空运转时用磁电式速度传感器测得工作台的横向振动的记录曲线，时域记录表明振动信号中含有复杂的频率成分，但很难对其频率和振源作出判断。图 11-28(b)所示则是该信号的频谱，它清楚地表明了信号中的主要频率成分并可借以分析其振源。27.5 Hz 是砂轮不平均所引起的振动；329 Hz 则是由于油泵脉动所引起的。50 Hz、100 Hz 和 150 Hz 的振动都与工频干扰及电机振动有关。500 Hz 以上的高频振动原因比较复杂，既有轴承噪声也有其他振源，有待进一步试验和分析。

记录纸速—1000 mm/s；时标—0.01 s

图 11-28　外圆磨床工作台的横向振动

时域记录只能给出振动强度的概念，经过频谱分析则可估计其振动的根源，因此可用于故障分析和诊断。在用激振方法研究机械的动态特性时，需要将所测振动和振动源联系起来以求出系统的幅、相频率特性。

下面介绍几种振动分析仪器的原理。

1. 基于带通滤波的频谱分析仪

将信号通过带通滤波器就可以滤出滤波器通带范围内的成分。所用带通滤波器一般是恒带宽比的，即中心频率和 -3 dB 带宽的比值是一个常数，亦即各段滤波器的 Q 值是一定的。可用一组中心频率不同而增益相同的固定带通滤波器并联起来组成一个覆盖所要分析的频率范围的频谱分析仪,并如图 11-29 所示依次显示各滤波器的输出即可得出信号的频谱图。这种多通道固定带通的仪器分析效率高,但仪器结构复杂,而且若要提高频率分辨率,就要提高各带通滤波器的 Q 值,在同样的覆盖频率范围内就要增加滤波器的通道数。

如果信号通过一个中心频率可调但增益恒定的带通滤波器,顺序改变中心频率,同样可得信号的频谱,如图 11-30 所示。但是要较高 Q 值的恒增益滤波器在宽广范围内连续可调,则是不容易的,所以通常分挡改变滤波器的参数,再进行连续微调。

图 11-29 由多通道固定带通滤波器组成的频谱分析仪　　图 11-30 中心频率可调的频谱分析仪

2. 用相关滤波的振动分析仪

利用相关技术可有效地在噪声背景下提取有用的信息。对于像稳态正弦激振试验或动平衡这类工作中,感兴趣的是与激振频率(或转速)相一致的正弦成分的幅值和相角(相对激振源或动平衡中的参考信号)。图 11-31 是稳态正弦激振试验的测试系统框图,而利用相关滤波的振动分析仪器工作原理示于图 11-32。

图 11-31 中的相乘和积分,平均环节可用模拟电路实现,也可用瓦特计一类的机电装置实现,还可以用数字技术实现。

图 A—幅值;φ—相角;f—频率;$N(t)$—噪声

图 11-31 稳态正弦激振测试系统框图

图 11-32 用相关滤波的振动分析仪工作原理图

3. 数字信号处理方法

随着数字计算机的发展,已广泛采用数字方法处理振动测量信号。数字信号处理可利用 A/D 接口和软件在通用计算机上实现。现在已有许多专用的数字信号处理机利用硬件实现 FFT 运算,它可数十毫秒内完成 2 048 个点的 FFT,因而几乎可以"实时"地显示振动(包括语言声音)的频谱。有的数字信号处理机已做成便携式以便现场测试用。但一般仍然用磁带记录仪在现场记录振动信号,然后到实验室进行重放并做数字信号处理。

直接将测量信号采样后做 FFT 运算就可获得其频谱。例如对系统进行冲击激振或随机激振,把激振信号和测量信号(系统输出信号)进行功率谱(自谱、互谱)分析,就可以估计系统的频率响应函数。如果对系统进行稳态正弦激振,则可把采样的激振信号和测量信号进行相关处理,可获得相当准确的幅、相传递特性。

为防止混叠,在 A/D 转换前信号应经低通滤波,除防止高频噪声的干扰外,数字处理总是要截取信号有限长度并人为地把信号周期化,因此对可能引起的畸变要有足够的认识。

11.7 测试实例

11.7.1 枪肩系统机械阻抗测试

影响连发射击武器射击精度的因素很多,它不仅取决于枪械本身的性能,而且取决于射手的控枪能力等主观因素。射击过程中,由于火药燃气冲击及运动件间的相互撞击引起枪肩系统运动状态的变化,导致武器枪口产生偏移而造成武器连发射击精度变差。为客观地反映武器系统的连发射击精度,对枪肩系统机械阻抗进行测试具有重要的意义。

抵肩力与加速度测试时传感器的安装及抵肩力作用示意图如图 11 - 33 所示。

图 11 - 33 传感器的安装及抵肩力作用示意图

抵肩力测试系统由 kistler 的 9048B 三维力传感器、5037 型电荷放大器、波形存储器、计算机构成。

枪身的后坐运动采用加速度电测法，传感器选用 kistler 的 8742A5 型冲击加速度计，安装在三维力传感器的夹具上。图 11-34、图 11-35 分别为测得的某射手抵肩部位的人-枪相互作用力及枪肩系统的后坐加速度曲线。

图 11-34 是三连发的 F_z 时间曲线，图 11-35 是三连发的加速度时间曲线，图 11-36 是十连发的 F_z 时间曲线，图 11-37 是十连发的加速度时间曲线。

图 11-34　三连发的 F_z 时间曲线　　　　图 11-35　三连发的加速度时间曲线

图 11-36　十连发的 F_z 时间曲线　　　　图 11-37　十连发的加速度时间曲线

根据测得的抵肩力 $f(t)$ 和加速度 $a(t)$，由 $F=ma$ 对抵肩力曲线进行惯性力修正，得到上述曲线。用快速傅里叶变换分别求的频谱密度函数为 $F(j\omega)$ 和 $A(j\omega)$，可得加速度导纳 $H_a(j\omega)$ 为

$$H_a(j\omega) = \frac{A(j\omega)}{F(j\omega)} \tag{11-56}$$

速度、位移导纳分别为

$$H_v(j\omega) = \frac{H_a(\omega)}{\omega} \tag{11-57}$$

$$H_s(j\omega) = \frac{-H_a(\omega)}{\omega^2} \qquad (11-58)$$

进行计算,即可取得所求的抵肩力-后坐位移导纳。

56 式 7.62 mm 冲锋枪的射击频率约为 600 发/米,单发射击循环时间为 90~100 ms。试验中对于十连发射击的采样记录信号持续时间为 1.31 s,而对于单发射击的信号记录时间 0.16 s。这样通过 FFT 得到的频谱函数分辨率十发连发射击为 0.76 Hz,单发射击的频谱分辨率仅为 6.25 Hz。这样的频谱间隔易引起"栅栏效应",以至于丢失重要的频域信息,使求得的机械阻抗函数不能反映真实情况。为此必须对单发的采样数据采取频率细化措施,提高其频率分辨率。在此采用了相位补偿法。设序列 $x(n)$ 的采样间隔为 T_s,总长度为 $N(N=2^m,m$ 为正整数),将序列 $x(n)$ 作 D 次复调制,细化后频率分辨率将提高 D 倍,其第 I 次调制公式为

$$\dot{y}(n) = x(n)\left[\cos\left(I \cdot \frac{1}{D \cdot N \cdot T_s} \cdot n\right) + j\sin\left(I \cdot \frac{1}{D \cdot N \cdot T_s} \cdot n\right)\right] \qquad (11-59)$$

式中,$I=0,\cdots,D-1$。

$\dot{y}(n)$ 为调制后的复序列,分别对调制后的复序列 $\dot{y}(n)$ 作 FFT 变换,根据频移定理即可得到细化后的频谱函数。

连发射击 z 向抵肩力-后坐位移导纳模实、虚频曲线如图 11-38 所示。

(a) 连发射击肩部后坐位移导纳实频曲线

(b) 连发射击肩部后坐位移导纳虚频曲线

图 11-38　连发射击 z 向抵肩力-后坐位移导纳模实频、虚频曲线

表 11-1 给出了采用正交分量法对图 11-38 中曲线进行辨识得到的结果。

表 11-1　连发射击 z 向抵肩力-后坐加速度导纳曲线辨识结果

a 模态	Ω_n/Hz	ξ	k/(N·m^{-1})	m/kg
1	1.98	0.541	4.6×10^4	117.3
2	15.25	0.154	5.99×10^4	2.62
3	24.42	0.083	10.14×10^4	17
4	36.66	0.074	82.4×10^4	6.28

从表 11-1 中可得知连发射击情况下的辨识结果是一个具有 4 个自由度的多刚体多自由度系统。

11.7.2　火炮振动模态分析

火炮的振动模态分析是火炮结构动态特性分析及动态设计的重要手段。弄清了火炮在某一感兴趣的频率范围内各阶主要模态的特性，就可能预言火炮在此频率范围内受外部或内部各种激励源作用下的实际振动响应。

火炮振动模态分析试验的方法有正弦激励、瞬态激励和随机激励等方法，这里只介绍瞬态激励方法。

一般情况下，火炮结构的振动可用 n 个自由度的运动方程来描述：

$$[M]\{\ddot{x}(t)\} + [C]\{\dot{x}(t)\} + [K]\{x(t)\} = \{f(t)\} \tag{11-60}$$

式中：$[M]$、$[C]$、$[K]$ 分别为 $n \times n$ 阶质量矩阵、阻尼矩阵、刚度矩阵；$\{x(t)\}$、$\{\dot{x}(t)\}$、$\{\ddot{x}(t)\}$ 分别为位移、速度、加速度列向量（$n \times 1$）；$\{f(t)\}$ 为激励力列向量（$n \times 1$）。

假定只在第 p 个物理坐标自由度上有作用力 $f_p(t)$，其他物理坐标自由度上没有作用力，即 $f_p(t) \neq 0$，$f_j(t) = 0$（$j = 1, 2, \cdots, n$，$j \neq p$）；并在第 l 个物理坐标自由度上测量振动响应 $x_l(t)$，便可得到第 p 点激励，第 l 点响应的频率响应函数为

$$H_{lp}(\omega) = \frac{X_l(\omega)}{F_p(\omega)} = \sum_{i=1}^{n} \frac{\phi_{li} \phi_{pi}}{m_i [(\Omega_i^2 - \omega^2) + 2\xi_i \Omega_i \omega]} \tag{11-61}$$

式中：$X_l(\omega)$ 为 $x_l(t)$ 的傅里叶变换，即 $X_l(\omega) = \int_{-\infty}^{\infty} x_l(t) e^{-j\omega t} dt$；

$F_p(\omega)$ 为 $f_p(t)$ 的傅里叶变换，即 $F_p(\omega) = \int_{-\infty}^{\infty} f_p(t) e^{-j\omega t} dt$；

Ω_i、ξ_i、m_i 分别为第 i 阶模态固有频率、阻尼比、模态质量；

ϕ_{li} 和 ϕ_{pi} 分别为第 i 阶模态振型向量 $\{\phi\}_i$ 中第 l 个和第 p 个振型值。

将火炮结构上 n 个自由度上的任意两个物理坐标自由度之间的频率响应函数组成 $n \times n$ 阶的矩阵，这个矩阵称为火炮结构的频率响应函数矩阵：

$$[H(\omega)] = [H_{lp}(\omega)] = \sum_{i=1}^{n} \frac{\{\phi\}_i \{\phi\}_i^T}{m_i [(\Omega_i^2 - \omega^2) + j2\xi_i \Omega_i \omega]} \tag{11-62}$$

火炮结构的频率响应函数矩阵的任意一行或任意一列，就包含了火炮结构系统的所有模态参数。例如，以第 l 行频率响应函数为例：

$$[H_{l1}, H_{l2}, \cdots H_{ln}] = \sum_{i=1}^{n} \frac{\phi_{li} \{\phi\}_i^T}{m_i [(\Omega_i^2 - \omega^2) + j2\xi_i \Omega_i \omega]} \tag{11-63}$$

式中就包含了火炮结构的各阶模态的固有频率 Ω_i、阻尼比 ξ_i、模态质量 m_i 和模态振型 $\{\phi\}_i$。

因此,只要测量得到火炮结构频率响应函数矩阵的一行或一列,就可以识别出火炮结构的全部模态参数。如果依次在火炮结构各个点上进行冲击激励,则只在火炮结构某一点上进行振动响应的测量,就能测量得到火炮结构频率响应函数矩阵的一行;如果只在火炮结构某一点上进行冲击激励,则依次在火炮结构各个点上进行振动响应的测量,就能测量得到火炮结构频率响应函数矩阵的一列。通过这一列或一列频率响应函数的曲线拟合,就可以分析得到火炮结构的模态参数。

用瞬态激励方法进行火炮结构的振动模态试验所需的仪器设备有:加速度传感器1只、力传感器和力锤1套、电荷放大器2台、低通滤波器1台、微机数据采集系统1套、振动模态分析软件1套。图11-39所示为某火炮模态试验框图。图11-40所示为某火炮模态试验测点分布图。

图 11-39 某火炮模态试验框图

图 11-40 某火炮模态试验测点分布图

图11-41为某一测点的激励力和振动加速度响应测量信号。图11-42为激励力信号频谱和振动加速度响应信号频谱。图11-43为相干函数频率响应函数的相频和幅频曲线。

图 11-41　激励力与响应信号

图 11-42　激励力与加速度频谱

图 11-43　相干函数、频率响应函数的相频与幅值谱曲线

根据测量获得的火炮结构所有测量点的频率响应数据，采用专用的振动模态分析软件，便可以识别出火炮结构的模态参数。

第12章　膛口流场测量技术

12.1　膛口流场及特点

　　流体是一种由质点组成的连续介质,流体所占的空间称为流场。流场是一个信息场,包含热力学信息(如温度、压力和密度等)以及运动学信息(如质点运动速度和动量等)。温度在流场中的分布构成温度场,是标量场。速度在流场中的分布构成速度场,是矢量场。可识别信号的传播定义为波,参数值就是一种信号,故瞬态流场往往存在复杂波系结构,如稀疏波、压缩波、激波、燃烧波和爆轰波等。

　　弹丸在膛内火药燃气推动下向前加速运动,弹丸不断压缩弹前的空气柱,并在弹前形成向前移动的激波,激波对弹丸运动产生阻力。弹丸飞出膛口后,膛内的高温高压火药燃气在膛口急剧膨胀,在膛口附近形成有复杂波系的射流,射流压缩周围的空气,并在空气中形成向四周扩展的冲击波。膛口外空气介质受到膛内火药燃气流出影响的范围统称为膛口流场。

　　在火炮射击过程中,在炮口周围会形成随时间变化的两个流场,即初始流场和火药燃气流场。初始流场是弹丸在膛内运动时,压缩弹前空气以及部分从弹丸与膛壁之间的缝隙逸出的火药燃气并将它们推出膛内的过程中形成的炮口流场。该流场包括初始冲击波和初始射流。火药燃气流场是弹丸离开炮口之后,膛内火药燃气迅速向外喷出的过程中所形成的流场。由于膛内火药燃气具有很高的压力,它们在向外流出过程中迅速破坏初始流场,形成外部伴有一道或几道空气冲击波的高度欠膨胀的超音速射流结构。初始流场的存在对火药燃气流场的影响、炮口冲击波和射流的相互作用以及弹丸对炮口流场的干扰都非常明显,使得该物理现象异常的复杂。膛口流场中,强的横向质量交换的进行,为火药燃气中的可燃成分提供了氧化剂,为膛口火焰的形成提供了条件。弹丸激波、超音速射流及冲击波等产生膛口噪声。

12.1.1　初始流场

　　弹丸在膛内受到火药燃气的作用加速运动,同时弹丸推动前方的空气及少量火药燃气,弹丸离膛前在膛口形成初始激波。初始激波在膛口附近对周围空气进行压缩,形成随时间变化的膛口初始流场。在正常大气条件下会出现上述现象,在高空条件下,若空气密度趋于零(真空条件),就不可能形成冲击波或激波。

　　图12-1是试验得到的炮口初始流场的照片。初始冲击波1更接近球体,马赫锥2把高压膛内燃气流与下游区域分开,并共同组成超声波膨胀不足射流区。初始流动的瓶状激波3受制于外冲击波的强烈限制作用。近乎垂直的内激波和球冠4成为严格的流动间断,并作为超声波/亚声速流动区域的分界面。在初始冲击波1和球冠4中间还形成另外一个流动间断5,即射流边界。

　　初始冲击波的强度主要取决于弹丸初速的大小,初速越高,弹前激波及初始冲击波就越强。

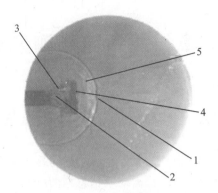

1—初始冲击波；2—马赫锥(超声速膨胀区)；3—瓶状激波；
4—冠状流动间隙；5—燃气-空气界面或射流边界

图 12-1　炮口初始流场

12.1.2　膛口主流场

弹丸出炮口时，由于高压的火药燃气的猛烈喷出，初始射流被吞没。影响流场最大的因素是主射流的火药燃气形成的冲击波流场。弹丸出炮口后，由于高压火药燃气高速喷出，在炮口周围会产生一个不断向外传播的炮口冲击波和一个相对来说稳定在炮口的超音速射流结构，形成膛口主流场。膛口主流场的强度远高于初始流场。初始流场对流场的整体远场超压影响不大，可以忽略。如图 12-2 所示，膛口气流发展过程可描述为四个阶段。

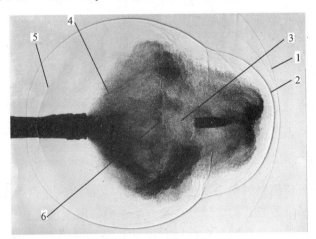

1—初始冲击波；2—膛口冲击波；3—弹丸尾流；
4—相交激波；5—自由射流边界；6—马赫盘

图 12-2　膛口流阴影照片

① 弹底离开膛口，高压火药燃气推动初始流场空气，在弹丸的侧方首先形成膛口冲击波。火药燃气速度高于弹丸，初始流动和火药燃气流动的界面逐步赶上弹丸。

② 膛口流动建立并保持声速条件。火药燃气冲击波追赶初始冲击波。初始流动与火药燃气流动的界面移至弹丸前面，并在追赶初始流动。火药燃气射流中出现相交激波，限制射流的发展，弹丸在火药燃气流动的包围之中，弹底压力仍高于弹尖压力，弹丸速度略有增加。初始流动与火药燃气流场的相互作用在轴向下游方向大于横向。随着射流尺寸增加，弹丸对其

限制作用减弱。

③ 弹底激波消失,马赫盘形成,使穿越的火药燃气再压缩,减速至亚声速。包围弹丸的火药燃气速度低于弹丸,弹丸运动受阻。膛口冲击波追赶初始冲击波,弹丸穿过膛口冲击波,开始出现弹头波。

④ 弹丸穿越初始冲击波,进入未受扰动的空气,火药燃气射流自由发展。火药燃气穿越相交激波,速度下降,但仍为超声波。马赫盘后的火药气流是唯一的亚声速区。瓶状激波外存在强烈的湍流混合,并存在速度间断。

当炮口安装有各类炮口装置时,炮口流场也将随之发生变化。

12.1.3　膛口火焰

膛口火焰是后效期具有剩余能量的火药燃气在膛口附近产生的可见火焰,也称为膛口焰,如图 12-3 所示。膛口焰容易暴露己方阵地,大大增加了被对方空中及地面观察发现的概率;对于直接瞄准火炮,膛口焰影响射手视觉,妨碍瞄准。在瓶状激波内外的膛口焰可分为三种:一次焰、中间焰和二次焰。

图 12-3　炮口火焰

一次焰紧靠膛口处的低亮度区,是炮膛内高温火药燃气在口部的继续辐射,是火药燃气在膛口处因高温辐射而产生的辉光,它的延伸距离很短,呈桔红色,持续时间短。

中间焰是火药燃气通过正激波后再次点燃形成的化学燃烧。炮膛内的火药燃气是未完全氧化的可燃气体,经过正激波后压力及温度陡增,温度超过其点火点而燃烧,持续时间较长。

二次焰是火药燃气与外界空气在射流边界区紊流混合后点燃形成的大范围的明亮火焰。它有两个特点:一是由于火药燃气与外界空气混合后补充了氧气,因此二次焰燃烧得更加充分,温度更高;另一个就是二次焰不稳定,其亮度、形状、尺寸及持续时间受外界因素影响较大,持续时间更长。

炮口焰使火药燃气能量进一步释放,它影响炮口流场结构,局部形成反响压力梯度并可能使炮口冲击波超压增大。目前削弱炮口焰的方法主要有以下两种:

① 装药中加入消焰剂。常用的消焰剂为硫酸钾和硝酸钾等钾盐,它们可以延缓点火,从而消除二次焰。

② 炮口安装消焰器。消焰器可将炮口焰减小到不致暴露的程度。其基本原理是使火药燃气在装置内膨胀加速,压力与温度平稳降低,以致火药燃气与外界气体混合前已降到点火温度以下,从而起到消除二次焰的效果。

12.1.4　膛口噪声

膛口噪声是火炮发射过程中,炮口附近各扰动源产生的噪声的总称。这些扰动源包括弹丸激波、超音速射流及冲击波等。由于扰动源的瞬变性质,决定了膛口噪声是一种脉冲噪声。

炮口冲击波是最强的炮口噪声源,它远离炮口向外传播并逐渐衰减为声波后仍保持较高的声压级,大口径火炮的脉冲噪声可传播几十公里之外。通过土壤以地震波形式传播的炮口噪声足以引起附近建筑物的振动。因此,炮口噪声源是远场区人员与设施的主要危害源。

炮口冲击波和炮口噪声都是以压力波的形式向外传播的,但是这两种波的性质有区别。噪声波是以纵波形式传播的小振幅、交复震荡的线性波,传播的速度为声速,声压随传播距离衰减较慢;冲击波本身是以超音速传播的大振幅非线性波,振幅随着传播距离增大而很快衰减,最后转化为声波。从对附近人员的生理伤害来看,二者均是脉冲压力,人均感觉为脉冲噪声。不同的是,由于冲击波压力较高,往往造成对中耳的机械损伤,而炮口噪声则由于交复震荡而直接侵入内耳及听觉神经,会引起内耳的严重损伤,造成暂时性失听。

控制和减小炮口噪声的危害采取的主要方法有:降低冲击波和噪声源的强度、隔离冲击波及噪声(即在冲击波和噪声源与炮手之间设置障碍物)、采用高效能的个人防护器材等。

12.1.5 膛口流场的特点

膛口气流的流场主要包括初始冲击波、膛口冲击波、火药燃气射流、射流内瓶状激波系四个部分,具有以下特点:

① 高度的非定常性。炮口气流是自固定容器向外的流空过程,炮口参数随时间呈指数规律下降。这种非定常的性质决定了射流和冲击波结构及其发展的特殊性。在射流参数的变化上不同于定常的欠膨胀射流,在冲击波强度的发展方面也不同于定常激波。

② 波系结构的复杂性。由于在近膛口气流范围内,发射过程的几个阶段相继完成,故流场中存在着初始冲击波、膛口冲击波、冠状冲击波、弹底激波、相交激波、马赫盘等诸多强度间断的激波,构成了一个多层的、间断的空间分布结构。

③ 强烈的方向性。膛口射流为膛口冲击波连续、有限地补充能量。在瓶状激波生长期内马赫盘距离不断沿膛轴向前推进,相当于不断前移的动球心,从而使膛口冲击波具有明显的方向性。

④ 高度的瞬态性。在短短的几毫秒内,出现了初始流场和火药燃气流场两个流动阶段,经历了炮口冲击波和高度欠膨胀射流结构的形成、发展和衰减过程,初始流场、弹丸及膛口装置对流动的干扰和膛口冲击波与射流间的相互作用也主要发生在这段时间内。而另一方面,膛内火药燃气的排空过程和冲击波在远场的传播过程却要经历很长的时间。这种长、短时间尺度并存的状况也极大地增加了研究这项工作的难度。

关于膛口流场,人们在实验、理论以及数值计算等方面开展了大量的工作,取得了卓有成效的成果。在实验方面,采用新的设备或新技术手段开展研究,如在传统间接阴影法基础上采用高速数字相机和大面积反射屏的直接阴影法,实现了膛口流场全尺寸大区域阴影照片的拍摄。在理论研究方面一般结合实验和某种理论假设,建立经验关系式,以满足工程实际的应用。随着现代战争对武器弹药的大毁伤、远射程、高精确及机动性等的需求,武器设计出现许多新的变化,由此带来很多副效应。虽然理论-经验关系式适合于工程应用,但对于全面了解流场特征及其发展机理,还是不够的。采用一些新的测试方法和设备对流场进行综合测试,已经越来越得到相关研制单位的重视。

膛口气流参数有温度、密度、火焰、声速和速度等。采用冲击波压力场测试方法可以进行声速和速度的测量,同时也能得到膛口的冲击波压力场。除已广泛采用闪光、激光及 X 光高速摄影和多点测压系统外,在光谱与声学测温、激光测速与干涉法流场显示技术等方面均有较大进展。近几年发展比较迅速的数字式超高速相机和高速摄像机也被比较好地运用在膛口流场的测试中。进行流场的测试要考虑尽量避免对流场产生扰动。

12.2 腔口温度测量

能够应用在腔口流场温度测量的方法不多,基于光谱原理的无接触温度测量方法由于不对流场产生扰动,是流场温度测试最常用的方法。

12.2.1 光谱温度测量原理

根据原子谱线发射理论,原子结构中处于激发态的电子总有跃迁到较低能态的倾向。当两个能级间 J 值(角动量)的差满足 $\Delta J=0,\pm 1$ 时,这种跃迁是允许的,但从 $J=0$ 到 $J=0$ 的跃迁则是禁止的。当在两个能级 E_2 和 E_1 之间产生电子跃迁时,就会发射出波长为 λ 的光谱线。

$$E_2 - E_1 = hf = h\frac{c}{\lambda} \tag{12-1}$$

式中: h 为普朗克常数; f 为振动频率; c 为光速。

按规定,把光电子未受激发时所处能级的能量定为零,即 $E=0$,称为基态,并把最低激发态同基态间跃迁产生的谱线称作共振线。若能量以 cm^{-1} 表示,则可根据 $\frac{1}{\lambda}=E_2-E_1$ 直接计算出谱线的波长。在光谱学中,常在谱线波长前加上罗马字Ⅰ、Ⅱ、Ⅲ、…分别表示原子谱线、一级离子谱线、二级离子谱线等。

电子由激发态向基态或低激发态跃迁,所产生的发射线强度必定与激发态原子数有关。如果把原子的两种激发态能量分别记为 E_m 和 E_n,对应的总角动量为 J_m 和 J_n,把某一能级的统计权重定义为 $g=2J+1$, g 表示某一能级对总能级的能量贡献。

玻耳兹曼(Boltzmann)用统计热力学的方法得到下面两个能级间的平衡关系式:

$$\frac{n_n}{n_m} = \frac{g_n}{g_m} \cdot \frac{\exp(-E_n/KT)}{\exp(-E_m/KT)} \tag{12-2}$$

式(12-2)中: n_n 和 n_m 分别代表处于 n 能级和 m 能级的原子数; g_n 和 g_m 分别代表 n 能级和 m 能级对总能级的能量贡献; E_n 和 E_m 为两个激发态原子的能量(eV); T 为绝对温度(K), K 是玻耳兹曼常数。

可以看到,在统计权重 g 相同时,处于高能级的原子总比处于低能态的原子少。此关系式还依赖于所处的温度。它只描述在同一状态下(Ⅰ、Ⅱ或Ⅲ)的粒子能量分布,并不能表示不同状态下粒子间的平衡关系。一般研究时感兴趣的并不是处于两个激发态的原子数目之比,而是某一激发态与基态或总原子数目之比。在基态原子的情况下, E_0 为零,式(12-2)可写成

$$\frac{n_n}{n_0} = \frac{g_n}{g_0}\exp(-E_n/KT) \tag{12-3}$$

若把所有不同能态的原子求和,则可导出任一激发态原子数与原子总数 N 的关系为

$$\frac{n_n}{N} = \frac{g_n\exp(-E_n/KT)}{\Sigma_g\exp(-E/KT)} \tag{12-4}$$

其中, $\Sigma_g \exp(-E/KT) = g_0 + g_1\exp(-E_1/KT) + g_2\exp(-E_2/KT) + \cdots + g_n\exp(-E_n/KT) + \cdots = Z(T)$

$Z(T)$ 是配分函数,它是原子不同能态统计权重 g 和 $\exp(-E/KT)$ 乘积的总和,因此有

$$\frac{n_n}{N} = \frac{g_n \exp(-E_n/KT)}{Z(T)} \quad (12-5)$$

在一般情况下,由于激发态原子密度很小,原子总密度差不多等于基态原子密度,即 $N \approx n_0$,$Z(T) \approx g_0$。此时,式(12-5)即为式(12-3)。由式(12-5)可看出,当膛口气体温度一定时,被分析元素的激发态原子数与原子总数成正比。

当电子由高能态 n 向低能态 m 跃迁时,将观测到一条发射线。其强度与下列参数成比例:

① 能量差 $E_n - E_m$;

② 处于高能态 E_n 的初始粒子数;

③ 在 n 态和 m 态之间单位时间内可能发生的跃迁数,即跃迁几率 A,对于可见光,其数量级在 $10^8 \mathrm{s}^{-1}$。

因而可把光强表示为

$$I = (E_n - E_m) \cdot n_n \cdot A \quad (12-6)$$

其中

$$E_n - E_m = \frac{hc}{\lambda} \quad (12-7)$$

$$n_n = \frac{N}{Z(T)} g_n \exp(-E_n/KT) \quad (12-8)$$

将式(12-7)和式(12-8)代入式(12-6)中,若考虑在 4π 球面内的发射,并在 Ω 立体角内观测。这样把 4π 和 Ω 因子代入式(12-8)中,便得到谱线强度公式为

$$I = \frac{\Omega hc}{4\pi\lambda} g_n A \frac{N}{Z(T)} \exp(-E_n/KT) \quad (12-9)$$

比较同一元素的不同谱线,因为 N 和 $Z(T)$ 都是常数,所以谱线强度与 $\frac{gA}{\lambda} \exp(-E/KT)$ 成正比。

电子激发温度简称为激发温度或称玻耳兹曼温度。根据式(12-5),用玻耳兹曼定律可以确定不同激发状态间的平衡,而这些激发态的分布又是温度的函数,因而可以确定受缚电子的激发温 T_{exc}:

$$\frac{n_n}{N} = \frac{g_n \exp(-E_n/KT_{\mathrm{exc}})}{Z(T_{\mathrm{exc}})} \quad (12-10)$$

于是,电子激发温度 T_{exc} 与谱线强度 I 有关系式:

$$I = \frac{\Omega hc}{4\pi\lambda} g_m A_{mn} \frac{N}{Z(T_{\mathrm{exc}})} \exp(-E_m/KT_{\mathrm{exc}}) \quad (12-11)$$

式中:h 为普朗克常数;A_{mn} 为从高能级 m 向低能级 n 的跃迁几率;g_m 是 m 能级上的统计权重;N 是发射该谱线的原子数密度;Z 是发射该谱线的原子的配分函数;E_m 是高能级 m 的激发能;k 为玻耳兹曼常数。

对式(12-11)两边取对数,则有

$$\ln\left[\frac{I_{mn}\lambda_{mn}}{A_{mn}g_m}\right] = -\frac{E_m}{kT_{\mathrm{exc}}} + \ln\left[\frac{\Omega hcN}{4\pi Z}\right] \quad (12-12)$$

式中,c 为光速。

式(12-12)实际上是 $\ln\left[\dfrac{I_{mn}\lambda_{mn}}{A_{mn}g_m}\right]=f(E_m)$ 的直线方程,直线的斜率为 $K=-\dfrac{1}{kT_{\text{exc}}}$,因此只要测得各谱线的相对辐射强度 I_{mn} 的值,然后再以 $\ln\left[\dfrac{I_{mn}\lambda_{mn}}{A_{mn}g_m}\right]$ 为纵坐标,以 E_m 为横坐标,即可以作出 $\ln\left[\dfrac{I_{mn}\lambda_{mn}}{A_{mn}g_m}\right]=f(E_m)$ 的关系直线,得到直线斜率 K,根据 $K=-\dfrac{1}{kT_{\text{exc}}}$ 可得到激发温度 T_{exc} 值。

12.2.2 辐射温度法

1. 辐射温度测量原理

根据黑体辐射定理(即普朗克定理),具有一定温度的物体都可发出辐射。

$$M(\lambda)=\frac{2\pi hc^2}{\lambda^5}\left[\exp(hc/\lambda K T_{\text{辐}})-1\right]^{-1} \tag{12-13}$$

若能测量得到辐射出射度 $M(\lambda)$,便可以计算出辐射温度 $T_{\text{辐}}$,然而一般情况下较难准确地直接测量得到 $M(\lambda)$。由于实际测量中物体通常为灰体,故对于一定温度 T 下,某一波长 λ,瞬态测温系统对应的输出电压 V 为

$$V_g = A_g \cdot \varepsilon_g \cdot \lambda^{-5}\left[\exp(C_2/\lambda T)-1\right]^{-1} \tag{12-14}$$

式中:A 是只与波长有关而与温度无关的检定常数,它与该波长下探测器的光谱响应率、光学元件透过率、被测物几何尺寸以及第一辐射常数 C_1 有关;C_2 为第二辐射常数;ε 为灰体的光谱发射率。

以标准温度源(黑体)为被测物,其发光面积为 S_0,在距离为 l_0、温度为 T_0 时,测得某一波长 λ 下瞬态测温系统对应的输出电压 V_0 为

$$V_0 = A_0 \cdot \lambda^{-5}\left[\exp(C_2/\lambda T_0)-1\right]^{-1} \tag{12-15}$$

式中,A_0 是只与波长有关而与温度无关的检定常数,它与该波长下探测器的光谱响应率、光学元件透过率、被测物几何尺寸以及第一辐射常数 C_1 有关。由于此时温度源为黑体,其光谱发射率为 $\varepsilon=1$。

实测时,对于某一被测物体(灰体),在距离为 l、发光体面积为 S、温度为 T、光谱发射率为 ε 的条件下,测得其某一波长对应的系统输出电压 V 为

$$V = A \cdot \varepsilon \cdot \lambda^{-5}\left[\exp(C_2/\lambda T)-1\right]^{-1} \tag{12-16}$$

将式(12-16)与式(12-15)相除得到

$$\frac{V}{V_0}=\frac{A}{A_0}\cdot\varepsilon\cdot\frac{\exp(C_2/\lambda T_0)-1}{\exp(C_2/\lambda T)-1} \tag{12-17}$$

根据上式可求得被测物体温度 T 为

$$T=\frac{C_2}{\lambda\ln\left\{1+\left[\exp(C_2/\lambda T_0)-1\right]\cdot\varepsilon\cdot\dfrac{V_0\cdot A}{V\cdot A_0}\right\}} \tag{12-18}$$

2. 测温系统的组成

测温系统分为硬件和软件两部分,如图 12-4 所示。

硬件部分主要由前置光学系统、光栅分光系统、APD 信号采集与处理系统组成。前置光学系统采用的是类似于经纬仪望远镜的结构,可方便地进行远处目标的观察和对准。它由反

图 12-4　六通道温度瞬态测量装置构成

射镜、准直物镜、分光镜、望远目镜组成。通过调整前置光学系统,使得在观测目镜中观察到目标,从而使测量装置与轨道发射管轴线重合,完成对整个测试系统的光路对准。目标发出的光谱信号经反射镜、准直物镜、分光镜,进入光栅分光系统。

光栅分光系统由入射狭缝、球面反射镜1、平面闪耀光栅、球面反射镜2、六通道狭缝及六根导光光纤组成。前置光学系统收集到的光谱信号由入射狭缝进入光栅分光系统,经闪耀光栅分光将所需要的6根等离子体的特征谱线(4根谱线为轨道特征谱线,2根谱线为弹丸特征谱线)提取出来,由球面反射镜2将所需光谱会聚到分光系统的焦面——六通道狭缝,并与6根直径为1 mm 的导光光纤耦合,实现了高精度分离提取所需6根谱线的目的。由于光栅的高精度分光本领,有效地去除了目标光谱信号中的杂散信号,最终将有效光谱信号导入到探测器APD靶面上。

信号采集与处理系统由6个雪崩二极管(APD)以及处理电路组成。APD探测到入射到其靶面的光能量之后,输出与入射光能量相对应的电流信号。高速转换处理电路把这一电流信号转换为电压信号并且进行一系列信号预处理(如信号放大、去噪声等),最后通过高速AD卡采集到计算机中。

前置光学系统有效地去除了大量的背景杂散光信号,而光栅分光系统则高精度地分离提取出了测量所需的6根光谱信号(波长定位精度为0.1 nm左右,信号带宽为±2.2 nm),APD

信号采集与处理系统完成了有用信号的高速采集处理(响应时间小于 1 μs),提高了系统的测试精度。

高速 AD 卡采集到的信号输入到计算机后,处理软件根据算法模型即可计算出膛口流场温度的变化;根据计算结果,可以形象直观地绘出膛口温度场随时间变化的曲线。通过软件处理能够得到流场的辐射温度和激发温度。

对膛口流场进行温度测试只需要将该套装置放置在被测枪炮口的侧面,将前置光学系统瞄准需要测试的部位。

图 12-5 是采用该装置进行 14.5 mm 弹道枪进行膛口流场温度测试的实验布置情况。测试仪器直接对准枪口位置。

图 12-5 膛口流场温度测量实验布置图

12.3 基于马赫-曾德尔干涉仪的膛口流场密度测量

马赫-曾德尔(Mach-Zeheder)干涉仪是测量密度常用的仪器。与其他光学仪器比较,它的主要优点是信号光束和参考光束在空间可分得很开,可以使参考光束避开炮的障碍,通过膛口流场。信号光束仅通过测量区一次,得到的图像比较清晰,并可以确定光程。

图 12-6 给出了马赫-曾德尔干涉仪的组成原理,以单色光源(一般用激光器)和透镜组合,得到一束平行光束。平行光束到达分光镜 FG1 位置后分成两束平行光束:一束透射的 A 光束,经过反射镜 FS1 进入流场测量区,从测量区射出的光束到达分光镜 FG2,反射后到达成像屏;由分光镜 FG1 反射的 B 光束经过反射镜 FS2 到达分光镜 FG2,透射后到达成像屏。两束光在成像屏上形成干涉条纹。

两束相干光的相位差为

$$\Delta\phi = \frac{2\pi}{\lambda_0}\left[\int(n_A - n_B)\mathrm{d}x\right] \tag{12-19}$$

式中:λ_0 为单色光波长;n_A 为 A 束光路径折射率;n_B 为 B 束光路径折射率。

两束光的光程差 $\int(n_A - n_B)\mathrm{d}x$ 是由于 A 束光通过膛口流场测量区引起的。

图 12-6 马赫-曾德尔干涉仪原理图

根据格拉得斯通-戴尔(Gladstore - Dale)方程,即

$$\rho = \frac{n-1}{G} \tag{12-20}$$

式中:ρ 为介质密度;n 为介质折射率;G 为格拉得斯通-戴尔常数。

代入式(12-19)得到

$$\Delta\phi = \frac{2\pi}{\lambda_0}(\rho_A - \rho_B) \cdot l_A \tag{12-21}$$

式中:ρ_A 为膛口流场密度;ρ_B 为空气密度;l_A 为 A 光束穿过流场区的长度。

在成像屏上出现明暗相干条纹的条件是:

$$\Delta\phi = \begin{cases} 2k\pi, & \text{亮纹} \\ (2k\pi+1), & \text{暗纹} \end{cases} \tag{12-22}$$

由此可以确定流场的密度 ρ_A。

通常的方法是采用膛口流场可视化测量和膛口流场密度测量同时进行,用一个时标器精确地刻画时刻数值,采用超高速数字式照相机拍摄成像屏的干涉条纹,用另外一台拍摄膛口流场的照片,从而准确地得到不同时刻的 l_A,再计算出流场的密度 ρ_A。

12.4 膛口流场可视化测量

膛口流场最常用的测量方法是可视化测量方法。在 20 世纪 40 年代,由火花光源和胶片组成的阴影照相技术就被应用到膛口流场的测试中,随后又出现了多火花光源的胶片式阴影照相技术。随着技术的进步,超高速数字式照相技术和高速数字式摄像技术已经被广泛地应用到膛口流场的测试中。

12.4.1 膛口流场的阴影照相原理

光线透过被测介质时可能出现偏折,阴影照相可以测量偏折光线的位移,而不是光线的偏

折角。其工作原理如图 12-7 所示。

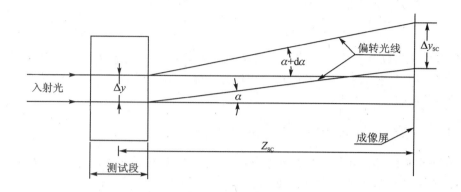

图 12-7 阴影法中的光线位移原理

被测介质的折射率 n 仅沿 y 方向变化，于是介质作用后平行光的偏折角 α 也是 y 的函数。由于偏折角不同，测试段 Δy 区域的光线在成像屏上的照亮区域为 Δy_{SC}，该区域的光强为

$$I_0 = \frac{\Delta y}{\Delta y_{SC}} I_T \tag{12-23}$$

式中，I_T 为测试段出射光的初始光强。

$$\Delta y_{SC} = \Delta y + Z_{SC} d\alpha \tag{12-24}$$

Z_{SC} 是测试段与成像屏的距离。对比度为

$$R_C = \frac{\Delta I}{I_T} = \frac{I_0 - I_T}{I_T} = \frac{\Delta y}{\Delta y_{SC}} - 1 = -Z_{SC} \frac{d\alpha}{dy} \tag{12-25}$$

其中 $\alpha = \int_L \frac{\partial n}{\partial y} dz$，故

$$R_C = -Z_{SC} \int_L \frac{\partial^2 n}{\partial y^2} dz \tag{12-26}$$

当 $\frac{\partial n}{\partial y}$ = 常数或 $\frac{\partial^2 n}{\partial y^2}$ = 常数时，成像屏被均匀照亮；当 $\frac{\partial^2 n}{\partial y^2} \neq$ 常数时，成像屏会有明暗分布。$\frac{\partial^2 n}{\partial y^2} > 0$ 的区域，$I_0 < I_T$，光强降低，相反光强则增加。

设光线未受干扰时，成像屏上的光点坐标为 $Q(x, y)$，经过流场干扰后，成像屏上的光点为 $Q'(x', y')$。因为偏折角很小，所以

$$x' = x + \Delta x(x, y)$$
$$y' = y + \Delta y(x, y)$$
$$\Delta x = Z_{SC} \int_L \frac{\partial n}{\partial x} dz$$
$$\Delta y = Z_{SC} \int_L \frac{\partial n}{\partial y} dz$$

观察屏上 (x, y) 点的光强为

$$I_O(x, y) = \frac{I_T(x, y)}{J} \tag{12-27}$$

其中 J 为雅可比（Jocobian）行列式。

$$J = \left| \frac{\partial(x', y')}{\partial(x, y)} \right| \approx 1 + \frac{\partial(\Delta x)}{\partial x} + \frac{\partial(\Delta y)}{\partial y} = 1 + Z_{SC} \int_L \left(\frac{\partial^2 n}{\partial x^2} + \frac{\partial^2 n}{\partial y^2} \right) dz$$

$$R_C = -Z_{SC} \int_L \left(\frac{\partial^2 n}{\partial x^2} + \frac{\partial^2 n}{\partial y^2} \right) dz \tag{12-28}$$

早期,由于采用胶片形式得到的阴影照片的对比度差,因此,对得到的流场照片只能进行定性分析,近几年来,随着数字式超高速照相机及数字式高速摄像机技术的发展,已有人在进行定量研究,并取得了一些研究成果。

12.4.2 膛口流场的间接法阴影照相

阴影照相根据光路的不同分为间接法和直接法。根据流场的特点,一般采用间接阴影照相法。间接阴影照相法组成框图如图 12-8 所示。

图 12-8 间接阴影照相法组成框图

图 12-8 中的透镜直径一般大于 1 m,光源置于透镜的焦距之外,流场位置处于透镜的焦距之内。如果采用胶片成像,则可以将胶片放置到透镜另一面的焦距之内或之外;如果采用相机,则在焦距附近,用胶片成像可采用火花光源。南京理工大学曾经采用此原理研制了 YA-16 的 16 个火花光源组成的多火花光源照相系统,在时序控制器控制下能够得到连续的 16 幅照片。

YA-16 多闪光阴影高速摄影仪是根据 Cranz-Schardin 原理研制的,是一种等待型高速分幅照相机,具有像质好、画幅尺寸和预延迟时间范围大等优点。对于中间弹道流场显示、外弹道弹丸飞行姿态、高速瞬变气流流场显示方面显示了其独特的优点。在激波管、爆轰波及冲击波动力学等方面得到了广泛的应用。仪器外形如图 12-9 所示,主要由多闪光光源、多镜头照相机、凹面反射镜组成。

多闪光光源由几个独立设置的火花光源、高压电源、开关箱等组成。多镜头相机由多个镜头、暗箱、遮光、底片盒及带闪光时间记录的后盖板组成。多闪光光源、多镜头照相机、凹面反射镜都置于多维支架上。多维支架是一个可调整的工作台,具有升降、前后、左右调整功能。

图 12-10 是采用 YA-16 得到的 16 幅膛口流场照片。

随着超高速数字式照相机技术的成熟,采用高频单色激光光源和超高速数字式照相机,可以得到 8~16 幅数字化的流场照片。

COOKE 公司的 HFSC-PRO CCD 相机具有帧间隔时间为 3 ns 或每秒 333 百万幅的性能。具有 1 280×1 024 个像元分辨率,数字图像化具有 12 位分辨率,可以连续拍摄 4 幅图像,采用双曝光模式可以得到 8 幅图像。在 Windows 的软件操纵下为每个通道设定曝光参数。捕捉的图像能按 BMP 和 TIFF 格式存储。

英国 DRC 公司的 Ultra-8 是一款基于独创的增强 CCD 技术的高速相机,帧比率可达每

第 12 章　膛口流场测量技术

多镜头相机　　　　　　凹面反射镜　　　　　　多闪光光源

图 12-9　YA-16 多闪光高速照相机外形图仪

图 12-10　由 YA-16 拍摄的膛口流场 16 个时刻的火花阴影照片

秒 1 亿幅,可以捕捉大范围的快速运动目标,连续拍摄 8 幅图像。捕捉的图像能按 BMP 和 TIFF 格式存储。

英国 SPECIALISED IMAGING 的 SIM 超高速相机,具有帧间隔时间为 5 ns 或每秒 2 亿幅的性能。该相机具有 1 360×1 024 个像元分辨率,数字图像化具有 8~12 位分辨率,可以有 4、6、8 甚至 16 个独立的光学通道。通过以太网进行遥控操作。外部触发装置、高精度计时控制都可以在 Windows 平台支持的软件环境下工作。捕捉的图像能按 BMP 和 TIFF 格式存储。软件具有测量和图像增强功能,可以对拍摄的图像进行定量的分析处理。

12.4.3　平行光的阴影照相

为了能够对流场进行较为精细化的照相并能够进行数字化的密度、温度及传播速度等量的判读,人们提出了采用平行光进行阴影照相的方法,这种方法对于采用数字化的照相系统更加有效。图 12-11 是其组成原理图。光源首先经过透镜 1 变成平行光照明膛口流场区,流场的阴影经过透镜 2 会聚到超高速数字相机的镜头附近,在数字相机的像平面上成像,这些像又经过光学系统分别折射到多个 CCD 相机前的像增强器上,在时序控制器的作用下控制光源闪光并依次开通像增强器,从而得到序列化的流场及火焰照片,由于平行光均匀性好,因此拍摄的图像清晰度高,灰度值明显,已经有研究机构对通过此方法拍摄的流场照片进行定量分析。

图 12-11 平行光的阴影照相组成原理图

12.5 膛口流场的分布及卡瓣与弹之间的干扰测试

随着装甲技术的不断改善和装甲能力的不断提高,反装甲武器也得到了迅速的发展。脱壳弹是反装甲武器的重要弹种,脱壳过程是影响脱壳弹射击精度的主要因素,研究脱壳过程就显得非常重要。

脱壳过程伴随着高温、高压、高速、高过载现象,是一个具有非常复杂的物理、化学、力学现象的瞬态过程,其时间为毫(微)秒级,速度可达 1 500 m 以上,温度大于 1 000 ℃,压力能够达到几百 MPa 以上,过载达到几万个 g。在后效期中,是弹托卡瓣脱落的主要阶段,这期间的流场变化迅速,激波相互干扰,弹托卡瓣与弹体间的机械接触或碰撞和气动力干扰的随机变化,都使得在此极短的时间将产生许多异常复杂的现象。这就对脱壳过程中的动力学现象的观察和各参量的测试都带来了很大的困难,对测试仪器设备的先进性、精密性、专用性都有很高的要求。

12.5.1 X 光机测试技术

从 1938 年斯蒂恩贝克(Steenbeck)、金多恩(Kngdon)和塔尼(Tanis)成功地制造了世界上第一台脉冲宽度近 1 μs 的强 X 射线发生器开始,高速辐射摄影技术已经在弹道学、爆炸力学等各个领域得到了广泛的应用,用闪光 X 射线照相来研究弹道过程是它很多应用中最主要的一种。采用 X 光机辐射照相法的优点是在整个膛口过程中发生的可见光对它的记录完全没有影响。

1. X 光机的组成和原理

X 射线是以阴极射线(电子)轰击物质,导致电磁辐射,称为 X 辐射。X 射线摄影通常的波长范围为 $10\sim10^{-5}\mu m$。高速 X 射线摄影,是 X 射线波束通过运动物体获取阴影照相记录的一种测量技术,是高速摄影技术的一个分支。

X 射线照相的基本特征是:当 X 射线波束投射物体时,高能量、短波长的射线使其在某程度上穿透普通物体,通过物体的 X 射线量取决于辐射的能量和物体的密度与厚度,低能辐射比高能辐射容易被吸收,密度大或厚的物体更易吸收,对发射的 X 射线光束进行强度调制,使胶片上显示出不同的照相密度,因此 X 射线摄影是一种阴影摄影。但它具有更多的信息,不仅显示物体的轮廓,而且显露了物体内部的细节。这就提供了记录直观视觉不可见的现象,并可观察物体内部的复杂结构。

以瑞典 Scandiflash AB 公司的 X 光机为例,X 光机由控制台、高压发生器、X 射线管、X 射线探测器等组成,X 光的照相示意图如图 12-12 所示。

图 12-12 X 光机系统照相示意图

(1) 控制台

整个系统通常由控制系统控制其工作,它包括如下的单元:

① HVPS 50B 型高压电源:它用于给 Marx 发生器电容充电;其输出电压可变,为了使脉冲发生器输出电压改变,高压电源最多可给 4 个脉冲发生器充电。

② PC4A 型气体压力控制单元:为控制火花球隙间压强的压力控制单元,绝缘气体用于绝缘脉冲发生器到 X 射线管高压电缆的两端,这个单元最多可控制到 6 个脉冲发生器。

③ DG1000C 型延迟时间发生器:为提供同步触发脉冲的数字化延时发生器。整个系统的延迟时间可用时间间隔测试仪测量,时间测量的起始信号取自延迟时间发生器的同步脉冲信号,停止信号取自脉冲发生器输出端探针的信号。

④ DPC4A 型绝缘气体压强控制单元:为脉冲发生器到 X 射线管高压电缆两端提供绝缘的绝缘气体控制单元。

⑤ 离子泵电源:为 X 射线管提供真空的离子泵电源,两个电源用于双管正交系统;

⑥ 外同步信号输入单元:数字式延迟时间发生器用于同步触发信号与所捕获照片的瞬间,延迟时间用手动拨轮设置,间隔为 1 μs,输入信号可以是正脉冲信号或短路信号。

⑦ 电源分配单元:提供交流电源输入的电源分配单元。

(2) 高压脉冲发生器

高压脉冲发生器组件放在充高压气体的钢筒内,脉冲发生器放在一个有轮的架子上,以便自由移动,如图 12-13(a)所示。其内部结构如图 12-13(b)所示。

(a) 外形图　　　　　　　　(b) 内部结构示意图

图 12-13　高压脉冲发生器外形及内部结构

为了获得产生 X 光的高压，需要对电容储能部件进行充电，在 X 光机中一般采用马克斯（Marx）发生器。在 Marx 发生器中，电容器是并连充电的，如图 12-14(a)所示。图中 C_1……C_n 是每级电容器，R_1……R_{2n} 是每级充电电阻器，SG_1 是触发火花隙。而放电时是将电容器进行串联连接，如图 12-14(b)所示。为了减少线路的电感组件堆叠在压力容器内成同轴型连接；为了改善绝缘强度，在脉冲发生器内部充了高压干燥气体，压强大小要匹配于电容器充电电压。为了使 Marx 发生器工作，需要高压电源给电容器充电；绝缘气体来控制火花球隙是否击穿，触发脉冲来起动放电。

(a) 充电回路图

(b) 放电回路图

图 12-14　高压脉冲发生器中的充、放电回路图

（3）X 射线管

根据所用阴极的类型，X 射线管主要分成两大类：热阴极 X 射线管；冷阴极 X 射线管。在闪光 X 射线系统中一般采用冷阴极管。图 12-15 是采用可拆卸的闪光 X 射线管做成的直线型和 90°角输出两种类型。

（4）X 射线探测器

大多数 X 射线照片是用底片取得，采用增感屏得到的可见光图像，采用数字式相机可以

得到数字化的图像。图 12-16 是采用底片及增感屏的几种应用方式图。

X 射线的计算机成像系统可以得到数字化的 X 射线图像,这个技术通常称为 CR 系统。其关键是采用了成像板,图像被捕获在成像板上。成像板由荧光层覆盖,当荧光层被 X 射线曝光时,在荧光层上就形成一个潜在的像。在曝光后,成像板用激光束扫描,潜在的像就转换成可见光的像,这个可

图 12-15 可拆卸的闪光 X 射线管可做成直线型或 90°角输出两种类型

图 12-16 采用底片及增感屏的应用方式

见光被光子放大器捕获,并转换成数字信号,这些信号被储存在计算机中,并转换成图像,在下一次曝光前,潜在的像可用强白光抹掉。采用 X 射线计算机成像系统捕获图像方式,图像是以数字形式读出的,可很容易地使用图像处理技术进行处理,处理过程不需要任何化学溶液,全部在干燥情况下进行,不需要暗房,系统很容易搬运,工作起来简单方便。

2. X 光机在膛口卡瓣分离中的测试光路

由于膛口有强烈的炮口焰,采用 X 光机得到卡瓣分离是比较常用的方法。图 12-17 是采用 X 射线管和底片的布置图,采用此种布置方法,还可以得到高速阴影照片。X 射线管 1 和 X 射线管 2 形成正交形式,X 光底片或成像板放在 X 光成像架上,当脱壳穿甲弹通过由 X 射线管 1 和 X 射线管 2 组成的视场时,在控制台的控制下 X 射线管闪光,在 X 光底片或成像板形成卡瓣分离的正交图像。

在另外的一个窗口由单色脉冲光源和高速照相机可以得到膛口流场及卡瓣分离的阴影照片。图 12-18 是用 X 光机得到的膛口卡瓣分离的照片。

图 12-17　正交形式的 X 射线管和底片的布置图

图 12-18　用 X 光机得到的膛口卡瓣分离的照片

为了连续得到膛口卡瓣的分离过程,可以采用多个 X 射线管来组成多位置的 X 光照相系统。图 12-19 给出了 4 个 X 射线管构成的系统。通过 4 个 X 射线管的序列照相,能够得到脱壳弹卡瓣分离的连续过程。

图 12-19　4 个 X 射线管和底片的布置图

12.5.2　阴影照相测试技术

用相互正交的阴影照相方式,能够准确地拍摄到弹丸离开枪炮膛口时处于高温、高压火药燃气的冲击波场下,火焰包裹下弹丸的姿态的图像。根据得到的图像可以观察多管武器串、并联发射弹丸出膛口的相互干涉情况以及脱壳穿甲弹卡瓣分离情况等。

1. 工作原理

(1) 反射式阴影照相系统

采用脉冲激光器作为光源时,阴影照相系统结构如图 12-20 所示。其工作原理为:当弹丸触及触发启动靶 7 时,产生一个触发信号,启动相机控制器中的延时电路。经过预置的延时时间后,高速运动目标进入照相视场中部。当延时结束时,向激光器 2 发出触发信号,经过激光器的固有延时后,激光器发出激光。激光束经过 5∶5 分光后,再由两根导光光纤束 4 将两束激光分别导入两个半反半透镜 6,照明高速运动目标。与此同时,相机控制器发出照相启动脉冲,使两个高分辨率 CCD 相机 3 同时处于照相状态。照相结束后,两个相机将高速运动目标阴影图像经高速网线传输至相机控制器 1,用于对高速运动目标的运动姿态做进一步的分析。高分辨率 CCD 相机工作模式由相机控制器通过软件进行设置。

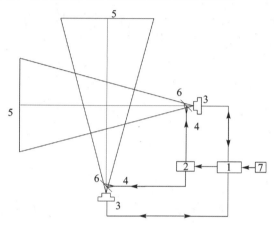

1—相机控制器;2—激光器;3—CCD 相机;4—分光光纤;5—反射屏;6—半反半透镜;7—触发启动靶

图 12 - 20　反射式 CCD 阴影照相框图

反射屏 5 采用具有高反射特性的苏格兰膜;半反半透分光镜 6 为 5∶5 分光,相机可以得到最大光通量。采用反射式阴影照相系统进行膛口卡瓣分离照相,照明光源最好采用激光光源,而不能采用火花光源。在成像装置前端最好加上能够通过单色激光光源的滤光装置。

(2) 透射式间接阴影照相系统

由于受到枪、炮火焰的影响,透射式间接阴影照相系统采用菲涅尔透镜 CCD 照相系统,结构如图 12 - 21 所示。图 12 - 21 中火花激光光源 1 置于菲涅尔透镜 3 倍焦距处,高分辨率 CCD 相机置于菲涅尔透镜 1.5 倍焦距处,由光源发出的光经菲涅尔透镜汇聚在高分辨率 CCD 上。光源、高分辨率 CCD 相机的控制部分与反射式阴影照相系统相同。

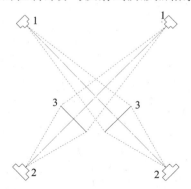

1—火花光源(激光光源);2—高分辨率 CCD 相机;3—菲涅尔透镜

图 12 - 21　中间弹道阴影照相系统光路图

2. 阴影照相系统的组成

组成阴影照相系统的关键部件主要有高分辨率 CCD 照相机、脉冲激光器、延时控制器、触发启动靶等。

(1) 分辨率 CCD 照相机

高分辨率数码摄像机置于一个暗室内，照相时相机处于外触发等待，当目标飞入照相视场中，由光电触发器同时触发相机和光源闪光，进行极短暂的照明，即可获得高速飞行目标的清晰图像。图像可以方便地通过网线输入电脑，并进行图像分析、处理，得到空间姿态及一些相关的弹道参数。对于应用于阴影照相系统的高分辨率 CCD 相机一般要求其像素数不小于 1 200 万，曝光时间要小于 10 μs。

(2) 脉冲激光器

如果被照相的目标运动速度为 V，相机靶面曝光时间为 T，被照目标在曝光时间内产生的位移为 X，则目标图像沿速度方向的模糊量 X' 可用下列方程组计算

$$\left. \begin{array}{l} X = VT \\ M = \dfrac{X'}{X} \\ X' = MVT \end{array} \right\} \qquad (12-29)$$

式(12-30)中 M 为镜头成像的目标图像放大率。在物体运动速度较快时，选较短曝光时间。在照相时控制曝光时间有两种方式，即由照相快门（机械快门和电子快门）控制和脉冲照明光源光脉宽控制。由于被照相物体的运动速度很高，照相时由照相快门控制曝光时间，最短也在 10 μs 数量级，模糊量 X' 会非常大，因此照相快门控制方式不能采用，只能采用脉冲照明光源的光脉宽控制曝光时间。

脉冲照明光源的光脉宽控制曝光时间，CCD 相机处于外触发等待照相，其高速飞行目标图像的拖影程度完全取决于照明光源的光脉冲持续时间。考虑到炮口的火焰太强，采用单色激光光源通过合适的光路设计可以有效地解决膛口火焰的影响。若物体像移动距离不大于 CCD 靶面的半个像素边长，即

$$X' = \dfrac{a}{2} \qquad (12-30)$$

则由式(12-30)、式(12-31)得曝光的最长时间为

$$T = \dfrac{a}{2MV} \qquad (12-31)$$

数码相机的像素尺寸约为 $a = 7.4\ \mu m \times 7.4\ \mu m$，要保证图像分辨率大于 45 lp/mm，这就要求在照明时间内目标的像移动距离不大于半个像素边长。如果像素边长尺寸 $a = 7.4\ \mu m$，图像放大率 $M = 1/20$，由式(12-32)得光脉冲持续时间约为 25 ns。这样的光源，只有脉冲激光器可以满足要求。目前脉冲激光器光脉冲宽度可达到 8 ns，对于获得高清晰图像更有利。脉冲激光的波长采用 532 nm。

此外，两个正交照相的相机要求在同一时刻捕获图像，便于空间定位处理。如果用两台激光器照明，由于触发电路工作的分散性，发出激光就会有时间差，两幅图像反映的是两个时刻的目标姿态，对其后的图像处理带来不良影响。如果使用一台脉冲激光器，进行分光后照明，即可避免由于时间差对图像处理带来的弊端，从而提高目标姿态处理及计算的精度。

（3）相机控制器

相机控制器是协调阴影照相系统工作的控制计算机。它由时序电路、网络接口及计算机软硬件等组成。由闪光形成的阴影照片通过网络传输到相机控制器中，在分析软件的分析下，得到卡瓣分离的相关信息。图 12-22 所示是用阴影照相系统得到的膛口卡瓣阴影照片。卡瓣是尼龙材料制成的，炮口口径为 30 mm。

(a) 炮口处的左右正交阴影照片

(b) 离炮口 1 000 mm 处的左右正交阴影照片

(c) 离炮口 3 000 mm 处的左右正交阴影照片

图 12-22　阴影照相系统得到的膛口卡瓣阴影照片

12.5.3 超高速照相法

对于膛口火焰气体不太强烈的场合,可以采用超高速数字式相机来实现弹丸膛口卡瓣分离的照片。图12-23所示是用超高速相机得到的膛口卡瓣分离照片。

图12-23 用超高速相机拍摄的膛口卡瓣分离照片

12.6 膛口火焰测量

膛口焰的强弱一般用火焰的扩张范围、亮度、温度和持续时间来表示,测试扩张范围可用时间积累照相法,用B等待照相和转鼓摄影法。扩张范围尺寸数据可根据事先做好的参考标记的尺寸读出,也可根据成像原理算出。温度可用光谱测温法测量,持续时间可用光电传感器配合测时仪进行,也可用高速摄影机拍摄测量,光敏元件组成的系统或数字式高速照相系统可以用来测量膛口焰的亮度。

12.6.1 摄影法

1. 照相机B门法

在以前,该方法是普遍采用的膛口火焰测试方法,它拍摄的是枪口火焰在其持续时间内火焰的累积照片,从照片上可以定性地分析火焰在全时间内的总体空间分布及强弱,若要定量地分析火焰还需对照片作进一步处理。用这种方法拍摄膛口火焰时,需针对具体的枪种及弹药性能选择适宜的拍摄用胶片。采用B门法进行膛口火焰测试,只能在暗室或全黑环境里进行。通过照片无法精确地定量评价火焰大小及强弱,一般仅用于宏观分析。

2. 转鼓摄影法

转鼓摄影法即采用转鼓摄影仪拍摄膛口火焰。在膛口和转鼓摄影仪之间安装一凸透镜,用来将膛口火焰聚集在转鼓摄影仪镜头前某一位置。在转鼓上安装好拍摄用胶片,对准凸透镜的成像区进行调焦,将火焰区成像于胶片上,调节鼓轮转速,使其以恒定的速度作旋转运动,转速大小可根据火焰持续时间确定,实验时必须在暗室中进行。转鼓法和B门法的主要区别是它能测量出枪口火焰的持续时间,所拍摄照片中某一时刻的火焰图片是火焰在该时刻全空间内的累积。随着技术的进步,传统的转鼓摄影法已经被数字式高速和超高速摄像机及相机替代。

3. 数字式高速照相系统法

数字式高速摄像机和超高速相机已经被广泛地应用到膛口火焰的测量中来，它可以用来测量膛口火焰的扩张范围、亮度和持续时间等参数，并具有较好的后处理能力。由于黑白的数字式高速摄像机或相机具有12位的灰度，因此数据处理的精度比较高。

12.6.2 光敏元件膛口火焰亮度及持续时间的测量

如图12-24所示，若发光面积 A_1，经过透镜 M 成像为面积 A_2，发光面及其像与透镜 M 的距离分别为 r_1 和 r_2，S 为透镜的面积，λ 为透镜的透射比。将光敏元件放置在 A_2 位置处，便可以进行膛口火焰亮度及持续时间的测量。

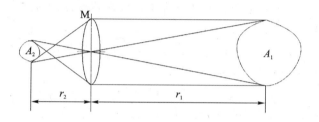

图 12-24 光敏元件测试组成原理图

如果 r_1 和 r_2 比 A_1 和 A_2 的尺寸大很多，则发光面向透镜 M 发射并透过 M 的光通量为

$$\varphi = LA_1 S \frac{\lambda}{r_1^2} \tag{12-32}$$

式中，L 为亮度。像的照度为

$$E = \frac{\varphi}{A_2} = LA_1 S \frac{\lambda}{r_1^2 A_2} \tag{12-33}$$

由透镜的成像关系得

$$\frac{A_1}{A_2} = \frac{r_1^2}{r_2^2} \tag{12-34}$$

从而有

$$L = \frac{E r_2^2}{S \lambda} \tag{12-35}$$

选择光敏元件时要注意感光面积和响应频率，还要考虑光谱范围。由于膛口火焰的光谱范围较宽，因此选择的光敏元件也应该是宽光谱范围的。

测量系统标定时，光源采用标准光源。当标准光源发出不同亮度的光后，标准照度计给出光源的照度值，用此照度值换算成光通量值来判读测量系统输出值。测量时通过专用处理软件，可获得枪口火焰光通量随时间变化曲线的最大峰值及光通量曲线的时间积分值，以此作为评价枪口火焰优劣的指标。

第 13 章 弹丸姿态及坐标测量技术

13.1 概　述

1. 弹丸姿态

所谓"弹丸的飞行姿态"是个总的概念,其中包含定性和定量两个方面。定性方面主要是通过照片(图像)或连续过程观察弹丸的飞行状态、稳定性、尾翼张开、脱壳弹的分离、撞击过程等情况。在定量方面主要是测量弹丸运动时刚体弹道起始条件,弹轴的空间方位,包括章动角 δ、自转角速度以及弹丸质心的运动轨迹等。

弹丸飞行稳定是保证弹丸射击密集度良好和战斗部正确作用的基本条件。在弹丸研制过程中,通常先制出气动模型进行风洞吹风试验,测出各个气动力系数,并计算出稳定性因子,对弹丸的飞行稳定性进行初步校核,制出全尺寸弹或模型弹后,则需在火花闪光阴影照相靶道或攻角纸靶射击靶道进行自由飞行试验,测出弹丸质心运动及绕质心运动的 6 个参量随时间的变化,由此导出气动力系数,进行稳定性校核。根据弹丸摆动角的变化情况(衰减或发散),也能定性判断弹丸是否飞行稳定。

2. 弹丸的射击密集度及坐标

立靶精度是武器系统鉴定不可缺少的一项重要指标,是各种武器的科研试验和训练中必须测试的重要参数。立靶精度测试主要是测试弹丸在着靶面上的散布及着靶精度。立靶精度主要包括立靶密集度和立靶准确度两个方面。其中,立靶密集度是指各发弹的弹着点对于平均弹着点的密集程度;立靶准确度是指弹丸或武器-弹药系统的平均弹着点靠近瞄准点的程度。密集度好的武器,只要对瞄准加以修正,就可以使所有的弹着点接近瞄准点,提高命中率,从而提高命中的精度。

13.2 弹丸转速及姿态测量

13.2.1 电测法(凹槽刻痕法)

靶场广泛使用连续波多普勒雷达测试弹丸的飞行速度。根据电磁波散射理论,雷达目标回波信号中包含有目标形状和体积的特征信息,它反映雷达目标固有特性,又称为雷达目标特征信号。如图 13-1 所示,其中 f_0 是雷达发射信号频率,f_d 是运动目标回波产生的多普勒频率,光速是 c。通过测量弹丸飞行过程中雷达散射截面(RCS)的变化,即通过对雷达回波信号幅度和相位的处理,可以获得目标雷达散射截面积等一系列目标特征参量。

在弹丸底部刻槽(弹丸的底部开一条或一系列平行窄槽),雷达发射单一频率线极化波,窄槽将对多普勒信号的幅度和相位进行调幅调制。当槽的方向与电磁波的极化方向平行时,回波信号最强;当槽的方向与电磁波的极化方向垂直时,回波信号最弱。弹丸每旋转一周,槽交

第13章 弹丸姿态及坐标测量技术

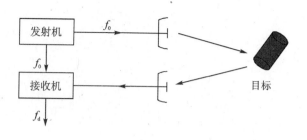

图 13-1　连续波雷达测速的基本原理

叉两次,即两次与极化方向平行和两次与极化方向垂直。对弹丸底部某一固定接收点来说,接收机接收的信号强度会发生周期性的变化,弹丸转动一周出现两个极大点和两个极小点,这时,弹丸回波信号包含弹丸飞行运动产生的多普勒信号及由于弹丸底部开槽所形成的调制信号。回波信号受到两倍于转速频率的调制,即信号调制频率等于弹丸旋转频率的两倍,测出调制信号频率,就可求得弹丸飞行的旋转速度,如图 13-2 所示。

1. 弹底刻槽技术

弹丸按其外形可分为三部分:头部、导引部和尾锥部,刻槽部位在尾锥部底部。刻槽时,采用线切割技术在底部刻一道或一系列平行的槽,如图 13-3 所示。对弹丸底部刻槽时,应注意刻槽后原有弹道特性不变,同时还能够提取调制信号信息。刻槽时应避免损伤弹底的边缘,否则,将会严重影响弹丸的气动力参数和性能。在能够提取转速的前提下,要求弹丸刻槽的深度尽量浅,条数尽量少。对于榴弹弹丸,其底部有一个圆环,刻槽时,应在弹底的凹陷部位刻槽,图 13-4 为两种口径弹丸弹底刻槽实物图。

图 13-2　底部刻槽测量弹丸飞行姿态原理

图 13-3　弹底刻槽示意图

为了获得良好的调制,对提取弹丸转速最为有利,理论上刻槽的深度和宽度应为连续波雷达发射信号波长 λ 的 1/4 的量级。由于各种口径的弹丸长度不一,其本身的性能也不一样,对于小口径弹丸,弹底壁较薄,弹底横截面积本身很小,可用于刻槽的部分就更小。如果按这个标准在弹底刻槽,将会改变弹丸的性能,所以刻槽时,将小于这个深度和宽度。

刻槽后,弹丸结构和质量或多或少发生了变化。为了不影响弹丸的气动特性,在刻槽部位

图 13-4 刻槽弹实物图

填充适当的介质,填充的介质能够承受射击过程中身管内高温高压火药气体的影响,不能从刻槽内脱落。可采用强度大、密度近似于金属的环氧树脂胶,该材料对雷达回波信号不产生影响,利用该胶对刻槽部位进行封涂及填充可达到增加质量、调整质心、保持弹底涡流不变的目的,能够增加弹丸强度,防止弹丸出枪口后弹头壳破裂。

2. 弹丸的 RCS 分析

底部槽可以看成由槽的两壁构成的双导体传输线在终端短路。由于槽比较窄,这个双导体传输线可以认为是由两个无限大且平行的理想导体平板构成的,因此弹丸的反射场包括两个部分:弹丸表面的反射场以及经过传输线传输—反射—再传输到表面的场,也可以看成是由弹丸表面反射场和槽的反射场两部分的场产生的 RCS,并且这两个场要么是同相要么是反相。同相时可以看成没有槽,弹丸的 RCS 等于弹丸表面的 RCS;反相时槽口面处的场与无槽处的场相位差 180°,两者反相叠加。因此槽的存在有两个作用:一是把原来平板的反射场变成了反相的反射场;二是这个反相场与平板其他位置的正相反射场叠加抵消了平板的反射场。

(1) 底部刻槽弹丸的 RCS

由目标的雷达截面积的理论定义,可得到圆形口面的雷达截面积为

$$\sigma = A \frac{(1+\cos\theta)^2}{\sin^2\theta} J_1^2\left(\frac{2\pi a}{\lambda}\sin\theta\right) \tag{13-1}$$

式中:σ 为目标的雷达截面积;θ 为雷达散射截面方向与平板法线方向的夹角;$A=\pi a^2$ 为平板面积;$J_1(x)$ 为一阶 Bessel 函数;a 为圆的半径;λ 为入射雷达波的波长。

当 $x\to 0$ 时,$J_1(x)\to \frac{x}{2}$,故当 $\theta=0°$ 时,$\sigma=4\pi\frac{A^2}{\lambda^2}$。

弹丸底部刻槽后,当入射波垂直于弹丸底部、入射的电场与槽的方向垂直时,弹丸底部的总 RCS 等于:

$$\sigma = 4\pi\frac{(A_0-2A_1)^2}{\lambda^2} \tag{13-2}$$

式中:A_0 为弹丸底部的总面积;A_1 为弹丸底部槽的槽口总面积。

由上式可知,刻槽弹最小 RCS 随槽的宽度增加而减小,也随刻槽条数增加而减小。当槽的宽度和条数一定时,雷达散射截面周期性在最大值与最小值之间变化,最大值与最小值之差越大,即调幅深度越大,弹丸旋转引起的对多普勒信号调制效应越明显,对弹丸转速测量越有利。

(2) 小口径弹丸的刻槽技术

弹丸刻槽后,其结构和质量或多或少发生了变化。在射击过程中,火药燃气直接作用于弹

丸底部，刻槽后弹底结构发生了变化，将影响弹丸的强度、弹道性能及飞行的稳定性。理论上刻槽的深度和宽度应为连续波雷达发射信号波长的 1/4 的量级，对提取弹丸转速最为有利。但对于小口径弹丸，如果按这个标准在弹底刻槽，将会改变弹丸的特性，导致弹丸破裂，失去实用性。

弹丸底部刻槽后，要保证弹道性能不变和安全击发。所以每个口径弹种均要按国军标规定的试验方法进行一定量的摸底验证试验(如测试速度、膛压、强度和稳定性等)，只有在确保刻槽后原有弹道特性不变的情况下，才能用于转速提取。选取适当的刻槽数量及深度，并在槽内填充胶合剂。对工作于 X 波段的连续波雷达，1/4 波长在 0.75 cm 量级，典型口径弹丸的刻槽经验数如表 13-1 所列。

表 13-1 弹丸刻槽数据

弹　种	刻槽道数	槽深/mm	槽宽/mm
7.62 mm 步枪弹	3	3	0.16
9 mm 手枪弹	1	3	0.16
12.7 mm 重机枪弹	1～3	3～5	0.16
14.5 mm 重机枪弹	1～3	3～5	0.18
35 mm 榴弹	7	7.1	0.18

13.2.2 弹丸飞行姿态纸靶测试法

用纸靶测量弹丸飞行姿态的基本原理是借助于垂直布置在弹道上的一系列纸靶记录弹丸穿过纸靶时留下的弹孔的形状、尺寸，加上弹丸的几何外形，便可推算出弹丸穿过纸靶时的攻角 δ、进动角 ν、滚转角 γ 及质心坐标 (x, y, z)。

纸靶测量技术存在着难以克服的缺点：一是靶纸对弹丸运动的干扰，将使弹丸运动的规律发生变化，从而使测量结果产生误差；二是纸靶的测量精度与弹丸形状和人的主观因素关系很大，精度不易保证，甚至有些弹丸不能采用此法。但是，由于纸靶具有简便、直观、经济等优点，至今许多国家仍然在很多场合使用。

1. 测试原理和过程

纸靶试验一般采用水平射击。在离炮口适当距离的一定区间内，布置一系列纸靶，并使靶面与射线垂直，当弹丸穿过纸靶时，会在纸靶上留下一个弹孔，弹孔的形状及尺寸直接反映了弹丸穿靶时的姿态，如图 13-5 所示。

(1) 质心坐标的测量

射击前，先利用光学瞄准仪(如校靶镜等)对纸靶逐个标定，并建立参考坐标系或测量基准。以炮膛轴线与纸靶的交点作为参考坐标原点，用铅垂在靶纸上标出的铅垂线作为 y 轴(向上为正)，射击方向作为 x 轴，z 轴也就相应确定了。弹丸质心的 x 坐标即是各纸靶距炮口的水平距离，y、z 坐标可由靶纸进行判读。

(2) 滚转角的测定

试验时，在尾翼弹丸的弹翼上做一个小的标记，如安装一个小销钉，或在旋转稳定弹丸的弹头部涂上慢干油漆，这样。在弹丸穿过纸靶时，就能在纸靶上留下清楚的识别痕迹，以共同

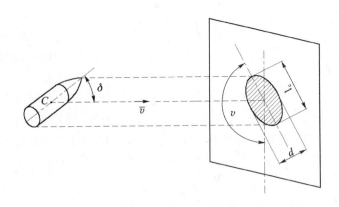

图 13-5 纸靶工作原理

的铅垂线为基准,用测角仪测出每个纸靶上的痕迹转过的角度,即得到弹丸穿过纸靶时的滚转角。如果同时测出弹丸穿过各纸靶的时间,也可得到弹丸的转速及其变化。

(3) 章动角的测定

假定火炮水平射击时,速度向量垂直于靶面,穿靶过程瞬时完成,则弹孔应是弹丸穿靶时在靶面上的正投影。若章动角为零,则弹孔应呈圆形,其直径与弹径相等;若章动角不为零,则弹孔应近似为椭圆形,如图 13-5 所示。其长轴长度与章动角的大小呈单值函数关系。

章动角 δ 的大小与靶纸上弹孔的长轴 l_c 和弹孔短轴 d 的比值 l_c/d 有对应关系。δ 越大,长轴 l_c 或比值 l_c/d 也越大,因此,只要事先根据弹丸的形状作出 δ 与 l_c/d 的关系曲线(换算曲线),即可由弹孔尺寸得到相应的章动角。即先按照所测弹丸的外形做一放大或缩小的弹型板,然后把它置于坐标纸上绕轴上定点转动,每转一个角度 δ_i(如 $2°$、$4°$、$30°$),即可测出一个投影长度 l_{ci},从而得 $\delta_i - l_{ci}/d$ 关系曲线,如图 13-6 所示,也可利用专用的光学投影仪直接对弹丸或模型投影,或者根据弹丸外形轮廓线方程用计算机进行计算,求得 $\delta_i - l_{ci}/d$ 曲线。

 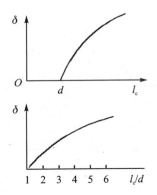

图 13-6 典型换算曲线

对具有锥形头部的弹丸,可以根据不同情况,由弹孔尺寸直接用相应公式计算章动角,如图 13-7 所示。

弹丸头部锥角为 2β,当 $\delta > \beta$ 时,计算公式为

$$\delta = \arcsin \frac{l_c - d/2}{l} \tag{13-3}$$

图 13-7 锥形弹丸姿态角与弹孔

当 $\delta < \beta$ 时,计算公式为

$$\delta = \arcsin \frac{l_c - d}{l - l_n} \tag{13-4}$$

当 $\delta < \beta$ 时,求出临界值 $l_c^* = \frac{l + l_n}{2 l_n} d$;当 $l_c > l_c^*$ 时,$\delta > \beta$;当 $l_c < l_c^*$ 时,$\delta < \beta$。

式中:l 为弹丸全长;l_n 为弹丸锥形部长度;l_c 为弹孔长轴长;d 为弹径。弹轴的方位可用进动角 ν 表示。只要实现在纸靶上标上铅垂线,便可直接在纸靶上测量。弹孔长轴与铅垂线的夹角即为进动角。通常规定由铅垂线顺时针旋转到弹孔长轴的弹尖方向为进动角。

2. 纸靶的测量精度

纸靶的测量精度取决于弹丸的形状和弹孔的质量,还依赖于测量者的经验、技巧和细心程度。一般地,对细长比大的弹丸,测量精度较好;对短粗形状的弹丸,测量精度较低,甚至无法测量。

影响攻角测量精度的主要因素有以下几个:

① 纸靶对弹丸运动规律的影响

由于纸靶对弹丸的撞击,使弹丸摆动周期变大。摆动周期变化与弹丸的质量、飞行速度、弹丸外形和穿靶时的攻角大小有关,也与纸靶的强度和数量有关。

② 弹丸飞行方向不垂直于纸靶平面的影响

在纸靶测量中,一般要求靶纸与弹道正交。但实际上,由于观测误差的存在,靶纸平面法线与弹道线总存在一定的夹角。此外,由于射击时跳角和重力的影响,导致弹丸飞行方向与靶纸平面不正交。其中靶纸安装误差是造成弹丸飞行方向与靶纸平面不正交的主要原因,在野外纸靶测试中,一般要求靶纸铅垂方向的不正交度应小于 $1° \sim 2°$,水平方向的不正交度低于 $5° \sim 10°$。

③ 弹丸摆动的影响。

由于弹轴的摆动,弹丸在穿靶过程中,弹头触靶时的飞行姿态与弹尾触靶时的飞行姿态并不一致,它们所对应的攻角和进动角并不相同,由此产生了攻角和进动角的换算误差

④ 测量误差

在纸靶数据判读和攻角换算过程中，存在着大量人为的随机因素影响，从而造成攻角和进动角的测量误差。

13.2.3 高速摄影法

利用高速摄影仪器记录弹丸的飞行姿态，可定性或定量测量弹丸的运动参量，如弹丸的下沉量、章动量、漂移量等特征参数，攻角、遭遇角等遭遇参数，以及倾斜、偏转、滚动等姿态参数进行测试。其中弹道同步摄影及高速分幅摄影是最常用的手段。

高速分幅摄影机是拍摄速度由每秒几百幅到每秒几万幅的一种电影式摄影机。因高速分幅摄影机可以连续记录各种瞬态现象，所以在试验中常用来作为监视仪器，记录发射过程的各种现象，如火箭和导弹脱离定向器时的摆动，发射过程中身管的振动，弹丸尾翼展开或卡瓣分离过程，助推火箭的点火时间及位置等。用专用分析仪以慢速再现或定格观察瞬变现象，对研究分析发射过程和弹丸运动是十分有用的。由这些记录也能定性观察弹丸的摆动运动，发现不稳定的异常弹丸。

摄影机的主要设置参数包括拍摄频率(帧频)、曝光时间、触发时刻位置、摄影机布站位置等。

拍摄帧频设置，初始或终端弹道测试中，可按以下步骤计算出拍摄频率：

① 根据CCD芯片成像区尺寸 $a \times b$ 及水平和垂直方向上的拍摄空间范围 x 和 y，计算影像缩小率 $m = x/a$；

② 根据目标尺寸 L 及影像缩小率，计算目标像尺寸 $L' = L/m$，要求目标像在任何方向都能覆盖 3～10 个像元；

③ 根据安全因素确定布站距离 S，镜头焦距设置为 $f = S/m$；

④ 根据目标速度 V 和 CCD 像元尺寸确定拍摄频率，要求摄影频率应满足像移量要求，即由于目标运动引起的像移量不应大于一个像元尺寸 d，由此可推出摄影机拍摄频率设定值应大于目标速度与像元线量之比，即 $v > V/d$；

⑤ 根据计算出的拍摄频率要求和存储器容量，计算摄影机总的可记录时间。

对于爆炸、穿甲机理、引信瞬发度等高速流逝过程的测试，由于持续过程很短，一般要求一个流逝过程应能拍摄到 10 幅以上画幅，即拍摄频率应满足 $v > 10/t$，t 为事件的流逝过程。例如，某事件的持续时间只有 200 μs，则摄影机的拍摄频率应设置为 $v = 10/(200 \times 10^{-6} \text{s}) = 5 \times 10^{4}$ 幅/秒。

拍摄频率应满足画幅数要求。在某些拍摄项目中通常对拍摄的有效画幅数有要求，而且即使在无画幅数要求的前提下，也应在试验前从满足试验测试要求出发分析计算出有效画幅数。此时，拍摄频率应根据下式求得的值进行设置：

$$v \geq \frac{N_{\text{有效}}}{t} = \frac{N_{\text{有效}} V}{x} \tag{13-5}$$

式中：x 为线视场宽度；V 为目标速度。

同步方式设置：根据具体使用情况，可采用零时信号、光学信号、声音信号和人工触发方式。

曝光时间设置：曝光时间应满足摄影机曝光量和影移量的要求。

摄影机布站位置：摄影机布站时，应首先考虑安全因素，然后通过选择合适的焦距来满足拍摄视场要求。

13.2.4 飞行姿态参数弹丸记录仪

弹丸飞行姿态参数对弹丸的设计、弹丸空气动力学的研究及引信的设计都有着重要的意义，可大大减少设计人员在新产品设计中的盲目性，缩短研制周期，节约研制经费。在理论设计时姿态参数只能做粗略估计，而实际中大多要进行实弹或模拟弹测试来获得准确的姿态参数。存储测试与惯性测试组合系统可记录整个飞行过程中子弹全弹道试验数据，其优点是传感器与记录器一体，结构紧凑，屏蔽良好，使用方便。测试系统采用灌封和全方位的防护技术使其能够承受爆炸冲击波以及高速度落地时的数万 g 的高冲击过载。

弹丸飞行姿态参数记录仪把传感器、适配放大器、A/D 变换器、存储器、控制电路、接口电路及微型电池集成在一体的微型化测试系统，它体积小，功耗低，能耐受高的冲击（可达 $100\,000g$）、高温及高压，不需要引线，能直接放入被测体内，在被测体工作过程中把信号记录下来，待过程结束后取出装置，由计算机读出并处理数据。

1. 记录仪的基本要求

信号的特征决定了弹丸记录仪的记录方式和它的结构，根据信号特征及记录要求，可以把信号分为单次性信号、工况信号及黑匣子信号。

（1）单次性信号记录原理

单次性信号是指在一次测量过程中只发生一次的信号，如火炮膛压信号，要求每次测量都能抓住完整的信号。正确选用触发信号是抓住信号的关键，正确地确定正延迟时间或负延迟时间是记录完整信号的关键。

（2）黑匣子信号的记录

复杂运载工具飞行时各部件工作的状况是一种单次性信号，特点是信道多，记录容量大。开始记录由发射指令同步，存储器由 0 地址开始记录，不需要延时，也不需要多重地址锁存，信号适配及功能调度模块复杂。

（3）可变采样率及可变增益

弹丸记录仪的存储容量是有限的，弹丸在膛内、飞行、终点环境的加速度数据测试，膛内过程时间为 $10\sim30\,\mathrm{ms}$，加速度的值为 $10\,000\sim50\,000g$；撞击目标时时间为 $1\sim30\,\mathrm{ms}$，加速度值为 $10\,000\sim100\,000g$，幅值相差上万倍，时间相差上千倍，因此，随着信号的变化，相应地自动改变采样频率及传感器-放大器系统的增益是十分必要的。为了能自动适应被测信号的变化而自动变更采样率及增益，需要具有多个触发信号的功能，这也是需要注意的问题。

2. 子母弹姿态的地磁记录仪

地球和近地空间存在的磁场，称为地磁场，是地球的固定资源。随着地磁场模型的日趋完善以及微处理器滤波技术的不断发展和成熟，利用地磁传感器测量弹丸在地磁场的三维分量，再通过数值计算、误差校正。地磁传感器的类型包括磁线圈、磁通门传感器、磁阻传感器、霍尔元件传感器等。

装在弹体内的地磁方位传感器在弹体飞行滚转时，地磁方位传感器输出信号随滚转角的变化而产生变化。弹体的滚动使传感器产生电动势，电动势的变化可以反映弹体滚转的情况，传感器输出的信号带有弹箭运动的角速度信息。特别是当角频率 ω 为恒定时,传感器输出的信号为正弦波。正弦波的角频率就是弹体沿弹轴方向上的旋转角速度。柔性薄膜线圈式地磁传感器能够方便地粘贴于弹体的钢质结构表面,既节省体积便于安装,又能减小磁屏蔽效应,增大输出灵敏度,是解决角速度测量的可行途径。实验证明,它比光电敏感器件具有更高的抗过载能力。

根据测试原理,如果弹丸的飞行轨迹恰好与地磁场磁力线重合,则不论弹丸是否旋转,线圈都无法切割磁力线,不会产生感应电势,即存在测试的"盲区"。但由于弹丸在飞行时其弹道实际上并不是光滑曲线,而是一条螺旋状轨迹,弹道与磁力线重合的概率几乎为零。综合考虑,盲区对传感器工作的影响是很小的。

为了使其能适应子母弹的装配、发射、飞行及回收等各个环节的要求,可靠地完成系统工作过程的动态参数记录,要求地磁场传感器及其电路能够准确完成对全弹道运动参数的记录、启动、断电数据保存、抗冲击、可重复使用以及不干扰系统的正常工作等。因此,地磁场传感器及其电路设计的关键是工作可靠、体积小、电路灵敏度高、能抗高过载。另外,对于地磁异常明显的区域还需要得到精确的实测数据和建立更精确地磁场模型。

在一次完整的测量过程中,系统工作经历以下 4 个状态:待触发,数据采集和存储,数据保持以及数据读出和处理。测量前,系统处于待触发状态,此时内部电池只给触发控制电路供电,输出电流为几 μA,可满足长时间待触发。测量结束后回收测量装置,通过读数口把数据从装置读入到地面计算机,再通过解算得到运动姿态参数,为了解子弹丸系统的工作状况或进行故障分析提供依据。

13.2.5 固定靶道弹丸姿态探测

"弹道靶道(Ballistics Range)"又称"空气弹道靶道(Aeroballistics Range)",是专门用于炮弹、火箭、导弹或其模型的自由飞行试验,进行气动力和弹道性能研究的封闭式射击靶道。其主要测试设备是沿弹道布置的一系列闪光阴影照相站,每站采用正交摄影的方法,获得两幅弹丸阴影图像。通过图像数据判读和弹丸空间位置坐标计算,可得出弹丸的飞行姿态角和质心空间坐标。

弹道靶道出现于第二次世界大战中期,20 世纪 50 年代以后大量发展起来,先应用于常规兵器研究,后很快扩展到航天技术领域。由于研究目的及运动条件的不同,弹道靶道分为用于常规兵器的常压靶道及用于航天飞行器的变压靶道。前者靶道断面尺寸大(已达 10 m× 14 m),采用砖石、水泥结构,空气成分、密度不受控制。后一种靶道一般为金属管道,直径通常不超过 3 m,内部介质的成分、密度、温度可以控制,使用多级轻气炮发射各种气动模型,飞行速度马赫数可达 11 以上,除测量模型运动参量外,还可进行弹头材料的侵蚀、烧蚀以及再入物理现象的研究。

弹道靶道的出现,不仅精确地记录了弹丸自由飞行过程的各个参数,还同时记录了环绕弹丸的瞬态流场,从而把对弹丸飞行规律及气动力特性的研究建立在更准确、更完备的实验数据的基础之上,极大地推动了这一研究的进程和成功。第二次世界大战后,美国陆军弹道研究所又建成了大断面跨音速自由飞行靶道,并先后进行了大量实验研究,根据测出的各个气动力系数,研究其飞行稳定性以及充液或有活动零件的炮弹对稳定性的影响;研究炮口不对称载荷对弹丸运动的干扰;研究炮口流场对尾翼式弹丸射击密集度的影响;研究弹托分离的气动力干扰对射击密集度的影响等。此外,还对多种尾翼式火箭弹、导弹、炸弹及飞机模型进行过试验研究,这些结论构成了现代弹丸及尾翼式弹丸的设计基础。

1. 弹道靶道总体结构

弹道靶道由发射室、膨胀段、仪器段、收弹段及测控室等主体建筑和弹药准备、底片处理、数据解算与分析等辅助建筑组成。仪器段的主要测量仪器是几十个正交的火花闪光阴影照相站,一套测量弹丸飞行时间的系统和若干个气象数据测量站。通过这些仪器设备,能得到各种弹丸或模型离炮口几百米以内的质心坐标(x,y,z)和飞行姿态(α,β,γ)随时间t的变化过程,进而求得弹丸的气动力系数和飞行稳定性判别因子等。

2. 火花闪光阴影照相站

沿弹道设置的几十个照相站是用来测量弹丸质心坐标及飞行姿态的基本设备。每个照相站包括以下设备:

① 两个(或一个)高亮度瞬时闪光源;
② 一套用来调制光路的光学系统(如聚光透镜、平面反射镜、逆向反射屏等);
③ 一套能感受弹丸到达并适时触发光源闪光的红外触发装置;
④ 两台(或一台)正交配置的大画面照相机或胶片盒。

每个照相站都有一台子站控制仪,每台子站控制仪都是一个装有单片机的智能型多路控制中心,它接受测控中心发来的指令,实现对电源、快门、红外靶、触发延迟、闪光、底片、打号等的状态检测及控制,并完成对弹丸飞行时间的测量及记录。

图13-8、图13-9分别为照相站常用的直接阴影照相、间接阴影照相布置方法。

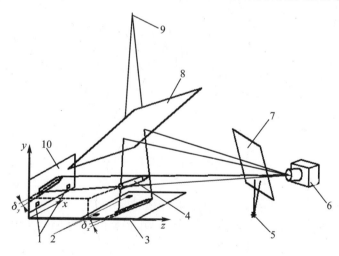

1、2—基准标志;3—水平面;4—弹丸;5—火花光源;6—照相机;
7—半反射镜;8—平面反射镜;9—虚火花光源;10—铅垂面(反射屏)

图13-8 火花闪光阴影照相单光源、单相机光路系统

火花光源使用高电压、小电容结构,能使闪光持续时间短到$0.2\sim0.3~\mu s$,这对速度2 000 m/s以下的常规弹丸,可以获得清晰的阴影照片。当弹丸飞经每个照相站时,红外触发装置感受到弹丸的到达信号并经一定的延时触发光源闪光,使位于视场内的弹丸及其周围流场在反射屏(或底片)上形成阴影,由事先打开保护快门的照相机(或底片)记录下来,即可得到

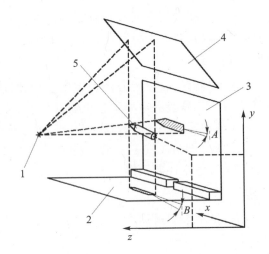

1—火花闪光源；2—水平面（底片）；3—铅垂面（底片）；4—平面反光镜；5—弹丸

图 13-9　锥形光路直接阴影照相系统

几十对序列记录的正交照片。

阴影法照相主要有两个优点：获得弹丸正交投影照片的同时，能得到弹丸周围流场的广泛信息（如激波、尾流等）；能准确对反射屏聚焦，得到高质量的清晰照片，避免弹道散布的影响。其缺点也比较明显，在试验前的标定过程中，由于存在人员的视觉误差，因此严格实现相机主光轴与反射屏中心轴线的完全重合是不可能的。尽管在标定合格的条件下这种不重合量很小，但同样会造成图像判读和数据处理的误差。

3. 空间基准系统

弹道靶道的空间基准系统是图像数据判读的基础，其基本功能是在靶道内建立一整套测量坐标系，并将试验获得的弹丸图像的特征点与其对应的空间坐标联系起来。因此，基准系统的结构、图像数据判读及处理方法直接影响到测量结果的精度。弹道靶道的空间基准系统通常可分为悬线型和载体型两类结构，前者主要为美国的靶道普遍采用，后者主要为欧洲各国的靶道所采用。所谓载体型基准系统，其基准标志是在沿靶道移动的小车上设置一个网格载体。试验前，先将载体在靶道内闪光阴影照相站精确定位，并将载体上的基准标记记录在底片上；试验时，将载体移走，并将自由飞行试验弹丸的影像记录在另一底片上；试验后，将两张底片按照在投影屏幕上的定位标志重叠，即可得出既有基准标记又有弹丸影像的图形，通过判读得出相应的测试数据。我国弹道靶道的基准系统采用了双田字形网格基准载体，如图 13-10 所示。

4. 记时系统

记时系统由各照相站的光电探测器及多路信号采集与处理系统组成。光电探测器感受各站火花光源的闪光，并转换成电脉冲信号经放大整形送入采集系统，得到时间距离的变化曲线，即可求得速度距离曲线及阻力系数。

5. 气象参数测量仪器

在仪器段内设若干气象站，测量空气的温度、湿度及压力，供数据处理及调控。

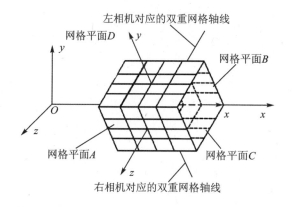

图 13-10 双重田字网格载体示意图

13.2.6 太阳方位角法

太阳方位角遥测技术可用于炮射弹丸在飞行弹道上姿态的实时测量,可获得弹丸飞行中章动、进动和转动信息,辅助以其他外测参数可进一步处理出有关弹丸的飞行气动参数。

1. 太阳方位角定义

太阳方位角定义为弹丸轴线与阳光矢量到弹丸质心联线的夹角,该角度的变化反映了弹丸飞行中姿态的变化。

2. 太阳方位角探测器的构成

太阳方位角传感器主要由光缝、光敏器件及放大器构成。两个光敏器件分别安装在光缝的中底部,与光缝一起建立传感器的视场平面。两个相同的光敏器件以视场相对于弹丸纵轴倾斜某一角度的方式安装到弹丸引信部位表面的圆周上。垂直于弹轴平面上光敏器件之间的夹角可调整到某一预定值。方位角传感器视场和具体安装方式如图 13-11 所示,弹的滚动轴为 x 轴。

图 13-11 方位角传感器视场和几何安装

3. 工作原理

太阳方位角传感器是依靠弹丸旋转来实现测量的,基本构成是在弹的表面开一个小孔,小孔下面再开两个成 V 字型排列的槽,每个槽的下面安装有光敏器件,V 型槽尺寸和光敏器件之间的几何尺寸决定了该传感器的视场。图 13－12(a)说明了光束穿过 V 型侧边所经过的极限路径。图 13－12(b)说明了每次光束穿过 V 型侧边,光敏器件中就产生一个电压脉冲,两侧电路极性相反,可得到正负相间的脉冲。因此弹丸每旋转一周就有两个传感器脉冲输出,如图 13－12(b)所示。

(a) 光束穿过V型侧边所经过的路径

(b) 光敏器件输出的电压脉冲

图 13－12 光路与脉冲之间的关系

图 13－13 说明了太阳方位角基本几何关系,由图可以确定 V 型侧边之间距离的方程。图中,$Y(\sigma)$ 为 V 型侧边之间的距离与 σ 的函数,σ 为太阳方位角;α 为 V 侧边顶角的一半;L 为针孔到 V 型外罩的距离;X 为针孔在 V 型外罩上的投影到 V 型的顶点之间的距离,则

$$Y(\sigma) = 2\tan\alpha(L\tan\sigma + X) \tag{13-6}$$

当弹丸旋转率是常数时,两脉冲之间的时间将与两 V 型槽之间的距离成比例,也即随太阳方位角 σ 而变化。图 13－14 示出得到的脉冲串 T 反映了弹的转速,τ/T 的比值是不随转速而变化的量,两个不同传感器输出脉冲时间 τ 与同一传感器输出相邻两脉冲时间 T 之比即为两传感器之间的滚转角,该角的变化直接反映了弹丸姿态的变化,不同的弹丸姿态对应不同的滚转角,这样就将对 σ 角测量转化为对传感器输出信号相应时间的测量。

图 13－13 太阳方位角传感器基本几何关系

图 13－14 太阳方位角随 τ/T 比值变化

设弹的有效圆周长为 l(与传感器安装有关)且为常数,则 $\tau/T = Y(\sigma)/l$,代入上式得:

$$\tan \sigma = \frac{\dfrac{\tau}{T} \cdot \dfrac{l}{2\tan \alpha} - X}{L} \tag{13-7}$$

对于给定的传感器,参数 L、α、X、l 是常数,σ 是 τ/T 比值的函数,由此可根据 τ/T 的值确定太阳方位角 σ。

当太阳射线与 Oxz 平面平行且与 Ox 轴的夹角为 Φ 时,弹丸飞行时的俯仰有 $\theta = \Phi + \sigma$。当太阳射线平行于 Oyz 平面,且与 Oy 轴夹角为 β 时,弹丸飞行时在每个缝的光脉冲信号峰值时刻即表示此时的滚转角 $\gamma = \beta$,利用多缝之间的插值可算出每个时刻的滚转角 γ,特别是当太阳光线与 Oy 轴的夹角 $\beta = 0°$ 时,太阳方位角 σ 等于偏航角 Ψ。根据以上分析,适当选择地面坐标系与太阳方位的关系,即可得到俯仰角、偏航角及滚转角。

13.3 弹丸坐标测量

传统的弹着点测量方法是用木板、纸板或纺织布等材料在弹道终点与弹道垂直处立一道靶,武器瞄准靶位后对其进行射击,试验后,通过人工测量靶位上的弹孔位置来判定弹着点坐标。这种传统的方法虽然操作简单,只需少量的设备,但有几大缺点难以克服:其一,每次试验都要消耗大量的材料;其二,消耗人力和时间,立靶困难;其三,安全性差;其四,客观性差,由于弹孔位置要人工测量,难免一些人为因素影响数据的准确性,使测量结果误差偏大。对于高射频武器,木板靶不能正确地区分弹丸弹序。总之,木板靶测量法耗费大量人力、物力,危险性大,远远不能适应靶场现代化的需要。

13.3.1 CCD 坐标靶

自 1970 年 CCD 问世以来,由于它具有灵敏度高、噪声小、动态范围大、几何精度高和光谱响应范围宽等优点,受到世界各国普遍重视,发展十分迅速,从而使 CCD 的应用已成为现代光电技术和光学测量领域最有发展前途的技术手段之一。

20 世纪 90 年代兴起的 CCD 坐标靶(CCD 交汇测量系统)是用线阵 CCD 器件构成的光学摄像系统。近年来,随着更高传输频率、更短扫描时间的 CCD 相机的出现,利用 CCD 对高速飞行目标的跟踪和探测成为可能。利用 CCD 高速摄像与计算机图像处理相结合的技术可用来测量高速飞行弹丸的着靶位置、偏航及章动角等参数。

线阵 CCD 坐标靶是通过两台线阵 CCD 相机的光轴空间交汇形成的无形光幕立靶,实现对空间点目标坐标的测量。由于它具有使用方便、测量精度高、实时性强和自动化程度高等优点而得到人们的认可,在靶场测试中得到了越来越多的应用。

如图 13-15 所示,两台线阵 CCD 相机的光轴在空中交汇于一点,光轴所在的平面与地面垂直,两相机视场的重叠部分即构成可用光幕(即靶面)。当弹丸从靶面的某点穿过时,在两个CCD 上各有一个像点与之对应,即靶面内任意一点的坐标,可通过它在这两个 CCD 上的成像位置计算出来。

两台线阵 CCD 相机的焦距分别为 f_1、f_2,两相机的主光轴相交于 O 点,该点也是测试靶

图 13-15 两台线阵 CCD 相机交汇测量原理图

面的原点,以 O 点为坐标原点,建立 xOy 平面直角坐标系。根据试验要求,将两相机的主光轴与地面的夹角分别置为 α_0、β_0(交汇仰角,传统的两 CCD 相机交汇原理中 $\alpha_0 = \beta_0$),基线长度(两相机光敏面中点间的距离)为 d_0。调整 α_0、β_0 以及相机的视场角 ω 可形成不同形状和面积的测量靶面,通常采用正交法则,使两相机的光轴夹角为 90°,在交汇区构成方形立靶。设两相机的焦距均为 f,CCD 光敏面的尺寸为 l,则视场角 $2\omega = 2\arctan\dfrac{0.5l}{f}$,所形成的方形靶的边长为

$$L = (d_0 - \sqrt{2}f)\tan\omega \approx \frac{0.5 d_0 l}{f}, \qquad f \ll d_0 \tag{13-8}$$

试验前先用经纬仪标定两相机光轴与 x 轴的夹角 α_0、β_0,并由高精度测距仪测出基线长 d_0。当空间目标穿过靶面时,CCD 相机获得目标图像,经过一定的处理和计算即可得到目标的角坐标 φ 和 θ(即 P 点与两台 CCD 相机主光轴之间的夹角),最后依据系统参数(α_0、β_0、d_0、f)和目标的角坐标值 φ 和 θ 即可得到目标穿过 CCD 靶面时的坐标值。

设一目标穿过靶面任一点 P,P 点在两相机上形成的像高分别为 h_1、h_2,像在主光轴上方(以通过光敏面中点的水平线为基准)h 取正,下方 h 取负。α、β 是 P 点经镜头与基线之间的夹角,由图 13-15 的几何关系可得

$$\varphi = \arctan\frac{h_1}{f_1} \tag{13-9}$$

$$\theta = \arctan\frac{h_2}{f_2} \tag{13-10}$$

$$\alpha = \angle PCB = \alpha_0 - \varphi \tag{13-11}$$

$$\beta = \angle PDA = \beta_0 - \theta \tag{13-12}$$

而

$$CA = \frac{f_1 \sin\varphi}{\sin\alpha}, \qquad BD = \frac{f_2 \sin\theta}{\sin\beta}$$

故

$$d = d_0 + CA + BD = d_0 + \frac{f_1 \sin\varphi}{\sin\alpha} + \frac{f_2 \sin\theta}{\sin\beta}$$

再由 $CP = \dfrac{d\sin\beta}{\sin(\alpha+\beta)}$，即可推出目标 P 在线阵 CCD 光幕中的坐标为

$$\left.\begin{aligned}x &= CP\cos\alpha - CA - \frac{d_0}{2} = \frac{d\sin\beta\cos\alpha}{\sin(\alpha+\beta)} - \frac{f_1\sin\varphi}{\sin\alpha} - \frac{d_0}{2} \\ y &= CP\sin\alpha - \frac{d_0}{2} = \frac{d\sin\beta\sin\alpha}{\sin(\alpha+\beta)} - \frac{d_0}{2}\end{aligned}\right\} \quad (13-13)$$

CCD 测量方法分为主动测量和被动测量。

主动测量不外加光源，以天空为背景光源，容易受到环境因素的影响，不能全天候使用。当弹丸经过 CCD 成像区时，在 CCD 上成像，由于在自然光照射下，弹丸影像为黑色，当环境光发生变化时，在 CCD 上的成像灰度将发生变化，给后续处理带来困难；这种测量方法对环境因素、安装方式和弹着点取向要求很高，取景、对焦、调试比较麻烦，系统标定涉及的环境因素也较多。

被动测量方法多采用激光照射，解决了环境光线影响的问题，这样在许多远距离、微弱信号、目标高速运动的情况下，可以使 CCD 俘获清晰的目标图像；但光源的光谱与 CCD 接收器件的光谱响应范围是否吻合是一个很大的制约因素，且造价很高。

另外，对于普通 CCD 交汇测量系统来说，它对于大靶面、高速飞行小目标的测量效果不佳，主要原因是其对过靶目标信号的捕获几率太低，并且在测量时两台 CCD 相机尽管都可以调整所需的交汇仰角，但很难保证它们在同一水平基线上，这样就会造成两台 CCD 相机的光轴线不在同一平面内，这都将会对测量结果造成一定的影响。因此，CCD 交汇测量在实际测试前要进行复杂的调试。

13.3.2 基于激波的声靶测量系统

1. 弹丸激波

基于激波的声靶弹着点测量系统是利用声传感器对弹丸飞行时产生的声音信号进行采集和分析，最终得到弹着点的坐标。这里的声音信号主要是指激波信号。

当弹丸以超音速在大气中飞行时，形同超音速气流吹过弹丸而被弹丸头部分开，产生了空气动力学中的凹角转折和凸角转折现象，使弹丸周围的空气发生压缩和膨胀，便在弹丸的头尾部形成一个圆锥形的脱体激波。该激波的波前波后轨迹形成一个如图 13-16 所示的顶点在弹丸头部的锥体。

弹丸激波的形成大体上可由四个过程来描述：当弹丸激波扫过检测点时，其空气压力迅速从静态压力 P_0 急速上升至 $P_0 + P_1$，并随时间和空间衰减到次压 $P_0 - P_2$，最后恢复到 P_0，弹丸激波压力变化形状如图 13-17 所示。由于弹丸激波形似英文字母 N，所以又称 N 波。理想 N 波前后沿上升时间 $\tau_1 = \tau_2 \approx 0$，幅值 $P_1 = P_2$。但在实际测量中，由于传声器动态特性受到限制及弹丸运动时的姿态随机性，一般来说 τ_1、τ_2 不会为 0。

图 13-16 弹丸飞行过程中所产生的激波示意图

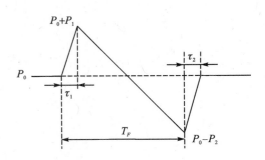

图 13-17 弹丸激波压力变化形状

2. 测量原理

声靶按照工作原理的差异,可以分为杆式和阵列式两种。

(1) 金属杆式声坐标靶测量系统

金属杆式测量方法是较早应用于弹着点测量的,它是以弹头波与金属杆相互作用为基础的。在地面上架设一根铝杆或不锈钢杆,杆的两端各有一个传感器。超声速弹丸飞过杆的上方,其圆锥形弹头波切点首先与金属杆发生作用,弹头波的脉冲压力作用引起金属杆的振动,其振动在杆中的传播速度仅与杆的材料有关而与振动的频率无关。杆端的传感器把振动波到达的声脉冲转换成电信号,经前置放大器及传输电缆放大整形后,送到坐标计算机和显示装置中,计算、显示并打印出弹着点的坐标数据。有的可显示坐标图形,计算平均弹着点及立靶密集度等。其原理如图 13-18 所示。

图 13-18 金属杆式声靶示意图

设弹着点坐标为 $A(x,y)$,由于弹头波压力首先在 A_x 点(横坐标为 x)与铝杆发生作用,所激励的声波以速度 v 在铝杆上向两侧传播。经时间 $t_1 = (L-x)/v$ 后到达杆右端的传感器 1,经时间 $t_2 = (L+x)/v$ 后纵波到达杆左端的传感器 2。于是便得到时间差为

$$\Delta t_x = (t_2 - t_1) = (L+x)/v - (L-x)/v = 2x/v$$

并最终得到横坐标 x 值为

$$x = \frac{v}{2}\Delta t_x \tag{13-14}$$

同理,通过垂直于地面的 y 轴方向的铝杆,可求得 y 坐标为

第13章 弹丸姿态及坐标测量技术

$$y = \frac{v}{2}\Delta t_y \qquad (13-15)$$

由此,便得到了弹着点的坐标值(x,y)。

弹丸激波在撞击点上的超压阵面在金属杆中产生纵向和横向两种振动波,实验及理论分析表明,纵向波向金属杆两端传播的速度比横向波高得多,将先期到达杆端。纵波的传播速度仅与杆的材料有关,而与振动频率无关。纵波干扰较小,横波由于表面波的存在干扰较大,而且纵波的幅度比横波大,因此,相对于横波来说,纵波可以得到更高的信噪比。从以上各个角度看,利用纵波进行定位测量更有利。

图13-19所示为奥地利AVL公司生产的526型声坐标靶,主要包括声测靶杆、前置放大器、信号传输电缆及坐标的计算、显示与打印等几部分。声测靶杆由两个正交安装的不锈钢棒或铝棒组成,每根金属棒的端部装有一个压电传感器,两杆构成一个正方形靶面,水平杆表示x坐标,铅直杆表示y坐标。当超音速弹丸穿过靶面时,弹头的锥形激波将与两个金属杆相撞,其撞击点的位置与弹头撞击靶面时的坐标点一致。杆端的压电传感器把纵波到达的声脉冲转换成电脉冲信号,经前置放大器、传输电缆放大整形后送到坐标计算与显示仪中,得到弹着点的坐标数据。

1—声测靶杆;2—前置放大器;3—上位机;4—打印机

图13-19 526型声坐标靶测量系统

当杆式声靶的靶面为$1.5\text{ m}\times1.5\text{ m}$时,其定位误差一般$\leqslant 3\text{ mm}$,随着靶面的加大,定位误差会随之增加。另外,靶面越大,金属杆便必须越长,工程实现上麻烦,使用也不方便,因此,目前较少应用。

(2) 声传感器阵列的声靶测量系统

阵列式声靶系统的基本构成包括传声器阵列、前置电路、数据处理器及微机系统。传声器阵列由多个声传感器组成,这些传感器根据特定的定位模型进行精确安装。在试验过程中,通过弹丸激波对各个传感器撞击先后次序的不同及时间差,采用多点定位的方法可以推算出弹丸着靶的x、y坐标,并同时得到着靶速度。

要得到弹丸弹着点的坐标,首先需要建立一个正确的数学模型,根据数学模型可找出各元素间的函数关系,进而列出模型方程,最终获得弹着点坐标测量的定位公式。因此,数学模型恰当与否直接关系着系统的定位精度。

常用的模型可以分为线型阵列、平面阵列和立体阵列等。对线型阵列来说,它只能确定目标的二维参量;平面阵列可以对整个平面进行目标定位,同时也可以确定目标的三维参量;立体阵列则可以对整个空间进行定位,但其定位算法比较复杂。图 13-20 所示为七点阵十字形阵列定位模型。

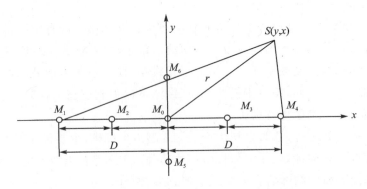

图 13-20　七点阵十字形阵列定位模型

该系统的靶面尺寸随传声器的数目及布阵的位置而变,适用于各种口径的超音速弹丸,能够连续记录高速连发弹丸的弹序及坐标。

设测点布阵所在平面为声靶靶面,选择平面内任一点为原点,背向炮口,面向靶面,以水平向右方向为 x 轴正向,垂直向上方向为 y 轴正向,建立直角坐标系,即声靶面坐标系。假设图中 $S(x,y)$ 为弹着点坐标,各传声器的坐标分别为 $M_0(0,0)$、$M_1(-D,0)$、$M_2\left(-\dfrac{D}{2},0\right)$、$M_3\left(\dfrac{D}{2},0\right)$、$M_4(D,0)$、$M_5\left(0,-\dfrac{D}{2}\right)$、$M_6\left(0,\dfrac{D}{2}\right)$,以 M_0 为坐标原点建立直角坐标系,目标 S 距中心传声器 M_0 的距离为 r,假设目标声源到达传声器 M_0 的传播时间为 t,则 $r=vt$,目标声源到达传声器 M_1、M_2、M_3、M_4、M_5、M_6 与相对于到达传声器 M_0 的时间延迟为 τ_{10}、τ_{20}、τ_{30}、τ_{40}、τ_{50}、τ_{60}。v 为弹丸激波沿靶面传播的视速度。

由图 13-20 可得出,在声靶平面内弹着点距原点处的传声器的距离可用公式表示如下:

$$SM_0 = \sqrt{x^2+y^2} = r = vt \qquad (13-16)$$

任意两传声器之间的声程差为

$$v\tau_{i0} = SM_i - SM_0, \qquad i=1,2,3,\cdots,6 \qquad (13-17)$$

下面具体介绍七点阵传声器阵列的定位算法。

$$\left.\begin{array}{l} x^2+y^2=r^2 \\ (x+D)^2+y^2=r_1^2 \\ \left(x+\dfrac{D}{2}\right)^2+y^2=r_2^2 \\ \left(x-\dfrac{D}{2}\right)^2+y^2=r_3^2 \\ (x-D)^2+y^2=r_4^2 \end{array}\right\} \qquad (13-18)$$

其中 $r_i = r + v\tau_{i0}(i=1,2,3,\cdots,6)$,因此可得

$$\left.\begin{array}{l}\sqrt{(x+D)^2+y^2}-\sqrt{x^2+y^2}=v\tau_{10}\\ \sqrt{\left(x+\dfrac{D}{2}\right)^2+y^2}-\sqrt{x^2+y^2}=v\tau_{20}\\ \sqrt{\left(x-\dfrac{D}{2}\right)^2+y^2}-\sqrt{x^2+y^2}=v\tau_{30}\\ \sqrt{(x-D)^2+y^2}-\sqrt{x^2+y^2}=v\tau_{40}\end{array}\right\} \qquad(13-19)$$

为方便求解,令 $r=\sqrt{x^2+y^2}$,结合定位示意图,采用三角形定位方法,对由 M_1、M_0、M_4 及 M_2、M_0、M_3 传声器组成的三角形组合进行求解可得

$$\left.\begin{array}{l}r_1=\dfrac{2D^2-v^2(\tau_{10}^2+\tau_{40}^2)}{2v(\tau_{10}+\tau_{40})}\\ x_1=\dfrac{v(\tau_{10}-\tau_{40})[v(\tau_{10}+\tau_{40})+2r_1]}{4D}=\dfrac{(\tau_{10}-\tau_{40})(v^2\tau_{10}\tau_{40}+D^2)}{2D(\tau_{10}+\tau_{40})}\\ y_1=\sqrt{r_1^2-x_1^2}\end{array}\right\} \quad(13-20)$$

$$\left.\begin{array}{l}r_2=\dfrac{\dfrac{D^2}{2}-v^2(\tau_{20}^2+\tau_{30}^2)}{2v(\tau_{20}+\tau_{30})}\\ x_2=\dfrac{v(\tau_{20}-\tau_{30})[v(\tau_{20}+\tau_{30})+rR_2]}{2D}=\dfrac{(\tau_{20}-\tau_{30})\left(2v^2\tau_{20}\tau_{30}+\dfrac{D^2}{2}\right)}{2D(\tau_{20}+\tau_{30})}\\ y_2=\sqrt{r_2^2-x_2^2}\end{array}\right\} \quad(13-21)$$

(x_1,y_1)、(x_2,y_2) 为同一弹着点,坐标理应相等,取 (x_1,y_1)、(x_2,y_2) 的加权平均值为弹着点坐标 (x,y),设加权系数为 k_1、k_2,因此有

$$\left.\begin{array}{l}x=k_1x_1+k_2x_2\\ y=k_1y_1+k_2y_2\end{array}\right\} \qquad(13-22)$$

七点阵传声器阵列的定位计算方法比较简单,运算量较小,但是要对得到的数据进行加权平均,选择一个合适的加权系数至关重要。选取合适的加权系数,可使弹着点的定位数据更加准确,从而减小系统误差。

式(13-22)中,加权系数 k_1 和 k_2 的选择根据前人误差分析和实验而求得的选取规律如下:

$$k_1=0.4,\quad k_2=0.6,\quad 0\leqslant|x|\leqslant 3m \quad 或 \quad 0\leqslant y\leqslant 3m \qquad(13-23)$$
$$k_1=0.5,\quad k_2=0.5,\quad 3m<|x|\leqslant 6m \quad 或 \quad 3m<y\leqslant 6m \qquad(13-24)$$
$$k_1=0.6,\quad k_2=0.4,\quad 6m<|x| \quad 或 \quad 6m<y \qquad(13-25)$$

该平面七点阵阵列定位法的加权系数选取 $k_1=0.4,k_2=0.6$。

阵列式声靶系统的系统前端信号采集部分只有一组传声器阵列和少量的信号处理电路,因此,便于搬运和安装,适于野外试验。同时,该系统前端的简洁设计大大降低了异常弹损坏试验设备的概率。但是,该系统也有一些不足,例如,在试验过程中需要对风速等进行考虑和分析,因此,试验环境不能太恶劣。

3. 声靶测试系统的特点

该方法主要适用于超音速弹丸,对于亚音速弹丸则具有一定的局限性;对于高射频武器,

前一发弹与后一发弹的出炮口时间间隔很短,甚至同时发射或同时到达目标附近,而每一发弹的激波扫过各个传声器都需要一定的时间,这就可能造成重弹、漏测等现象,造成测量上的差错。声波速度将受到传输介质温度的影响,声波速度的变化会间接导致弹丸激波沿靶平面传播的视速度的变化,但这种影响可以通过一些途径予以解决。例如,声波虽因灰尘等阻碍而发生散射及吸收等现象,其强度有所降低,但其主要传播方向并无变化,声频等本质特征经适当处理仍能提取出来,而声学法高灵敏度的检测能力又足以弥补其声强下降的影响。此外,从地面或其他障碍物反射回来的杂波干扰,往往会对有效信号产生干扰,因此,在实地试验时,最好选择空旷的试验场进行试验(即周围无大型障碍物),同时也可以人为地对周围环境做一些改善,如选用吸声效果好的材料来吸收反射噪声。通过以上方法,可以弥补声学测量系统在测量上的不足,使得采用声学测量这一方案能够满足试验需求。

总而言之,声学定位法具有不干扰弹丸飞行、测量设备结构简单、操作方便、机动性能好、定位精度高、不易损坏、产生的信号大、抗干扰能力强、可全天候工作等特点,且对于小口径多管炮,声学系统较其他测试系统更有效。

13.3.3 基于光电原理的坐标测量系统

1. 光电管阵列坐标测量系统

光电管阵列坐标测量系统的基本工作原理如图 13-21 所示,将测试靶区按照一定的间隔分成等距的网格,图中黑圆点表示光电接收器,方块表示光电发射器,箭头线表示光发射光束,这样就组成了一对对的光电发射接收对。将测试靶区的左下角作为坐标的原点 O,水平方向以 x 坐标表示,垂直方向以 y 坐标表示,当弹丸穿过光束组成的光幕时,必定要遮挡某一水平方向的光束和某一垂直方向上的光束,从而使处于这两个方向的光电接收器产生一个电脉冲输出,由此可确定弹着点的坐标 (x, y)。

图 13-21 光电立靶测量系统原理图

传统光电管阵列坐标测量系统存在几个不容忽视的问题:
① 光学器件组成不合理,导致光路中的盲点多,影响系统精度;
② 分离元件多,系统可靠性差;
③ 结构复杂,系统调试安装不便。

2. 平行光幕测量系统

(1) 工作原理

采用半导体激光器阵列和光电探测器阵列组成的弹着点坐标测试方案原理图如图13-22所示,系统由激光器、平行光调理系统、狭缝、光电探测器、编码器和计算机等部分组成。

图 13-22 激光器阵列精度测试方案原理图

当子弹穿过激光束组成的光幕时,必定要遮挡某一水平方向的激光束和某一垂直方向上的激光束,从而使处于这两个方向接收激光束的光电探测器产生一个脉冲,从而确定弹着点的坐标(x,y)。

(2) 平行光光学系统

平行光由点光源经过组合光学镜头获得。选择合适的点光源和设计合理的组合光学镜头是整个系统成败的关键。选择点光源要从发光功率、发光波长等参数方面来综合考虑;在平行光合成的过程中,透镜的像差是不可忽视的,选择阿贝数不同的光学材料制成的正、负透镜可以将光学系统的像差缩小到最低。

点光源经过光学成像后得到的平行光,与传统的用一排口径很小的发光管得到的"平行光"相比,不仅降低了系统的成本,而且方便了系统的拆卸、安装,更重要的是大大减少了光路上的盲点,提高了系统立靶精度。

由图13-23(a)可以明显看出,为获得同样面积的探测光幕,点光源成像得到平行光的方法减少了发光光源的个数,节省了系统不必要的开支,节约了成本。由图13-23(b)可以看到,由于存在安装间隙以及一些其他原因,光电管阵列在同样面积的探测光幕上存在的盲点很多,影响了立靶精度的测量。

(3) 光电探测器

常用的光电探测器有光电二极管、光电三极管和光电池。选取合适的光电探测器需要对以下一些性能参数进行考虑:灵敏度、光谱响应、响应时间和频率响应等。

(a) 平行光的有效探测面积　　　　　(b) 光电管阵列的有效探测面积

注：阴影面积即为有效探测面积，阴影面积之间的空白为探测盲点

图 13-23　两种平行光的盲点比较

光电二极管又叫光敏二极管，是一种将光信号转换成电信号的特殊二极管（受光器件）。光电二极管由一片很薄的 N 型半导体和一片较厚的 P 型半导体结合在一起而组成（N 型侧有丰富的电子，P 型侧有丰富的空穴）。此 PN 结的 N 侧作为负极，P 侧作为正极。如果用光照射此元件，许多光子将通过 N 型半导体进入 P 型半导体。进入 P 区的部分光子将会与束缚电子碰撞而将其逐离原来的位置，并在此过程中产生了空穴。如果碰撞在足够靠近 PN 结处进行，被逐出的电子将越过 PN 结。结果，在 N 侧额外增加了电子而在 P 侧额外增加了空穴。这种正负电荷的分离使得在 PN 结两侧形成了电位差。

如图 13-24 所示，给二极管的 PN 结加上反向电压，即 N 区接正极，P 区接负极。结区（也称耗尽层）加厚了，没有电流通过。当有光照时，如图 13-25 所示，结区附近产生的电子空穴对在结电场的作用下向相反方向运动，于是形成了光电流，在负载电阻上即可形成电压信号输出。

图 13-24　二极管的反向偏置　　　　　图 13-25　电子空穴运动反向示意图

光电二极管有各种各样的外形和大小。有些光电二极管带有透镜，有些带有光学滤波片，有些光电二极管设计用于高速响应的场合，光电二极管的感光面积大、感光灵敏度高。但光电二极管的感光面积增大，响应速度将会变慢。

光电三极管是对光照敏感的三极管。普通的光电三极管就像是用一个光敏表面取代基极引脚的双极型晶体三极管。当此表面处于黑暗中时，光电三极管截止（无电流通过集-射区）。当光敏表面暴露于光线中时，将产生一个小的基极电流，并控制产生一个大得多的集电极至发射极的电流。场效应光电三极管与光电三极管的不同之处是，它是利用光照产生的栅极电压来控制产生漏源电流的。场效应光电晶体管对光线的变化极其敏感，但它们与双极型光电三

极管相比更易损坏。

和普通三极管一样，光电三极管的参数也包括最大击穿电压、最大额定电流和最大额定功耗。通过光电三极管集电极的电流 I_c 的大小直接取决于辐射光的强度、元件的直流放大倍数和外加基极电流的大小（对三引脚光电三极管而言）。一个用光来控制其集电极至发射极电流大小的光电三极管，即使把它放在黑暗中，仍有一个称为暗电流的小电流通过该元件，暗电流通常忽略不计（nA 数量级）。光电三极管的系统光电灵敏度较高，但由于光电三极管本身特性，系统响应频率不会很高。

光电池使用简便，在光测实验中使用历史悠久，应用广泛，主要用于测照度、光强及光通量。光电池实质上是一个 PN 结，当光子能量大于半导体的禁带宽度时，价带中的电子被激发到导带中，并在价带中留下可以导电的空穴。这种光注入的非平衡载流子在 PN 结自建电场的作用下发生漂移运动，正电荷被收集于 P 区，电子被收集于 N 区，从而形成光生电动势。如果用外电路将 P 区与 N 区连接起来。电路中将有光电流流过，实验表明：在较低的照度范围（$<10^4$ lx）光电池的开路电压与照度为对数关系，而短路电流与照度有良好的线性关系，所以大多数情况下都以测量光电流为主。由于不同的半导体材料的禁带宽度是不同的，这对光电池的响应波长范围、峰值波长、积分灵敏度都会产生很大的影响。表 13-2 所列为三种光电池材料的各项特性指标。

表 13-2 三种光电池特性表

光电池材料	照明体色温/K	积分灵敏度/(mA·lm^{-1})	响应范围/μm	峰值波长/μm
硒	2 856	0.7	0.3～0.7	0.55
硅	2 700	3.3	0.4～1.2	0.4～1.6
锗	2 500	≥25	0.4～1.8	1.4～1.5

综合而言，硅光电池具有灵敏度高、频响高、稳定性好、处理电路简单等特点，非常适合作为激光光幕坐标测量系统的高频光电转换器件。例如在某坐标测量系统中，选择集成硅光电池芯片作为光电探测器。该款硅光电池具有很小的温度系数，工作波长为 0.4～1.6 μm，完全与波长为 685 nm 红光半导体激光器件匹配，响应频率>10 MHz，量子效率>50%。该芯片长度为 40.64 mm，光电输出信号为 16 路，由于结构上采用了无缝设计，使得光路的分辨率达到了 2.54 mm。

（4）狭　缝

由于枪口火焰、太阳光等杂散光对光通量有一定的影响，为了减小此类干扰对系统的影响，需在发射端开出一条狭缝，并在接收模块中设置一狭长的暗室，暗室的周围布有吸光材料。狭缝的设计既能保证光强要求，又能极大地滤去杂散光。

（5）坐标解算

如图 13-26 所示，由 x 和 y 方向的平行光发射系统在测量区域形成一道正交的光幕，图中箭头分别表示 x 和 y 方向上发射出来的平行光束，水平方向以 x 坐标表示，垂直方向以 y 坐标表示，靶板左下角作为平面坐标的原点 O。当弹体穿越光幕时，对应 x 和 y 方向的接收装置各产生一个脉冲，从而可确定弹着点的坐标 (x,y)。

基于平行光的坐标测试系统能够精确地得到弹丸弹着点的坐标，并且可以有效地减少错报和漏报的情况。另外，通过两对装置组合测试，还可以得到弹丸的过靶速度。

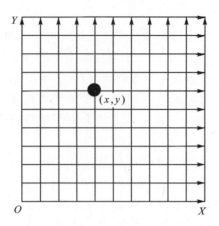

图 13 - 26　光电管坐标定位法

13.3.4　脉冲雷达坐标测量系统

脉冲雷达是弹丸外弹道测试的常用设备，它可测量弹丸的飞行距离 R、距离变化率 $\dot{R}$ 和角度数据 A。一般作用距离为 5～200 km，测距精度为 1～10 m，测速精度为 0.2 m/s，测角精度为 0.15 mil。通过距离、速度和角度可以得到空间坐标，其精度比较差，但能够连续跟踪弹丸的距离、速度和角度，对于大行程弹丸采用脉冲雷达进行测量是非常有意义的。

脉冲雷达发射机辐射的电磁波遇到目标后反射回来的能量被接收后称为目标回波信号。脉冲雷达中，发射脉冲称为主脉冲，回波信号称为回波脉冲，单脉冲雷达测距就是测出回波脉冲滞后于主脉冲的时间 t_R，即电磁波从雷达辐射至目标、再从目标反射回雷达走过 2 倍目标距离所用的时间。

在单脉冲雷达中，雷达是以跟踪目标时天线波瓣轴向来确定目标角度位置的，因此必须将模拟量的机械轴角转变成电的数字化数据。此任务由轴角编码器完成。

脉冲多普勒测速系统是相参（雷达发射的各个脉冲信号之间应保持严格的相位关系）体制脉冲雷达的重要组成部分，用来测量运动目标的径向速度。测量运动目标的速度是基于对多普勒频移的测量。当雷达跟踪运动目标时，产生多普勒频移来完成目标径向速度的测量。

在图 13 - 27 中，由雷达得到的距离 R、方位角 A、俯仰角 E，可以分别得到目标的 x、y、z 坐标值为

$$\begin{cases} x = R\cos E\cos A \\ y = R\sin E \\ z = R\cos E\sin A \end{cases} \quad (13 - 26)$$

由于 R、A 和 E 的精度较低，测量得到的弹丸的坐标精度比较差。

图 13 - 27　目标坐标的几何意义

第14章 兵器材料动态参数测试技术

14.1 概述

在许多工程应用领域中,材料及结构在强动载荷作用下的动态力学性能的研究是十分重要的课题。例如高速弹丸对靶体的侵彻、爆炸冲击波对材料和结构的作用、原子反应堆及核电站安全壳的碰撞安全防护、空间碎片或宇宙尘粒与航天器等结构的碰撞、飞鸟与飞行器的撞击、运输工具的碰撞以及石块打击挡风玻璃、强激光与物质的相互作用、岩石爆破、天然地震波的传播、地下及空中核爆引起的地震波,等等,对这些问题的探索给材料动力学研究提出了诸多理论分析、数值模型和实验研究的课题,也促进了冲击动力学大大向前发展,同时,材料动力学领域里取得的规律性认识和基础物理数据,对上述问题提供了解决方案,并进一步促进了兵器、宇航、能源及材料加工等领域的发展。

在兵器工业领域,深入了解高速碰撞过程中材料变形与损伤,有助于防护结构设计和穿甲弹设计,特别是武器设计中新材料的应用或新现象的发现,都需要全面地认识材料动态力学性能;在航空航天应用领域,研究能抵御宇宙微尘和空间微碎片的高速撞击的低轨道人造卫星的驱动,使得材料动力学的研究得以大力加强;美国能源部将材料动态力学行为的研究纳入库存武器可靠性和有效性研究规划中的重要课题,也反映出材料动态行为的研究在武器物理中的作用。

应变率是表征材料快速变形的一种度量,是应变对时间的导数。高幅值、短持续时间脉冲和载荷所引起的材料力学性质的应变率效应,对于抗动载的结构设计与分析是非常重要的。

在动载荷条件下,由于材料承受载荷的复杂性,材料变形的应变率范围广($10^{-9} \sim 10^7 \text{ s}^{-1}$),因此要求工程设计者在结构设计时必须掌握材料在各种应变率范围内的力学特性,了解在不同应变率下的材料性能数据。由于在不同应变率下材料的力学性能差异很大,因此需要通过实验方法来获得材料的本构关系。

通常在 $10^{-9} \sim 10^{-5} \text{ s}^{-1}$ 的范围内,主要考虑材料的蠕变行为;在 $10^{-4} \sim 10^{-3} \text{ s}^{-1}$ 的范围内,可以通过长应变率下的单轴拉伸、压缩或扭转试验来获得材料在准静态条件下的应力—应变关系。通常在 $10^{-1} \sim 10^2 \text{ s}^{-1}$ 的范围内,建立材料的本构关系就要考虑惯性力和应变率对材料性能的影响。当应变率的范围大于 10^3 s^{-1} 和给出材料的应力-应变关系时,需注明应变率,同时必须考虑应力波传播的影响。当应变率很高及载荷的作用时间很短时,还需考虑热力学效应,一般可以将整个过程当作绝热过程来处理。

实践表明,不同的应变率范围,要采用不同的试验方法来确定材料的力学性能。表14-1给出了不同应变率范围常用的测试方法。

表 14-1　不同应变率下材料力学特性的试验方法

应变率/s^{-1}	测试方法	备注
$10^{-9} \sim 10^{-5}$	传统的试验机、蠕变试验机	惯性力可以忽略
$10^{-5} \sim 10^{0}$	液压试验机	
$10^{0} \sim 10^{2}$	高速液压试验机;气动试验机;凸轮塑性计;落重试验 旋转飞轮试验	惯性力不可以忽略
$10^{2} \sim 10^{5}$	泰勒试验;Hopkinson杆;膨胀环试验	
$10^{5} \sim 10^{7}$	爆炸测试;平板撞击试验;斜板撞击试验	

研究材料在强动载荷下的损伤与破坏在常规武器、航空航天、核武器、民用工程等领域有重要的应用,如常规战斗部设计中侵彻能力与毁伤效应的评估,特别是材料的损伤与断裂特性的研究,对武器物理过程如内爆初期动力学、武器效应等分析是十分重要的。

14.2　分离式 Hopkinson 压杆

从 19 世纪开始,人们才逐步认识到了材料在动载下的力学性能与其在静载下的力学性能不同。1914 年,B. Hopkinson 想出了一个巧妙的方法,用来测定和研究炸药爆炸或子弹射击杆端时的压力-时间关系。所采用的装置被称为 Hopkinson 压杆(Pressure Bar,HPB)。二战之前,很少有人研究动态压缩加载问题,只是 G. I. Taylor 在 20 世纪 30 年代末想出了一个方法来测量材料的动态压缩强度。Taylor 方法主要是假设材料是刚性-理想塑性,运用一维波传播的基本概念,用一个圆柱撞击刚性靶,然后测出其变形,最后得到材料动态压缩屈服应力。Kolsky 于 1949 年把 Hopkinson 压杆首先变成分离式并用来研究材料在高应变率下的动态力学行为及其数学模型-材料动态本构关系,成功地发展了分离式 Hopkinson 压杆(简称 SHPB,有时也称 Kolsky 杆)技术。

分离式 Hopkinson 杆被公认为是最常用、最有效的研究脉冲动载作用下材料力学性质的实验设备,其应用领域从最初测量金属的动态力学性能,发展到现场测量岩石、混凝土、陶瓷、高聚物、炸药、固体推动剂、塑料、复合材料、泡沫材料、减震材料、粘结层、纤维等多种材料的动态力学性能,并且扩展到具有加速度、力与压力传感器标定功能。Hopkinson 压杆主要适用于中等应变率($10^{2} \sim 10^{4}$ s^{-1})范围。目前 Hopkinson 压杆测试技术已得到了普遍的认可。

研究材料在高应变率下的动力学行为时,一般必须涉及两类动态力学效应,即应力波效应和材料应变率效应。SHPB 装置是利用应力波在材料中的传播,测量波传播的信息,由此来反推材料的动态本构关系。

14.2.1　分离式 Hopkinson 压杆的组成及测试原理

1. 系统组成

典型的 SHPB 装置如图 14-1 所示,它由压缩气枪、撞击杆、测时仪、输入杆(入射杆)、超动态应变仪、试件、透射杆、吸收杆、阻尼器和数据采集及分析处理系统组成。

试件夹在入射杆和透射杆之间。子弹(撞击杆)受高压气体推动,从发射装置中以一定速

图 14-1　分离式 Hopkinson 压杆装置示意图

度(由测速仪测出)射出,撞击入射杆,在入射杆中形成一个压力脉冲,即入射波(由贴在入射杆上的电阻应变片测得),压力脉冲在入射杆中向前传播,当传至入射杆与试件界面时,由于试件材料和透射杆材料的惯性效应,整个试件将被压缩。同时,入射波被部分反射为反射波重新返回入射杆,而另一部分则透过试件作为透射波进入透射杆。反射波还由贴在入射杆上的电阻应变片测得,透射波由透射杆上的电阻应变片测得,由测得的入射波、反射波和透射波就可以处理得到材料的变形和破坏情况,获得材料的动态力学性能数据。

试验前可根据预先测定的几条曲线(充气压力-子弹速度)选择气源压力、子弹长度以及子弹塞入深度,以达到材料测试所需的动载荷。

2. 测试原理

SHPB 技术建立在两个基本假定的前提下：
① 杆中应力波是一维波；
② 试件应力/应变沿其长度均匀分布。

根据垂直入射应力波在界面的反射、透射原理和上述假定有

应力相等 $\qquad \sigma_I(t) + \sigma_R(t) = \sigma_T(t) \qquad$ (14-1)

应变相等 $\qquad \varepsilon_I(t) + \varepsilon_R(t) = \varepsilon_T(t) \qquad$ (14-2)

式中：$\sigma_I(t)$ 和 $\sigma_R(t)$ 分别为入射杆的入射应力和反射应力；$\sigma_T(t)$ 为透射杆的透射应力；$\varepsilon_I(t)$ 和 $\varepsilon_R(t)$ 分别为入射杆的入射应变和反射应变；$\varepsilon_T(t)$ 为透射杆的透射应变。

如图 14-2 所示,在满足一维应力波假定的条件下,一旦测得试件与输入杆的界面 X_1 处的应力,由理论推导得：

$$\sigma_S(t) = \frac{A}{2A_S}[\sigma_I(X_1,t) + \sigma_R(X_1,t) + \sigma_T(X_2,t)] \qquad (14-3)$$

$$\dot{\varepsilon}_S(t) = \frac{v(X_2,t) - v(X_1,t)}{L_S} = \frac{v_T(X_2,t) - v_I(X_1,t) - v_R(X_1,t)}{L_S} \qquad (14-4)$$

$$\varepsilon_S(t) = \int_0^t \dot{\varepsilon}_S dt = \frac{1}{L_S}\int_0^t [v_T(X_2,t) - v_I(X_1,t) - v_R(X_1,t)]dt \qquad (14-5)$$

式中：A 为压杆的横截面积；A_s 为试件的横截面积；L_S 为试件的长度；$\sigma_S(t)$、$\varepsilon_S(t)$ 和 $\dot{\varepsilon}_S(t)$ 分别

为试件的平均应力、应变和应变率；$v_I(X_1,t)$、$v_R(X_1,t)$ 分别为入射应力波在界面 X_1 处的入射质点速度和反射质点速度；$v_T(X_2,t)$ 为透射应力波在 X_2 处的透射质点速度。

图 14-2 输入杆-试件-输出杆相对位置

在弹性压杆的情况下，由一维应力波分析可知，应变与应力和质点速度之间存在如下线性关系：

$$\left.\begin{aligned}
\sigma_1 &= \sigma(X_1,t) = \sigma_I(X_1,t) + \sigma_R(X_1,t) = E[\varepsilon_I(X_1,t) + \varepsilon_R(X_1,t)] \\
\sigma_2 &= \sigma(X_2,t) = \sigma_T(X_2,t) = E\varepsilon_T(X_2,t) \\
v_1 &= v(X_1,t) = v_I(X_1,t) + v_R(X_1,t) = C_0[\varepsilon_I(X_1,t) - \varepsilon_R(X_1,t)] \\
v_2 &= v(X_2,t) = v_T(X_2,t) = C_0\varepsilon_T(X_2,t)
\end{aligned}\right\} \quad (14-6)$$

可见，上述问题就转化为如何测界面 X_1 处的入射应变波 $\varepsilon_I(X_1,t)$ 和反射应变波 $\varepsilon_R(X_1,t)$，以及界面 X_2 处的透射应力波 $\varepsilon_T(X_2,t)$。只要压杆保持弹性状态，不同位置上的波形均相同。因此，可由应变片 G_1 和 G_2 所测信号确定材料的动态应力 $\sigma_S(t)$ 和动态应变 $\varepsilon_S(t)$。

$$\sigma_S(t) = \frac{EA}{A_S}[\varepsilon_I(X_{G1},t) + \varepsilon_R(X_{G1},t)] \quad (14-7)$$

$$\varepsilon_S(t) = -\frac{2C_0}{L_S}\int_0^t \varepsilon_R(X_{G1},t)\,dt = \frac{2C_0}{L_S}\int_0^t [\varepsilon_I(X_{G1},t) - \varepsilon_T(X_{G2},t)]\,dt \quad (14-8)$$

可见，在入射应变波 $\varepsilon_I(X_{G1},t)$、反射应变波 $\varepsilon_R(X_{G1},t)$ 和透射应变波 $\varepsilon_T(X_{G2},t)$ 三者中，实际上测量两个就足以测量材料的动态应力 $\sigma_S(t)$ 和动态应变 $\varepsilon_S(t)$。在消去时间参量 t 后，就可以获得材料的动态应力-应变曲线。

3. 应力、应变保持均匀分布的影响因素分析

对于一维应力波假定，关键在于如何忽略横向惯性效应，一般情况下，由于几何形状造成波的弥散可以由下列公式来保证，$a/\lambda \leqslant 0.7$，其中 a 为圆杆的半径，λ 为入射波的波长。下面将讨论哪些因素会影响"应力/应变沿时间长度均匀分布"的假定。

由已知条件可知：撞击杆、输入杆和输出杆均要求处于弹性状态下，且有相同的直径和材质。因此，弹性波在输入杆-试件-输出杆系统中的反射-透射主要取决于压杆和试件的弹性波阻抗 $(\rho C)_B$ 和 $(\rho C)_S$。由弹性波理论，可以在物理平面 $(X-t)$ 和速度平面 (σ,v) 确定输入杆-试件-输出杆系统中的反射-透射过程的各阶段应力 σ 和质点速度 v 的状态，如图 14-3 所示。

当输入杆中以弹性波速 C_B 传播的入射波 σ_A 到达界面 X_1 时，发生第一次透射-反射，透射波以 C_S 传入试件，引起应力强间断的扰动为

$$\Delta\sigma_1 = \sigma_1 - 0 = T_{B-S}\sigma_A \quad (14-9)$$

式中：T_{B-S} 为透射系数，$T_{B-S} = \dfrac{2}{1+n_{B-S}}$，$n_{B-S} = \dfrac{(\rho C)_B}{(\rho C)_S}$，B-S 代表应力波由杆介质 B 传播到试件介质 S。经历 $\tau_S = \dfrac{L_S}{C_S}$ 时间后，在界面 X_2 处发生第一次透射-反射，则传回试件的反射波引起的应力强间断扰动为

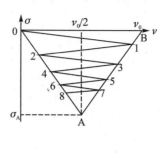

图 14-3　输入杆-试件-输出杆系统中弹性波反射-透射过程(矩形波阵面)

$$\Delta\sigma_2 = \sigma_2 - \sigma_1 = F_{S-B}\Delta\sigma_1 \quad (14-10)$$

式中：F_{S-B} 为反射系数，$F_{S-B} = \dfrac{1-n_{S-B}}{1+n_{S-B}}$，$n_{S-B} = \dfrac{(\rho C)_S}{(\rho C)_B}$，$n_{B-S}$ 和 n_{S-B} 互为倒数。可以令 $n_{S-B} = \beta$，则不难证明 F_{S-B} 和 T_{B-S} 之间的关系为

$$\left.\begin{aligned} T_{B-S} &= \frac{2}{1+n_{B-S}} = \frac{2\beta}{1+\beta} \\ F_{S-B} &= \frac{1-\beta}{1+\beta} \\ 1 - F_{S-B} &= \frac{2\beta}{1+\beta} = T_{B-S} \end{aligned}\right\} \quad (14-11)$$

在 $\tau_S = \dfrac{2L_S}{C_S}$ 时刻，反射波翻回到界面 X_1 处，发生第三次透射-反射，在试件中引起的应力强间断扰动为

$$\Delta\sigma_3 = \sigma_3 - \sigma_2 = F_{S-B}\Delta\sigma_2 = F_{S-B}^2 \Delta\sigma_1 \quad (14-12)$$

以此类推，第 k 次透射-反射后的应力强间断扰动为

$$\Delta\sigma_k = \sigma_k - \sigma_{k-1} = F_{S-B}\Delta\sigma_{k-1} = F_{S-B}^{k-1}\Delta\sigma_1 \quad (14-13)$$

以此类推，第 k 次透射-反射后，k 区的最终应力状态 σ_k 则为

$$\sigma_k = \sum_{i=1}^{k} \Delta\sigma_i = (1 + F_{S-B} + F_{S-B}^2 + F_{S-B}^3 + \cdots + F_{S-B}^{k-1})\Delta\sigma_1 \quad (14-14)$$

利用二项式展开关系：

$$1 - x^k = (1-x)(1 + x + x^2 + \cdots + x^{k-1})$$

则式(14-14)可以表达成

$$\sigma_k = \frac{1-F_{S-B}^k}{1-F_{S-B}}\Delta\sigma_1 = \frac{1-F_{S-B}^k}{1-F_{S-B}}T_{B-S}\sigma_A = (1-F_{S-B}^k)\sigma_A = \left[1 - \left(\frac{1-\beta}{1+\beta}\right)^k\right]\sigma_A \quad (14-15)$$

式(14-15)说明，试件经过来回反射-透射多次后的应力 σ_k 既取决于次数 k，也取决于试件波阻抗与压杆波阻抗之比 β。同时，次数 k 实际上也等于无量纲时间 $\bar{t} = t/\tau_S = tC_S/L_S$。图 14-4 给出了 $\beta = 1/10$ 时，界面 X_1 和界面 X_2 处无量纲应力 σ/σ_A 随 k 变化的趋势。

式(14-13)给出试件-输出杆在界面 X_2 处和试件-输入杆在界面 X_1 处的压力差。可以定义试件两端无量纲的压力差为

(a) 在界面X_1处 (b) 在界面X_2处

图 14-4 $\beta=1/10$ 时界面 X_1 和界面 X_2 处无量纲应力 σ/σ_A 随 k 的变化

$$\alpha_k = \frac{\Delta\sigma_k}{\sigma_k} \quad (14-16)$$

如果按照 Ravichandran 和 Subhack 所建议那样，认为 $\alpha_k \leqslant 5\%$ 时，可认为试件中的应力/应变分布满足"均匀化"假设的要求。对于矩形强间断入射波，将式（14-13）和式（14-14）代入到式（14-16）可得到

$$\alpha_k = \frac{\Delta\sigma_k}{\sigma_k} = \frac{F_{S-B}^{k-1}}{\frac{1-F_{S-B}^{k-1}}{1-F_{S-B}}} = \frac{\left(\frac{1-\beta}{1+\beta}\right)^{k-1}\left(1-\frac{1-\beta}{1+\beta}\right)}{1-\left(\frac{1-\beta}{1+\beta}\right)^k} = \frac{2\beta(1-\beta)^{k-1}}{(1+\beta)^k - (1-\beta)^k} \quad (14-17)$$

式（14-17）给出了试件两端的压力差 α_k 随试件-压杆波阻抗比 β 和透射-反射次数 k 的变化规律，对于不同的 β 值，按照该式，可以算得 α_k 随透射-反射次数 k 的变化结果如图 14-5 所示。

图 14-5 α_k 随透射-反射次数 k 和 β 的变化结果

由图 14-5 可见，α_k-k 曲线是随波阻抗比 β 值的减小而上升的，随试件-压杆波阻抗比 β 的减小，试件中的应力波需要经过多次来回反射过程，才能满足"均匀化"假设的要求。以满足 $\alpha_k \leqslant 5\%$ 为标准进行判断，$\beta=1/2$ 对应的最小反射次数为 4 次，而 $\beta=1/100$ 最小反射次数为 18 次。

此外，影响试件内应力"均匀化"假设要求的条件还受到入射波形的影响。对于梯形波波阵面的上升时间恰为弹性波在试件中传播一个来回所用的时间，当弹性波在试件中传播一个来回（$k>2$）时，有如下解析结果：

$$\alpha_k = \frac{2\beta^2 (1-\beta)^{k-2}}{(1+\beta)^k - (1-\beta)^{k-2}} \qquad (14-18)$$

对于不同的 $\beta=(1/2,1/4,1/6,1/10,1/25,1/100)$ 值,按照该式,可以算得 α_k 随透射-反射次数 k 的变化结果如图 14-6 所示。以满足 $\alpha_k \leqslant 5\%$ 为标准进行判断,α_k-k 曲线是随波阻抗比 β 值的减小而下降的。由图 14-6 可见,应力波在试件内反射 3~4 次,就已经满足"均匀化"假设的要求。

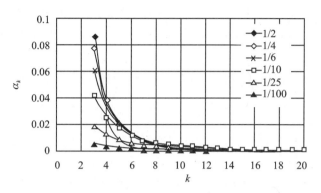

图 14-6 α_k 随透射-反射次数 k 和 β 的变化结果

如果入射波是具有历时较长的、随时间线性增长的波前沿,即入射波 σ_I 为坡形,并可表达为 $\sigma_I = \sigma^* t/\tau_S = \sigma^* C_S t/L_S$($\sigma^*$ 是 $t = \tau_S = \dfrac{L_S}{C_S}$ 时的入射波幅值),则有如下结果($k \geqslant 3$):

$$\alpha_k = \frac{2\beta^2 \left[1 - \left(-\dfrac{1-\beta}{1+\beta}\right)^k\right]}{2k\beta - 1 + \left(\dfrac{1-\beta}{1+\beta}\right)^k} \qquad (14-19)$$

对于不同的 β 值,按照式(14-19),可以算得 α_k 随透射-反射次数 k 的变化结果如图 14-7 所示。α_k-k 曲线随波阻抗比 β 值的减小而下降,但曲线发生明显震荡,而且应力波要发生多次反射才能够满足"均匀化"假设的要求。

图 14-7 α_k 随透射-反射次数 k 和 β 的变化结果

14.2.2 Hopkinson 压杆试验

1. 测试系统及其标定

在 Hopkinson 压杆试验中,输入杆和输出杆的脉冲信号通常采用贴在杆子上的应变片测量,当杆中传播纵向脉冲时,应变片可感应到其信号。应变片输出的信号由图 14-8 所示的测量系统采集,其中要求超动态应变仪具有较高的频响,数据采集系统具有较高的采样速率。

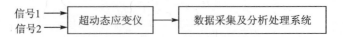

图 14-8 应变测量系统组成

通过粘贴在入射杆和透射杆上的应变片,可以连续地记录入射杆和透射杆中的应变脉冲信号。如果入射杆和透射杆的应变片距试样的距离相等,那么就可以保证应变片分别测得反射和透射波在时间上是一致的。两根压杆的长度足够保证在波形采集过程中没有反射的影响。同时为了消除弯曲的影响,通常每根压杆上对称的粘贴两个应变片,并将它们串联。

在试验前,应先对系统进行标定。常用的标定方法有两种:动态标定法和电阻应变片电标定法。

(1) 动态标定法

将试样从两根加载杆之间移走,入射杆和透射杆直接接触在一起,由于撞击杆和两根压杆的材料和横截面积相同,故它们具有相同的波阻抗,只要输入一个一致的应力波,通过入射杆和透射杆上的应变片就可以对整个系统进行标定。如果撞击杆以一定的速度撞击入射杆,根据一维应力波理论,杆中将有压缩波产生,其最大应变为

$$\varepsilon_{\max} = \frac{v_0}{2C_0} \quad (14-20)$$

式中:v_0 是撞击速度;C_0 是加载杆的弹性波速。根据加载杆上应变片的输出就可以完成对系统的动态标定。

(2) 电阻应变片电标定法

在应变仪的电桥电路上并联一个已知的标定电阻,通过它产生一个模拟应变

$$\varepsilon_{\text{sim}} = \frac{1}{2k} \cdot \frac{R_g}{R_c + R_g} \quad (14-21)$$

式中:k 是应变片的灵敏系数;R_g 和 R_c 分别是应变片和标定电阻的阻值。

2. 试样的设计与准备

由于在 Hopkinson 压杆试验中,惯性效应及试样与杆端的摩擦等会导致试验结果的不准确,因而在试验前必须合理设计、选择试样。

通常情况下,由于圆柱形试样容易加工,因而人们更多地采用圆柱形试样进行试验,而确定试样的几何尺寸则需要综合考虑多方面因素。例如对于多晶体金属及其合金材料,试样的尺寸必须是一个典型微观结构单元尺寸的 10 倍以上,而对于脆性材料,试样必须足够大以保障在达到应力平衡前试样不会提前破坏。对复合材料、水泥、聚合树脂增强材料等,试样的尺寸必须大于一个完好的结构单元尺寸。因而,对于一套给定的 Hopkinson 压杆,试样的直径最好是压杆直径的 0.8 倍。这样虽然试样在压缩变形过程中长度会缩短,而直径将会增大,但仍可以保证试样直径超过压杆直径前达到 30% 的真实应变。此外,试样的长径比也应当在 0.5~1.0 之间,太长的试样在试验过程中容易失稳。

除了对试样的几何尺寸方面的要求外,试样在加工时应保证试样两个端面的平行度在 0~0.01 mm 以内,同时这两个端面应有足够的光洁度,以减少试验过程中端部摩擦的影响。还需要注意的是,由于在加工过程中,材料中难免会有残余应力存在,这会对试验结果的准确

性产生影响,因此在试验前应对试样进行适当的热处理,以减小残余应力的影响。

3. 试验方案的确立

在试样准备好之后,可根据试验的要求选择合适的撞击杆长度和速度。例如根据试验要得到应变率为 $\dot{\varepsilon}$,可用下式粗略地估计撞击杆的速度:

$$v_0 = \dot{\varepsilon} L_s \tag{14-22}$$

式中:v_0 是撞击杆的速度;L_s 是试样的长度。如果试样要求的最大名义应变为 ε,那么所需要的撞击杆长度为

$$L = \frac{\varepsilon C_b}{2\dot{\varepsilon}} \tag{14-23}$$

式中,C_b 是撞击杆的弹性波速。

虽然利用式(14-22)、式(14-23)能初步确定撞击杆的长度及撞击速度,但对那些具有很高的屈服强度或者应变硬化明显的材料,需要适当地加长撞击杆,并且提高撞击速度。

14.2.3 影响 Hopkinson 压杆试验的因素及解决办法

1. 试样中的应力平衡及输入波整形技术

在 SHPB 试验中,由于应力波的宽度远大于试样的长度,因此可认为试样在受载期间处于一种均匀变形和应力平衡状态,即认为试样两端的受力是平衡的。但实际上,只有当应力波在试样中发生多次内反射后才能趋于平衡状态,即平衡是需要时间的。一般来说加载波在试样中来回传播 3 次就可以达到平衡的要求,而传统的 Hopkinson 压缩试验中加载波上升沿为 $10 \sim 20~\mu s$,对于金属那样的高阻抗材料,材料中的波速在 3 500 m/s 以上,因而对一般厚度不超过 10 mm 的试样是能够在加载波的上升时间内达到应力平衡的。但是对于低阻抗材料,由于波速很低,即使是很薄的试样也很难在脉冲上升时间内达到应力平衡。此外,对于一些脆性材料,由于破坏应变非常小,在高应变率下通常是在加载波上升沿过程中就可使破裂失效或者在波头振荡较大的位置处失效。因此,有必要对试验结果进行分析,以确定试样在变形过程中是否达到应力平衡。

在试验数据处理中,常用的方法有两种:一波法(1-Wave)和二波法(2-Wave)。

一波法的特点是:试样的应力直接由透射杆上测量到的透射波来确定,反映了试样与透射杆接触面上的状态。在入射脉冲通过试样传入透射杆时,试样已经将其中大部分的高频振荡分量过滤掉,因而直接用透射波得到的应力曲线,初始阶段的振荡较少。

二波法是通过将不同步的入射波和反射波进行叠加得到试样的应力曲线,它反映的是试样与入射杆接触面上的状态。由于入射波和反射波中含有大量的高频振动分量,这导致所得到的应力曲线上振荡较多。图 14-9 所示是对一种不锈钢试样采用一波法和二波法处理得到的应力曲线。

由图 14-9 可以看到,用这两种不同的方法得到的应力-应变曲线大约在 2% 应变之后才基本上趋于一致,这说明试样在这个阶段达到均匀应力状态,而在均匀应力状态之前,用二波法处理得到应力-应变曲线明显高于一波法得到的结果。对陶瓷材料试验数据的处理也表明,两种方法得到的应力-应变曲线存在着明显的差异,这说明试样中并未达到均匀应力状态。对陶瓷和金属陶瓷材料,这种差异也说明了材料在受载变形过程中有不均匀的塑性流动发生或

图 14-9 用一波法和二波法处理不锈钢试样的应力-应变曲线

者在受载初期试样已经破坏。

对一些纵波波速较慢的材料(例如聚合物材料、铅等)进行试验时很难使试样中达到均匀应力状态。例如对于铅材料,试验所采用的试样长度和直径均为 6.35 mm,用一波法和二波法处理得到的应力-应变曲线,当应变量超过了 6% 之后,试样才基本上达到均匀应力状态。因而对这类材料,可以选取长径比较小的试样,并在较低的应变率下进行试验,以确保试样能够较早地达到均匀应力状态。

在 Hopkinson 压杆试验中,由于试样取得均匀应力状态需要一定的时间,因而所得到的应力-应变曲线上最初的一段是不准确的,这也就是说使用该装置无法获得材料在高应变率下的弹性模量。特别是对一些脆性材料,如果脉冲上升沿上升太快,试样在尚未达到应力平衡时已经破坏,实验数据将失去任何意义。

因此,为了试样更早地达到均匀应力状态,需要对入射波进行整形处理。通常采用的方法是在输入杆的撞击端粘上一个小直径的波形整形器。这样在撞击过程中,撞击首先作用在整形器上,由于整形器的塑性变形,传入到输入杆中的加载波将发生变化。这一方法不但可以过滤加载波中由于直接碰撞引起的高频分量,减少波形在长距离传播中的弥散,消除由于高频波的弥散失真引起的试验误差;而且该方法还可以使加载波变宽,其上升沿变缓,使得软材料的应力平衡能够在脉冲的上升过程中达到。图 14-10 给出了采用铜片整形后的波形。

在实际运用中,采用金属片(大多数为铜)作为整形器,并可以通过改变整形器的材料和尺寸来调整输入波的形状。

2. 温度梯度的影响

越来越多的材料被应用于高温、高应变率工作环境之中,因而材料在高温、高应变率共同作用时的力学行为逐渐引起人们的广泛关注,人们开始尝试将 SHPB 装置应用于材料高温动态力学性能的测量。但由于在 Hopkinson 杆试验中要求试样与两根压杆间充分接触,在给试样加温时不可避免地要对压杆端部进行加热,因而会造成压杆中具有一定的温度梯度分布。

图 14-10　采用铜片整形后的波形

为确保杆上的测量元件-电阻应变片的精度及耐热性要求，应变片必须贴在远离加热处，由于这一温度梯度场的存在，必然会引起输入、输出波的测量误差。早在 1963 年，柴耳德斯特（Chiddister）和玛尔文（Malvern）提出了需要对温度梯度的影响进行考虑，他们通过假设杆端到应变片粘贴处的应力场呈台阶式分布得出了梯度的影响。玛尔文用特征线法分析温度梯度对脉冲传播的影响。

对于在有温度梯度的弹性杆中传播的一维应力脉冲，其控制方程仍可用下式表示：

$$\frac{\partial \sigma}{\partial X} = \rho(x) \frac{\partial \theta}{\partial t} \tag{14-24}$$

$$\frac{\partial \varepsilon}{\partial t} = \frac{\partial v}{\partial x} \tag{14-25}$$

$$\sigma = E(x)\varepsilon \tag{14-26}$$

如果设 ρ 为常量，即认为密度不随温度变化，上述方程就可以简化为

$$\frac{\partial \sigma}{\partial x} = \rho \frac{\partial \theta}{\partial t} \tag{14-27}$$

$$\frac{1}{E(x)} \cdot \frac{\partial \sigma}{\partial t} = \frac{\partial v}{\partial x} \tag{14-28}$$

利用特征线法，在特征平面上沿特征线 $dx = \pm C(x)dt$ 上有 $d\sigma = \pm \rho C(x)d\theta$ 成立，其中 $C(x) = \sqrt{\frac{E(x)}{\rho}}$。

对一个矩形脉冲，根据特征关系，有

$$\frac{\sigma}{\sigma_i} = \left(\frac{C}{C_i}\right)^{\frac{1}{2}} \tag{14-29}$$

式中，i 表示压杆与试件接触端（设其 x 方向坐标为 $x=0$）。$x=x_0$ 是应变片距杆与试样接触端的距离，该处弹性波速为 C_0，胡克定律如下：

$$\frac{\varepsilon_i}{\varepsilon_0} = \left(\frac{E_i}{E_0}\right)^{-3/4}, \quad \frac{\sigma_i}{\sigma_0} = \left(\frac{E_i}{E_0}\right)^{1/4} \tag{14-30}$$

如果弹性模量是温度的线性函数，即 $E_i = E_0(1 - C_a)$，式中 $C_a = (T_i - T_0)$。

考虑了温度修正后，试验中试件处的加载入射波与试验中由应变片测得的入射波 σ_i 的关

系为

$$\frac{\varepsilon_i}{\varepsilon_0} = (1-C_\alpha)^{-3/4}, \qquad \frac{\sigma_i}{\sigma_0} = (1-C_\alpha)^{1/4} \qquad (14-31)$$

当然,除了温度梯度修正之外,可以通过对试验设备进行改进来直接获得材料在高温下的应力-应变曲线。弗朗茨等人提出将试样与输入杆及输出杆分离,将试样加热到预定温度,使加载杆与试样接触后立即加载,他们认为如果试样与加载杆接触的时间非常短,试样内的温度来不及下降,杆中的温度来不及上升。他们使用这种方法进行了温度达 1 000 ℃的试验,但未能确定试样与加载杆接触瞬时到应力波到达试样与入射杆界面之间的时间(接触时间)。对该过程进行过有限元模拟,其结果表明,接触时间如果大于 1 ms,试样的平均温度变化将超过 10%,而在这么短的时间内,很难人工将试样与入射杆接触。近年来,瑟亚-勒蒙拉撒等使用了一种新的方法,首先,将试样与弹性杆分离,加热试样,当达到预期的温度时,开启空气炮,在应力波到达试样与入射杆界面时,由驱动系统推动试样与入射杆、透射杆紧密接触。这种方法可以克服弹性杆过热的问题,是一种较为理想的方法,但缺点是驱动系统比较复杂。

3. 端部摩擦的影响

在测试过程中,只有试样在均匀应力状态下变形,试验的结果才是可信的。但实际上,由于变形过程中试样与加载杆之间存在着摩擦,这会导致试样端部沿径向的变形受到约束,从而导致试样变形的不均匀。

有学者很早就开始对摩擦的影响进行研究,他们提出试验测量到的材料的屈服应力 p 与材料的流动应力 σ_f 之间存在着如下的关系:

$$p = \left(\frac{1}{3} + \frac{mD}{\sqrt{3L_s}}\right)\sigma_f \qquad (14-32)$$

式中:m 是摩擦力和材料的剪切强度的比值;D 是试样的直径;L_s 是试样的长度。

可以看到,如果摩擦力较大,这将导致测得的屈服应力与材料真实的流动应力之间有较大的差异。贝尔(Bell)等人曾经分析了没有采用润滑措施时端部摩擦对试验的影响,指出端部摩擦会导致测得的应变与通过试样两端位移差计算得到的平均应变之间有较大的差异,影响试验的准确性。此外,由于端部摩擦的影响,无法保证对试样一次加载到很大的应变时测量到的数据仍然有效。因此,如果要测量试样大变形情况下的高应变率响应,必须对试样进行多次加载,每次加载时控制试样的应变不超过 25%,并且要在每一次试验前对试样端面进行打磨滑光。因此,试验时必须采取措施减小试样与加载杆接触面上摩擦,一方面将试样的端面打磨光滑,另一方面是在试样与加载杆接触面上涂抹润滑油。

需要指出的是,即使给试样端面涂抹了润滑剂,也不能保证试样被一次加载到很大的应变时数据仍然有效。这是因为,在试样压缩变形过程中,由于横截面积不断增大及润滑剂被喷溅出去,端面上的润滑剂将逐渐减少,当应变达到一定程度时端面的局部可能会出现没有润滑剂的情况,导致摩擦力增大,从而影响到试验的精度。此外,虽然润滑剂的使用能够减小摩擦,但是不可能完全消除金属试样试验时摩擦的影响,而且端面的润滑剂会对入射杆和透射杆的波形记录产生影响,因此在使用润滑剂时要确保涂抹在试样端部的润滑剂层很薄。

14.2.4 Hopkinson 压杆在火工品过载研究中的应用

火工品所能承受的过载能力一直是评价弹药用火工品在发射和动态着靶时安全性和可靠

性的一项重要指标。火工品在弹丸着靶期间承受的载荷与在静态环境中的不同,是以应力波或冲击波的形式出现的。火工品的受力环境除了自身的质量惯性外,还受到周围零部件的挤压和拉伸。因此,火工品在发射和着靶期间的安全性考核应包含两方面:一是火工品自身的惯性的加载,是火工品本身的特性;二是火工品受其他组件挤压导致的结构失稳,是与使用环境相关的特性。

自由式 Hopkinson 压杆可用于测试和评估火工品受到加载时由自身的质量惯性引起的过载行为。分离式 Hopkinson 压杆可用于测试火工品及其组件在加载过程中的加速度和火工品组件结构失稳对安全性和可靠性的影响。

1. 试验装置简介

自由式 Hopkinson 压杆和分离式 Hopkinson 压杆试验装置分别如图 14-11、图 14-1 所示。高压气枪发射一两端端面平行的圆柱状子弹,子弹以一定速度撞击入射杆(输入杆),在入射杆中形成一个波形近似为方波的压缩波,沿入射杆传播的压缩波加载到试样上,导致火工品组件的应力、应变和位移发生变化。

自由式 Hopkinson 杆加载试验方法中,火工品组件贴附在 Hopkinson 杆的自由端面上,火工品组件本身没有受到环境的约束,在组件自由面处存在卸载的拉伸波,可计算出组件获得的加速度值,该方法可以评价火工品组件过载加速度。

在分离式加载试验中,火工品组件被约束在输入杆和输出杆之间,通过输入和输出杆上的应变传感器对输入和输出试件的应力波进行监测,通过假设条件下的一系列理论公式可计算出组件上所受的应力、应变及加速度等,该方法不仅能够评价火工品及其组件的过载加速度,也能评价火工品的抗结构失稳能力。

图 14-11 自由式 Hopkinson 压杆加载试验装置

2. 火工品自身惯性的加载特性

自由式 Hopkinson 压杆装置主要测试由于火工品自身的惯性的加载。在实验中,火工品座与垫片、垫片与压杆之间用 502 胶或树脂胶粘接,轴心对齐。实验中 Hopkinson 压杆长径比很大,故可将应力波看作一维应力波。由于试件和输入杆端面粘接,故输入杆端面即试件的速度 v 和加速度 a 的值分别为

$$v = 2C_0\varepsilon \tag{14-33}$$

$$a = 2C_0 \frac{d\varepsilon}{dt} \qquad (14-34)$$

在实验中测出输入杆的应变 ε-t 曲线,即可通过式(14-34)得到试件所承受的过载加速度,其中 C_0 为输入杆的弹性波速。

图 14-12 为 300 mm 长的子弹以 23.3 m/s 的速度撞击输入杆时,在钢质自由式 Hopkinson 试验装置上得到的火工品组件的加速度-时间响应历程。子弹以一定速度撞击时,杆件上以应力波传播,在应力波从自由端面反射到达组件与入射杆接触面时,由于此刻的组件速度达到最大值,因此组件上加速度此刻也达到最大值,在图 14-12 上表现为最大峰值(最大波峰),随后,由于应力波在杆件与组件的接触面的透射、反射及在组件的自由端面反射,曲线出现逐渐减小的振荡,加速度值逐渐减小至零。从图中可以看出,当子弹以 $v=23.3$ m/s 的速度撞击时,最大峰值的宽度约为 20 μs。

经过线性拟合,钢质自由式 Hopkinson 压杆装置中过载加速度随子弹速度的变化关系如图 14-13 所示。

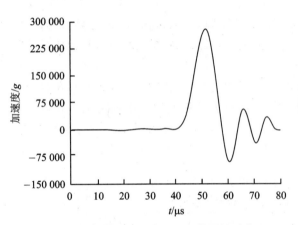

图 14-12 自由式 Hopkinson 装置的过载加速度-时间响应历程

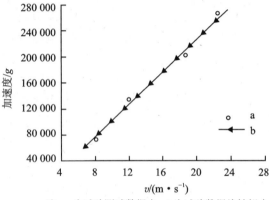

注:a 为试验测试数据点;b 为试验数据线性拟合

图 14-13 应力波加载试验时加速度-子弹速度曲线

3. 火工品与使用环境相关的特性

分离式 Hopkinson 压杆装置主要测试火工品受其他组件挤压导致的结构失稳,即测试火工品与使用环境相关的特性。

若 300 mm 子弹以 21.6 m/s 的速度撞击时,火工品组件上的应力-时间响应历程试验结果如图 14-14 所示。子弹从炮膛中发射出来,撞击到入射杆,随即在入射杆内产生一接近矩形的波形,随着波形传入火工品组件,组件上应力开始呈直线迅速增加,当达到材料的屈服极限后,火工品组件开始发生塑性变形,应力增加缓慢,当波形完全经过火工品组件时,组件上应力迅速减小为零。

图 14-15 所示为 300 mm 子弹以 21.6 m/s 的速度撞击时,在分离式 Hopkinson 装置上得到的火工品组件的过载加速度-时间响应历程曲线。

图 14-14 火工品组件上的应力-时间曲线

图 14-15 分离式 Hopkinson 装置火工品组件上加速度-时间响应曲线

从图 14-15 可知,当应力波开始在火工品组件上加载时,组件上的过载加速度迅速达到其最大峰值;随后,由于加载应力达到最大值,并相对恒定,加速度只随火工品组件与入射杆和反射杆的接触面传播时两边材料及半径的不同进行反射、透射而在零附近做衰减振动。当经过 120 μs 左右时,应力波在火工品组件上开始卸载,此时,加速度值迅速达到最大负峰值,随之逐渐减小至零。

从上面的试验可以得出以下结论:

① 分离式 Hopkinson 压杆测试时的卸载加速度比自由式的要大得多。这是由于自由式结构中在火工品组件的端面处应力波完全反射;而分离式结构中,应力波通过火工品组件在与透射杆接触面处发生透射和反射。

② 在相同子弹撞击速度下,自由式的过载加速度小于分离式的过载加速度。

③ 钢质分离式 Hopkinson 压杆可测试火工品 70 000g~250 000g 的过载加速度。

④ 在分离式中组件上从加载到卸载的时间近似于入射杆上的脉冲宽度的时间,约为 160 μs;而在自由式中组件上从加载到卸载的时间大概为 20 μs,由组件的厚度决定。

14.3 膨胀环测试技术

利用膨胀环试验来获得敏感材料的应变率动态特性早在 20 世纪 70 年代就引起了人们的注意。约翰逊(Johnson)、斯坦(Stein)和戴维斯(Davis)提出了通过爆炸驱动膨胀环确定材料特性的一种新型技术,通过控制均匀膨胀环的运动,根据环的运动方程和测试记录的数据来计算环材料的应力-应变-应变率的响应。早期的研究是基于记录膨胀环的瞬时位移,通过位移对时间的两次微分得到环的应力变化规律,这是相当困难的。佩如昂(Perrone)企图解决试验中遇到的这些困难,他提出了金属性能的一般函数关系,然后利用自有膨胀环测量相应的位移求解。他提出的方法克服了两次微分的困难,但是事先需要知道所测材料的一般应力-应变-应变率关系,而这些具体的信息正是由试验确定的。

霍格特(Hoggtt)和芮彻特(Recht)多次应用膨胀环技术,测量了多种工程材料的有关数据。他们在试验中也遇到了两次微分的困难,但是观察到在相当宽的应变率范围内测量记录的位移-时间曲线是很光滑的,而且很陡,于是提出了用一条抛物线来拟合位移-时间曲线,然后对该函数进行微分。但问题是有些材料显示出非抛物线的时间-位移曲线。1980年,美国的劳斯拉莫斯(Los Alamos)实验室沃伦茨(Warens)等人改进了膨胀环技术,提出利用激光速度干涉仪直接测量膨胀环的径向膨胀速度,避免对记录的数据两次微分的困难,而只需要一次积分和微分速度-时间数据,就可以得到不同应变率条件下的材料应力-应变关系曲线。还有其他方法对环进行加速,研究人员,如Fyfe和Rajeudram曾使用金属丝爆炸(电容放电)产生能量;Gourdin使用非常强的电磁脉冲。其中电流产生的热是不可忽略的。下面介绍沃伦茨(Warens)等人所采用的方法。

14.3.1 基于激光速度干涉仪测量膨胀环的原理及控制方程

实验装置如图14-16所示,由薄环1、驱动器2、端部泡沫塑料3、中心爆炸药4和雷管5组成。薄环1就是所要测量材料的试件。在中心装药被雷管引爆后,驱动器在爆炸产物的压力作用下向外膨胀变形,应力波由驱动器传进试件,薄环试件中的应力波到达外边界自由面时反射为拉伸卸载波,质点速度加倍。由于环与驱动器材料阻抗不匹配,因此薄环中的拉伸波返回到薄环与驱动器的界面时,薄环将脱离驱动器,进入自由膨胀阶段。在此阶段薄环中的径向应力$\sigma_r=0$,在周向应力σ_θ的作用下减速运动。

图14-16 试验装置横截面图

为建立有关的方程,现作如下假设:

① 薄环没有脱离驱动器之前,受到均匀的内压力作用处于平面应力状态,轴向应力$\sigma_z=0$。薄环脱离驱动器后,径向应力$\sigma_r=0$,在自由膨胀过程中只受到周向应力σ_θ的作用,因此作减速运动。

② 忽略驱动器传入薄环的应力波所引起的冲击效应,因此驱动器仅仅处于弹性变形状态或者较小的塑性变形,由驱动器传入的应力波在薄环中所产生的压应力一般与材料的弹性极限同数量级,而冲击波引起的温升一般仅为5~10℃,所以可以忽略。薄环脱离驱动器后作柱对称运动,其运动方程为

$$\left(\sigma_r + \frac{\partial \sigma_r}{\partial r}dr\right)(r+dr)dzd\theta - \sigma_r dr d\theta - 2\sigma_\theta r \sin\frac{\theta}{2}dz = \rho_0 \left(r+\frac{dr}{2}\right)dr d\theta dz \frac{\partial v_r}{\partial t}$$

式中:ρ_0为薄环的密度;z为薄环的高度方向坐标;v_r为圆环的径向速度。

忽略高阶无穷小量,并经过整理,得到

$$\frac{\partial \sigma_r}{\partial r} + \frac{\sigma_r - \sigma_\theta}{r} = \rho_0 \frac{\partial v_r}{\partial t} = \rho_0 \ddot{r} \tag{14-35}$$

式中:$\ddot{r}$是薄环径向加速度。薄环在自由膨胀期间$\sigma_r=0$,得到周向应力的运动方程为

$$\sigma_\theta = -\rho_0 r \ddot{r} \quad (14-36)$$

用自然应变表示薄环的径向变形,并假设薄环在自由膨胀过程中体积不变化,那么

$$d\varepsilon_r = \frac{dr}{r} \quad (14-37)$$

对式(14-37)积分得到

$$\varepsilon_r = \int_0^r \frac{dr}{r} = \ln\frac{r}{r_0} \quad (14-38)$$

式中,r_0 为环的初始半径。

将式(14-38)对时间 t 求导数得到

$$\dot{\varepsilon}_r = \frac{\dot{r}}{r} \quad (14-39)$$

运用速度干涉直接测量薄环的瞬时径向膨胀速度,然后通过数值积分可以计算径向位移 $r(t)$,再运用简单的数值微分得到径向加速度 $\ddot{r}(t)$,于是利用方程(14-36)和式(14-37)便可以得到各瞬时 t 的应力-应变。

对于给定的膨胀环,由于塑性应变随时间而单调减少,因此在预定的每一个应变率条件下,每次试验只能得到一个数据点。若要测定某一种具体材料或某一种热处理状态下的材料的动态应力-应变-应变率性质,那么在初始的应变率范围内要进行几次试验才能得到某个应变率条件下的应力-应变曲线。

14.3.2 基于激光速度干涉仪测量膨胀环的试验系统组成

1. 环的驱动系统

如图 14-16 所示,膨胀环试验装置中的薄环由所要研究的材料制成,经过压合套在钢管驱动器的外面,二者之间要保持良好的接触,使得驱动器和环的周向力加载到屈服程度。随后的膨胀基本上全是塑性的。在环的一侧配置光学系统,一个物镜放在离环表面的近视焦点上,一束激光成焦在环的表面上,而环的表面不是很光滑,目的就是使激光发生发散反射。由表面反射回来的激光束被速度干涉仪接收,得到薄环径向膨胀速度。

2. 速度干涉仪

如图 14-17 所示为干涉仪系统的简化示意图。反射光线被分成两路,分别进入两个速度干涉仪,一个是高灵敏干涉仪,另一个是低灵敏干涉仪。干涉仪的灵敏度可以单独调整,由于要求干涉仪对环的膨胀速度很敏感,这就不能使用普通规格的光学延迟线路,而是要选择空气延迟线路,反射光的频率按照与环的膨胀速度成一定的比例关系进行了多普勒变换。在单个速度干涉仪中,反射光经过延迟线路后延迟了 $1/20 \mu s$,因此两路光产生了时差。若还处于运动状态,则两路光就产生了一个频率差,通过光电倍增器探测差额,并且记录在示波器上,便可获得环的膨胀速度。

A1—激光；B—透镜；C—目标；D—低灵敏度干涉仪；
E—高灵敏度干涉仪；F—空气延迟线路；G—以特伦延迟线路

图 14 - 17　激光速度干涉系统简化平面图

14.3.3　基于激光速度干涉仪的膨胀环测试应用实例

应该注意到，由环中反射应力脉冲产生的膨胀环的初始速度是连续下降的。因此，应变率不停地在变化，必须对不同装药进行一系列的测试，才能得到统一应变率下的应力-应变曲线。图 14 - 18 所示为激光干涉测量获得的初始直径为 2 英寸（1 英寸=2.54 cm）的铜试件应力-应变时间特征曲线。

图 14 - 18　爆炸加速设备中铜环的速度-时间历程

可以看到，速度值很快升至 70 m/s，然后，可以观察到由于波的反射形成的应力波的早期环。在这些波相互作用发生减振之后，在 45 μs 前，膨胀环才慢慢地减速。

可通过式(14 - 40)的方程确定位置：

$$r - r_0 = \int_{t_0}^{t_1} v \mathrm{d}t \qquad (14-40)$$

用图解法对时间 5、10、15、…、40 μs 分别积分,由图 14-18 中的斜率可以得到加速度。该加速度实质上是一个常数,为 9.1×10^5 m/s^2。计算结果见表 14-2。

表 14-2 膨胀环数据列表

时间 /μs	速度 /(m·s^{-1})	位置 $r-r_0$ /mm	r/mm	加速度/(m·s^{-2})	应力 /MPa	应变 ε
5	65	0.17	25.57	9.1×10^5	206.0	0.667×10^{-2}
10	58	0.47	25.87	9.1×10^5	208.5	1.83×10^{-2}
15	54	0.75	26.15	9.1×10^5	210.8	2.91×10^{-2}
20	50	1.01	26.41	9.1×10^5	212.9	3.89×10^{-2}
25	47	1.26	26.66	9.1×10^5	214.9	4.84×10^{-2}
30	42	1.48	26.88	9.1×10^5	216.6	5.66×10^{-2}
35	38	1.68	27.08	9.1×10^5	218.3	6.40×10^{-2}
40	34	1.86	27.26	9.1×10^5	219.7	7.07×10^{-2}

参考文献

[1] 宋树争. 利用高新兵器测试技术改造常规武器装备[J]. 测试技术学报, 1994.1.
[2] 靳秀文, 汪伟, 等. 火炮动态测试技术[M]. 北京: 国防工业出版社, 2007.
[3] 孔德仁, 等. 仪表总线技术与应用[M]. 2版. 北京: 国防工业出版社, 2010.
[4] 李海青, 黄志尧. 软件测量技术原理及应用[M]. 北京: 化学工业出版社, 2000.
[5] 倪育才. 实用测量不确定度评定[M]. 4版. 北京: 中国标准出版社, 2014.
[6] 中国计量测试学会压力计量专业委员会组编. 压力测量不确定度评定实例[M]. 北京: 中国质检出版社, 2012.
[7] 宋明顺. 测量不确定度评定与数据处理[M]. 北京: 中国计量出版社, 2000.
[8] 朱明武, 李永新. 动态测量原理[M]. 北京: 北京理工大学出版社, 1993.
[9] 董德元, 杨节. 实验研究的数理统计方法[M]. 北京: 中国计量出版社, 1997.
[10] 孔德仁, 王芳, 包建东. 工程测试技术[M]. 北京: 北京航空航天大学出版社, 2015.
[11] 樊尚春, 周浩敏. 信号与测试技术[M]. 北京: 北京航空航天大学出版社, 2002.
[12] 范云霄, 刘桦. 测试技术与信号处理[M]. 北京: 中国计量出版社, 2002.
[13] 黄长艺, 卢文祥. 机械工程测量与实验技术[M]. 北京: 机械工业出版社, 2001.
[14] 路宏年, 郑兆瑞. 信号与测试系统[M]. 北京: 国防工业出版社, 1988.
[15] 王立吉. 计量学基础[M]. 北京: 北京工业学院出版社, 1997.
[16] 张旭东, 崔晓伟, 王希勒. 数字信号分析与处理[M]. 北京: 清华大学出版社, 2014.
[17] 孔德仁, 等. 工程测试与信息处理[M]. 北京: 国防工业出版社, 2003.
[18] 赵光宙, 舒勤. 信号分析与处理[M]. 北京: 机械工业出版社, 2001.
[19] 盛骤, 谢式千. 概率论与数理统计[M]. 北京: 高等教育出版社, 1989.
[20] 孔德仁. 兵器动态参量测试技术[M]. 北京: 北京理工大学出版社, 2013.
[21] 梁德沛, 李宝丽. 机械工程参量的动态测试技术[M]. 北京: 机械工业出版社, 1998.
[22] 王昌明, 孔德仁. 传感器与工程测试[M]. 北京: 北京航空航天大学出版社, 2005.
[23] 吴道悌. 非电量电测技术[M]. 西安: 西安交通大学出版社, 2001.
[24] 余瑞芬. 传感器原理[M]. 北京: 航空工业出版社, 1995.
[25] 郁有文, 常健. 传感器原理及工程应用[M]. 西安: 西安电子科技大学出版社, 2001.
[26] 曾光奇, 等. 工程测试技术基础[M]. 武汉: 华中科技大学出版社, 2006.
[27] 张宝芬, 张毅. 自动检测技术及仪表控制系统[M]. 北京: 化学工业出版社, 2002.
[28] 张迎新, 雷道振. 非电量测量技术基础[M]. 北京: 北京航空航天大学出版社, 2002.
[29] 赵庆海. 测试技术与工程应用[M]. 北京: 化学工业出版社, 2005.
[30] 叶湘滨, 等. 传感器与测试技术[M]. 北京: 国防工业出版社, 2007.
[31] 孔德仁, 等. 塑性测压技术[M]. 北京: 兵器工业出版社, 2006.
[32] 刘习军. 工程振动与测试技术[M]. 天津: 天津大学出版社, 2005.
[33] 高品贤. 振动、冲击及噪声测试技术[M]. 成都: 西南交通大学出版社, 2009.
[34] 杨学山. 工程振动测量仪器和测试技术[M]. 北京: 中国计量出版社, 2001.

[35] Frank P I. 传热的基本原理[M]. 葛新石,王义方,郭宽良,译. 北京:中国科学技术大学出版社,1985.

[36] 王子延. 热能与动力工程测试技术[M]. 西安:西安交通大学出版社,1998.

[37] 戴自祝,刘震涛,韩礼钟. 热流测量与热流计[M]. 北京:计量出版社,1986.

[38] Childs P R N, Greenwood J R, Long C A. Heat flux measurement techniques. Proc. Instn. Mech. Engrs. Vol. 213, Part C,1999:655—677.

[39] 陈则韶,葛新石,顾毓沁. 量热技术和热物性测定[M]. 合肥:中国科学技术大学出版社,1990.

[40] 张福祥. 火箭燃气射流动力学[M]. 北京:国防工业出版社,1988.

[41] 朱德忠,廖理. 应用热成像技术测量高温气体温度场[J]. 工程热物理学报,1999,11(20):738—741.

[42] 祖静,中湘南. 存储测试技术[J]. 测试技术学报,1994,8(02).

[43] 江小华,李豪杰. 基于微控制器的微型存储测试系统的设计[J]. 仪器仪表学报,2002,23(6):588—591.

[44] 兵器工业 210 研究所. 兵工情报研究报告 BQB—98—0366. 兵器测试特种传感器技术研究,1998.

[45] 王元钦,陈家启. 测速雷达调制域弹道信息处理方法研究[J]. 装备指挥技术学院学报,1999,10(4):42—47.

[46] 刘涛. 轻武器弹丸转速测试技术研究[D]. 长沙:国防科学技术大学硕士论文,2005.

[47] 洪家财,王元钦. 底部刻槽旋转弹丸的 RCS 特性的分析与仿真[J]. 微波学报,2006,22(02):63—63,74.

[48] 单长胜. 攻角纸靶测量技术[J]. 飞行器测控学报. 1994(03).

[49] 苏增立,高昕. 高速摄像系统及其在靶场中的应用分析[J]. 飞行器测控学报,2003,22(03).

[50] 崔敏. 小型飞行体姿态测试研究[D]. 中北大学硕士论文,2005.

[51] 王广龙,祖静. 地磁场传感器及其在飞行体姿态测量中的应用[J]. 北京理工大学学报,1999,19(03).

[52] 任国民. 弹道靶道技术及其发展[J]. 弹道学报,1994(01).

[53] 刘世平,易文俊. 弹道靶道数据判读与处理方法研究[J]. 兵工学报,2000(03).

[54] 任国民,李观涛. 弹道靶道空间坐标测量误差的初步估计[J]. 弹道学报,1995(03).

[55] 王茂钧,张淑清. 弹道靶道多位数字记号拍摄记录技术[J]. 南京理工大学学报,1995,19(05).

[56] Meyers M A. Dynamic behavior of materials. New York:John Wiley&Sons, Inc.,1994.

[57] Sia Nemat-Nasser. High Strain Rates testing. ASM Handbook,1991,8:425—539.

[58] 王礼立. 应力波基础[M]. 北京:国防工业出版社,2005.

[59] 郭伟国,李玉龙,索涛,等. 应力波基础简明教程[M]. 西安:西北工业大学出版社,2007.

[60] 杨桂. 塑性动力学[M]. 北京:高等教育出版社,1998.

[61] 张守中. 爆炸与冲击动力学[M]. 北京：兵器工业出版社，1993.

[62] 王礼立. 冲击动力学进展[M]. 合肥：中国科学技术大学出版社，1992.

[63] Zukas J A. Impact Dynamics. New York：A Wiley – interscience publication，1982.

[64] 马晓青. 冲击动力学[M]. 北京：北京理工大学出版社，1985.